MINGUO JIANZHU GONGCHENG QIKAN HUIBIAN

民國建築工程
期刊匯編 ⑬

《民國建築工程期刊匯編》編寫組 編

GUANGXI NORMAL UNIVERSITY PRESS

广西师范大学出版社

·桂林·

第十三册目录

工程 …… 5999

工程（中國工程師學會會刊） 一九三四年

第九卷第六號 …… 6001

工程（中國工程師學會會刊） 一九三五年

第十卷第一號 …… 6107

工程（中國工程師學會會刊） 一九三五年

第十卷第二號 …… 6229

工程（中國工程師學會會刊） 一九三五年

第十卷第三號 …… 6343

工程（中國工程師學會會刊） 一九三五年

第十卷第四號 …… 6431

工

程

工程

第九卷第六號

二十三年十二月一日

◆

改進現有鐵路爲鐵路建設之重要步驟

礦區之測勘及礦業法施行之商榷

機車之修理 ∴ 電燈泡製造程序說略

揚子江水災與水位預測之商榷

膠濟鐵路更換新軌經過

光線控制列車法 ∴ 鐵路與公路聯合橋

百年來橋梁建築之演進

中國工程師學會發行

6002

中國工程師學會會刊

編輯：
黃　炎　（土木）
蔡　大酉　（建築）
胡樹楫　（市政）
鄭華經　（水利）
許應期　（電氣）
徐宗涑　（化工）

編輯：
蔣易均　（機械）
朱其清　（無線電）
錢昌祚　（飛機）
李　熙　（礦冶）
黃炳奎　（紡織）
朱學勤　（校對）

工程

總編輯：沈　怡
（胡樹楫代）

第九卷第六號目錄

改進現有鐵路爲鐵路建設之重要步驟 …………………………… 余宰揚　583
礦區之測勘及礦業法施行之商榷 …………………………… 賈榮軒　601
機車之修理 …………………………… 張蔭煊　611
電燈泡製造程序說略 …………………………… 王鄂韡　626
揚子江水災與水位預測之商榷 …………………………… 白郎都　637
膠濟鐵路更換新軌經過 …………………………… 劉雲書　640
光線控制列車法 …………………………… 稽　銓（述）650
鐵路與公路聯合橋 …………………………… 羅　英　657
百年來橋梁建築之演進 …………………………… 余　權　669
雜組
　選擇發生高週波電流之眞空管方法 …………………………… 朱其清　676
　檢驗銲縫之方法 …………………………… 蔣易均　678
　普通房屋之防空辦法 …………………………… 胡樹楫　679
　德國汽車專用路設計要點 …………………………… 胡樹楫　680
　中國蟹侵蝕北歐河海岸 …………………………… 胡樹楫　681
　宋代廣州之給水工程 …………………………… 劉永懋　682

中國工程師學會發行

分售處

上海寧平街漢文正楷印書館　上海徐家雁蘇新書社　上海福州路現代書局
上海民智書局　上海福州路光華書局　上海福州路作者書社
上海福煦路中國科學公司　上海生活書店　南京太平路鍾山書局
南京正中書局　福州市南大街萬有圖書社　南京花牌樓書店
重慶天主堂街重慶書店　天津大公報社　濟南芙蓉街教育圖書社
漢口中國書局

編輯部啟事

本刊向例於每卷末期,印發全卷總目錄,隨該期雜誌附送。本期循例印送第九卷總目錄一份,以供讀者查閱。如有遺漏,請向本編輯部函索可也。

第九卷第五號正誤

本刊第九卷第五號「鎗彈製造工作述略」篇著者王鴻雛君函送正誤表,照登如下:

頁數	行數	誤	正
535	5	「有」全國	「謂」全國
536	末	30%時「抗拉力」最	30%時「延伸率」最
537	1	其「延伸率」初時……	其「抗拉力」初時……
537	第一圖		延伸率及抗拉力之曲線之註標應互換
558-558	第十六圖及第十七圖	其圖版排列錯誤	應照下列次序改正: (1)鋼盂　(5)切口　(9)裝鉛心 (2)一次引長　(6)一次春尖　(10)壓鉛心 (3)二次引長　(7)二次春尖　(11)包底 (4)三次引長　(8)三次春尖
560	3	裝「一成完」……	裝「成一完」……
569	16	以「擇」知……	以「測」知……

改進現有鐵路爲鐵路建設之重要步驟

余 宰 揚

我國幅員遼闊,交通困塞。據一九二三年統計,全國鐵路僅一萬二千七百餘里。所以建築新路,爲當今急務,已是大家所公認的了。可是鐵路建築,非有大資本不行。希望達成,恐怕還要借外債。但是借外債最需要的,就是信用。我國現有鐵路的狀況,外人大都知道。一九三〇年鐵道部顧問華普爾氏囘美時,曾談起我國鐵路,老實不客氣的指摘了許多短處。所以我們要借外債,一定先要使外國相信我們的鐵路辦得不錯,那末他們才肯投資。並且以後我們如借外債,決不能照從前辦法,隨便由他們擺佈。既然如此,我們現有鐵路的成績,更顯重要。換言之,現有鐵路在世界上有了信用,那末借款就不難辦。還有,我國現有的鐵路,亦是多半借外債造的。但是因爲從前條約的拘束,大半的鐵路,管理權都握在債主手中;尤其是財政權,大都用債主國的人做總會計,這是最可痛的一件事。這種片面的債務,能早一天償清,我國的鐵路,就多受一天的惠。要達這目的,只有努力改進路務,節省費用,和擴充營業。本文的討論,就集中在這一點。

(一)會計問題

我國鐵路事業正在萌芽時代,最需要的,就是財政上要有保障。鐵路上的盈餘,應該留作改良或擴充之用,因爲鐵路好像是一個有機體,體內的細胞是天天變動的。假若一條鐵路造成以後,不去理他,十年以後,就會變成無用的東西。反之,我們能把他天天改

良,譬如機車的添置,鋼軌的加重等等。那末十年以後,這條鐵路不難與歐美鐵路媲美。所以鐵路的盈餘,應仍用於鐵路,就是促進新事業的唯一途徑。

其次,全國鐵路應有標準的會計制度,這一層,我國鐵路,似已做到,毋庸多述。這裏所要提出的,是會計和統計的重要,及其與運輸部的關係。

會計是保障鐵路進款的利器,統計是覘運輸效率的風雨表。美國鐵路近來的趨勢,會計部的責任,加重了不少,而運輸部和會計部的關係,更加密切。譬如從前運輸部的統計科及車輛記錄科,許多鐵路都已把這兩科倂入會計部,因為製造統計並不是運輸部的責任;能夠利用統計來改良路務,這才是運輸部的責任。

美國鐵路大都有預算委員會;委員會的組織,包含經理及各部部長。每月月底會計部根據各部的報告,預測下月的進款及支出;這預算就在委員會中詳細討論。照我個人的觀察,在通常情形之下,他們的預算是很準確的。這種預算方法,我覺得我國鐵路上,很可採用。

美國鐵路的特點,不在乎統計的精密,而在乎統計應用之廣。譬如運輸部主任,每星期末,細細的研究統計數目,就可以知道全路的運輸狀況。各區域總管見了統計,就可以知道區內的情況。甚至對於車場主任貨站主任,會計部亦有相當之統計,供給他們。譬如車場調車價值(Yard Cost in Cents-per-Car)假若比上月或較去年同月多了半分,那末車場主任就得把理由說明,譬如因為車場擁擠或天氣不佳等等。所以有了統計,重要職員就可以知道他們自己工作的狀況。波曼鐵路 Portland 區域總管,曾被聘為古巴(Cuba)鐵路顧問,他回來的時候,告訴我說:「古巴鐵路運輸人員,從來沒有利用過統計,好像在暗中摸索,這如何能得好結果呢?」這句話是一點也不錯的。

統計的效用,不在於好看而在於實用。要有好的統計,非運輸

部和會計部通力合作不可。要儘量發揮統計的效用，就要使下級職員，如車場主任，貨站站長等，明白統計的意義而儘量利用。

近年美國鐵路中之會計部竭力利用機器以增加工作速度。最有用者，爲「分類機器」(Sorting Machine) 及「列表機器」；前者能將三百張卡片於一分鐘內依類分開，再轉入後者，則統計表一刹那間卽可印就，並且連總數都已經加好有了這種設備，統計就很方便。日本鐵路上已經應用，我想中國鐵路上或者亦有應用的可能。

（二）組織問題

鐵路組織可分爲二種依管理上的作用而分的叫做「分部制」(Departmental System)。在分部制之下，各區職員隸屬於一部者，均以該部總管命令而行使其職權。一區之中有車務總管，機務總管，及養路總管。三人位置相等，各不相屬。三人之行動，亦唯以所屬之長官爲諭依，譬如各區的機務總管應服從全路機務總管，全路車務總管就不能過問。分部制最通行的地方就是英國。美國除了紐約中央鐵路及生泰飛鐵路以外都是有「分區制」的傾向。怎麼叫做分區制呢？就是在一區之內，運輸總管有指揮機務及養路二總管之權，就全路講，全路運輸總管的權限最大，全路機務總管及總工程師所擔任的，不過標準及工程方面的專門事務。美國本雪文尼鐵路可說是分區制的代表，其他各路雖然是分區制，但是決沒有本雪文尼鐵路的純粹分區制的好處，就是在一區之內責任專一，指揮較易。因爲鐵路上職員所做的事情有時候不專屬一部，在分部制之下就有顧此失彼之弊，最顯著的，就是司機和道夫。司機普通是屬於機務部，但是他在路上服務的時候，就一變而爲運輸部中的重要人物。道夫是養路部的人，但是道夫是要服從運輸部職員的命令的。茲就司機及道夫之管理，以顯出分部制及分區制之分別，以第一圖及第二圖表示之。

以上兩種制度，如何應用，還要以鐵路本身的情形而定。并且無論何種組織，要運用得靈活，還靠職員的經驗。譬如英國鐵路是

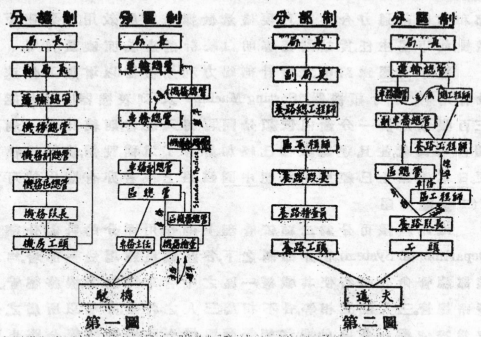

分鐵制　　　　分區制　　　　　分部制　　　　分區制

第　一　圖　　　　　　　　　　　第　二　圖

*美人稱爲Trainmaster, 其職責爲助理區總管辦理行車事宜。

*美人稱爲Road Foreman of Engines, 其職責爲檢驗機車行動時之情況,及
　　司機者之駕駛方法。

用分部制的;依照分部制的組織,假若車務部檢查員要一部較重
的機車,就應得作一報告,一直轉到副局長,然後再由副局長依次
的轉到機房工頭,這不是太麻煩了嗎?但事實並不如此,那檢查員
並不作什麼報告,他跑到機房工頭那邊,說:「我要一部較重的車
頭」,事情辦完了,上級職員全不知道,美國人到英國鐵路去參觀,
常常發見這種不成文的精神,美國人是最注重形式的,不由的稱
贊起來說:「英國人真是富於常識啊」,我們中國人的國民性,很有
同英國相似之點。照這麼講來,中國鐵路的組織,難道可以聽其自
然麼?不!不是這個意思。

　　大凡一個事業開始的時候,組織方面不能不特別注意,使大
家有所遵循。還有,一個制度發生了毛病,要想法子去補救他,亦不
能不從組織入手。等到良好的制度已經成立,久而久之,自然熟能
生巧。再能應時勢的需要,加以改良,那末才是真正的組織。王景春

氏常謂中國鐵路上的司機，不肯服從車務處命令，乃普遍現象。去年鐵道部顧問孟爾泰氏曾提議將車務機務二部合併為運輸處。照此看來，我國鐵路組織，大有調整之必要。鄙意中國鐵路，均係分部制，欲圖補救，宜參酌分區制之意而採用之。至於詳細方案，須先有精確之調查。以上所言，不過其大概而已。

（三）鐵路與他種運輸

各種運輸均有特長。鐵路宜於長距離及大量之運輸，而道路適得其反。水道最廉，但不及車運之迅速。所以籌劃整個的運輸制度，因地制宜，利用最經濟的運輸方式，來發展他的特長，同時與他種運輸收互相維繫之效，事半功倍，莫此為甚！近年美國短距離鐵路受汽車競爭而廢棄者不在少數，熱心汽車事業者乃以為可取鐵路而代之，其實大量及長距離運輸，決非汽車所能勝任愉快。試以一列車之貨，如煤產礦石等，用汽車裝運，非得幾十輛的車子和幾十名的駕駛員不行。併且我國煤油產量尚不可知；在燃料方面着想，亦以儘量發展鐵路為得計。不過在特殊情形之下，仍須用汽車輔助，尤其是解決大站附近的擁擠，非借助於汽車不可。美國鐵路對於汽車應用日廣，整車的零件貨物到總站後，即由汽車分配各小站，於是許多不經濟的短距離列車，可以停止。在美國比較不甚重要的路線，大多用裝設內燃機的車輛。這種自動車輛，裝零件貨物，及郵件之外，還可載客，費用較列車省而容量比汽車大。美國鐵路所用的都是"Gas-Electric"式，用汽油當燃料。加拿大鐵路就用"Diesel-Electric"式，用柴油當燃料。美國嫌他過於笨重，但依我的觀察，柴油價格便宜，我國鐵路倘用這一類的車輛，似以Diesel-Electric式為宜。歸結起來，應用最便利最經濟的運輸方式，是現在運輸界的趨勢，我們應該迎頭趕上才好。美國鐵路兼營汽車運輸者，日益眾多。但是「取送業務」因為法律上的刪葛，行而復廢。取送業務的用意，就是零件貨物，全由鐵路擔任提取及送達，收貨人和送貨人可毋庸派汽車至貨站；這種辦法是解決貨站擁擠的妙法。英國行

此法多年,很有成效。美國現在亦有許多專家提倡復行此法。平心而論,鐵路兼營汽車事業,是節省耗費,有益於社會的。可惜美國的鐵路都屬私有,其目的唯在謀利。我國鐵路,既屬國有,倘能以造成有統系的運輸事業為宗旨,來兼營汽車事業,使社會上享受最廉美的運輸,這是很值得提倡的。

(四)貨運經理問題

我國鐵路的商貨經理,大都由轉運公司包辦。就商民言,轉運公司,互相競爭,對於顧主,勢難一視同仁。就鐵路本身言,經理商貨為整個鐵路管理之一部,欲增進貨運效率,一定要統盤籌算;現在一部分的管理權,落在轉運公司手裏,如何可以統盤籌劃呢?所以收回貨運經理,是整頓路政的必經途徑。至於未收回之先,有四點須注意。鐵路對於轉運公司應給相當之補償;轉運公司之職員,對於運輸有經驗而願效忠於鐵路者,鐵路可收容之;此其一。先事培植貨運人材,此其二。改良貨棧設備,此其三。業務進行,須訂規章以資遵循,此其四。

貨運管理,既已統一,其次即為釐訂運費標準及貨運規章。良好之規章及低廉之運費,為鼓勵運輸及促進農工商之妙劑。我國幅員廣大,商業情形因地而異。規章之合於一地者,未必宜於他地。但為便利商民起見,宜在可能範圍內竭力使之劃一。我國鐵路貨運尚在幼稚時代,倘能趁早節制,將來受惠不淺,鄙意各路運費率及貨運規則,如「用車過期」及「存儲保管」等,均應由鐵道部審查,予以整理。

(五)調度行車及支配車輛問題

據鐵道部調查,我國鐵路上,稽延過多。甚至載貨列車在路上延留時間有百分之七十以上。無故損失,不可勝計。按我國應用路牌制或電氣路簽制,此種制度,在美國祇用於建築路段,以備暫時之需。茲將調度行車之方法,略述於下,然後討論若何改良我國行車制度。

美國近年來對於鐵路號誌,進步最速,為世界各國所不及。號誌一物,昔日僅為消極的安全設備。今則「號誌為鐵路上行動之耳目」("Signals make the trains moving")一語,已成為鐵路界之術語。最新的「中央節制制度」(Centralized Traffic Control System),集全路或全段號誌與轉轍機之節制於一室;並且還有「軌道模型」,路上列車的行動,都能在模型上自動表現。所以調度行車員,可以隨時撥動號誌和轉轍器來指揮列車。室中的樞紐一動,數哩或數十哩外的號誌或轉轍機亦隨之而變。此種制度是最進步的行車方法(美人稱為 Dispatching by signal indications)。美國許多鐵路,照以前辦法,是要裝雙軌或四軌的。但是現在可以省去,因為利用「中央節制制度」來代替增設軌道,效果一樣,而建築費前者僅為後者五分之一。鄙意「中央節制制度」在我國車務最繁的路上是值得裝置的。日本鐵路對於新式號誌,應用頗廣。英國最近請美國號誌專家Wight氏前往考察,發表用號誌來解決行車的建議。聽說有某英國鐵路因為軌道維持費太高的緣故,打算裝設「中央節制制度」,同時放棄一並行之軌道。就是俄國,在莫斯科附近,亦已裝置「A. P. B. 自動區域制」(Absolute-Permissive Automatic Block System)。可見得號誌的效用已漸為全世界所公認了。

除了「中央節制制度」之外,鐵路上如能裝置「自動區域」號誌,亦能增進效率和安全。怎麼叫自動區域呢?就是把全段路線(以單軌為例)分做許多區域,區域之長短,當視地形,車務及其他情形而定。每區域兩端均有號誌保護。一列車入區域內,則兩端號誌即示「危險」,列車一離該區域,號誌立即回復原狀。路上如有斷軌,號誌亦即示「危險」,其所以安全者在此。「自動區域」制之最合用者,為A. P. B.式。此式特點,在於兩列車如同一方向,可以銜尾而進,相隔僅一區域;如相對而行,則一車入單軌時,他端號誌即示危險,使對方列車等候於邊軌。換言之,列車如相對而行,則一段單軌中只許一車占據,所以防撞車也。至於尋常「自動區域制」,無論同一方向或相對

三列車均須隔離二三區域;但此二三區域,對於同一方向之列車,殊嫌過多;對於相向而行之列車則不足。尋常自動區域制所以不及A.P.B.式,就是爲此。裝設 A.P.B. 制以後,要傳達調度員的意旨,還要用電話和電報,並且要寫在紙上;不像「中央節制制度」可以用號誌來指揮一切。所以許多專家都主張用「中央節制制」,以爲一勞永逸之計。但是我以爲鐵路上如沒有充分財力,則置辦較便宜的A.P.B.制,等將來再把他變成「中央節制制」,亦未始不可。

總之,新式號誌足以增進調度行車的效率;功效過於加設軌道,而價反廉。但是我國鐵路,行車密度未到裝設號誌程度者,居大多數。再加政府財政困難,可裝號誌的路,亦非瞬咄可辦。所以在未裝設新式號誌以前,我們應該另想方法,來改良我國鐵路的調度行車制度。

作者曾想把美國單軌鐵路,和我國鐵路比較,藉作改良的張本。可是美國單軌鐵路不多;就是有,亦是支綫,或是已經裝了新式號誌。最近到中央阜蒙鐵路 (Central Vermount Railway) 考察,覺得該路情形,和我國鐵路比較相近。我所考察的,是該路的北段,適居波曼鐵路(Boston and Maine Railroad)與加拿大國家鐵路之間,爲自波士頓入加拿大孔道之一。全段長158英里。總辦事處在St. Albans, Vt.,距北端42英里,調度行車的總機關在焉。運輸密度與我國京滬路相彷彿。每日客車南行北行共十次,與他路啣接的直達載貨列車(Through Freight Trains) 共四次,短距離之本地列車均不在內。全段車站凡34,每站均有邊軌(Siding),每邊軌能容60至150節車輛不等。全線除了車站上「命令號誌」(Train Order Signal)以外,並無新式號誌。命令號誌爲揚旗式,藉人力運用。該號誌在單軌行車方面,頗關重要,其效用大率有二:

(一)調查行車員(Dispatcher)有命令,須由站轉交列車上人員時,站長即使號誌表示「停止」或「緩行」地位,以便遞交命令單。

(二)列車經過車站時,站長應將號誌表示危險,萬一有後來列

車,見了號誌,就不致攔入。等到前站報告列車已過該號誌,始可回復原狀。若前站無職員在,列車過十分鐘(貨車)或十五分鐘,才可回復原狀。

　　列車之優先權(Superiority),以級位,方向及調度員之命令而定。客車為第一級,郵政及牛乳列車為第二級,載貨列車為第三級。低級列車遇到高級列車,無論同一方向或相對,應該在高級列車未到站五分鐘以前迴避,駛入邊軌等候,這就是拿級位來定列車的優先權。假若同級位列車相遇的時候,就應用方向來分別。在阜蒙鐵路,南行車較北行車優先,因為入美境的列車比出境列車重要的緣故。但是有優先權的列車,倘是誤點,最易影響其他列車。譬如客車遲到了二十分鐘,對方或同一方向之貨車,預備照時刻表與客車交車,亦不能不稽延二十分鐘。在這種情況之下,調度員應用命令限制客車優先權,以免去貨車的稽延。茲舉一切實的例來解釋調度命令的作用。

第　三　圖

　　列車102號是客車,從Y站出發時,只須一檢列車記錄簿。假若對方優先客車都已到齊,就可按照下列時刻表前進。

F	E	D	C	B	A
3.20P.M	3.35P.M	3.55P.M	4.25P.M	4.40P.M	4.50P.M

　　333號是載貨列車,非接得X站轉交之調度處命令,不能起程。

　　照例列車過站後,站長即須用電話報告。調度員室中裝有放大發音機,所以各站站長的報告,隨時可以聽得。調度員的「列車行動表」就是備記錄列車到站或離站之用。一看這表,路上列車的位置,都可明瞭,譬如F站報告列車:「102號於3.40P.M離此,誤點二十

分鐘」。後來 A 站亦有報告說「333 號於 4.00P.M 離開」。調度員接到這種消息。就應設法限制列車 102 號的優先權。因爲按照常例,333號須在 4.35P.M 以前在 B 站等候,但是 333 號是很重要載貨列車,不便使他稽延。於是發一調度命令如下:

「333 號貨車與 No.102 在 C 站相遇, No.102 應讓道」。

這命令由 B 及 D 二站站長,轉交二列車。結果列車 102 號於 4.45P.M 到 C 站,即駛入遊軌,並將轉轍復原,一切手續完竣,可四點五十分,而 333 號貨車即於此時到 C 站。綜上以觀,載貨列車不爲客車所連累,就是調度命令之效。

我國貨車稽延之多,恐怕就是爲優先列車連累,而無適當調度方法之故。所以要改良我國的調度行車,傳達調度命令的方式實爲先決條件。傳達方式定了,然後可以訂行車規則,使大家遵守。鄙意美國的標準單軌行車法 (Standard Code of Handling Trains on Single Tracks)可供吾人借鏡,而電話傳達亦有採用之價值。

美國自 1907 年紐約中央鐵路應用電話傳達命令後,各路相率而行,現已普遍全國。電話比較電報,優長之點有二:

(一)電話較爲敏捷,調度節制之區域可以擴充。

(二)電報只有熟手可用。電話就不然。在需要的時候,列車上人員得用電話和調度員直接接洽。

還有一種困難,電報電話都免不了,就是因爲我國文字,沒有字母。照美國行車規則,調度員所發的命令,應將列車號數站名及時間,用字母——拼出;如 Number 102, N-U-M-B-E-R O-N-E O Two; Boston, B-O-S-T-O-N; 1.00 P.M, O-N-E O O P.M.。站長接得命令後,還須依法重讀一遍。調度員聽了無誤,於是說一聲"Complete",站長才可以把這命令轉交列車人員。所以要這樣鄭重的緣故,因爲命令差了一些,如三點二十五分誤爲三點二十分,就可發生意外的危險。我國既無字母可拼,唯一辦法,可將每一站名,用字母代表。如眞如爲CJ,那末念命令的時候,應該說"眞如CJ",以便互相校對。至於

時間及列車號數可依下列方法念之：

「下午一點三十分，一三零PM；列車一百三十二號，一三二號。」

如用電報，則有編特別號碼之一法其複雜過于電話，顯而易見。

最經濟之電話裝配法，係利用Phantom。全路僅用電綫四條，而傳達機關則有Telephone Dispatching Circuit, Telephone Message Circuit, Telegragh Dispatching Circuit, 及Telegragh Message Circuit 四種。作者不精電學，不能究其細節，然以行車之眼光觀之，電話似為傳達命令最便捷的方法。再進一層講，已經裝有「中央節制制度」的鐵路，仍須靠電話報告行車情形。所以裝設電話，非但應目前急需，就是將來有了新式號誌，也有用處。

除了調度行車以外，支配車輛也是很重要的問題。支配車輛一定要有詳細的車輛記錄做參攷。可是這種記錄，除了支配車輛之外，會計部用得最多，如車輛租費及修理費等都靠他做根據，所以車輛記錄能由會計部負責，最為相宜。

我覺得美國的車輛記錄制度，頗有可採取的地方。現在就把他的方法大概寫在下面。列車指導員(Conductor)抵目的地後，即有報告致會計部。該報告包含兩部，第一部供車輛記錄科之用，還有一部留給統計科。那車輛科所用的部分，有許多橫格。每格內可書車輛所屬之公司，車輛號數，內容，起點，終點及日期。車輛科職員接到這部分後，就把他切成橫條，每個橫條表明一節車輛的行動。其次依照所屬的公司把他分開。然後再依車輛號數的末二位分類。分好了以後，就可以記錄了。

記錄車輛簿分做九十九部，自00,01,02,03以至99，均代表車輛號數的末二位。每部內再分九頁，自0至9，代表車輛號數的最先一位。茲舉一淺顯的例子如下：

汝曼鐵路車輛記錄

第95部第3頁

NYC	Troy*	Boston	Cambridge	Boston	Troy	NYC*
364	INT.-L8/1	TB-2-L8/2	Local-L8/3	Local-E8/4	TB-1-E8/5	INT-L8/5

INT.＝Interchange 與他路交換車輛，L＝Loaded 裝有貨物，E＝Empty 空車，
　　　TB-2, TB-1, Local 均載貨列車之名。

*車輛自他路進來，或從本路出去，都用紅色墨水表示。

　　我們看了這記錄就知道這車輛是屬於N.Y.C.鐵路的，號數為
36495。於八月一日在 Troy 入波曼鐵路，二日至波士頓，三日至劍橋。
最後於五日復回到N.Y.C.鐵路。

　　會計部既然有了完備的車輛記錄。車務部支配車輛的人就
可隨時考查。支配車輛科每晨接得各站的車輛報告 (Location Re-
port of Cars)告訴他每站的剩餘車輛多少，需要空車多少。支配員應
把這種消息，清清楚楚的列在「支配表」上。這表的格式，頗關重要，因
為篇幅所限，不能詳述。大概最適用的支配表，應該簡單，使全路之
車輛位置，一目瞭然。地名及車名，均應用字母代表，以省時間。譬如
以 N K 代表南京，C H 代表常州，而以 J D 代表自 3000 號至 4500
號之箱車。那末支配員的調動車輛命令就可用：

　　"Send 20 JD NK to CH"。
這不是很簡便的麼？

　　車務的責任，是要以最少數的車輛，來增高運輸效率。所以車
輛不在乎多，而在利用得法。可是支配車輛有關係的問題，很是不
少；如列車效率，車場管理，及車輛之裝載方法等等，當於下文詳論
之。以上所論，側重貨車，因為客車的行動，較有定規，及較易支配之
故。

　　假若某鐵路，有剩餘車輛的時候，不妨調到缺乏車輛的路上
去應用。鐵路的運輸密度隨時期而異，譬如東三省鐵路在大豆上
市的時候，一定十分忙碌。我國各鐵路設能互相調劑，這是最經濟
的事，鐵道部如能從中支配更佳。美國政府在歐戰時管理鐵路，集
中支配車輛，省去許多無謂的耗費。歐戰後鐵路復歸民營，於是支

配車輛,仍舊回復各自爲政的原狀。美國鐵路協會 (American Railway Association) 對於「車輛標準化」辦得很有成績。標準固然是不差,但是各路不能互相調劑,是一個很大的缺點。我國鐵路大部分旣是國有,就可以不蹈他們的覆轍了。

(六)貨運問題

　　鐵路的製造品就是運輸。運輸的效率在美國是用'Gross Ton-Miles per train hour'來測驗。我們把這單位一分析,知道要增加運輸效率,不外乎增加列車的載重和速度。以下提出幾個很有興味的例,和閱者商榷,因爲增加貨運效率的理論,並不深奧,可是枝節很多,要達到圓滿的結果,全靠銖積錙累的功夫。許多問題,表面上看來好像微細,但是統盤一算,就覺得十分重要,鐵路運輸即是明證。

(甲)列車和車輛的裝載

　　列車的裝載量,以機車的引力而定。機務處應根據機車公司的資料,用學理方法,來推算某機車在某地點,可牽引若干噸。然後再根據車務處的經驗來校正。因爲專用學理方法而不加以試驗,是靠不住的。機車和人的身體很相像,往往有各個的特點,並且年齡有大小,駕駛手腕有巧拙。所以車務處的經驗,很可補機務處計算的不足。最後結果,應該分發行車人員,以便遵循。

　　反過來講,行車人員對於學理,亦應略明大意。常見美國鐵路上富有經驗的車場主任,往往憑己意支配列車,超過機車所應牽引的噸數,原因就在於缺乏工程常識,以及對於機車引力和列車重量的原理,並不清楚之故。鐵路當局倘能設法灌輸這種常識,給行車人員,如調度行車員,車場主任等,敢料鐵路的受惠,一定不淺。

　　裝載列車從前有人拿'Ton-Miles/Train-Miles'做標準,現在各鐵路都用'Ton-miles/Train-Hour',後者包含時間,比較適當。理想上列車裝載噸數應至最高限度,但同時不應使速度過低。重量和速度,本是相反,能設法調和,得到最經濟的重量,才算得計。先舉一簡例

如下：

今有一列車，載重 1300 噸，能於六小時完畢 100 英里的路程。假若把重量減至 1200 噸，則該列車能於四小時完畢。換言之，就能於八小時往返一次。這是很合算的，照 Ton-Miles/Train-Hour 來算，前者為 21,700，後者為 30,000。美國鐵路的列車有時載重過多，以致效率反形減低，多半是因為車場主任等職員專恃經驗不問學理的緣故。

同時美國鐵路當局受了競爭的壓迫，竭力提倡增加載貨列車速度，現在美國貨車，每小時的速度近五十英里的，不算希罕。增加貨車速度，對於調度列車及列車本身的效率，都有利益。尤其在我國，貨車因速度太小，在路上延留時間特別多，所以改進速度，是目前急務。可是速度太高了，就得犧牲重量，結果全重量太多，一樣的不經濟。美國鐵路不免犯了這毛病。茲舉一比較詳細的例來說明：

以下的計算是拿「北方式」(Northern Type) 機車做根據。路程姑定為 900 英里，又假定路線平坦直率。我們就要計算這機車，還是拖六十輛車每小時行五十英里的好，或是拖八十輛車每小時行三十英里。

車輛的阻力和速度成正比例。同時每磅燃料的製造蒸汽能力，和速度適成反比例。機車的牽引力也是如此（參閱第四圖至第六圖）根據一般經驗及第四至第六圖知北方式機車每小時三十英里的速度，載重最多而用煤最少。當然各路情形不同，不能一概而論，不過速度和載重必須要互相調劑是毫無疑問的。鄙意我國鐵路載貨列車的速度，能增到每小時三十英里，已經可以滿意，將來再看營業情形，慢慢的增加。至於具體方案，還要從實地調查入手。

其次所要討論的，是車輛的裝載。這問題比較「列車載重」更加簡單。一言以蔽之，就是要儘量利用車輛的容量。譬如應裝五十噸的車輛，只裝了三十噸。那相差的二十噸，就沒有利用。所以鐵路上能注意到裝載車輛，非但可以增進列車效率，（車輛阻力通常以

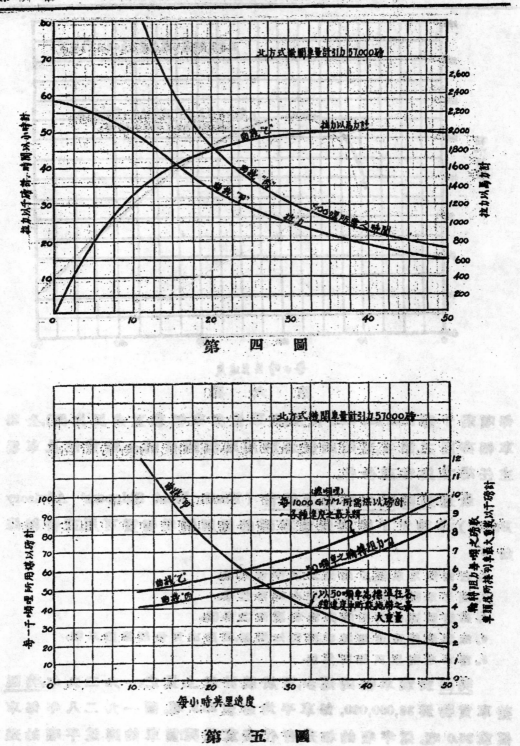

第 四 圖

第 五 圖

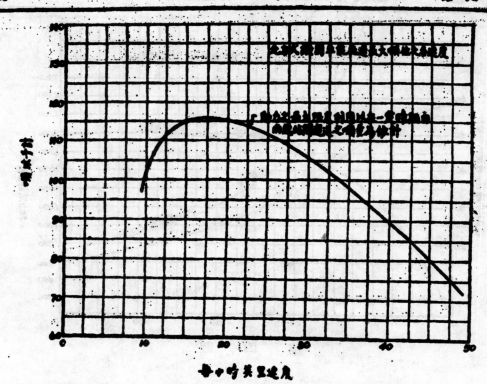

第 六 圖

每噸若干磅(lbs. per ton)代表此單位與車輛載重成反比例),全路車輛病因之都者,要達到盡量利用車輛的目的全待貨站及車場主任竭力與客商合作.

最近美國西北客商運輸會(North West Shippers' Advisory Board)自動定了獎條裝載車輛的規則,倒很切實可用.茲特轉錄如下:

1. 設於路之車輛,試超規定之空重為度.

2. 限制車輛內應大二十四個小時內交車.

3. 無論車其,每於向關於向來運量之車輛.

4. 如需要的至佳地區送應各知圖路關路去可載的他路車輛;

5. 請求車輛車以許可為度.

美國裝載車輛的進步,可於統計表上見之.一九二九年美國整車貨物為36,000,000,每車平均容載35.5噸.而一九二八年每車值載35.0噸.這半噸的相差有什麼意義呢?簡單的講,這半噸的進

別,就等于487,000整車貨物,以每列車48節車輛計之,就等於10,2此列車.假定美國列車的平均行程爲318英哩,那末這半噸的差別,節省了155,000,000整車哩(Loaded Car Miles)及3,250,000列車哩(Train Miles).大量運輸是美國的特點,所以裝載車輛的影響特別顯著.但是車輛裝載得法,在任何鐵路,都可受其利益.希望我國鐵路亦能注意到這一點.

(乙) 減少列車停止次數和加水問題

美國伊利諾中央鐵路關於列車停止,曾有試驗.據云4550噸的列車,以加水而停止,每次須費26分鐘,並多用煤910磅,水770加侖.其他如機件的消耗,尚不在內.

列車停止一次,其價值在美國自美金五元至十五元不等.吾國雖無統計,然至少亦值國幣三四元.所以減少停止次數,是很有研究的價值.

第二,我們要把零碎的短距離列車,和直達列車分開.在可能範圍內,還可用汽車任分配的工作,那末直達列車的停止次數,就可減少.第二,調度行車的方法改良了,當然也可以發生相當的效果.

擴大車上水箱的容量,亦是減少列車停止的良法.水站宜多,以備不時之需.可是水箱的容量增加了,水站亦有減少的可能.

駕駛貨車的人員,常有喜歡加水的習慣.如水箱有了16,000加侖的水,駕駛員還是以添水爲名,遇站即停,這是最不經濟的勾當,應該設法矯正.美國西方有一鐵路,每十五六英里就有水站,機車的容水量爲9000加侖,列車的載重約二三千噸.那鐵路向來慣例,就是抱「遇站即添水」的慣例.後來該鐵路細細考查,知道他們的列車,至少可行三十四英里不添煤水,於是大加改革,平均每列車均可減少停止一次.按該路貨運密度,每月北行569次,南行674次,即以每次停止耗費一元計,其節省已很可觀.

水的重要,服務鐵路的人都能明瞭.美國西方有一長三百英

望的鐵路,在某時期內每月機車在路上出毛病,在一百次以上;其中九千次由於鍋爐管滲漏。這就是用水不好,積垢太多的緣故。普通築一條新路,工程師所計較的就是地形,對於水的來路很少注意。等到路線造成之後,才費勁去找水。作者希望國內築路工程師,對於此點,特別注意,並且要和車務方面的人員合作,以便適應將來的需要。還有一層,用水之重要既如此,鐵路當局應設法使行車人員明白節省用水的意義。美國有一鐵路,因為提倡省水,結果每天減省用費美金二百元。希望我國鐵路能改量水質,同時能使全體路員參加省水的運動。

(丙)車場問題

　　車場是鐵路的胃。車場管理不良,全綫都受其累。美國最新式的分類車場,全場轉轍機的節制,都集中在一望台上,軌道上還有「停車機」(Retarder)以節制車輛的速度。這種制度在歐洲亦已應用。大概每日出入車場之車輛,如在 700 節以下(分類時以二節至三節為一段),則平常車場已可應付。如在 700 節以上,最好能利用坡度,以省時間及機力。如用上述最新制度,則每天分類的車輛須在 2,000 節以上方為合算。

英倫之地下防空設備

　　英國倫敦房屋之有地下室者不多,故該處當局正籌慮如何防護九百萬人口,使免遭空中襲擊之危害。倫敦各地下車站將為防禦毒氣之收容所。此外市南 Chislehurst 區有大地穴兩處,於歐戰時曾充儲存軍火用者,亦經英軍事部選定,改造為臨時避毒處所,可容納八萬人云。

（譯自 Zentralblatt der Bauwaltung 1934, Heft 12）

鑛區之測勘及鑛業法施行之商榷

賈 榮 軒

(一)緒言　民國二十年夏,實業部爲明瞭各省鑛區之情況,通令各省實業廳,繪呈各該省鑛區位置關係圖。按往年例有斯舉,率由主管課擬繪略圖覆命而已。河北省實業廳何廳長玉芳,愼重公務,注意鑛權,以爲鑛區密集縣份,非派幹員實地測繪,無以明瞭其經界,詳知其關係。遂提議案於省府會議,請指撥專款,特委專員分途測繪,限期定爲五個月,作者於二十年九月中旬受委出發,次年三月測畢返津,四月繪圖覆命,爰就觀察所得,著爲斯篇,倘得實業當局之採納施行,鑛業學者之研究指教,非特個人之幸,亦我國實業前途之福利也。

(二)測繪事前計劃　河北省凡一百三十縣,已有承領鑛區開採之縣份,凡二十有二。曰臨榆,撫甯,遷安,灤縣,豐潤,遵化,密雲,昌平,宛平,房山,易縣,淶源,完縣,阜平,曲陽,平山,井陘,贊皇,臨城,沙河,邯鄲,磁縣,其中灤縣,遷安,豐潤,易縣,完縣,阜平,平山,贊皇,臨城,沙河,邯鄲,撫甯,曲陽等十三縣,或爲官鑛,或僅有少數鑛區,不必重測。卽將其餘九縣,以臨榆,遵化,密雲,昌平,爲一組,宛平縣一大部(由門頭溝稅山至齋堂)爲一組,房山縣及宛平縣之一部爲一組,淶源,井陘,磁縣,爲一組,共分四組。任用測繪員八名,測工十二名,實行測勘。每組測量面積,約六十萬公畝,區數由二十四至七十三處。作者屬房宛一組,實施工作,多就本組經過述之。

　　廳內原訂有測繪規則十條,其第二條有「測勘鑛區應先繪其

6023

縣圖,然後再按鑛區位置,分別繪入。」等語。後以規則不甚詳盡,增定測繪鑛區位置關係圖標準規則九條,其重要者有一,二,五,六,四條。

第一條　測勘鑛界應用導程法,遇有地勢困難時,得用三角法。

第二條　測勘鑛區應用公尺,以公分為最小量,角度用六十分法,以半分為最小量。如用三角法測量時,尺度須用復量,均數以公厘為最小量。角度用四次復量法,以十秒為最小量。

第五條　鑛區面積在四千公畝以下者,縮尺用一萬分之一;四千公畝以上者,用二萬分之一;但鑛區甚密地方,如面積超過四千公畝,亦得酌用一萬分之一。

第六條　南北程以真向為準,其磁向偏異,亦須註明。但施測困難時,得僅以磁向表示。

　　按「測繪規則」之規定,係以縣圖為主。據搜羅所得河北省地圖,繪製全境者,有光緒年間高等警官學校製之十萬分一圖,及民國十二年陸軍測量局製之十萬分一圖。前者於房宛部份錯誤過巨,後者尚可資用,其繪製一部者,有民國八年西山地質圖,及十七年房山縣志附圖,及華北水利委員會一萬分與五萬分之一圖。惟華北水利會圖測繪準確,可以依據,惜該會專注重水道,於平原全部施測,入山則僅及河道之兩岸。鑛區皆在山中,能利用者,僅一小部而已。且標誌稀少,繫聯太遠,殊為遺憾。其餘圖件,則概無標誌,於城市村落僅以圈點繪之。夫鑛圖最重要者為基點,各鑛區之設定,悉依賴之。此類基點,皆為村內之房屋塔井之類,在圖幅內村鎮僅為圈點,基點定不能繪入,斯則所有圖件,皆難利用矣。故不得不自行實測,以明其關係。遂擬定標準規則測勘鑛區,以導程法(Traverse method)為主,以三角法(Triangulation method)為輔,注重平面位置,對於高差僅以目測畫繪雲線而已。

　　原估測繪日期,係按程途,接洽,遷移與施測四項預計。至施測一項,又分界長與面積二種推算:線長每小時測五百公尺,面積每

小時測十公頃,約略計算,鑛區面積二十公頃以內者,用二日,至二百公頃者,用五日,至五百公頃者,用十日,至一千公頃者,用十六日。由是推出總延日數,再分淚各組。每組約用一百八十日,雖實際工作,非盡照是程序,錄之以示分組之準則。

(三)實施工作　既至實地,則見鑛區多設於山脊之兩側,高出邱陵地已二三百公尺,距坡腳亦約一公里左右。懸崖峻坡,到處皆是,鑛界尤多騎岩斬溝,難於直接尺量。測點亦因重岩相隔不能互視,如以導程法施測,非特工作困難,亦爲時限上所不許。乃改以三角法爲主,以導程法輔之。

　　先選地勢之較爲平坦者,約五六百公尺至一公里之長,用鋼尺重複量之,得其平均數,以公分爲最小量,是爲基線。由是推演,將重要山峯,及鑛區基點附近之岡巒,悉行測入。其角度用三次覆量,得其平均數,並將測定各點間角度校正,以求三角網上之各點。再由此類三角點,用視距導程法 (Stadia traverse method),測定各基點及山形地物等。角度用右向轉角,距離用前後視距校正平均數。基點既定,再依測線方位角 (Bearing angle),而後鑛圖有所附麗。次將原圖尺丈度數繪入,則各鑛區之位置關係自明。

　　三角網及導程線之磋向,均隨時讀記,用前後覆讀之平均數,再於各區集聚處所,於合宜三角網上,作眞正南北線(卽子午線)觀察一次,以爲方位角之根據。惟因手頭無天文歷書 (Ephmeris or nautical Almanac),故不能用環極星體在任何時間測算之法,而僅用下列四法:

　　(甲)用北極星上方戢下方通過法

　　(乙)用北極星極東或極西法

　　(丙)用太陽等高法

　　(丁)用星體等高法

　　使用(甲)法於上方通過時,須知極星與大熊座內麥閛星,（按大熊星,俗名北斗,亦名大勺,麥閛星卽大勺柄尾內之第二星,(Zeta

Ursa Major or Mija在一垂直面內儀極星應至子午線之時距。此項時距,在1910年為6.7分,至1920年為11.3分。由是推算,民國廿年(1931)應為16.4分。於下方通過時,須知極星與仙后座內笛兒塔星,(S cassiopeia亦即俗名椅子星椅背內之第二星)在一垂直面內後極星應至子午線之時距。此項時距在1910年為6.1分,至1920年為12.3分,由是推算,民國廿年(1931)應為18.5分。用此種觀察法,時距上雖錯一分,而方位上僅為幾秒,故觀察兩星在一垂直面時,雖難免有幾秒錯誤,亦無大害。又因需要精確者為時距,故地方時表之稍有出入,亦屬無妨。(時距據 G. L. Hosmer's 實用天文學)

　　使用(乙)法時須在極東或極西時之前後二三十分鐘內連續觀察。並記載各觀測時之時刻,即平角,附列第一至第三表,以備應用。

第一表　各處觀測極象本地時刻(見 R. Peele 氏鑛師備考)

日　期	極東時刻	極西時刻	日　期	極東時刻	極西時刻
一月一日	12^h　55^m	0^h　49^m	七月一日	1^h　03^m	12^h　53^m
二月一日	10　52	22　43	八月一日	22　58	10　52
三月一日	9　02	20　52	九月一日	20　56	8　51
四月一日	7　00	18　50	十月一日	18　58	6　53
五月一日	5　02	16　52	十一月一日	16　57	4　51
六月一日	3　00	14　51	十二月一日	14　59	2　53

　　本表內係大約時刻,按年份之不同,或有幾分鐘上下之錯誤。每月內中間日期之時刻,可以比例求之。

第二表　北極星極東或極西時與子午線之含角(見 J. C. Tracy 平面測量學)

緯度　含角　年份	1932	1933	1934	1935
30°	1°　13.′5	1°　13.′2	1°　12.′8	1°　12.′5
31	1　14.3	1　13.9	1　13.6	1　13.2
32	1　15.1	1　14.7	1　14.4	1　14.0

33	1°	15.9	1°	15.6	1°	15.2	1°	14.9
34	1	16.8	1	16.4	1	16.1	1	15.7
35	1	17.7	1	17.4	1	17.0	1	16.6
36	1	18.7	1	18.3	1	18.0	1	17.6
37	1	19.7	1	19.4	1	19.0	1	18.6
38	1	20.8	1	20.4	1	20.0	1	19.7
39	1	21.9	1	21.6	1	21.2	1	20.8
40	1	23.1	1	22.7	1	22.3	1	22.0
41	1	24.4	1	24.0	1	23.6	1	23.2
42	1	25.7	1	25.3	1	24.9	1	24.5
43	1	27.1	1	26.7	1	26.3	1	25.8
44	1	28.5	1	28.1	1	27.7	1	27.3
45	1	30.1	1	29.6	1	29.2	1	28.8
46	1	31.7	1	31.2	1	30.8	1	30.4
47	1	33.4	1	32.9	1	32.5	1	32.0
48	1	35.2	1	34.7	1	34.3	1	33.8
49	1	37.1	1	36.6	1	36.1	1	35.7
50	1	39.1	1	38.6	1	38.1	1	37.7

第三表　含角之改正數（改正後真値誤錯不至大於0.3）

月　份	改正分數	月　份	改正分數	月　份	改正分數
一	—0.3	五	+0.2	九	0
二	—0.3	六	+0.3	十	—0.2
三	—0.2	七	+0.3	十一	—0.5
四	0	八	+0.2	十二	—0.7

　使用丙)法時,在太陽於正午前三四時,作五六次觀測後,至正午後三四時依午前之高度,再作五六次觀測。其相對觀測時,平角之均數,再加以改正數,即得子午線之平角,改正算式如下。

$$改正數 = \frac{\frac{1}{2}d}{\cos \Phi \sin t}$$

　其中 d 為太陽每小時赤緯差數 (Hourly change of declination) (第

四表)於兩相對觀測時間中之差數，Φ 為觀測點之緯度，t 為太陽之時角，即兩相對觀測中時間之半數。此法之精確與否，繫於赤緯時差變數之準確與否，而不在赤緯之真數，故無需乎天文曆書。惟此類觀測，係對測太陽光烈過強，非用特備黑色玻璃遮視不可，微感不便。如經緯儀之十字線 (cross hair)，係刻畫於玻璃上者，因光影已被散漫，不能用接目鏡外白紙投影法。

第四表　太陽每時赤緯之變數(見 G. L. Hosmer 實用天文學)

月內日期	一月	二月	三月	四月	五月	六月	七月	八月	九月	十月	十一月	十二月
1	+12″	+42″	+57″	+59″	+46″	+21″	— 9″	—37″	—54″	—58″	—49″	—24″
5	+16	+45	+58	+57	+43	+17	—13	—40	—55	—58	—46	—20
10	+22	+48	+59	+56	+40	+12	—18	—43	—57	—57	—43	—14
15	+27	+51	+59	+54	+36	+ 7	—23	—46	—58	—56	—39	— 9
20	+32	+54	+59	+52	+32	+ 2	—27	—49	—58	—54	—35	— 3
25	+36	+56	+59	+49	+28	— 3	—32	—51	—59	—52	—30	+ 3
30	+41	+57	+58	+46	+23	— 8	—36	—53	—58	—50	—25	+ 9

使用丁法，不特不用天文曆書，即特製之表，亦不需要，時表之出入，更無關係。可謂法之至簡易者。其法係於觀測之夕，視赤道南五度至四十度間，明星有爛，且在子午線前，(即東南方向) 約三十度者，連作五六觀測，至該星過子午線後，(即西南方向) 約三十度時依上次立角作對照之五六觀測。然後將各相對觀測平角，取其半數，再從而平均之，即子午線之平角方向矣。(編者按原附星宿圖，以不便製板，從略)

此次測勘子午線之觀測點，凡五處，觀測凡十次，用上方通過者一次，用極西者兩次，用星體等高法凡七次。

此次實測，由測繪員兩員，測工三名，工作共計一百七十一日，其內準備及調卷用十四日，在外與縣府鎮商接洽者五日，遷移者十五日，野外工作五十四日，室內工作五十日，出差五日，風雨休息二十八日，夜間測星凡六次。製成一萬分之一圖，凡四大張，合六平方公尺。十萬分之一總圖一張，合半平方公尺。各圖均擧印曬圖一份。測量鎮區凡七十三區，合面積 616287 公畝，計用三角點 63 處，導線點 144 處記錄約五百餘頁。(編者按原附「房山縣及宛平縣鄰近部

分鑛區位置關係圖」，以係藍晒，不便製板，從略）。

(四)**發現不符**　地圖製成後繪入鑛區時，發現鑛商所呈鑛區圖多與本組所測者不符，計七十三區中墳稱無誤者，不及三十區，且多因其一基點爲標石岩石，而不能追尋查對。考其不符情形，可分三類。一曰地大圖小！例如原圖兩基點之距離不及四百尺，而實地約七百尺有餘，或一基點遺失，據其一基點繪畫，而窰門在鑛區之外者，或按區繪入，區內地名實在界外者。曰地小圖大！如原圖兩基點之距離爲一千七百公尺，實地猶不及一千三百公尺者，或按區繪入，全區地物僅佔界內之一部。曰互相重複按原圖鄰區之間，有二十公尺之隔離，而實地互相侵入者。

(五)**不符之原因**　不符之原因，實由於下列數端：

(1) 呈請人希圖偷稅，姑以大地作小圖呈領之。

(2) 呈請人爲遏止鄰鑛之擴大，或作淺水通氣轉運上之通過路程，嘗以奇貨可居，姑以略圖呈領之。

(3) 呈請人非爲採探鑛質，僅爲居奇轉售於將有投資者請領之先，或備有投資者之糾合辦鑛，姑爲圖呈領之。

(4) 呈請人因實施測繪，恐多耗萬難舉行，筋繪草影製圖呈請之，甚至測繪人員，並未親至其地，僅就傳說案件臆繪而已。

(5) 呈請人爲取得優先權，先臆繪假圖呈准立案，其意謂既已立案卽發見圖地不符，而礦權已得，僅須納更正之費而已。

(6) 礦權人不遵限期到領會同測勘，施測既失指導，錯誤自所難免。

(7) 礦圖方位，喜恃磁向，則易起糾紛。蓋大地磁向，年有更易，朝夕不同，歐美各國編製磁差圖，(Isogonic Chart) 不無以也。(門頭溝一帶，民國五年七月磁向偏西 $3°25'25''$，至廿一年一月實測，則爲 $2°38'03''$，蓋磁向已變更矣，仍據以查對，其何能符合，門頭溝中英煤鑛公司，與協成煤鑛爭點累年者，卽在是。)

(8) 基點之不確定，如標石基點，類皆零覽不見，或由於鑛權人之未經裝埋，或由其牧童走卒之故意毀作劇。如岩石基點，則更人各一點其驕

其是非。如十字街基點，僅為山地草徑，變更自易。如村鎮墳墓之基點，
本即標面與比鄰之境，而不加以測刋，亦難確定。如廟宇基點，其為著
名古蹟，且年加修理者則可，若以寬五尺長寬之牆屋，或僅存頹然圍
墻者，迭有爭議，漂移自易。如某延厚屋為之基點，相隔數年，退至十里
者有之，頹屋漂移者有之，肯讓多讓者亦有之。

(9) 測儀之欠精！往時測繪，使用精密儀器者，固或有之；但甚屬寥寥，而儀
器粗劣者，比比然也。尺則用度尺，或且用繩尺，儀則用平板照準儀，其
能求得精確之測圖乎。茲就大登山一帶一百平方公里內平板測量，
與經緯儀測量尺度，加以比較，平均誤錯為百分之九‧六。（至多可
再加六‧二至少可再減七‧七。）其中錯誤，似纏邉甚，或由於平板
基線誤錯之所致。然用平板作大面積測繪之不可恃也，則甚明。

(10) 審查者之不勝任！查鑛人員往往不諳於測繪，或缺乏精密儀器之供
給。

(11) 審查者之不盡責！如查礦人員未實地測勘，即呈報關地相符，此為鑛
圖棄亂之主要原因。

(六)更正途徑　　鑛地已測勘矣，鄰區關係已大明矣，如不糾正而任
其錯誤，實非所以負責敬事之道。現擬定更正之途徑如下，當可順
序清理之也。

(1) 設定礦地之標準基點其相距之遠近，視鑛區之稀密而定。此項
標準點可為附近鑛區之基點，或基點之相關係點。相關係云者，
測其相對距離，及其方位之謂也。

(2) 將繪就關係位置圖公布之，令各鑛商查對，限期聲明異議，請求
裁決。過期即不受理聲請，而以公布之圖為準。

(3) 缺乏完善基點之圖，令其補足。每區至少須設兩個基點，並測定
基點間之方向距離，及與其本區相近邊界之合角。此類合角，可
為將來查鑛時之捷徑。

(4) 重複鑛區令相關各區之鑛權人，聯合商定新界。有成議者，照繪準
圖呈存。無成議者，由官廳令同業公會或地方團體，代為解決之。

其否認公議者,由官廳裁決。

(5)地大圖小及其他錯誤者,令礦權人另繪確圖備案,其不遵者,以未得礦業權論。

(七)礦區境界　礦業法第一章第六條第二款規定,礦區之境界,以直線定之,由地面境界線之直下為限。此法本善,東西各國,靡不如是,惟外國規定延礦脈畫區,其形長方,或平行邊形,且長度為寬度之二三倍耳。我國則不然,不論礦脈,任意畫取,且形狀奇特,如雲如帶者,所在多有,此類礦區,如查勘其坑道探煤處所,其不出區界遠甚者,吾不信也。則礦區核准之際,於礦形安可不加之意哉。

又有小礦業權之規定,於交通不便,產量微小,礦業未發達之地,得設定之。然此項小礦區,實多與大礦比鄰而立,且常有在大礦區內,附註指定發出者,其面積僅為六公畝,且無照圖,於規定礦界,顯有抵觸,於礦業發展,亦多障礙。故小礦區之面積,應有最小限度之規定(至少一百公畝,)並須用礦圖呈請。

(八)礦權設定　呈領礦區者,有原無探礦之誠意,而僅圖取得優先權以營投機事業者。此種事實既增加投資人之負擔,又常為礦業糾紛之原,有礙於礦業發展者至大。欲免此弊,應使呈領者,證明在其呈領區內,曾為探探之試驗。此項試驗費,最少應為五六百元。故礦業法第二節第十九條第一項,在「應具呈請書附礦區圖」之下,添加「附探探試驗費用憑證」九字。

礦區圖在礦業法施行細則第二十八條註明應列各項,惟語焉不詳,規定不確,則產出之礦圖,必不確定,易滋糾紛,鄙意以為應有下述各項之補充。

在第五條下|基點至少應有兩個,且為公共建築,如寺院,井,橋之類。其為私人房屋,須另具一千分之一房屋詳圖,註明四至方向及尺寸。

在第七條下|兩基點間之距離與方位角度。及基點棧與基測點連接線之含角,應有準確測量之記載。

在第八條下：南北線以子午線(眞南北線)爲準，並註明磁針偏差。

在第九條下：縮尺之大小，最大爲二千分之一，最小爲一萬分之一。但房屋基點詳圖最小應爲一千分之一。

在第十一條下：本鑛區與鄰鑛區各基點間之距離及含角，應有準確測量之記載。

在末項：所謂石椿及標誌，須照大地測量局所製之模型爲準。

（九）結論　鑛法認鑛權爲物權，此項物權之確定，首在正其經界。故鑛圖之測繪，須十分眞切，不得稍有含糊。至其間基點，必擇其固定不易者，長度須用鋼尺丈量，角度須用經緯儀測讀，方位須依異向推求，鄰區各基點間，須知其距離與含角。至審查人之派遣，尤須謹愼，必須擇其諳於測量，明於計算天文，對數運用裕如，體力強健不憚跋涉者，始能勝任愉快。至鑛法疏漏之處，尤宜補充完備，以防奸民偷巧，而利鑛商遵循。

縱觀本組所測各區，除二三鑛商用西法採掘，一二鑛商稍知利用西法者外，停歇者佔大部分，其餘類皆用土法開採，(參閱附圖)大鑛每日工人不及五百名，各鑛每年工作，不過半載，坑道既深產量自減，水泉日多，排除愈難，生活艱苦，工資增高。外而運輸不良，出貨囤積，首都遷移，銷路陡減，鑛業前途，困難萬分。是則望實業當局，不應專事取締，尤宜注重積極之利導，庶幾民困得蘇，鑛業振興也。

附抄廣東省關於鑛圖之處理法　按廣東省民國十年，設立鑛務處，專還鑛務，規定鑛商呈請鑛業權之手續七條。關於鑛圖一項，有便民之規定用條，特錄之於此，以供參考。(一)呈領鑛業權者，應備呈文覓，並繪鑛區草圖四張，連同呈文，逕交本處收發，聽候示。(二)本處收受呈文鑛圖及呈文費後，查核無背條例者，卽行派出技士，會同鑛區所在地之縣知事，切實查勘。并代測鑛區，代繪鑛圖，該項查勘費旅費，及鑛區測量費，由本處批示呈請入數納。

[附記]　此次測繪專款，爲數僅萬餘元。購置測繪儀器用品凡三千六百餘元，晒印鑛圖干份，凡三百餘元。四組之中，每組用費二千八百餘元。其餘零款，則爲文具用品之支付。

機 車 之 修 理

張 蔭 煊

　　按著「機車鍋爐之修理」已分期載本刊第四卷第三及第四兩號。茲復將機車鍋爐以外各部之修理工作情形,詳爲綜述,並分章續登本刊,以供同志之研究。

(一) 車輪輪體輪箍輪軸輪轂及曲拐銷之修理

　　I. 機車車輪之種類 ── II. 車輪各部常有之損壞情形 ── III. 檢驗步驟
　　IV. 修理方法 ── V. 修理工作撮要

(1) 機車車輪之種類

　　機車車輪有五種, (1) 主動輪 (Main Driving Wheel), (2) 連動輪 (Coupled Driving Wheel), (3) 引導輪 (Leading Truck Wheel), (4) 後輪 (Trailing Truck Wheel),(5)煤水車輪 (Tender Wheel)。主動輪與連動輪大體相同,前者曲拐銷增多一節,用接搖桿 (Connecting Rod) 之大頭,以傳遞動力其軸項直徑在太平式 (Pacific) 以上之重載機車,常比連動輪大半时以上,軸上帶有偏心輪或曲拐銷頭帶有偏心曲拐 (Eccentric Crank)。外汽筩機車之主動軸係直軸,內汽筩機車之主動軸係曲拐軸 (Crank Axle)。長軸距 (Wheel Base) 機車之連動輪爲便於行駛灣道,常裝用無摺緣輪箍 (Blind Tyre)。引導輪及後輪在調車機車各部完全相同.在太平式以上之重載機車,後輪軸項因鍋爐火箱之寬大,常位於車輪之外面,有時軸項兩端並無軸領 (Collar),軸項及車輪直徑亦較引導輪爲大.煤水車輪與重載貨運

機車之後輪相似,軸項皆位於車輪之外面。

(II)車輪各部常有之損壞情形

車輪各部常發現之損壞,關於船籍者,有(1)輪度磨損過限,(2)切軌面磨壞(Worn Tread),(3)切軌面有磨平點數處 (Slid Flat Spot),(4)裂縫(Crack),(5)折緣磨薄(Worn Flange),(6)折緣有立直面(Flange having Vertical surface),(7)折緣破裂(Broken Flange),(8)鬆輪箍(Loose Tyre),(9)斷輪箍 (Broken Tyre),(10)扣環 (Retaining Ring)斷裂等。關於輪體者,有 (1)斷輞 (Broken Rim),(2)斷輻 (Broken Spoke),(3)輞周有陷凹處(Depression),(4)軸座鬆(Loose Axle Seat),(5)曲拐銷座鬆(Loose Crank Pin Seat),(6)曲拐銷座裂開,(7)轂面磨壞 (Worn Hub),(8)轂襯磨壞 (Worn Hub Liner),(9)轂襯鬆 (Loose Hub Liner),(10)轂面襯飯破裂等。關於曲拐銷者,有(1)曲拐銷不圓正 (Worn Crank Pin),(2)曲拐銷斷裂 (Broken Crank Pin),(3)曲拐銷有裂紋 (Crack),(4)曲拐銷磨損過限,(5)曲拐銷燒壞等。關於輪軸者,有(1)灣軸,(2)軸項有裂紋 (Cracked or Seamy Journal),(3)軸項燒壞,(4)軸項磨損過限,(5)軸項磨壞,(6)軸項各處直徑不同,(7)輪座鬆(Loose Wheel Seat),(8)後輪及煤水車輪軸領磨薄或磨壞,(9)軸上發現割切溝槽等。

(III)檢驗步驟

車輪由車架拆卸後,其各處油灰積垢皆應刮刷清盡,如有洗滌池設備者,應卽送入池中,經相當之時間與清洗工作後取出,再用清水噴洗,各軸項皆塗以保護油料。各輪左右軸端應用稀薄白油漆及簡單符號,註明車號及位置,以便工作。檢驗步驟略述如下:(1)以小鎚擊各輪箍切軌面,其發啞聲者卽係輪箍鬆。(2)查驗輪箍扣環 (Retaining Ring)有無鬆動斷裂及其他損壞。(3)用標車輪箍測驗器 (Wheel Tyre Gauge)測驗輪箍各部情形有否不合標準規定之處。(4)查驗輪體各部有無斷裂裂縫或其他損壞。(5)查驗曲拐銷直徑曾否在磨損限點以下,表面有無燒壞及裂縫,曲拐銷壓入輪體之部是否鬆動,曲拐銷頭螺紋曾否損壞,其他零件如螺帽,

鬆裹等有無損失，較面有無磨壞之處，磨蝕微量是否過多，軸瓦有無鬆動及損壞，其厚度是否適宜，螺釘有無鬆動，折斷。(6) 查驗輪軸項直徑是否已達磨損限點，表面會否燒壞，有無裂縫，同一軸項之直徑，各處是否相同，最後應用車輪罐機測聽各輪軸有無灣曲。以上各節所發見各種損壞情形，應卽稀薄白油漆逐一標記於發見各處，幷詳細登記於查驗記錄本，以便查考，而利工作。

(IV) 修理方法

　　機車輪箍磨損限點時切軌面之最低淨厚度，按美國鐵路標準規定，機車引導輪及煤水車輪爲$1\frac{1}{8}$吋。至主動輪連動輪及發輪等應視使用性質(路用或調車用)與車輪直徑及輪軸載重另照群表規定之(原表見 A. J. O'Neil 著 Loco Inspector's Handbook 第 65 頁。至於國有鐵路中用英國度量衡制之北寧鐵路及用比國度量衡制之平漢鐵路所規定者，與美國標準略有出入，茲列表如下：

輪別	北寧鐵路	平漢鐵路
機車動輪	$1\frac{1}{2}$吋	36公厘($1\frac{3}{8}$吋)
機車引導輪及後輪	$1\frac{1}{2}$吋	30公厘($1\frac{3}{16}$吋)
煤水車輪	$1\frac{1}{4}$吋	30公厘($1\frac{3}{16}$吋)

　　輪箍切軌面 (Tread) 厚度已達或預測重鏇後將達磨損限點，應卽廢棄換新。路用機車之切軌面磨損至凹進$\frac{5}{16}$吋，調車機車之切軌面磨損至凹進$\frac{3}{8}$吋，切軌面磨平致折緣頂點高出切軌面$1\frac{1}{2}$吋，或全周發見平直點(Flat slid Spot)長過$2\frac{1}{2}$吋，或查有長 2 吋之平直點二處以上等，應用車輪罐機重鏇。有時輪箍摺緣(Flange)磨損過多，預測在重鏇後其厚度與形式不能與規定情形相符者宜用電銲補足其欠少處，再重鏇。輪箍摺緣磨薄至$\frac{15}{16}$吋，或磨有直立面高 1 吋者，應用電銲補充後重鏇。切軌面或折緣發現裂縫，輕淺者可電銲後重鏇，其甚者應將輪箍廢棄換新。鬆輪箍應襯薄鐵皮Shim於胴面，或用縮輪箍器將輪箍內直徑略爲縮小。扣環(Retaining Ring)發現折裂，應鏇去後換裝新環，若僅有輕微裂縫，可用電銲接

合之。斷銷,斷輻,曲拐銷座裂開等,均可用電銲接補。鬆輪軸座及鬆曲拐銷座,應用水壓機壓出原軸或原銷,換裝新軸或新銷,其拆下廢軸或廢曲拐銷,仍可留作直徑較小之輪軸,曲拐銷,及十字頭銷等。(本節參考美國檢驗機車及煤水車車輪法規第一四六條)

機車動輪輪體,因曲拐銷之存在,各部輕重厚薄不能均勻,其比較輕薄之部分,難免遭受不測之力,外加輪箍緊縮及行駛時之衝擊等力,每易發生密集(Upsetting)現象,常於曲拐銷左右邊之輞面(Wheel Rim),發現自 $\frac{3}{32}$ 吋至 $\frac{3}{16}$ 吋之缺陷窩(Depression),致機車行駛時發生嚴重之衝擊聲,損害機車自身及經行之軌道。查見時,應立即電銲陷處鏟平(參考 Railway Mechanical Engineer, Oct. 1930 第588頁)。

鑄鋼輪體之轂面(Hub),新時不必用襯鈑,逕既用磨壞,應鏟平,迨磨損過多,應於轂內面鏟作相當直徑及深度之孔穴(Recess),用平頭螺釘(Counter Sunk stud)安裝軟鋼,鑄鐵,或鑄鋼襯鈑,其轂面已裝之襯鈑鬆動時,可拆換新銅螺釘鉚緊之。其磨薄及裂開者,在材料不充足及緊急應用之時,可設法在背面墊薄鐵片或拼接之。太薄者應廢棄更換新襯鈑。

曲拐銷磨損限點時之最小直徑,按照北甯鐵路規定者,為原直徑磨去 $\frac{3}{8}$ 吋,平漢鐵路則規定原直徑磨去百分之十。

曲拐銷直徑已達磨損限點,斷裂,銷面有裂紋等應廢棄更換新銷,其表面磨壞,燒壞,應用曲拐銷鏇機 Quartering Machine or Crank Pin Turing Machine 重鏇,若表面僅有輕微損壞,可用細銼銼平後用砂帶(Sand Ribbon)及軸油擦光之。

輪軸略有灣曲,應將灣軸廢棄,更換新軸。惟在材料缺乏,幷經查明該灣軸並未經歷機車出軌或對撞等事變時,可將灣曲處燒紅用適當之機械工具或車輪鏇機,起重機(Jack),及畫針盤(Surface Gauge)等逐漸壓直,之直後兩端軸項仍應用上述工具試驗,是否平直,稍有不平,應即重鏇,其曾經歷出軌對撞等事變之灣軸應廢

棄，更換新軸。

　　機車動輪，引導輪及後輪軸項之磨損限點時直徑，按照美國標準規定，爲小於原直徑半时，其動輪軸項直徑相同者，連動輪引導輪及後輪之軸項直徑可磨損 $\frac{3}{4}$ 时，按照英人 Hughes 氏之意見，機車直軸軸項，可磨損半时，四輪轉向架軸項 $\frac{1}{4}$ 时，雙輪引導架軸項 $\frac{1}{2}$ 时輕貨運煤水車軸項 $\frac{3}{8}$ 时。重貨運煤水車軸項 $\frac{1}{4}$ 时，機車直軸壽命約自16至20年，可供25萬至50萬哩之行程，至于曲拐軸之壽命，不過九年。（參考倫敦 Gresham Publishing Co. 出版之 Railway Mechanical Engineering 第二册第一◯一頁。煤水車軸之生命，可自25至27年。

　　北甯鐵路原先規定之機車及煤水車各軸項可能磨損數量爲 $\frac{3}{4}$ 时，近年來有數機車軸及煤水車軸尙未磨損至規定數量曾告折斷，當局爲安全計，於民國廿一年八月，將機車軸項可能磨損數量改定如下：(1)太平式密加度式鞏固式機車軸項 $\frac{3}{8}$ 时；(2)摩古式機車軸項 $\frac{1}{2}$ 时，3)調車機車軸項 $\frac{5}{8}$ 时又於同年九月將煤水車軸項可能磨損數量改定如下：(1)五千加侖第五八類，二六類，摩古式及六輪等煤水車軸項 $\frac{3}{8}$ 时，2)四千加侖煤水車軸項 $\frac{1}{2}$ 时，3)用40噸美國 5″×9″ 軸之煤水車軸項 $\frac{3}{8}$ 时按最近斷軸其使用年齡不過十二年半，其行程不過三十五萬里，至於平漢鐵路則規定各軸項可能磨損數量爲原軸項直徑之百分之十。

　　各輪軸軸項已達磨損限點，應廢棄更換新軸。

　　軸項有裂紋時，如其方向與輪軸中心軸（axis 並行，并確定係輪軸本身製造時爲扞合壞料而發生之合縫 Seams)，在材料缺乏時仍可暫用，至材料充足時再換新軸如其方向與輪軸中心軸垂直者應立即廢棄更換新軸。

　　軸項磨壞燒壞應用車輪鏇機（Wheel Lathe）或其他適當之鏇機重鏇其表面變色，務須完全鏇去。若表面僅有輕微損壞，可用細銼銼平後，再用砂帶及軸油擦光之。

各輪軸後肩（Back Shoulder）磨壞,以及其底部圓角磨壞等,應鏇整,惟不得用電銲。因電銲時之熱度,足使電銲之處發生裂開及折,斷等損壞(參考 1932 年三月 Railway Machanical Engineering 第 182 頁)。

直輪軸軸項,常有磨成扁圓之現象,其數量終不過 $\frac{1}{64}$ 時,在應用八九年後又有磨成圓錐之現象,其錐度達 $\frac{1}{16}$ 時時,應重鏇。(參考 1909 年七月英人 Hughes 氏在敦倫工程學會宣讀關於輪軸之論文)

後輪軸及煤水車軸軸領磨損至 $\frac{1}{4}$ 時時,可用電銲補充鏇整之。軸領係在軸項之末端,所受撓力 (Bending stress) 幾等於零,此處利用電銲修補磨損之處雖亦有損,於電銲處軸料之結構,尚無妨害載重之安全。

機車輪軸有時在左右軸項附近發現割切溝槽。其發生之原因,在乎平時司機及驗車員工之工作不力,致行駛時車架下各種牽拉條桿之一端脫去銷拴,降落於附近輪軸上,久之即切成此項溝槽。發見時,深者(設已逾 $\frac{1}{8}$ 時,)應立即將輪軸更換,換下廢軸,用作曲拐鎖等,淺者(設深度未及 $\frac{1}{8}$ 時)在詳細查驗後,判明在溝槽附近並無裂紋及其他嚴重損壞者,仍可繼續應用。

(V)修理工作撮要

(1)拆脫舊輪箍　換新輪箍或修理鬆輪箍,及損壞輞面等,應先將原有輪箍拆卸。此項工作,在無扣環(Retaining Ring)之車輪,甚為簡便,僅用烘輪箍爐將輪箍烘熱漲大,使其脫離輪體。在有扣環之車輪,其拆卸方法有二,(1)將夾持扣環之扣環槽(Groove)完全鏇去後烘脫輪箍,(2)將扣環完全鏇去後烘脫輪箍。前者扣環一無損壞,仍可應用,惟輪箍已破損不能再用,此法宜用於拆脫廢棄之輪箍。後者輪箍一無損壞,仍可裝用,惟扣環已完全損失,不復存在,此法宜用於修理鬆輪箍及損壞輞面等。拆脫之輪箍如仍需用,於脫落後應立即用白鉛油註明係某號機車某邊某輪,以免重裝時錯誤。

(2)裝新輪箍

(a)修理輪體　廢棄之輪箍拆脫後,在輪體完全冷時,測驗其直徑,如比原直徑縮小太多,或輞面有缺陷處,應電銲輞面鏇平,使其與原直徑相同,斷輻或曲拐銷座及其他各處裂開,亦應於此時電銲修整。

(b)鏇新輪箍內圈　機車修理廠應製備測驗每一類機車輪箍內圈應需直徑之長桿量器(Pin Gauge)多種,以供鏇輪箍內圈之用。此項測量器係以 $\frac{1}{4}$ 吋至 $\frac{1}{2}$ 吋之圓鐵條製成,兩端磨尖,其長等於其所屬某類輪箍應需之直徑(即輪體直徑減去規定之緊縮數量)減去某數量,使該量器於內圈鏇成適當直徑時,得以一端支息於內圈一面,一端能於對面左右擺動規定之距離約自二吋至三吋餘。(擺動數量由各廠自定,至輪箍內圈應需之緊縮數量,參考 G. V. Williamson 著 Wheel Work 第 59 頁附表)

鏇新輪箍內圈可於車輪鏇機或直立式鏇孔機為之。先鏇輪箍與輞之接觸面,宜用上等高速率鋼之刀,一次鏇成之。鏇時應常以上述之長桿測量器測驗所鏇之內圈直徑是否已足規定之擺動距,其頂底各處是否完全相同,遇有相差之時,必係刀尖磨壞,應將刀重磨,於相差起點處繼續鏇去,以免內圈發現錐形,次鏇輪箍唇各面,又次鏇扣環槽(如輪箍用扣環者)。

同一機車動輪輪箍之內間距,並不相同,是故鏇有扣環輪箍內圈時其自輪箍背面至輪箍唇內面之距離,與鏇無扣環輪箍內圈時,其自輪箍背面至缺口(Recess)底面之距離(如有此項缺口者),應略大于需要之數量,以便安裝時易於校正各對輪箍應需之內間距。

(c)烘輪箍　全套輪箍內圈鏇竣,在安裝前應烘熱漲大之。烘熱法有四,(1)用劈柴烘爐,(2)用煤或焦炭烘爐,(3)用油類燃燒器,(4)用電爐。至烘熱之適當程度,在新輪箍以內圈表面變色至暗藍時(即燒至暗紅前之變色)為標準。在舊輪箍仍以上述之長桿測量

器如前法擺動,至擺動距有一呎左右時爲標準。

(d)裝輪箍　輪箍燒熱至適宜溫度時,應用敏捷方法,將熱輪箍取出,裝於輪體,復用大鐵錘擊輪箍各部,使其適合,同時用特製之鐵夾(Clamp)及螺釘,使輪箍內面與輪體內面相距應需之距離(卽 $\frac{1}{2}$ ×(同一對輪箍內面應需之距離與輪體內面應需距離之差數) 迨適合時,洒冷水於輪箍週圍,使其縮回原有之直徑,緊箍於輪體輞面,最後裝扣環或固定螺釘(Set Screw)等。同法裝置他端之輪箍,使其內面(卽背面)與對面已裝妥之輪箍背面相距規定之距離。

同一機車動輪輪箍,內面之距離,並不相同。在標準軌間距之鐵道,此項距離不可小于53時或大過 $53\frac{3}{8}$ 時。故第一動輪與末尾動輪之內間距,較中部動輪者常少 $\frac{1}{8}$ 時至 $\frac{3}{8}$ 時。以便經行灣道,例如密加度(Mikado)式機車前動輪用 $53\frac{1}{8}$ 時,中動輪與主動輪用 $53\frac{3}{8}$ 時,後輪用 $53\frac{1}{8}$ 時。又如太平式機車,前動輪用 $53\frac{1}{4}$ 時,主動輪用 $53\frac{3}{8}$ 時,後動輪用 $53\frac{1}{4}$ 時。

(3)裝舊輪箍　修理鬆輪箍或損壞之輞面,其拆卸之舊輪箍如仍可應用,於輪體全部修整時,卽可重裝,其步驟如下:

(a)裝襯鐵片(Shim)　輪體因輪箍之緊縮,其直徑漸次變小,致有鬆輪箍等事。直徑縮小 $\frac{1}{32}$ 時時,輪箍內圈周圍應襯 $\frac{1}{64}$ 時鐵片,縮 $\frac{1}{8}$ 時時,應襯 $\frac{1}{16}$ 時鐵片。在原舊輪箍安裝前,應按輞面寬度及其圓周,將此項鐵片用獨塊或最少可能數塊製作完妥,於輪箍烘熱派大而安裝於輪體時,將其嵌入輪箍與輞面之間。

(b)縮小輪箍內直徑　鬆輪箍之原由有二,(1)輪箍厚度漸薄,行駛時各部受重載之連續壓擠,漸起引伸作用(drawing)卒致內圈直徑增大,(2)輞面因輪箍之緊箍及行駛時重載之壓擠,漸起密集(Upsetting)現象,輪體直徑因而縮小。故修理鬆輪箍所用還原之方法,其一修整輞面使輪體恢復原有直徑,其二襯薄鐵片(Shim),其三將輪箍用擠縮器縮小至相當直徑。第三法係平漢鐵路長辛

店機廠所採用。工作時,將輪箍在特製之焦炭烘爐內烘熱至鮮紅,然後置縮輪箍器內,全周圍以楔鐵(Wedge),即用數大鎚同時將楔鐵下擊,使輪箍各部密集,縮小內直徑至適當數量,俟其稍冷,即裝於所屬輪體。此法比較視薄鐵片為妥善,於修理無扣環之鬆輪箍尤為相宜。

(c)校正輪箍背面距離　薄鐵片裝安或內直徑縮小後應將輪箍背面距離按上文,(2)(d)方法校正之。

(d)製扣環　舊輪箍拆卸重裝時,其原有扣環已於拆卸時毀去,應換用新環,其製法有二:(1)先用扁鐵鍛製成相當直徑之圓環,用車輪鏇機或直立式鏇孔機鏇成規定之式樣及尺度,(2)先由鐵條用軋鐵機(Rolling Mill)軋成適當截面之扣環長條(Retaining Ring Bar Stock),次用扣環撓機撓折成需要之圓圈。前法因需要鏇機工作,費時較多,且於未有備用扣環時,臨時如法製造,稽延修理之時間。此種不方便處,在車輪鏇機及直立式鏇孔機不甚充足之工廠中常感覺及之。後法工廠方面可購備軋成之扣環條,用 Retaining Ring Bending Press 扣環撓機撓成應需之圓圈,即可應用。工作上比較前法便利甚多。按津浦鐵路大槐樹機廠即係採用後法。

(e)安裝扣環　安裝扣環方法有二:(1)人工安裝法,(2)機工安裝法。前者在輪箍裝安時,將扣環一端插入扣環槽內,用大鐵鎚擊輪箍背面緊扣之,如法復用夾及螺釘(Clamp & set screw)由此緊扣之一端續漸插入并緊扣其他全部。後者將扣環插入槽內後,用裝扣環機(Retaining Ring Setting Machine)緊扣之。按後法係津浦鐵路大槐樹機廠所用。

(4)鏇輪箍　同輪組或同軸之車輪直徑應係相同,即有差異,其相差數量,不得過 $\frac{3}{32}$ 吋。故新舊輪箍在安裝後,其切軌面及折緣各部,應用車輪鏇機鏇成圓整而合乎規定之形式,并有相同之直徑。工作時先自切軌面外端起鏇,將刀深入,計刀尖可超過各硬點及最深內陷點時(此指舊輪箍而言,)即於左右輪箍外端起鏇約

$\frac{1}{4}$ 至 $\frac{1}{2}$ 时,經測驗而重復鏇成相同直徑後,左右二刀再繼續向內端勵鏇,迨到達折綫復將折綫高厚暨大略形式鏇出,最後用整形刀(Forming Tool)鏇整切軌面及折綫等全部形式。

鏇割車輪輪箍,使車輪直徑相同,務宜以一次刀割完成之,以省人工與時間。故今日車輪鏇機對於鏇割舊輪箍,其刀割深度,有至半时者。至於應鏇去適當之數量,可用一種輪箍切軌面測驗器,測定輪箍確實磨損情形復與標準輪箍面樣板相比而核定之。此項測驗器各廠可自製。其法以 6 时 × 1 时 × $\frac{1}{32}$ 时薄鐵片約200餘片(以其總厚度可超過最寬輪箍之寬度而定,)中心作一 $\frac{5}{16}$ 时 × 4″ 之空槽,疊合後,用同樣製作之較厚鐵鈑作兩端夾鈑復以 $\frac{1}{2}$ 时螺栓及兩翼螺帽夾持之,即完成。用時旋鬆兩翼螺帽,使疊合之薄鐵片――垂落而緊着於輪箍面各部,再旋緊螺帽,取出此量器,即得輪箍切軌面之實在形式。

輪箍鏇刀以 1 时 × 1 $\frac{1}{2}$ 时之高速率鋼爲最相宜。鏇割速率宜在每分鐘 1 呎至20呎之間(以上各節參考Locomotive, Aug. 1920, Page 253)。

(5)鏇車輪軸座　車輪軸座(Axle Seat)面應垂直於車輪平面,以免摺綫受不當之磨損,其中心應與車輪切軌面圓中心互合,俾車輪不致發生偏圓現象,損害前後轉向架,及軌道,更應平直,以免鬆軸及損壞輪軸之輪座。鏇此項工作之刀架,應裝有微分量器,并能於工作時制使鏇刀作千分之一时極微之深度,不稍錯誤。進軸一端,應鏇有 $\frac{1}{4}$ 时半徑之圓口,以利壓裝輪軸之輪座。軸座直徑應較輪座直徑爲小,以便壓裝後,軸座緊握於輪座,不致鬆動。其縮小直徑之數量,在鋼軸座則每一时輪座直徑縮小千分之一时,在鑄鐵軸座則每一时輪座直徑縮小千分之二时。惟同一鋼鐵,硬度各異,工作時對於此項縮小數量,宜參酌工作者經驗,略爲增減。其裝置適宜與否,應以壓入時最高噸數是否合乎標準規定爲準則(標準壓裝輪軸噸較表,參考American Loco Co.出版Loco Hand Book第101

頁附表)。

(6)鎚新曲拐銷　曲拐銷可用廢軸及較大之廢曲拐銷為之。在鎚作應需尺度及形式之前,應加適當之歆煉(Anealing)(參考Loco & Bailer Inspectors' Hand Book,By A. J. O'Neil, 第54頁), 其安裝連桿或搖桿視部分,應鎚光後用棍壓工具(Burnishing Tool)壓作堅實表面,以利轉動。其輪座表面,亦應平直,以便壓裝時不致損壞曲拐銷座面,并免映用時潤油由曲拐銷座內流出,致驗車者誤認鬆曲拐銷,即以更換而虛耗工料與時間。曲拐銷座壓裝之緊縮直徑數量,與軸座者相同。其裝置適宜與否,以壓裝時之最高噸數為定,(參考 American Loco. Co. 出版之 Loco. Hand Book 第101頁壓裝曲拐銷噸數表。)壓裝後應將其位置,壓裝日期,直徑數量,材料名稱,壓裝噸數,及壓裝地點,詳細記錄於簿冊,并有簡單文字以鋼字模打印於銷端,以備日後查考(參考 Loco & Boiler Inspetectors' Hand book 第54頁第(c)節)。

(7)劃作偏心曲拐之長方銷槽　在用華氏滑閥之機車,其主動曲拐銷之頂部,裝有偏心曲拐 (Eccentric Crank),其銷槽(Key Way)之位置,關乎閥動機關 (Valve Gear) 全部之動作,務宜使其十分正確。故劃作此項銷槽,宜在曲拐銷壓入曲拐銷座(Crank Pin Seat)之後與校正滑閥之前為之。其方法當於敍述校正滑閥工作(Valve Setting)時詳述之。

(8)輪軸工作

(a)軸料　輪軸係由專門製造廠,按照鐵路規定及需要情形,製造之。其最近製造方法係先由適當鋼料鍛成粗坯,由粗坯鎚成外直徑及長度較完成時略大之半完成軸料,復於軸心鑽鎚直徑約二三吋之直通圓孔,俾除去鍛製時每易發生隱藏損傷之部分,於鍛煉時各部易於受到相等之效力此種半完成軸料,再經燒煉(Heating) 急冷(Quenching), 及溫煉 (Tempering) 等鍛煉後,方售與鐵路應用。其內汽筩機車之曲拐軸(Crank Axle), 在今日已不用分段

接合之方法,製軸者,於鑽畢上述直通內圓孔後,將其燒熱至相當高溫度,即用水壓機及特製型模壓成需要之灣曲(Offset),用作曲拐及銷參考 G. V. Williamson 著 axle work 第 36 頁)。

　　(b)鑑軸項　修整軸項,鑑刀至為重要,不宜用狹刀,宜用刀口約寬 $1\frac{1}{4}$ 吋之刀,其角在輪座一邊應有相當半徑之圓角,以便連鑑圓角(Fillet),在軸領一邊,亦應有相當半徑之圓角。刀口應平直,工作時刀口位置宜略高於輪軸中心線。鑑畢應用滾壓工具(Burnishing Tool)壓作堅滑表面,竣工時,立即塗以油脂,以防污銹。

　　用鋼輥軸根壓軸項表面,為今日鑑作輪軸之重要規範之一。工作時,壓力計有六千至七千磅。其功能不僅使表面光滑堅固,且增大表面受壓部分之引伸力量約百分之五十以上。據德國 Gottingen 試驗所報告大多數軸承發燒原因,多係鑑軸工作之不良,曾徑根壓之軸項,三年內從未發燒云(參考 The Locomotive, July. 15, 1927, 第 227 頁)。

　　(c)劃作輪軸扁銷槽　輪軸扁銷槽,位於車輪曲拐銷之對面,故在二汽筩機車,同一軸上之銷槽位置,相距適為九十度。工作時先將輪軸用 V 形墊鐵擱置於平台(Surface Plate)上,使兩端中心均與平台面作相等距離,通過兩端中心,作一平橫線按照藍圖規定情形,用畫針盤(Surface Gauge)將軸中心離平台面之距離加扁銷槽寬度之半劃線於軸之左端作槽處。同法減去扁銷槽寬度之半,劃線於同處。在此二線上之需要深度處,作一豎線,即完成槽之截面,再將銷槽邊線延長於輪座面上,即劃成銷槽整個形式。同法將右端扁銷槽劃出。最後用鑽機及刨機依照劃線作槽。三汽筩機車輪之扁銷槽,仍位於各車輪曲拐銷之對面,相距在90度以上,工作時先將輪軸用 V 形墊鐵等擱置於平台上,使兩端中心及中曲拐中心與平台面作相等距離,用分角器按照藍圖規定各車輪曲拐與甲曲拐相距角度,作通過軸中心之直線,即得銷槽位置之中線,按上法劃作需要之槽。

(d) 壓裝輪軸　工作時應注意(1)用微分量器,測驗輪座及軸座直徑是否按照標準尺度鐫作。(2)各座面(指輪座與軸座應完全光平,一無任何鐵屑塵沙等物之存在,(3)壓裝前各座面塗熱胡麻子油(Boiled Linseed Oil),(4)用標準量器測驗輪面與軸中線是否完全垂直,(5)壓力應合足標準數量,否則作不合格論,應將原軸壓出,將各座面塗抹極薄層之白鉛油(白鉛粉 white Lead 一磅與 $\frac{1}{8}$ 加侖熱胡麻子油之混合油料,）再壓入可增加壓力二十餘噸(參考 G. V. Williamson 著 axle work 第 29 頁)。若第二次壓入之噸數仍不足標準數量,應再壓出,移作其他輪軸之用。

(e) 打印軸端標誌　輪軸各端壓入軸座後,應將其位置,壓裝日期,直徑數量,材料名稱,壓裝噸數,及地點詳細記錄於登記本,并用簡單文字,以鋼字模打印於軸端,以備查考。

(9) 劃作偏心輪扁銷槽 (Eccentric Key Way)

用斯帝芬蓀滑閥之機車其主動軸上均裝有偏心輪 Eccentric, 以統制滑閥之動作。其安裝方法,係用一長方扁銷 Key, 鑲合輪軸與偏心輪之間,復用固定螺釘 (set screw) 緊扣之。故此項扁銷,半部埋沒於輪軸之銷槽內,半部透出於輪軸外面,而嵌合於偏心輪之銷槽內,其於輪軸上之位置,隨偏心輪所司之滑閥有無餘面 (Lap) 及導程 (Lead) 暨所有餘面及導程之數量,而變易。如滑閥並無餘面及導程,則移動滑閥之偏心輪在輪軸上係位於曲拐中線之前九十度,如滑閥須有餘面及導程,則偏心輪應在曲拐銷中線九十度之地點再向前移動相當之距離。此項在九十度外之距離,謂之角度導程,其所切之角謂之導程角。如第一圖即係一偏心輪在輪軸之側面圖。X 為輪軸裁面,A 為曲拐銷中線之位置,B 為無導程 (Lead) 及餘面 (Lap) 之偏心輪中線

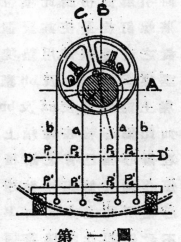

第 一 圖

之位置，C爲有導程及餘面之偏心輪中線之位置，導程角即 B C 二線間之角。故修理機車於換新主動軸時，或於原用滑閥之餘面有所變更時，測定軸上之偏心輪銷槽位置，係一極關重要之工作。工廠設計部分應將各類機車之偏心輪，在主動軸原定之位置繪成足尺詳圖，以供工作部分按照此圖作如第一圖之 D D' 線，與輪軸中心及曲拐銷中心連接線並行，并在偏心輪及輪軸周邊，作垂直線，割切 D D' 線於 $P_1 P_2 P_3 P_4$，此項 D D' 線上之 $P_1 P_2 P_3 P_4$ 之位置，應記錄於一直邊鋼條上備用。

　　若主動軸係一內汽箭機車，或三汽箭機車用之曲拐軸，則割作偏心輪銷槽位置，須按以下步驟：

　　將車輪安置於特設之平直軌道上，求作輪軸中心於曲拐凹面(Crank Web)上，由此中心作一圓，其直徑與曲拐銷相同，裝一直徑與此相同之圓鐵釘於此圓內，攔一水平尺於曲拐銷及此圓釘邊上轉動輪軸，至水平尺指示曲拐銷中心與輪軸中心在同一平線上時，即在軸上偏心輪之位置處作一周線，將偏心輪之一裝於此周線上而與曲拐銷作九十度加上導程角之處。同時認定任何方向之偏心輪位置(或前或後)，須在引導曲拐銷之地位，前向偏心輪在車輪向前轉動時引導曲拐銷，後向偏心輪在車輪向後轉動時引導曲拐銷。此項位置略定，即將其原有契扁銷(Cotter)打緊，或將螺釘旋緊，使其緊握於輪軸，此時即將上述巳有記錄垂直線位置之直邊鋼條，用墊塊攔置於此偏心輪下離地面相當距離處，將垂線(Plumb) aa 及 bb 懸垂於偏心輪及輪軸上，同時將偏心輪在輪軸上略轉動，使 aa 及 bb 線各與鋼條上巳記錄之 $P_1' P_2' P_3' P_4'$ 相互合。如此偏心輪在輪軸上之位置巳與上述足尺圖所定位置相同。即在偏心輪巳有之銷槽用90° V形扁鑣作標記於輪軸上，同時在原偏心輪其他與輪軸連接處作一二標記，并在此位置附近打印偏心輪所司之方向如 R F, R B, 等，以便最後安裝時得有查考之處，不致錯誤此後即將偏心輪拆下同法將其他偏心輪之銷槽位置

記出於輪軸上。

銷槽位置既定，按照藍圖劃作應有之式樣。如無鑽槽機 (slot Drilling Machine) 可用平底鑽頭 (Flat bottom Drill) 鑽出與銷槽同寬深之連續平底穴數個，再用鏟鏟平各圓穴間多留之部而完成之。

若主動輪軸係一外汽箭機車之直軸，則偏心輪位置之測定及鏟作銷槽等步驟，與前法完全相同。惟欲使左曲拐中心與軸中心在同一平線上，則左右曲拐懸一垂線，轉動輪軸至垂線通過軸中心時，即得之。欲使右曲拐中心與軸中心在同一平線上，則在左曲拐懸一垂線，轉動輪軸，至垂線通過軸中心時，即得之。

安裝偏心輪扁銷時，須使其錘擊而下，并使緊帖銷槽各處，然後再用填塞工具 (Caulking Tool) 錘擊銷之周圍，使其與輪軸相接處緊合，以免用時鬆動，致發生扁銷割斷，滑閥止行不靈等事變。

(10) 均衡機車動輪　均衡 (Counter balancing) 之意義，係均分各動輪所負搖桿 (Connecting Rod) 及連桿 (Side Rod) 等之重量，并抵消來往行動各部 (Reciprocating Parts) 之偏向震動，以使整個機車行駛平穩，而不妨害機車各部及軌道之安全。其重要工作，係測定於動輪之均重塊上應加上或減少之重量。

新由製造廠造出之機車，其動輪必已經均衡，惟於試駛時，發現不平穩之現象，此項均衡工作，仍應複驗。有時機車之來往行動及轉動各部，有所更改，則此項工作尤不可少。

均衡動輪工作，可於車輪均衡機 (Wheel Counter balancing Machine) 為之。其無均衡機設備者，可按照美國1915年機工會議 (Master Mechanics Convention) 規定之方法為之。(原方法載 G. V. Williamson 著 Wheel Work)。

(本章完全，篇未完)

電燈泡製造程序說略

惲震校閱　王鄂韓著

　　自安迪生氏發明炭絲燈泡(Carbon Filament Lamp)，五十年來，幾經研究改良，始有今日鎢絲燈泡(Tungsten Filament Lamp)之成績。其構造之精良，效率之高大式樣之巧，在在足以表現其進步之階段。時至今日燈泡之需要，隨電氣輸路而遞展，大有一日千里之勢，雖窮鄉僻壤，亦多視為必需品，其用途之廣，實正未可限量也。惟是製造問題，向乏參考之可尋，故欲求精詳之探討，殊非易易。玆篇所述，僅及於燈泡製造之梗概，而於玻璃燈絲及銅頭等各部之製法，槪不涉及。經驗短而學識淺，誤誤在所難免，尚斯閱者有以正之。

　　(一)揀選及洗軋玻壳　　所有玻璃壳必須揀過，其有砂粒水泡厚薄不均或其他不佳狀況者，均應棄而不用，免受事後損失。然後用洗泡機(Bulb Washing Machine)，將玻壳內部洗滌淨盡，按置於木架上(平常每架可放五十只)，以待乾燥。但普通為經濟計大都用人工洗滌玻壳，法以木桶二只，(二只為一組多可類推。)一盛冷水，一盛熱水，冷水桶內加稀氟氫酸(Dilute Hydrofluoric Acid)少許，將揀好玻壳，先經酸性冷水洗過，再清以熱水即可。玻壳乾燥後，乃用煤氣軋頭機軋去其細頭，(因吹玻璃壳時，必連有玻壳頭。)以備應用。煤氣軋頭機之構造甚簡單，即包括一兩端直徑不同之鐵筒，在適當之外週，圍以煤氣火頭一圈，其狀約如圖(一)玻壳由大口插入筒內，使玻壳之頸適與燒紅之鐵相接觸，一觸後即將該頸部向冷濕之布上輕輕一敲，則玻壳頭自即斷落矣。

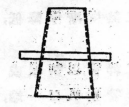

小洞眼（即小火頭）

煤氣入口（小鐵管）

圖　（一）

(二)選擇玻管玻梗及割配　所用之玻璃管及玻璃梗,均須經過量準器（Glass sorting gauge）之選擇,使大小厚薄與規定尺寸相符,方可配割.尋常所用之玻管,約分大小兩種,大者為幹管(Stem)連接玻壳之用,小者為做抽空氣管之用.玻梗則僅需一種,即為幹管下部架絲之用.至割配方法,則用割玻輪(Glass cutting mechine)割成所需要之短段,其長度則時隨燭光大小及何種燈泡而決定之.

(三)喇叭口工作　割好之大玻管,須用喇叭機(Elave machine)將一口均燒成喇叭形,以便幹管與玻壳相燒接.喇叭口務使均勻適度,可免與玻壳相連接後發生歪斜或破裂之弊,其形狀約如圖(二)所示.

(四)幹管工作　幹管係由上述之二種玻管及玻梗與銅絲(Leading in wires)相配合而成.其所用之機器,名為幹管機

未做前玻管

已做後玻管

圖　(二)

(Stem machine)。此機之作用,在使玻管玻梗及銅絲,按步燒配,最後成為如圖三所示之幹管形狀.在是項工作時,煤氣火力之溫度須甚高,俾銅絲得與玻璃相契甚嚴密,而不致有漏氣之病,故平常多添用氧氣(Oxygen),以助煤氣之燃燒.幹管中所用之銅絲,亦頗有選擇之必要,蓋銅絲之漲率,必須與玻璃部分之漲率相等,庶不致因通電後幹管發熱,而有玻璃碎裂之虞,普通之燈泡銅絲,所以有特製之一段者,即是故也.嗣做成之幹管,其熱度尚頗高,為避

免破裂起見,故宜卽置於烟煉器(Stem annealer)內,使熱度漸漸降低,此亦工作上不可缺少之手續也。

（五）節子工作　將已煨煉之幹管,以割機或小銼刀割成所需要之長短,（幹管喇叭口一端,固係固定,但玻梗一端,則隨意可割。）然後用煤氣燒成節子(Button)二個(做長絲泡用)或一個(做可樂或哈夫泡用),以備裝鈎(Hooks)之用,其形狀約如圖(四)。是項工作,機械人工均可,以其簡單故,尋常大都以人工爲之。

（六）做鈎及裝鈎工作　做鈎有機械及人工二法,機械用自動做鈎機(Automatic hook making machine)將粗細已定之鉬質鈎絲(Molybdenium wire),自動割成鈎形(長絲泡用)或冢尾形(可樂或哈夫泡用),而人工則先將鈎絲分成直線束。然後用小鐵箝灣成所要之形狀,繼以剪斷手續,而鈎子卽成矣。手藝純熟之工人,所成之鈎子,幾與機械無異,而工作亦頗迅速,故普通用人工做鈎者頗不少。裝鈎工作,

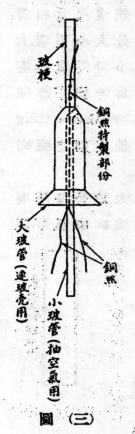

玻梗
銅焊特製部份
大玻管（連玻壳用）
銅焊
小玻管（抽空氣用）
圖（三）

節子
做可樂或哈夫泡時此節子可有暑
圖（四）

亦可分爲機械人工二種。人工可用一小鐵箝,右手將鈎子夾起,左手將幹管上之節子燒紅,然後將鈎子之直端插入節子中,卽成所需要之形式,可於圖（五）中表示之。至每幹管之鈎數,則時隨燈泡種類及燭光大小而不同。機械裝鈎法,係用自動裝鈎機(Automatic universal inserting machine, for p'gtails and hooks),此機包括數種工作能先將節子燒好繼插入鈎絲,然後割成適當之長度,而灣成鈎形或冢尾形。併如許工作於一機,其功用自較人工爲簡快多多。

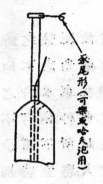

系尾形（可樂或哈夫泡用）

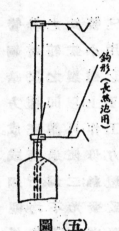

鈎形（長焦泡用）

圖（五）

（七）燈絲之選擇及規定　燈絲(Tungsten wire)關係燈泡之發光耗電及壽命,其性質之選擇,大小長短之規定,殊有嚴格之必要。普通燈絲之性質,以美貨,德貨為最佳,荷蘭貨次之,日貨最次。同一性質之燈絲,往往因工作規定之不精,發生種種不良之結果,譬如所用之燈絲,較規定為大,則欲使耗電相等,其長度必須增加,此於壽命雖無妨,而燭光則銳減。如燈絲較規定為小,則長度須縮短,燭光雖高,而壽命不長矣。尋常小規模之製造廠,以資本關係,所用之燈絲,性質既不能盡佳,而大小尺寸,又不能按照規定,應有盡有,此無彼代,在所難免,故其出品,時有耗電太費,壽命太短,或燭光不符等種種弊病,此吾人所當注意設法補救者也。

（八）配絲工作　平常燈絲,可分已煉(Well annealed)與未煉(Black special for spiralizing)二種。已煉絲為做直絲燈泡—長絲泡(Straight filament lamp)之用,未煉絲為做彈簧絲燈泡—可樂或哈夫'泡(Spiralized filament lamp)之用,是以配絲工作,亦各有別。直絲燈泡配絲甚易,卽將燈絲剪成規定之長度,平直束於玻璃管或他物上,以備溯絲之用。至彈簧絲燈泡之配絲,則必須先經繞絲之手續;故應有繞絲車(Spiral winding machine)之設備,此車之作用,在將燈絲自動圈於鋼心絲(Steel mandrel wire)之外,如尋常之做彈簧(Spring)然,其心之粗細及燈絲圈之跨距(Step),則隨燈泡燭光之大小而不同,務求適合為佳。已成之彈簧絲,尚須經過相當煅煉工作,(電爐煤氣均可)使剪斷後,燈絲不致伸展,然後用剪絲器(Spiral cutting Device)或人工將彈簧絲剪成一定之長度,浸入於鹽酸(Hydrochloric acid)內,熱之使沸,待心絲全部溶化後,乃用肥皂水及火酒將絲洗淨烘乾,再

以小鐵箝揀出而整理之,配絲工作,方可告完成。

(九)繞燈應注意之點　彈簧絲關係燈泡之性質,故繞絲之時,應注意所成之絲,是否光滑均勻無疏密之病,蓋燈泡發光之不均,燈絲之易於斷落,時由於繞絲不佳之所致也。是以繞絲車本身之構造問題,殊大有研究之必要,精確為繞絲車唯一之條件,稍有不合,即發生種種不良之結果。顯微鏡之設備,亦為繞絲時所不可少之儀器,蓋藉此可以隨時察看彈簧絲之佳否。管理之人,務宜特別留意,毋使燈絲時有中斷之弊,免受損失。

(十)綳絲工作　綳絲之意,係將配就之絲,綳於已裝鈎之幹管上。法先將幹管上之二銅絲,剪成相等之適當長度,用小鐵箝將銅絲腳灣上,然後使燈絲之一端與銅絲腳連接,而壓以鐵製之腳踏小壓機(Presser),使接頭緊固,乃用手將燈絲綳於鈎子上,以同樣方法,使燈絲之另一端與另一銅絲腳相緊接,而綳絲工作,可謂完成。綳絲之時,所當注意者,約有二點:一為小壓機之壓力,毋使過輕或過重,蓋過輕則接頭易有脫落之病;過重或將傷及燈絲;二為所綳之絲,須直而勻,如係彈簧絲,更不可將絲拉成段節,致發光不均,觀瞻之所係,固不能草率將事者也。尋常此部工作,大都由女工担任,蓋取其心細而靜,至良否快慢,則全視工人技術之純熟與否為斷。普通三種燈泡綳絲形狀之不同,可於圖(六)表示之。

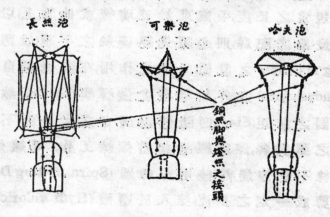

長絲泡　　可樂泡　　哈夫泡

銅絲腳與珠絲之接頭

圖　二(六)

　　(十一)配藥工作　配藥為最要工作之一,亦即祕密工作之一,關係燈泡之壽命及製造損失(Manufacturing Shrinkage)甚大。無論何種燈泡,在綢絲工作完畢後,其燈絲與幹管之下部,必須經過化學藥品之噴塗,方可應用。該藥品之功用有三,一為煉成燈絲正當之發光,二為減低燈泡之熱度,三為免除燈泡用後發黑,致燭光減少。其配製之主要成分,為精煉之紅燐細末(Red phosphorus)及酒精(Alcohol),按照上海奇異安迪生廠之配法,除此二者外,尚加有少量之以脫(Ether),「二烷酸五烷」(Amyl Acetate), Cryolite, 及 Porlotion 等,但最後二種,均係商業名詞,究不知若何化學成分,作者曾數詢滬上諸大藥房,皆未得要領,嗣欲於安迪生廠設法樣品少許,以資實際化驗,但亦終未如願,殊覺遺憾。滬上華人自辦諸燈泡廠,大都即僅用紅燐,和以酒精或蒸溜水,而於製造可樂泡或哈夫泡(即氩氣泡)時,則再加 Amyl Acetate 少許,其成分比例,時隨燭光大小及燈泡種類而不同,固重實際試驗而初無一定之標準也。尋常國貨燈泡一經使用,其幹管之下端及銅絲與玻璃連接處頗易發黃黑色,卽係配藥未臻善善之故,此吾人之所以於是項工作,殊有研究改良之必要也。

　　(十二)上藥及封口工作　繼綢絲工作之後,為上藥工作,法以配好之藥水,灌於噴藥機(Automatic phosphorus spraying machine)內,勻噴於綢絲之部,但普通大都用人工方法,卽將幹管綢絲之部,向滿盛藥水之杯中一轉浸,就為工作完畢。噴藥或浸藥之時,切勿使藥品發生沉澱,以免各部所受分量不均,此所當注意者也。上藥後之幹管,卽可逐一插於封口機(Sealing-in machine)上,套以玻璃壳,燒以煤氣,使玻壳口逐漸緊縮遂與幹管之喇叭頭相焊接,此之謂封口告成。燈泡製造至此時,雛形略具,上端尚留有細長之玻璃管,以便抽氣,其形狀約如圖(七)所示。封口之時,須留意火力是否強弱適度,幹管位置是否適在玻壳之中心,玻壳上端所燒之縮痕是否平正,蓋所以防破裂或歪斜之弊病也。

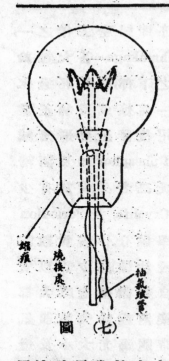

圖　（七）

螺旋　燒接處　抽氣玻管

（十三）煉泡及排氣灌氫工作　封口後,排氣之前,須經過煉泡器(Annealer for sealed lamps) 之煨煉手續,蓋所以防冷熱之忽變,而生破裂之虞也。燈泡經煨煉後,即可放於排氣機 (Exhaust machine) 上,開始排氣工作。尋常之排氣機,可分二種—為自動排氣機 (Automatic exhaust machine), 大都為圓形,自工作開始以至完成,均係自動,其速度自較他種為大。一為枱形排氣機 (Bench type exhaust machine),形似長案,分為數節或十數節不等,每節均有分裝之眞空泵(Vacuum pump)待空氣排淨後,其封管手續,則需人工,故速度較慢。無論何種排氣機,其所用之眞空泵,須精確異常,眞空之高,必以能達千分之一公厘水銀(0.001 mm. Hg.)方稱完善。普通廠家,以資本關係,所採用之抽氣機,眞空大都不足,故抽氣需時較久,而結果因眞空之不甚佳,影響於燈泡壽命不淺,是亦大部之國貨燈泡,所以不能與歐美貨相媲美之一原因也。在排氣之時,燈泡之熱度,必使甚高,所以除潮濕而利抽氣,故排氣機上,均有煤氣烘箱之裝置,且必須有檢漏器,或有眞空試驗器(High frequency Coil or Spark Coil of inductor type) 之設備,以檢驗在排氣時,有無漏氣(如燈泡殼破裂或排氣管連接不緊等情形)及眞空之程度,待試驗眞空已達適當之高度時,即可將抽氣玻管燒斷封固,而完成工作,此蓋指製造眞空燈泡 (Vacuum lamps) —— 長絲及可樂泡 —— 而言,若係氫氣燈泡 (Gas filled lamps) —— 哈夫泡, —— 則在空氣排淨後,尚須經過灌氫手續,然後方可將抽氣管燒封。其灌氫方法,即將抽氣管凡爾關閉,而同時開放氫氣管凡爾,則氫氣自能流入燈泡內部矣。故尋常製造哈夫泡時,排氣機上,須多證氫氣管之設備。排氣後之燈泡,可於圖(八)中略示之。

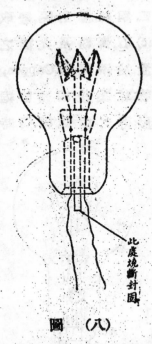

圖　（八）

此處燒斷封固

（十四）驗光及養光工作　驗光工作 (Flashing)，係將巳排氣燈泡之二銅絲彎成鈎形，掛於驗光機 (Automatic flashing machine) 上，連以阻力圈 (Resistance coil)，通以極少之電流，繼將阻力減低，使電壓逐漸增高直至超出規定電壓約百分之十五 (15%) 爲止，此時燈泡發光已甚亮，而各種不良弊病，亦至此而隨之發現。在驗光工作進行之時，如發現燈泡有爆裂之弊，大都係所用之銅絲與玻璃漲率不同，或幹管因銅絲與玻璃部分契合未緊，發生漏氣，或因在配藥之時，紅燐成分太少之所致。如遇燈泡發熱甚猛而同時燈光紅暗，則必係泡內抽氣未淨，須於排氣時特別留意，而此紅暗燈泡，不久即將發黑而爆裂。如經驗光之後，玻壳發現淡黃顏色，則因配藥時紅燐成分太濃，須酌量減低，蓋此亦影響燈泡之壽命者也。尋常在驗光電壓達至百分之四十至七十 (40—70% of rated voltage) 時，泡內必發生藍色光彩，此藍光爲驗光過程中必有之現像，必使之隨電壓增加而退清，否則即有斷絲之虞，此與配藥問題，殊大有密切之關係焉）。紅燐成分太少，足使藍光不易退清，但普通藍光之存在時間及現象，亦有因燈絲製造種類而不同，故當以實際經驗爲標準，不能規以成法也。至燈泡時有接電後，一亮即滅隨之以滿泡白煙，此乃燈泡已漏氣而內部早巳灌滿空氣之故，其他弊病尚多，只有隨時鑒別，不能一一盡述。平常廠家爲經濟計，亦多有用人工驗光者，惟手續較慢，不若驗光機之均勻，而工人之技術經驗，更有特別注意之必要焉。驗光完畢後，繼須有數分鐘之養光工作，法將燈泡懸於燈架上，通以電流，使循規發光，蓋所以養成使用之效力也。

（十五）分種及裝銅頭工作　燈泡自養光後，發光部分可期完

成,乃用棉花或紙片塞入幹管之喇叭口內,使二銅絲極對隔,繼取做就之銅頭(Brass Cap),內週膠以洋碱漆,Shellac)石膏粉及火酒之混合物,穿入銅絲而按於玻壳之上端,然後壓置於銅頭機(Capping machine)中,務使四週平正,烘以煤氣,待混合物乾燥後,銅頭即固連於玻壳,形成圖(九)之狀況。銅頭機大都作圓形,得自由旋轉,同時可放燈泡三數十只,除換取之數位置外,餘均圍以烘箱,燈泡自一邊放入,待逐轉一圈後,混合物適烘乾,即可取出矣。

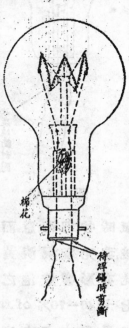

棉花

待焊錫時剪斷

圖　(九)

　　(十六)焊錫及絲煙工作　將長出之銅絲部分剪去,分銲於銅頭上,此之謂銲錫工作。銲錫時所用之藥水,宜用不傳電之物質,以免漏電之病,普通之銲錫膏(Coraline soldering paste),頗稱合道,市上雜牌燈泡,時有以「麻電」聞,此皆因銲錫時用俗稱所謂銲錫藥水即亞鉛溶入鹽酸內),而毫未注意是乃傳電之體質故耳。燈泡經銲錫後,各部已完備,即可進行試燈工作(Burning and testing)。平常試燈架(Testing rack)之大小,以約可放一百至二百盞燈者為適宜,傍裝電壓表(Voltmeter),電流表(Ammeter)及阻力箱(Rheostat)等,所以察燈泡之耗電,是否適度,以及有無其他不佳現像。至燈泡發光之强弱及分配是否均勻,亦可於此時用光度表(Photometer)測驗之。欲進行試燈工作,一特製之變壓器,亦為必要之設備,該變壓器之出棧電壓(Secondary voltage),須大小皆備,普通自10,20,以至300 volts),俾可適用於無論何種電壓之燈泡,且同時可供給驗光及養光之需要焉。

　　(十七)揩泡及打印工作　試燈之後,可用少許火酒將燈泡外表揩擦深淨,乃由打印機(Bulb stamper)或手工將所要之牌號及伏數瓦數印上。打印所用之原料,為亞鉛華(Zinc oxide)及玻璃膏水

(Sodium Silicate,即俗稱 water glass)，此蓋指印玻壳上之白色字樣而言，如欲顏色印子，加少量之顏料即可。至打銅頭上印子之藥品，則將硝酸銀(Silver nitrate)滴於黑色軟橡皮板上，稍溶即可應用。

（十八）烘印及包裝工作　　為求牌印之易於乾燥起見，可用煤氣烘之，烘後再經過最終之接電手續俾得確定燈泡在試燈工作後，有無因搬移震動而損壞，於是包裝工作，即可開始，而製造全部告終矣。

（附一）磨砂燈泡　　磨砂(Frosting) 可分兩種，即裏磨砂 (Inside frosting) 與外磨砂 (Outside frosting)，其所用之化學藥品則相同，即為氟化錏(Ammonium fluoride)，炭酸錏(Ammonium carbonate) 及氟氫酸(Hydrofluoric acid) 之化合物，此外亦有再加少許之極細麵粉者，可使光澤較佳。外磨砂可在摺泡工作之後為之，將燈泡向藥水中一浸即成，故用機械或人工均可，裏磨砂則必須在封口之前，先將玻壳內面磨好，手續較難，以用機械方法為宜，人工非特不便，且甚易於損壞也。

（附二）顏色燈泡　　顏色泡之製造方法，與普通無異，所分別者，玻壳配色之部分耳，是屬於玻璃製造之範圍，茲不贅述。

結論　　電燈泡之製造，外觀似甚簡單，但手續紛繁，雖極細小之工作，偶有不慎，即足影響燈泡之品質，故於技術之研究改良，工作之分配管理，殊有特別注意之必要。吾國數年前，是項製造事業，除美商之上海奇異安迪生廠外，華人自辦者不過三數家耳，二載自來，應國人之需要，相繼而起者，竟達十餘家之多，惟均以經濟能力有限，致機械之設備，殊多欠佳，而同時技術能力，亦頗感不足，既難與歐美貨相抗衡，又不能抵日泡之傾銷，故旋起旋仆，迄難進展，甚望國人猛起直追，合力從事於技術之研究，設備之改良，則國貨燈泡之前途，未始無光明燦爛之一日也。

（附）上海電燈泡製造廠調查表(民國二十二年七月調查)

廠名	地址	每日平均出數(只)	資本(元)	創辦年月	備考
亞浦耳	上海迷陽路	10,000	258,000	民國16年	華商
麗來廠	""　大通路	4,000	80,000	""　16年	""
華通	""　楡林路	4,000	100,000	""　17年	""
亞而登一廠	""　平涼路	3,000	50,000	""　17年	""
亞而登二廠	""　北京路	2,000	40,000	""　19年	""
明光	""　大達灣路	1,500	20,000	""　21年6月	""
永明	""　大達灣路	2,000	50,000	""　22年1月	""
中華	""　北成都路	1,500	20,000	""　22年3月	""
福泰	""　新聞路	1,500	20,000	""　22年3月	""
中國	""　新聞路	1,500	20,000	""　22年4月	""
好友	""　康惱脫路	1,500	20,000	""　22年4月	""
國泰	""　成都路	1,500	20,000	""　22年4月	""
上海	""　平涼路	8,000	200,000	""　22年5月	""
新光華	""　蒲石路	1,500	20,000	""　22年6月	""
華德	""　東熙華德路	700	10,000	""　22年6月	""
奇異安迪生	""　勞勃生路	20,000	未詳	""　6年	美商
光華	""　華德路	1,000	10,000	""　20年	日商

樁端之新形式

　　木樁或鋼筋混凝土樁之下端,循對角線或半徑線之方向構成十字或Y字狀鈍頭者,據詳密試驗,其打下有時反較尖頭樁爲易,而打至堅實地層,不用作拉樁時,其載重力則遠勝(有時在三四倍以上)且在同樣或較急激之錘擊下,其可打下之長度比尖頭樁至少少1公尺,即長度至少可省1公尺。因其載重力較大,故樁距可加大而樁數可減少。此種鋼筋混凝土樁之製造,較尖頭樁爲廉,因鋼筋在樁尾不必彎折也。(見"Zentralblatt der Bauverwaltung," 1934 S.288--289)　　(胡樹楫)

揚子江水災與水位預測之商榷

白　郎　都 (L. Brandl)

中華數千年來,以農立國,生產之豐歉,繫於水利之興否。中國西北部,地處高原,峻嶺深谷相互雜處,故支流紛歧。及邊東南,地勢平坦,支流匯注,以揚子江爲最著。民國二十年秋,大小河川,盡告漲溢,江隄隨處潰決。水勢之大,災區之廣,爲歷來所罕見。損失之鉅,尤難勝計。然揚子江爲患已久,關於治標治本方法,論者甚多,因種種關係,迄未實現。長此以往,將來禍害,恐更難設想。近年以還,河床沙洲,日見增漲,而平時倚爲唯一調節江水之二大湖泊,亦日形淤淺。又經人民之圍墾,致湖身日益縮小,容量因之大減。一遇上游水漲,頓失調節之效。且天然災患,恒發於無形,其來也至速,固非倉卒間可以人力勝之。以二十年之水勢推測,中游江隄若不潰決,使水勢分散,則下游各站之水位勢必更高。爲今之計,河床之淤塞爲害者不速加修治,依余之推測,未來禍患,恐又難倖免,且時有發生可能,或且更烈。治本既屬不易,則宜權情勢之緩急,關查下列數端,作爲預防工作之依據:

(一)歷年之最高水位及河床坡降曲線。

(二)近年來之最高水位及坡降曲線。

(三)現有江隄及支流堤頂之高度。

(四)有堤圍護之城市高度。

(五)支流入江處之位置。

(六)幹支堤缺口之位置及大小。

（七）幹支流水位站之位置及其高度。

（一）（二）兩項所述之最高水位紀錄及坡降曲線,雖已載之年報中,可供參考,唯以沿江各測站相隔之距離過遠,難免失詳。查兩站間連成之坡降線,本為多曲線,由其曲處,即可推知河床寬窄之概況。狹窄之處,水位時因約束而抬高。寬闊之處,水位較低。即洪水與堤頂之高度,亦可由此比較得之。

為預防洪水起見,宜將上游各測站之水位紀錄,按時報告下游各站,俾下游居民得有預防及遷移之機會,蓋浪峯推進,頗需時日也。此項工作,已經防汛時之施用,結果可謂完善,在防汛工作上得相當便利。惟因種種關係,未能如預定計畫之完全實行,故尚有待改進之必要。報告工作,貴乎不斷。夏季可於上午七時,冬季於上午八時,按時用電話或無線電報告各站或總站(或南京總站,)再由總站廣播各沿江地點。此項報告,當以中下游各站,如宜昌,岳州,漢口為最重要。茲將各站之地位及預測情形約述如下。

宜昌站之預測　宜昌位於中游中部,其上雖有重慶,萬縣等測站,按其情形,則不及宜昌之為重要。惟宜昌水位,須視重,宜間之水勢而轉移。該段中間,有嘉陵江,涪陵江二支流,故以上二河,亦須設水位測站,按時報告,俾宜昌之推測可較詳細。宜昌之水位,即按時報告南京總站。支流上游所設之測站,除用以預測下游水位外,尤可作預告沿江居民之用。

岳州站之預測　岳州位於洞庭湖口,水位之漲落,不獨與揚子江上游水勢有關,且與該湖之漲落亦有直接關係。該湖支流甚多,故欲預測岳州水位殊較他站為難。然地處武,漢之上,地位更為重要。居其上者有宜昌站。宜,岳之間,尚有沙市測站,故水位除視湖水外,全視上游之水位而異。該站每日之水位紀錄,可直告南京總站,或可由漢口轉報。

漢口站之預測　漢口居揚子江中心部,且為商業中樞。民國二十年水災,以該地為最重。故水位情形與該地之關係更覺密切。

該站之水位預測，除上游宜，岳之關係外，尚有襄河由西北來匯，一名漢水，流域甚廣，故於漢口水位之漲落亦極有關係。該河現有襄陽，岳口，鍾祥等數測站，惟時因江水高漲而倒灌，故測站宜設於倒灌終止點以上。漢，岳之間，亦須擇重要地位添設中介站，俾水位線之曲折情形更可精詳。

　　九江站之預測　　九江居揚子江下游中部。水位情形，除受上游影響外，尚有鄱陽湖之關係。湖水之漲落，視各支流而異，可於沿湖或湖中擇一相當之地設一測站，以視察湖水位之情形。各支流上游，亦宜添設測站，以預測湖水之漲落。惟潯漢間之水道，寬狹不一，其影響於浪波殊甚，故於特殊之地點似宜添設測站，俾九江之預測可較詳細。

　　其他測站之預測　　九江以下，尚有安慶，蕪湖，南京，鎮江等測站。自蕪湖以下，則有潮汐之關係，於鎮江則有運河來歸，故推測殊感不易。惟下游水流較緩，故情勢不及上述各站之要。

　　水位之漲落，恆隨氣象雨量而轉移，故某地於特殊情形之下，經二十四小時不斷之降雨或超過一百公厘者，宜報告總站，俾可推測水勢情形。

　　為推測揚子江之水患及水位情形，曾試求其各站之標準關係，惟以紀錄不全，支流複雜，致兩湖(洞庭湖與鄱陽湖)與揚子江之關係日趨惡化。蓋現在之湖泊，不能調節江水，反助長禍患，實為目前先決問題。至於水位報告，祇能供一時之應用，不能作為永久之計畫。此項工作，宜終年不斷，不僅限於大水時期。所有紀錄，可供作將來之參考，其意義至為重大。所有未設之站，務期於最短期間內完成，若限於經費，則宜權其緩急擇地位之需要先後設立之。其所費之數，余深信遠不及一次被災之鉅，初試效果，諒可共見，故各測站尤有設立之必要。

膠濟鐵路更換新軌經過

劉　雲　書

　　緒言　膠濟鐵路建自德人,當時多因陋就簡,橋梁軌道,均甚薄弱。橋梁荷重率約為古柏氏E-20級,鋼軌則每公尺重30公斤。歐戰後日人佔管該路,力謀發展,添購大機車(載重率約當古柏氏E-35級),於是全路橋梁軌道均有不支之象。民國十二年由吾國接收後,曾發生雲河橋斷之事變,其原因由於橋梁愛重,已超過其安全限,而通過之列車又連掛虬結式大機車二輛。經此事變後,全路員工均知注意,於是規定種種行車保安辦法,然軌道亦處於同等危險地步,故當時全路平均,每日鋼軌折斷一根,每年總數不下三百餘根。因此工務處同人於積極更換橋梁之外,又力謀更換舊軌,改舖每公尺43公斤之較重鋼軌。惟鋼軌及配件軌枕等材料,用費浩大,一時難於全路更換,只得分批進行。爰於民國十五年至十八年間,更換一批,約二十公里。民國十九年間,又更換一批約十公里。兩次換軌,著者均參與其事,故將當時情形,追述於下,以供參考。

　　更換第一批新軌經過　地段及時期如下;

公里26+117至公里30+590	民國十五年十月二十六日開工,	十五年十一月二十二日竣工
公里 0+599至公里 0+911	民國十五年十二月二十五日開工,	十六年一月 七 日竣工
公里20+620至公里21+819	民國十六年四月十三日開工,	十六年五月三十日竣工
公里12+200至公里14+911.75	民國十六年四月 一 日開工,	十六年七月一 日竣工
公里 5+400至公里 6+300	民國十六年十一月 一 日開工,	十六年七月十八日竣工
公里 3+099至公里 5+513	民國十七年七月 四 日開工,	十七年九月三十日竣工
公里 1+103至公里 1+367	民國十七年十二月 一 日開工,	十七年十二月三十一日竣工
公里11+564至公里12+200	民國十七年十二月十二日開工,	十七年十二月三十一日竣工
公里 2+300至公里 2+370	民國十八年一月 三 日開工,	十八年一月十五日竣工

新鋼軌每公尺重43公斤,國有鐵路標準橫面每節用木枕十八根,道釘及螺絲道釘兼用(十六年至十八年間更換者均用螺絲道釘)。

施工前應注意之點為:

(一)膠路係已成之路,運輸繁多,勢不能因換軌而停止運輸,故換軌工作必須不礙行車,故須有縝密組織,與適當法則以從事。工作必求敏捷,新軌道又須安全。

(二)膠路舊軌道係用鋼枕。鋼枕之螺絲孔,適合於30公斤鋼軌;今換以43公斤重軌,不能適用,故軌枕亦須全部更換,即全部舊軌道均須拆去。舊鋼枕經過三十年,多已銹爛,換下後之可用者,留作他段未換者修養之用,亦至得計。

由於第一點,換軌施工,必在兩站間無列車經過之時間。按行車時刻表上之規定,列車與列車間之最大時間,不過一點鐘上下。則在此一點鐘內,必須將舊軌道拆除,舖設新軌,與舊軌連結妥善,舖添石渣,校正軌道中心棧與軌平軌距,再將石渣搗固,方可通知兩端站長放列車駛過。凡此種種手續,必須在此規定之一點鐘內,全部完成,尤須絕對妥善,絕對安全,方免列車駛過時發生意外危險。

關於第二點:膠路換軌與他國鐵路情形不同。他國鐵路多係雙軌,如今所有經過該處列車,臨時駛入一軌,其他一軌,則可全部更換,即或為單軌,其軌下皆用道木,只須將軌條拆出,重舖新軌條於原有木枕上,將道釘拔出重釘。膠路則須全部更換,軌道中心,軌平軌距,全不能保持原來狀況,即路床石渣,亦須全部挖出。在一小時內,完成此繁難工作,且尤須顧及安全,不誤行車,非有嚴密法度不為功。

施工步驟如次:

(1)換軌之前,先將全段擬換之軌道測量一過,將軌道中心樁作好,換舖新軌時即以此為標準。

(2)將新軌道材料,全部運至換軌地段兩端之車站。

(3)將鋼軌與木枕,在站中裝配妥當,但不上魚尾板,每節鋼軌為一單位,用工人二十人,由工頭一人率領之。

(4)用材料列車,(第一圖)將裝配妥當之軌道運至工作地點,用吊車卸在路綫之一旁,工作人共計機車司機生火三人,吊車司機生火三人,起重匠及小工五人。

1　機車
2　平車上載裝好新軌6節
3　15噸吊車
4　平車上載裝好新軌6節

第一圖　材料列車之組合

(5)同時由一工頭率領工人約七十人,先將軌道下石渣扒出,存放路旁;再將軌道下兩鋼枕間之路基挖至相當深度,(距軌條底約35公分,)以便拆去舊軌後,將舊枕下所餘之石渣及土等灘平,適得新路基之平度,參看第二圖。

第二圖　挖出舊石渣之深度

(6)由工人四名,將各節舊軌之魚尾螺絲試行旋鬆,(必要時可稍加滑油,)然後再上緊,或換以新螺絲,以免臨換軌時,有螺絲銹固,倉卒間難以拆下之弊。

以上各種手續備妥,即可實行拆軌換軌。拆軌之先,須宣布閉塞路綫,由負責者用電話通知兩端站長,此後非經負責者宣布開通路綫,站長不得放行任何列車,通過該處。

施工前須用正式公函,或電報通知有關行車人員,在某地換軌,每日換軌幾次每次在某兩次列車間等,使兩端站長特別注意。換軌地段之兩端,各樹紅牌一面,紅牌外再各樹綠牌一面,兩端站長發給上下行各次列車停止劵一張,司機收到停止劵後,應

時時注意路栈之安全及有何種號誌顯示。過綠牌須緩行,遇紅
牌須立卽停車,將停止劵交看守紅牌之旗夫,由其剪驗,待旗夫
給與放行號誌(晝用綠旗,夜用綠燈,)列車方可緩緩前進,每時
不得超過十公里;直至他端所示綠牌,方可恢復列車速度。停止
劵則由司機携交該管機務段長,以備考查。

(7)換軌時由工人四十名,及起重工人五名。先用吊車將舊軌吊出,
置於路旁,再由路之他一旁將裝好之新軌吊入,上魚尾板,駛進
吊車,再吊第二節。如此節節前進,直至該次應換節數換畢爲止
(普通每次六節)。然後將軌道撥正,塡入石渣,起平搗固,插入短
軌(參閱下文),接安路栈,吊車駛回車站。(參閱照片一及二)

(8)安插短鋼軌　膠濟路舊軌每根長十公尺,新軌每根長十二公
尺,設一次換新軌六節,則所佔長度約爲72公尺。如拆去舊軌七
節約長70公尺,則騰出之地位不足2公尺左右;爲免除鋸軌及
鑽魚尾螺絲孔等工作之耗時費事起見,惟有再拆去一節,約共
長80公尺,然後將多出之空位,用長短不等之短軌補入。此種工
作卽所謂「安插短鋼軌」是。由工人八名及工頭一名專司之。
工頭先用極準鋼尺,量定應插短軌之長度,(軌間滾隙,亦須算
入)。然後用長短不等之短軌數根連接湊成之。新舊軌接頭處,
因兩軌不同必須備特別魚尾板兩對,以聯繫之。參看照片三。
所用短軌係先期作好者,共54根爲一套,其中長度自1公尺至
1.95公尺按5公分遞進者,各2根又長2公尺,3公尺及4公
尺者各4根。
　短軌兩端均鑽長圓形魚尾螺絲孔,此孔長度等於普通螺絲
孔直徑之二倍,卽5公分,故兩端各有2.5公分之活動地位,換言
之,卽每根短軌各有5公分之活動餘地。(第三圖)
　　例如新軌與舊軌間空距爲1.5公尺時,固可用1.5公尺之短軌
接入,若空距爲1.53公尺,亦可用1.5公尺短軌接入而使兩端各
留1.5公分之空際。魚尾螺絲孔係長圓形,故魚尾板與魚尾螺絲

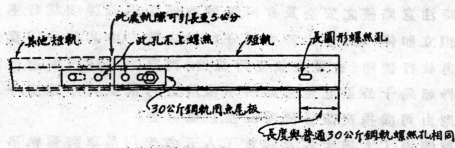

第三圖　短鋼軌兩端之長圓形魚尾螺絲孔

均可裝配每根短軌長度相差為5公分,故遇任何情形,無不可
壞接者。若遇空距在4公尺以上,可用短軌兩根或三根以適應
之。4公尺之短軌,一人擡動,即不甚便,故短軌最長以4公尺為
限。一公尺以下,則不能裝配兩對魚尾板,故最短亦以一公尺為
限。過必須插入一公尺以下之短軌時,則再拆舊軌一節而成十
公尺餘之空距,由短軌數根湊合壞補之。

　　如短軌兩端,隙縫太大,亦可用預先備好之鋼薄片(厚2公釐
至4公釐)壞入,而使兩魚尾板夾之。因短軌為臨時設置,列車經
過至多不過一二次,故此種辦法絕無危險。苟遇天曉收工必須
經過一夜之長時間,亦只須將魚尾板配好,螺絲上緊,枕木搗固,
如此行之,從未發生任何險象。

(9)作道　工人約三十人,將已換好之軌道,重新整理。彎道直道中
　　心,均按中心樁撥正,軌平軌距,均使準確,添補石渣及搗固之。斯
　　時石渣車亦隨時供給石渣,隨到隨卸,勿使停積。

(10)拆卸舊料:　工人三十人專司拆卸舊料,將鋼軌,鋼枕,及魚尾板
　　等配件,分別歸置一處,以備裝車運同。零小材料,則隨時運至兩
　　端車站。

(11)清理道床:　此步工作係最後之手續,工人亦三十人,專司清理
　　路基石渣,水溝,過道及複路等,務必使其恢復原狀。

(12)雜務:　搖車夫四人備監督人員有急事時往返車站之用。急用
　　小件之材料,亦可用搖車取運以求敏捷。

照片(二) 舖軌後工作

照片(三) 安插短鋼軌工作

照片(一) 由吊車舖軌情形

照片(四)　撥出舊軌道情形　　　　照片(六)　裝配新軌道情形

照片(五)　撥入新軌道情形

一人專司工作地電話,與兩站通消息。鐵工二人,專司修理工作器具,如洋鎬洋鍬等。看料夫四人,晝夜看守工作地內之一切材料器具。材料夫一人,司工具材料等之出入。

　　更換第二批新軌經過　　民國十九年大港女姑口間更換重軌約九公里,其地段如下:

　　　　公里 21+819 至公里 25+391.8

　　　　公里 17+763.5 至公里 20+620

　　　　公里 9+230 至公里 11+564

　　該段換軌工作於十九年十一月十六日開工,二十一年一月二十日完工。

　　工作情形與更換第一批時大概相同,所異者惟下列四點:

(甲)工人組織共分三大隊及一特務組,每隊設隊長一人。

　　第一隊擔任　(一)起掘舊石渣及過篩。工人約五十人,分三組,

　　　　　　　　　　　每組設組頭一人。

　　　　　　　　(二)搬運鋼軌材料及配合。工人約七十人,分五

　　　　　　　　　　　組,每組設組頭一人。

　　　　　　　　(三)鬆螺絲釘,工人三名。

　　第二隊擔任　(一)撥去舊鋼軌及平挖石渣。

　　　　　　　　(二)搬入新鋼軌。

　　　　　　　　(三)插短鋼軌及起道。

　　此隊工人約百名,分為七組,每組設組頭一人。

　　第三隊擔任　(一)整理及搗固道床,工人約三十人,分為二組,

　　　　　　　　　　　每組設組頭一人。

　　　　　　　　(二)運回舊軌道材料,工人約三十名,分二組,各

　　　　　　　　　　　設組頭一人。

　　　　　　　　(三)標設慢行號誌。

(乙)所用鋼軌亦係國有鐵路標準截面;惟每節用鋼枕二十二根,直道彎道相同。

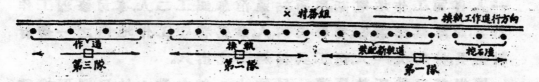

第四圖　換軌工人各組之分配

(丙)拆去舊軌及舖設新軌等均不用吊車,全藉人力。工人約百名。換
軌時以五十人用撬棍先將舊軌道撬出,置於路旁;(參看照片
四)又以三十六人將已撬出舊軌路床平好,使與原來路基等平。
在舊軌撬完時,此三十餘工人必須作好路基一段。撬軌之五十
人即將預置路基一旁之新軌(已裝配完全,)撬入軌道中心(參
看照片五,)四人則急將魚尾板上好,壙播短鋼軌之工人(八名)
亦急將短軌接妥。然後此隊工人分為數部,一部撬正軌道,一部
起平,一部添石渣,一部搗固石渣,一部上緊螺絲。俟軌道作至安
全程度,宣布開通路線,使列車駛過。全隊工人,分工合作,各有專
職,工作步驟亦循定序,不使紊亂。

(丁)此次換軌既不用吊車,故新軌不在車站裝配,即在路線旁,用工
人一隊,約七十人,將新軌裝配齊全,如鋼枕,扣鐵,及扣鐵螺絲(惟
不裝魚尾板)。參看照片六。

新材料運到時,亦由此部工人負責運卸之。

每日換軌六次(因列車經過前後時距達一點鐘者每日只有
六次),每次六節共計432公尺。

結論　由上述兩次換軌之經驗,吾人發現一至有趣之事實,
即使用吊車,雖屬利用機械,然其便利乃不若人工;其原因有四:

(一)換軌之前,吊車必須停留於附近之車站中,待列車駛過後,到達
下站,方可由站出發,及至工作地點,(若在兩站間)每需十數分
鐘,迨新軌舖妥後,又必俟吊車駛回車站,方可宣布開通路線,因
此工作效率常滯,且易使列車延誤;反之,以人工代吊車,則於列
車駛過工作地點後,即可開始工作,工作完竣後,即可宣布開通

路線。

(二)用吊車換軌道一節需時五六分鐘,用人工所需時間亦不過如此。

(三)吊車必須用機車拖曳,舖道工人雖較少,然較用人工代吊車亦不見經濟甚多。

(四)用吊車舖軌,必須於一節舖完後,俟吊車駛入已好之軌道,再舖第二節,如是節節前進,無法增加工作速度。用人工則不然,設四十人撥軌道一節須五分鐘,八十人則五分鐘內可撥入軌道兩節。故工作速度可任意增加。

(附)換軌應用工具表

手拾軌鉗	6把	錘柄	50根	鐵鞋(上電焊用)	1雙	鎬	10口
拾軌鉗	10個	冷鑿	60個	棕包	10個	風燈	20個
手推平車	4輛	起道機	2個	手鋸	4把	鋼鑿	10把
洋鎬	210把	水平道規	2個	鋸刀	10把	寒暑表	2個
土鎬	40把	鋼軌鋸	1架	火把	20個	藥箱	1具
洋鎬把	160把	鋼軌鑽	1架	斧子	4把	扁刷	10把
石子叉	100把	紅牌	2面	呂宋繩	40M	掛鎖	6把
叉子柄	140把	綠牌	4面	火油桶	40個	鋼絲繩	3Kg
洋鍬	70把	紅綠燈	8個	火爐	4個	大盆	10個
洋鍬柄	26把	巡路燈	4個	烟筒	27節	小盆	10個
撬棍	70把	紅旗	6面	彎脖	12節	台燈	1座
四齒扒	50把	綠旗	6面	蘆席	81張	燈罩(紅綠燈用)	16個
螺絲把	40把	響炮	6個	鋼尺	2個		
螺絲拐	11把	軌剪	2把	皮尺	1個		
大錘	14把	臨時電話	1具	岩帶	2把		

光線控制列車法

稆　銓　述

　　近代海陸空交通,以安全論,自以陸上交通之鐵路爲最,以其有軌道可循,有時刻爲準,有信號指示其途徑,有風閘控制其行動,且近頃安全設備日趨精密,行車規則,不厭周詳也。然事變之來,層出不窮,演禍之烈,超人意表,安全二字迄無保障。此無他,種種信號設備,靜物也,運用觀察者,人也。運用者有設備而不用,用而不守規則,則如之何?觀察者漠不關心,視而不見,見而不動,則如之何?此安全問題所以必須討論如何免去人的因素也!此所以歐美各國盡力研究信號自動控制之法也!

現代自動控制列車之法,已見諸實行者,不過兩種:

(一)機械法　在號誌上裝一活動橫桿,如號誌指示危險,則此桿卽伸出與機車上之相當設備接觸,風閘卽自動撩開,但此須機件之直接接觸,不能作遠距離之控制。

(二)磁吸法　以磁力吸動風閘活門,以控制列車之行動,但磁力必須在170公厘以內方能有效。

且以上兩法,僅能支配列車一二種行動,均不能關完善之法。最近德國忽有利用光線控制列車之法(Optical train control),最爲新穎而有研究與味其特點爲在較遠距離處可以隨意控制列車之動止,且可支配機車各種之行動,發生多方面之效用。茲將此法之效用範圍,運用原理,及機件概況略述如左:

(一)效用範圍　此法效用範圍之延擴,現尙不能制定,觀目下

所實行者,如左列各項,可見其效用之大矣。

(甲)傳達號誌各種姿態至機車上,使司機卽在下霧天氣,亦可明瞭前途之狀況。

(乙)自動的,迅速的,有效的,撥動機車之風閘,不必倚賴司機之動作。

(丙)激動機車上之警告響號,藉聽覺以提醒司機。

(丁)在軌道上任何點,可照預定限制調整車速,不靠司機之動作。

(戊)有時列車不准駛入正道,勢須改入傍道,此法可預告司機。

(己)軌道橋梁有時因特殊關係,不准列車快駛,此法可預告司機。列車已入緩速區段,令其準備。

(庚)可自動控制岔尖之行動。

(辛)如平交路開門未閉,亦可警告司機。

　　(二)運用原理　　此法之初試時,係在號誌桿上裝一送光器(Light Sender。)此器之旋轉,與號誌臂起落有合拍之連絡。如號誌指示危險,送光器所發光線卽射至機車上之硒質感光電瓶(Selenium Cell)。此瓶見光後,卽通電流,再經過電流放大器(Amplifier)及繼電器(Relay),以達汽門及風閘,卽可自動減速及撥閘。後以德國不能每站裝電氣送光器,乃改在號誌桿上裝一返光鏡(Mirror),將送光器改裝在機車上,光線自機車上射至號誌上返光鏡,仍返射至機車上硒質電瓶,較諸每站裝送光器較爲便利而省費(參觀第一第九圖。)

　　(三)機件概況

(1)送光器　　係一探照燈(Search Light),前面用一凸面透鏡。(Lens)收集電燈泡所發之光,向大致垂直之方向射出,如一狹小之圓錐體。其光線之橫幅寬度,卽軌道稍有變動,車身縱有傾倚,不致使光錐失返光鏡之的,如第一圖。

(2)返光鏡

(甲)裝置　　鏡頭係三面返光鏡組成,相互交過各九十度。如在一

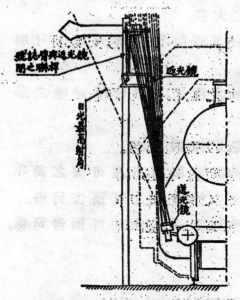

第一圖　機車上送光器與號誌
上返光器之佈置

立方形角端之內面,外觀似一
三角方錐體,三面相交各九十
度,如第四圖。尚有一特點,即三
鏡之中,有一面裝置略偏,並非
準確九十度。實際上此方錐形
返光鏡內部係磨成球形,宛如
一集中透鏡(Converging Lens)。
其在號誌桿上之位置,如第十
圖。

(乙)作用　機車上送光器之探照
燈光,射至此鏡,因方錐體返光
關係,仍返射光線至光源處。並
因有一面返光鏡略偏關係,返
光線並不與發光線完全並行,而與之成一預定之小角。此小
角可隨意配定,使返光線繞光源作一大圓圈,可使無數繞光
源排列之感光硒質電瓶發生影響,並因返鏡內部磨成球形,
返光線成一集中光錐集於焦點(Focal Point),返射成雙線,射
在光源之相對的兩邊,故感光電瓶可對稱裝置,以加強電力,
如第五,第八圖。

(丙)特點

(一)機車經過時,此鏡必能返光,準確的射至感光電瓶。無論軌
　道少有變動,返光稍有移動,機車搖擺,車速增高,均不致妨
　礙返光同至感光電瓶之射程。換言之,此鏡在光源射輻範
　圍內之位置,並非絕對唯一之定點,只須受光,即能返射光
　線至光源處。

(二)此鏡之轉動,係藉滾球軸座,阻力甚小,轉動甚為準確。

(三)重霧或將少阻光力,但有效距離不過二或三公尺,阻光尚
　無大礙。

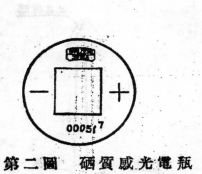

第二圖　硒質感光電瓶
之實樣

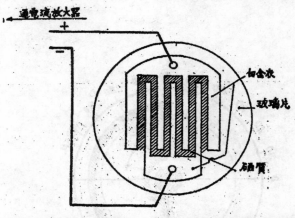

第三圖　硒質電瓶白金衣之佈置

第四圖　特製方錐形返光鏡頭

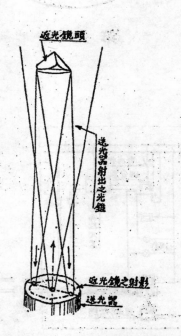

第五圖　送光器與返光
鏡間之光錐

第 六 圖

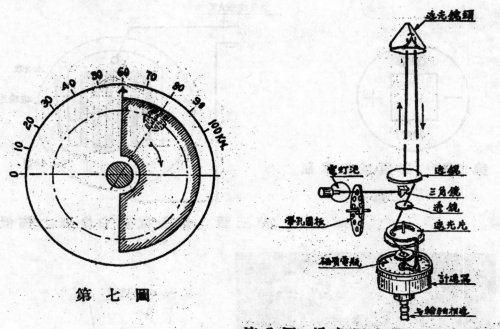

第　七　圖

第八圖　送光返光器之詳細佈置

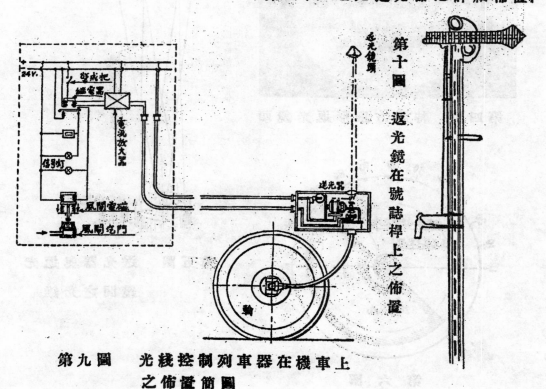

第九圖　光綫控制列車器在機車上
之佈置簡圖

第十圖　返光鏡在號誌桿上之佈置

（3）感光電瓶

(甲)裝置　　此瓶係一玻璃片,上附以極薄之白金衣,此白金衣分成兩半,或割成梳形(第三圖),每半與一電流放大器(Amplifier Tube)相連。兩半相遇之隙中,填以硒質。此質性似硫磺,成結晶體時,見光則傳電性驟然增加。其在機車上之位置,係在探照燈一小透鏡之後。

(乙)作用　　此瓶一受光力,硒質之傳電力增加,電流立卽通過,傳至電流放大器。如善利用此種特性,只須佈置適宜,可發生無數之預定效用。

(丙)特點　　此瓶感電之速,實超過吾人所需要者。據試驗結果,感光時間只須1/200秒,卽可發生感應。現今車速最高者不過每小時120公里,感光時間尙有1/30秒之多。故車速卽再增高,此法不致失效。

（4）絕對停車設備 (Absolute Stop Device)

感光電瓶受光通電後,經過電流放大器(Amplifier)及繼電器(Relay)傳至撩閘電磁(第九圖,)卽將風閘活門開動,故在進站號誌(Home Signel)裝一返光鏡,與停車電瓶相感應,則進站號誌表示危險時,列車至此卽自行停止。如因事變關係,或須在號誌外倒車,可將接觸鑰(Contact Key)扳至相反地位,則上述設備卽可停止作用,至經過號誌後,再放此鑰返至原有位置。

（5）車速控制設備 (Speed Controlling Device)

(甲)裝置　　控制車速之重要設備,卽一計速器(Speedometer)(觀第六第七第八各圖,)係迴旋電流計速表(Eddy Current Tachometer)藉一柔性軸(Flexible Shaft)與機車輪軸相連,以計其車速,顯示於計速盤(Speedometer Dial)。盤上又裝一半圓形之遮光片(screen)(第六第七圖)。

(乙)作用　　號誌上返光鏡每一旋角,與預定之車速相合拍,卽返光鏡旋轉至某種角度時,爲預定之某種車速,其返光線準確

射在計速盤上某種車速數上。此光錐射在某種車速數上時，即能激起感光電瓶，以限制汽門，使車速不超此數。譬如現須限制車速至每小時60公里，則返光鏡須旋轉至適當角度，使光錐準確射在計速盤上「60公里」之數上。假如現行車速為每小時93公里，如第六圖遮光片未將60公里之數遮住，則返光線射到60公里數時即穿至感光電瓶，傳至汽門，車速自非減至每小時60公里不可。

(丙)特點 車速調整之確度，可至 2-3 公里之數。

(6)防止其他光線擾亂之設備(Protection Against Extraneous Source of Light)

任何光線均可感動硒質電瓶。例如一塊光亮白雲，及列車經過橋梁山洞時使光量變更，均足影響感光電瓶。為防止不相干之光線擾亂計，在探照燈前，光線上插入一急速旋轉之帶孔圓板(第八圖，)使光線射出，經過轉動之孔隙，如顫動之光，每秒鐘有 600 度之顫動，自然界決無此種同樣光線與之相擾。至於防禦日光方法，因探照燈光向上，幾成垂直方向，且返光鏡位置頗高，即列車於六月二十一日，在德國南部，經過最大「超高度」之彎道時，日光線之角度(與水平綫所成之角)尚較探照燈邊緣光線(Marginal Rays)之角度為小，故對於日光可以無虞(觀第一圖)。

(7)特別保安設備(Special Safty Feature)

(甲)此器在機車上係用電流運動。電線之佈置，係照閉圈式原則(Closed Circuit Principle)辦理，萬一運用不靈，立有象徵顯示司機。如不立即扳開電門，使此器停止作用，在數秒鐘內，自動撳閘，立即發生。此運用電流(Operating Current)係24電壓之直流電流，由渦輪發電機(Turbogenerator)產生，探海燈亦恃此為光源。如電流不生，機車即無法開動。

(乙)返光鏡外罩以長管，並在鏡頭前擋以透光紙，可以禦寒，即在冬季亦未見有霜塊凝結。至於探海燈則用電或汽護暖之，以防冰雪。

鐵路與公路聯合橋

羅 英

近數年來,吾國鐵路公路之建築,日有進展。公路新造已成未成者,已逾萬里。而鐵路計劃建築已開工未開工者,亦達數千里。往往遇大江巨川,路線中斷,未始非交通上功虧一簣之憾。吾國大橋,均為鐵路而設。求其能供鐵路公路兩用者,只有刻擬修築之錢塘江大橋一座而已。至鐵路公路分建大橋,非徒經費難籌,亦不經濟。已成之鐵路,姑不具論。而現正開工及未開工之鐵路,需用此項聯合橋梁,實為數不鮮。如粵漢之湘江橋,杭江之錢江橋,玉萍之贛江橋,以及成渝之沱江橋,均有建築鐵路公路聯合橋之必要。是以聯合大橋,實有研究之價值。歐美各國,新近建築鐵路公路聯合大橋,有將鐵路與公路並肩而行,即設平行路面,置於一平面內者,有分鐵路公路為兩層,而上下疊置者。路面平行之橋梁橋面須寬。路面上下疊置之橋梁,橋身宜高。二者各有利弊,各有得失,須視山川形勢而選擇,運輸繁簡而判斷。本篇聊舉歐美印度已實施者數例,用備參考。就中丹麥鐵路大橋及笏克斯堡大橋,因引橋甚長,取路面平行式,阿德克橋則取兩層式。丹麥橋概用臂式鐵板梁,而於航路上之橋空,則造箱式剖面之拱梁,用以懸掛鈑梁。設計新穎,匠心獨運。笏克斯堡橋橋基之建造,係在50磅之氣壓下工作,實為艱巨之工程。用沉箱以代潛水筒,亦屬別開生面。至於阿德克河橋重修計劃,尤堪為我國加固舊式薄弱橋梁之借鏡。故均手摘述建築狀況,藉資研究。他如美洲那格拉鐵路重修拱橋,印度西北鐵路加固柯

徒利橋,亦屬測驗精細,資料豐富。惟限於時間,未能盡述焉。

　　(一)丹麥鐵路與公路聯合大橋　　丹麥政府與 Dorman Long 公司,於 1932 年五月十四日,簽訂 Storstrom 鐵路與公路混合大橋建築合同。跨過 Masnedsund 海峽鋼橋,亦包括在內。Storstrom 橋計長 2 哩,Masnedsund 橋長在600呎以上。各橋及引道幷接連之小橋等,合計約有鐵道 9 公里,公路10公里之長。Storstrom 及 Masnedsund 海峽,分 Falster, Masnedo 及 Zealand 爲三島。此橋築成,可溝通三島鐵路及公路之交通,亦不啻由 Zealand 東北岸之 Copenhagen 爲起點,至 Faster 最南岸爲終點,成一主要運輸之連鎖線,(參觀第一圖),

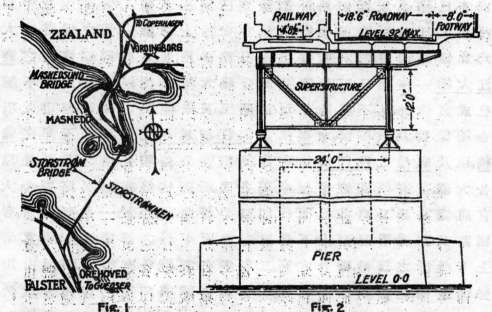

Fig. 1 —— Site plan of the new bridges —— Fig. 2 —— Section through one of the approach spans

第一圖, 橋址圖。　　第二圖, 引橋截面圖

僅餘 25 哩輪渡,以與德國大陸銜接。如是,由 Copenhagen 至德國各城,可省一小時旅行之時間。此橋須負荷公路 18 呎 6 吋寬,人行路 8 呎寬,及單行線之標準軌道,(參觀第二圖)。

　　Storstrom 大橋共計 50 孔。該橋兩端,用1:150之坡度,逐漸昇高,僅中間3孔長橋有85呎之淨空,備通過輪船之用。跨過航路之3孔

長橋,其中橋空最長者,為450呎,其餘兩孔各為340呎。其餘47孔引橋之橋空,為190呎及204尺,挨次輪流。

　　航綫上之橋梁　　跨越航路之橋梁均為拱梁(Arch),用以懸掛鈑梁(Plate girder)(參觀第三圖)。拱梁之剖面係箱式(Box Section

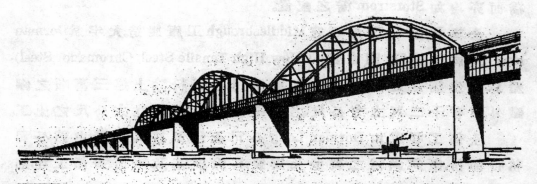

Fig. 3 A combined rail and road bridge across the Storstrømmen
第三圖,　开孚鐵路與公路聯合大橋圖

type),高約 3 呎。鈑梁係單塊腰鈑與角鐵組成者(Single web plate girders),高12呎,兩梁距離,約40呎。懸柱亦係組合之鐵柱(Built up section),間隔為30呎至35呎不等。橫梁約 4 呎高,置於懸柱與主梁聯接之點。軌道及公路,用六根直梁承托之,釘於橫梁之腰鈑上,人行路則置於二根直梁之上。該二根直梁,安於橫梁伸出部份之上。公路及人行路面均用鐵筋混凝土建造,上舖瀝青油。公路瀝青油路面,約 3 时厚,人行路則為 $1\frac{1}{4}$ 时厚。軌道兩傍,舖設木板於枕木上,以便人行。拱橋之上部及鈑梁之底部,均安置有抗風梁,(Lateral Wind System)。

　　引道橋梁　　引道橋梁為托式翅形梁(Cantilever type)。其縣橋(Suspended Spom)及翅臂(Anchor Arm),每隔一孔設置。其主梁為鈑梁式(Plate girder type),高12呎,兩梁距離24呎,橫梁高 3 呎,直接安於主梁之上,其距離為 $14\frac{1}{2}$ 呎,軌道用二根直梁承托之,釘於橫梁之間。公路用四根直梁承托之,置於橫梁之上。公路路面與航綫上橋梁之路面同一做法,惟人行道乃由公路之鐵筋混凝土路面作臂

形伸出以承托之軌道舖設於石磴之上，由鐵筋混凝土製成之托盤荷負。主梁上下均備有抗風梁(參觀第三圖)。

　　Masnedsund橋有六孔，每孔橋空約100呎。內有一孔爲吊橋(Trunnion Bascule type)。橋之主梁高 8 呎 4 吋，兩梁距離38尺，橫梁，托梁，及橋面亦均如 Storstrom 橋之配置。

　　全橋用鋼料三萬噸在 Middlesbrough 工廠製造。大半爲Dorman long 公司所煉「高應力鋼」(New High Tensile Steel, Chromador Steel)，藉以減少橋梁建築之價值。製橋所用之工料，除上述三萬噸之鋼鐵外，尚有十二萬立方公尺之混凝土，及二百萬立方公尺之土工。

　　全部工程雖由 Dorman Long 公司承包，但按其實際，由該公司執行部份，僅爲鋼橋之製造及安裝，其餘橋基及路面各部工程，則另有他商分包之。

　　該橋現正建築，約民國二十六年十一月始能完工。該橋告竣後，當推爲歐洲最大之橋梁。

　　(二)新密斯夕比鐵道與公路聯合大橋：笏克斯堡(Vicksburg)鐵橋，於 1929 年築成，爲 Memphis 及 Gulf 兩市間橫過密斯夕比(Mississippi大河之第一橋。該橋載單綫軌道，及 18 呎寬之公路。二者均平置於橋梁桁架之間(參觀第五圖)。Yazoo, Mississippi Valley, Vicksburg,

FIG. 4. GENERAL ELEVATION OF THE MISSISSIPPI RIVER BRIDGE AT VICKSBURG, MISS

第四圖，笏克斯堡橋之圖畫

Sbreveport. 及 Pacific 各鐵路，均經過此橋，而棄多年使用之輪渡。跨河主橋長 2931 呎。其中三孔，爲臂式大橋，計長 1665 呎。西端三孔之桁橋，每孔各長 420 呎上下。東端一孔之桁橋，約長 180 呎。此外西岸之鐵硬橋，約長 4100 呎，東岸之便橋約長 260 呎(參觀第四圖)

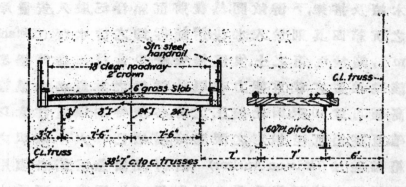

FIG. 5. CROSS-SECTION OF RAILROAD AND HIGHWAY DECKS
VICKSBURG BRIDGE

第五圖，劳克斯堡橋截面畵

　　公路路面用鐵筋混凝土建築，計18呎寬，6吋厚，軌道藉枕木安於直梁之上。

　　橋墩共計八個，兩個在兩邊河岸，六個在水中。河岸之橋墩，以木椿為基，計長48呎。水中橋墩建於汽壓沉箱 (Pneumatic Cassions) 之上，其底部尺寸為40×80呎，40×92呎，28×68呎及25×67呎者各一，為30×70呎者二。

　　沉箱設計　照原計劃，本用木質沉箱，後改用20呎高鋼板沉箱。鋼板箱之上，復接以30呎高之木箱及排水堰(Cofferdam)俾施工敏捷，下水較易。頂部及圍牆用鐵筋混凝土及鋼鈑造成之沉箱，結構甚堅實，可受高氣壓且底部之工作室內(Working Chamber)有較大之空間，此為改用鋼鈑沉箱之利益。建造沉箱，愈速愈妙，並於造成後即浮駛水面，趁最低水位時期使之下沉。箱沉入水時，吃水僅7呎；迨工作室圍牆塡灌洋灰後，則深入13呎。一面趕作木箱於鐵箱之上，一面塡灌混凝土於圍牆之內，每灌高一呎混凝土，沉箱下沉 2½ 呎。如此繼續工作，迨沉箱底絲適觸河底時，乃精細安置，使其位置準確，再塡入混凝土，俾該沉箱深入河底而不移。

　　沉箱入水之方法：淺水中沉箱之沉放法，先於所在地位之

週圍打木樁及搭架,下游敞開,然後將沉箱浮泛駛入,安置準確。其深水處之沉箱四具則於入水後,用能拆卸之排水堰（Detachable Cofferdam）,築於沉箱之上。俟沉箱安置妥當後,卽建築橋墩於排水堰內。該處地質之載重能力有限,故橋墩之重量,必求減輕,是以沉箱之高僅可達50呎。因此施工之時,必須特別愼重注意,以求位置之準確。蓋該箱沉至規定之深處時,橋墩已有六十餘呎之高矣。

　　沉箱錨碇法(Caisson Anchor)　因河流湍急,沉箱必須用特別之錨碇,以鎭繫之。該項錨碇爲 7 呎對徑, $2\frac{1}{2}$ 呎高,9 噸重之鐵筋混凝土菰形錨。鐵筋中有 7 呎長立桿,桿端有環扣,備纜繩結扣之用。遇必要時,可供混凝土錨深入沙底,以增加其鎭繫之能力。在河水較深處之兩箱,須用更重之錨碇。其法,用18—30呎長,16 吋高之H鐵柱全部打入河底,柱之上端,備有環扣,爲結扣纜繩之用。所有鐵柱錨,均用特製墊樁,在上游600呎處打入河底。該處水深約七十餘呎,每箱用鐵柱錨五個,成效甚著。纜繩用 $1\frac{3}{4}$ 吋及 $1\frac{1}{2}$ 吋之鋼絲繩,一端繫扣鐵柱錨,一端置於碇錨及沉箱中間之小艇,與繫捆沉箱之繩索相連結。因此可使沉箱進退自如,所有排水堰以及木樁等項,可以省去。

　　沉箱工作之程序　箱沉至河底後,工作室內之細破,用鐵管吹出箱外,其硬泥則用抓斗抓起,由運料井輸出。計於四個月內完成橋墩五座。四座在河水深處,其中一座並沉至水面下112.3 呎之深。第六號橋墩於二十二日間,深入沙屑八十餘呎。第三號橋墩,於三十三日內,沉入75呎硬泥。第七號橋墩最後之17呎,每日可沉下 $7\frac{1}{4}$ 呎,所遇土質均爲細沙。橋墩在低水位之上,槪用混凝土建築,沉箱之工作室及圍墻則用鐵筋混凝土構造。始先沉下之50呎用抓法（Opendredging）,以後則用汽壓法。

　　沉箱代替潛水筒(Diving bell)之用法　在第三號橋墩修築之前,用沉箱潛入水中,抓平河底。該處乃一暗礁,向河中心傾斜,若不預爲鏟平,則40呎寬沉箱之底,兩邊43相差 7 呎之高。河底地質半

屬硬泥,半屬頑石,在河水低落時,尚有 30 呎之深,河流湍急,難用挖斗挖平之,且時間匆促,亦未便用火藥轟炸,故用沉箱代替潛水筒以施工。先在低窪處,拋堆片石,然後將沉箱浮泛,駛至橋墩地點,即灌水於沉箱內,使其下沉,迨底緣靠觸河底時,即於沉箱周圍,搵堆砂袋,用汽壓挖去砂礫,並坎陷不平之一切障礙物,迨河床平豐之後,停止汽壓,抽出箱內之水,逐漸填灌混凝土並精細較準沉箱之位置,然後依法使繼續下沉。

用木板編成之木蓆(Lumber mats)防護河底冲刷(Scour Action)。

橋墩三座建築於細沙之河底處,乃照美國工程師會之標準,編木蓆,用片石壓沉,以防護河底,免被水冲刷。其木蓆爲 400 呎長,250 成呎寬,用 1 吋厚,4 吋寬之木板,編成之。編蓆工作,係在靠近橋墩處之浮艇上實施(參觀第六圖)。

第 六 圖

(三)重造阿德克鐵路與公路之聯合大橋 印度西北鐵路阿德克大橋,跨過印度河,在喀布爾河與印度河匯合處下流 2 哩,丕沙瓦東南 50 哩處,承載 5½ 呎軌距之單綫鐵路及幹綫公路橋長 1412 呎,旱地三孔,每孔長 257 呎,水面上二孔,每孔長 308 呎。橋梁爲

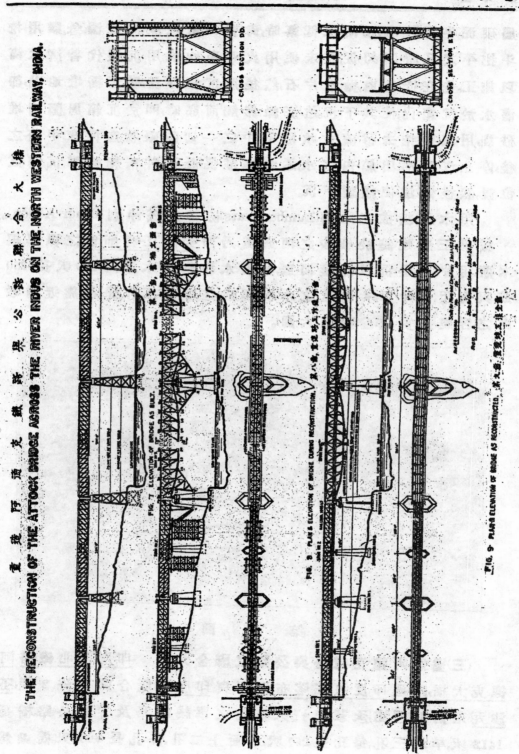

CROSS SECTION DD.

CROSS SECTION EE.

重建阿度克鐵路公路聯合大橋

THE RECONSTRUCTION OF THE ATTOCK BRIDGE ACROSS THE RIVER INDUS ON THE NORTH WESTERN RAILWAY, INDIA.

FIG. 7 ELEVATION OF BRIDGE AS BUILT. 第七圖 舊橋立面圖

FIG. 8 PLAN & ELEVATION OF BRIDGE DURING RECONSTRUCTION. 第八圖 重建路工中立面圖

FIG. 9 PLAN & ELEVATION OF BRIDGE AS RECONSTRUCTED. 第九圖 重建後立面圖

平行股桿,雙 × 腰經式(Parallel chords and double Web system)。低水面淨空高度(Clearance above low water level)計 100 呎,橋墩用石建築,橋墩則用鐵架(Steel tower)(參觀第七圖)。該舊橋於 1883 年五月造成。其桁架高 26 呎,單綫軌道置於上肢。下層為公路,距軌底 22 呎。兩桁架距離計 18 呎。公路面寬 14 呎。其淨空為 18 呎 3 吋。經加固後,改為 16 呎 2 吋。至 1921 年,始覺該橋薄弱,乃舉行檢查焉。

　　舊橋之檢查　舊橋經測量檢驗及計算應力并用 Fercday Palmer Strecss Recorders 檢查後,發現弱點甚多,而以308呎長之各孔為尤甚。檢查後之結論如下:

(一) 308 呎孔橋梁之拱度(Camber)減去 2 吋。

(二) 第四孔橋身,扭曲不平,上肢約歪 3-3/8 吋,下肢約歪 2-5/8 吋。

(三) 所有直柱斜柱,均超過載重能力;在中間部份,幾全失載重能力。

(四) 308 呎孔橋梁之垂度為橋空寬度之 1/1600 上下,左右震盪特甚。

(五) 上下肢部之載重能力不敷尚少,但橫直托梁鉚釘之載重能力竟被超過 30 噸之多。

　　暫時補救方法

(1) 各項列車,不准用雙機車,速率不得超過 5 哩。

(2) 重汽車不得與鐵路列車同時過橋。

(3) 公路路面改用木板,藉以減輕靜重。

(4) 直柱於中間用平行梁釘結,使壓撓長度減半,而減小壓撓長度與最小旋幅(Minimum radius of gyration)之比率。

(5) 所有斜柱均增加角鐵及聯緊板 (Lacings),以便承受壓力。經此補救後,再行檢查,始覺無甚危險。

　　重造計劃　自 1922 至 1925 年,曾屢經研究而產生各項計劃。其中有主張加固舊桁,改造橋墩,用混凝土包築者,有主張重製鋼桁,而改造橋墩,如上法者,有主張全部重修另行計劃者,亦有主張

加固旱地三孔,改爲連空橋,而照上法改造橋墩者(參觀第九圖)。以最後一法爲最經濟。預估所需鋼料,除建築時搭架裝設等項不計外,爲 3100 噸工料價值,計 185,800 鎊。按照此項計劃,係於無列車經過橋梁時間內施工,公路方面,每日僅 3 小時禁止通行,是以鐵路及公路之交通得以維持。

　　橋基工作　第一號至第四號舊鐵架橋墩,槪用混凝土包築(參觀第十圖)外砌 1:2½:4 混凝土塊,每塊重約 1 噸,內灌 1:3:6 混

第　十　圖

凝土,在 257 呎橋空中間,每孔添築橋墩一座。惟第三號橋墩,工作較難,因河流湍急,高漲甚速,曾用雙層鋼板樁,中填混凝土,修築排水堰,以便工作所有材料,由火車運至工作地。在橋墩上安裝氣壓吊車,以利灌填混凝土及砌混凝塊之工作。河中橋墩所用材料,冬天由浮橋裝運,洪水時則用天空線輸運,自 1925 年十月開工,至 1928 年十一月完成,雖歷時三載,但實際工作不過十九閱月,其中尚有五個月爲調查時間。此項工程範圍,計挖基鑿石, 292 英方,折去舊分水墩石工 520 英方,填混凝土 2485 英方,砌片石 765 英方。每日平

均工作人員約五百名。

　　旱地橋梁　旱地橋梁三孔,每孔中間各添築橋墩一座,將257 呎板空,改為二連空 (Continuous Spans),使肢部應力分別減輕.又將直斜腰柱分別加固及改製,以適應各部份之剪力.每孔約須鋼料 80 噸.所有橋座之反壓力 (Reaction),槪用水壓機測驗以定中間橋座之相當高度,俾斜直腰柱,毋需過多之改造,加固及改製時,會安裝鋼架於該橋空之下(參觀第八及第十圖),用以減去舊橋因靜重發生之垂度,并使於行車時得承載車輛之重量。

　　水面上橋梁　水面上兩孔橋梁,係重新製造,用「臂形法」裝於舊梁之外。——兩舊桁架相距 18 呎,兩新桁架相距 28 呎。——安裝新橋梁時,靠岸半截用第二孔及第五孔舊橋為錨碇.靠近第三橋墩半截,則兩邊彼此互相平衡.新桁架與舊桁架之節點 (Panel Points) 彼此相錯,俾橫梁可穿過舊桁架而新橋可全部安裝,一無障礙.在第二及第四橋墩處,新舊橋梁之支點不在一直綫上.故於第二孔及第五孔橋梁之上肢,靠近新橋處,安裝鐵架接連新舊桁架,跨在第二及第四橋墩上,藉以承受拉力,而拉住新橋裝出部份之重量.新桁架安裝時,下端用斜柱支撐.該斜柱繫於短樑穿過橋墩內預留孔洞者.第二第五孔橋梁之下裝有鐵架,抵撐短樑之他端(參觀第十一圖)。兩新橋之上肢在第三號橋墩上用鋼鍊栓繫,俾可彼此互相拉住,下端亦用斜柱短梁抵撐.當一邊較他邊安裝部分較多時,往往失其平衡,則運用短梁中之螺絲以調劑之。

　　新橋梁用臂式法,從兩端起裝,逐漸伸出,并向上稍翹,較所需之拱度為高.當按裝至桁架中亚時,下肢雖已接觸而上肢尚屬張開。茲述第三孔新橋連合法如下:在第二橋墩處,第二孔舊橋,與第三孔新橋之半截,均坐於活動橋座上.乃將該部新舊橋梁,用千斤頂向前橫頂.俾第三孔兩半截之下肢稍合,即用鐵栓栓住。同時在第三橋墩處,運用該短梁中間之螺絲,使新橋梁在第三孔上之半截下轉,而在第四孔內之半截上升.迨第三孔內兩邊橋桁部分之

第 十 一 圖

下肢接連處釘眼全部吻合時,即用鐵栓將全部釘眼槪行栓牢,然後在第二橋墩處,將千斤頂卸力,使第三孔新橋逐漸自降。追至上肢接連處釘眼全部吻合時,即用鐵栓栓牢,全部釘眼。如此,則第三孔內之新橋桁架,全部連合,按裝完畢,而可利用爲連合第四孔新橋之錨碇。連合第四孔內之新橋,桁架部分,仍照上法進行。

　　新橋桁架完畢安裝後,用千斤頂將舊橋提高,減少其淨重垂虛至半數。即由兩端向中心進行,將舊托軌梁拆去,新托軌梁裝上。追托軌梁全部安裝完畢,即將舊橋上肢及直斜柱卸去,然後進行更換公路路面,於是全橋工程告成。

　　此兩孔304呎新橋梁計用去鋼料2860噸。臨時搭架,使用鋼料560噸,於完工後,仍可收回爲他項工程之用。

百年來橋梁建築之演進

美國 O. H. Ammann 原著　　余　權 譯

　　大凡橋梁工程之進步,可從孔長,載重,建築之速度及經濟諸方面衡量之,以橋工上問題之發生,多起於上列各端之欲求增進也。返觀昔時之橋梁建築,設計則方法陳舊,原料則應力低微,工作則進行遲緩,若以此而擬諸現代,則百年來之成績固不難立見。

　　然此非因昔日之工程師輩之天才,精力,勇毅有所不逮於今人,特以今日構造學理論與經驗之進展,原料機械之改良,實與近日工程師以明顯之臂助耳。

　　若自根本觀之,一世紀前之工程不過取古代所遺留之方法,以應用於新原料耳。但卽使現代最新之建築,就敢謂其安裝方法曾有非為數世紀前所採用者之所引發,近來安裝上所需種種設備,其能力及効率逐漸增大。故橋梁之樑架等部分,多可於廠內製成之,而臨時安裝所需之材料遂日趨減少。是為安裝上進步之要因也。

　　泰晤士河 (Thames River) 著名之華鐵盧橋 (Waterloo Bridge),建於 1917 年,費金洋五百萬元。倫敦橋重建於 1821 年與 1830 年之間,費一千萬元;當時倫敦之人口為一百五十萬。在 1870 年紐約之人口為三百萬,曾供給其鄉鄰以一千五百萬元,以建築 Brooklyn 橋。今日紐約以九百萬之人口,不特可以六千萬元之鉅款建一橋於 Hudson 河上,卽其無量無數之較小橋梁以及隧道等,所需殆亦不下數千萬也。

橋梁建築之所以獲有如是之進步者,實以經過廣大之研探,長期之實驗而間架構造,原料性質諸學問因以進步也。故在此一紀中,橋梁建築已由一全憑經驗之技巧,一進而為專門科學矣。彈性原理在一世紀前尚在極幼稚之時期。當 Telford 建 Menia 橋時,其計算應力尚惟模型是賴。故當時如有因計算上之錯誤而致失敗之橋梁,猶可以此種學問尚未充分發展為理由而邀原諒。時至今日,則不得復假此為口實矣。

原料及機械之改良　　近有二種原料,自經發明而及於大批製造後,遂為橋梁建築進步之重要因子者,即建築鋼與鋼筋混凝土是也。在前世紀之始,橋梁上所用之原料尚多為木,石,鑄鐵,熟鐵之類,近今則此種材料幾已絕跡於橋梁建築界矣。

近日懸橋所用之鋼索其應力較之十九世紀中物已增大至三四倍。當時用熟鐵製成之條桿繩索等,應力極限大約在每方時 40,000—50,000 磅左右。至 1902 年紐約魁北克 (Quebec) 橋所用之磽鋼眼桿,即有每方時 85,000—100,000 磅之應力極限。至今則眼桿之極限應力已有達每方時 105,000 磅者矣。

鋼絲之應力較之條桿更有發展。昔日法蘭西懸橋所用之熟鐵絲,其應力極限大約在每方時 60,000 磅至 70,000 磅之間。至 1855 年竣工之 Niagara 橋 John. A. Roebling 氏所用之 charcoal iron 即已有每方時 115,000 磅之應力極限矣。至 Brooklyn 橋始首次用每方時 160,000 磅應力極限之鋼絲。今日華盛頓橋所用鋼絲之應力極限為每方時 225,000 磅;實則平均可至 235,000 磅之極限也。

以建築方法之改善,而鋼索之大小亦與其應力同時並進。如 Freiburg 橋用 5—1/4 時之鋼索 4 條,其總合應力為 1,500,000 磅。Brooklyn 橋用 16 時之鋼索 4 條,其總合應力為 18,000,000 磅。華盛頓橋用 36 時鋼索 4 條,其總合應力為 180,000,000 磅。

二十五年前最好之混凝土,用以建拱橋者,為經混合廿八日後可受每方時 2,500—3,000 磅之壓力。至今則普通水泥受每方時

5,000磅之壓力可保無慮矣。

用人力之鍛工及人力起重機等,實爲一世紀前造鐵橋所用之主要器械。所有會集連接等之安裝工作,莫不完成於工地,其單獨之肢桿至重不過數百磅。至今則150噸之肢桿,可於橋樑廠內製成後運至工地,再用電力起重機將其升舉而連接之;所費時間極爲有限。

石拱橋及鋼筋混凝土拱橋　　百年前建於美國 Chester 之 Grosvenor 橋,跨度 200 呎。中間拱出 42 呎,在當時已爲特出之石拱橋矣。此橋只用一簡單龐大之拱壁,與橋身寬度相等,是與古代建築殆無甚差別。而其跨度則直至 1884 年 General Meigs 完成其著名之 Cabin John 橋以前,迄未有超過之者。Cabin John 橋之跨度爲 220 呎,其上載重爲公路及至 Rock Greek 地方之水道。今日 Plauen 地方經過 Syra Valley 之橋,跨度 300 呎爲石拱橋之最長者。

自鋼筋混凝土發明以來,而拱橋建築又爲之猛進。十年前美國用此建 400 呎跨度之 Cappelen Memorial 拱橋,橫越密西西畢 (Mississippi) 河於 Minneapolis 地方不久以後;至 1931 年,又爲 Pittsburg 地方跨度 460 呎之喬治華盛頓橋所超過。但在 1930 年法國 Brest 與 Plaugastal 間 Elorn 河上之橋,跨度早已達 600 呎。此橋用拱壁三孔,橋上承載公路及鐵路。

在一世紀以前,建築拱橋所用之木浮架,雖亦有不用中間支撐而支於兩端者;例如倫敦之華鐵盧橋,但直至十九世紀之末,仍以用許多中間支撐復以橫拴繫住者爲多。至今則浮架之用桁樑構造者已數見不鮮矣。上述 Plaugastal 地方之拱橋,其浮架安裝於浮橋之上,迨其一孔完工後,卽用此浮橋將浮架載至他孔而用之。

鈑樑橋及桁樑橋　　此二種構造在歐之先鋒,爲完全成一固體之鐵鈑樑。在 1845 至 1850 年中,Robert Stephenson 氏所建之 Britania 橋,其中有二孔爲460呎之通貫鈑樑。其橋身整個成一固體狀如管,是爲首先用熟鐵製成者。其安裝係製成後用船舶運至橋址,

再安置於其位置。是均其在當時之特點。路面爲單軌鐵路,至今仍在使用中。

1863 年美國首次採用桁梁構造於 Louisville 地方 Ohio 河上,路面爲單軌鐵路;其最大一孔,跨度達 400 呎。至 1917 年則在此同一河上, Metropolis 地方,有跨度 720 呎之橋,全橋只具一孔; Sciotoville 地方有跨度各 720 呎之通貫橋,全橋共具二孔。皆爲單軌鐵路之路面。

浮架安裝法雖通用至今,但以鉚釘桁梁之拉桿可受臨時壓力之故,用翅橋安裝法有時能得相當之便利。此法以橋身自兩端造起,懸空展至中心而連接之。此或有完全用翅橋法,或有再於中間添置較爲遠離之支撐者。如 Ohio 河上之 Sciotoville 橋與 Hudson 河上之 New York Central 橋,其橋身展出至 400 呎,其臨時支撐亦係鋼製也。用此法時,建築中桁梁即用其鄰座橋身以爲支撐也。

魁北克橋中間吊起之簡單桁梁,其安裝與 Conway 橋極爲相似,均係製成後以船舶運至橋址而升之也。若就此二橋作一比較,實一極有興趣之事。Conway 之第一孔長 400 呎,重 1,200 噸,運橋之船自岸上啓程之日期爲 1848 年三月六日,至四月六日始運達橋址。當時用 400 噸水壓機四座升舉之,迨升至 60 呎之高度安裝完畢後,已至四月十六日矣。計前後費時至四十日之多。但在 1917 年,魁北克橋之吊起部分重 5,400 噸,啓運於橋址下流三哩半之地方,升至 150 呎之高度,所用爲 1,000 噸水壓機 8 架,而前後所費時間共不過五日耳。

雖遠在 1801 年 Telford 氏曾有改建舊倫敦橋爲一單一之 600 呎生鐵拱橋之提議,但在百年之前,金屬拱橋之跨度,未有逾於 1819 年 John Rennie 氏所造 240 呎之 Southwark 橋者。直至 1870 年 James B. Eads. 氏建橋於 St. Louis 地方之密西西畢河上,始爲金屬拱橋之突進。此橋之中間一孔之跨度爲 520 呎,兩旁兩孔跨度爲 502 呎;是爲拱橋之首先以鋼製成,又能載鐵路運輸者。其後二十年中,在

此種橋樑內,亦以此橋爲最長。

　　至 1917 年美國 East 河上之獄門 (Hell Gate) 橋始又創一新紀錄,其跨度爲 1000 呎,載重爲四列重軌鐵路;是爲近代橋樑建築之傑出者。其總載重爲每呎 75000 磅。直至現在,世界所有橋梁,未有能越過此數者。至 1932 年, New South Wales 之 Sydney Harbar 橋與紐約之 Bayonne 橋先後竣工,跨度均爲 1650 呎;是爲世界最長之拱橋,但其靜重載重均不及獄門橋。

　　昔日生鐵拱橋之建築,均用浮架法安裝之。但自 1845 年後翅橋法遂多爲犬建築之所採用。Sydney Harbar 橋之建造,卽用鐵索繫於石洞內以爲支撐,用翅橋法將橋身展至中心。其兩端展出之距離各及 825 呎。

　　翅橋　翅橋爲新式橋造,始自德國採用於 Hassfort 地方 Main 河橋,其正孔跨度爲 425 呎。美國首次採用此種橋造,則爲 1867 年 Charles Shaler Smith 氏所造之 Kentucky River 河橋。此橋屬於 Cincinnati South Railway, 其三孔跨度均爲 375 呎,近世跨度較長之鐵路橋,率多採用此式;以在此種情形之下,就橋之堅固及經濟各種方面考慮之,均以此式爲最適宜也。

　　1890 年 Sir Benjamin Baker 建一翅橋於 Firth of Forth 河上,其二正孔之跨度均爲 1710 呎,其偉大之外觀,與其對於翅橋原理之清晰之表示,至今未有能逾之者。其後 St. Lawrence 河上之魁北克橋,始以 1800 呎之正孔跨度及雙軌鐵路並一公路之載重超過之。

　　懸橋　最宜於長跨度之懸橋式,爲近世橋梁工程進展之極峯。在 1826 年經七年之工作, Thomas Telford 始完成其著名之穿過 Menai Starits 之懸橋於 North Wales 之 Bangor. 此在當時實爲一驚人之偉績;其長 580 呎之跨度,其外觀之新穎,概念之優美,以及安裝之聰明,均爲當時所未曾有。其後經百餘年之使用,尙巍然存在,而許多後來之建築,已湮滅無存矣。其載重爲公路及便路。後此不過七年,法國工程師復建一跨度 870 呎之懸橋於瑞士,橫越 Soane 深

谷於 Freiburg 地方。此橋保持其最高記錄歷十三年,而美國復有許多公路懸橋相繼而起矣其著者如 Ohio 河上之 Cincinnatai 鐵路橋,以及 Niagara 河上之兩座懸橋,其跨度均在 1000—1260 呎之間。至

圖(一)　一世紀中懸橋建築之進步

Menai 橋,North Wales,1826;Brooklyn 橋;New York,1883;Gorge Washington 橋;New York,1931.

1883 年,經十三年之建築,而紐約 East 河上之 Brooklyn 橋又創一新記錄。1932 年五月廿六日美國尚為之舉行第五十週完工紀念也。

早在 1867 年,John A. Roebling 氏已曾宣稱:用當時之鐵索,已可於 Hudson 河上築3000呎跨度之懸橋。

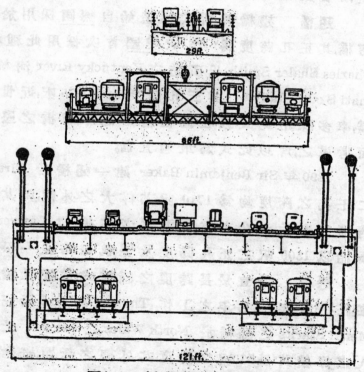

圖(二)　橋樑載重之遞增

Menai 橋;Brooklyn 橋;Washington 橋

至 1931 年而此河上 3500 呎之華盛頓橋,不過經四年半之建築,果

又創一倍於往昔之記錄矣。(圖一及圖二)

　　跨度最長之金門橋(Golden Gate Bridge)　現在 San Francisco 地方建築中之金門橋,爲橋樑中之最長者,其載重僅及華盛頓橋之半,而長度則又超出 700 呎。如是百餘年間,懸橋之跨度已從 580 至 4200 呎,卽增至七倍有餘矣。但其載重方面則較跨度增進尤多。兩塔間所吊起之總重:Menai 橋之數目爲650噸,Brooklyn 橋爲8120噸,華盛頓橋爲68,300噸。以此旣大且長之建築,其所費之時間反較前者爲小;約爲 Menai 橋之三分之二,亦卽 Brookly 橋之三分之一。

　　懸橋之安裝,自始卽鮮有用浮架法者,是爲其經濟上最大之特點。以鋼索之長度重量之加大,故升擧時弊端甚多。其用平行鋼絲組成者則難於操縱,用鋼絲絞成者則其應力減低。當建築 Niagara 鐵路橋時,Roebling 始利用在空際組成鋼索之法(Aerial Spinning)。先將各單一之鋼絲繞之成環,以一輪往返於兩塔間之空際,當輪前進時此環亦隨之逐漸展開,及輪前進至於對岸塔上,則此單一之鋼絲卽隨之吊起迨其全數吊起後再以鋼絲攏緊之,而此鋼索卽告厥成矣。此法極爲奏效其後稍大之懸橋未有不用此法者。Brooklyn 橋之橋索重 3600 噸,用此法吊起費時二十一月。Manhattan 橋索重 6400 噸,費時四月。而華盛頓橋索重28100噸所費反不過十月耳。

　　綜觀以上之種種進步發展,過去之百年爲如此,將來之百年爲何如?今日雖有對此趨於悲觀者,然而有心之士因知前路之尚有無量程途也。新原理可供工程師研究構造中之複雜應力者,尚迭相發現新材料之應力高而重量小者,已相繼而起矣。新製造法中之電銲已行將普遍,其影響所及,且將至於設計方法之改進。則將來成功之更爲偉大,可預卜矣。

雜　俎

選擇發生高週波電流之眞空管方法

　　眞空管爲目前發生高週波電流最完善之利器。惟每一種眞空管對於發出電流之週率，恆有一最高限，逾此則不再適用，同時其電力將加速減少。又每一種眞空管，對於發出電流之大小，亦有一種限度，逾此則不能勝任。自無綫電事業發達以來，電波之週率，應用至繁，故其波帶所占之地域，亦日益擴充，其範圍約自 $3×10^4$ 至 $6×10^8$ 週率數之間。電力之需要，亦日益增加其範圍約自數瓩特以至數十萬瓩特。普通之眞空管，用作發生振盪時，其最高限之週率值約爲 10^8。在此種週率，該項眞空管能輸出之最大電力，僅爲數瓩特。爲適合週率比較再高之電波，與增大電流發生之效率起見，乃不得不製造特種之眞空管，以滿足吾人之需要。因此之故，發射眞空管之種類，遂日益增多。當吾人計劃一用眞空管作發射無綫電波之電路時，對於發射眞空管之選擇，於是發生絕大困難。將依據各眞空管所標明之電力，卽以此爲標準，而加以決定乎？抑以其週率爲範圍，而予以探決乎？究將何所適從俾可達到最高之效率，此誠爲目前一般從事於高週波工程學之人士，所亟欲知之問題。美國 General Electric 公司 W. C. White 氏，最近對此問題，頗多貢獻。渠曾特製一種圖表，以下邊橫軸，代表可用之週率數；上邊橫軸，代表相當之波長，其左邊縱軸，則代表每一眞空管能輸出之振盪電力。圖中則有種種曲綫，每曲綫之旁，均註明有某種眞空管之程式。在曲綫上部與右部之範圍內所有之面積，乃表示不可用之區域。其

在某曲綫之下部與左部之範圍內所有之面積,則爲表示可以採用之區域。下圖即爲該項特製之圖表,於使用某種週率時,可作選擇,最適宜眞空管之用。雖據White氏自稱,此種圖表,僅能解決前述問題之一部份,且使用時,當受若干之限制,而不能適合於任何情形之下,故祇可作大概之依據。但其爲用至妙,吾人苟能將現有之眞空管,一一繪入圖中(該圖所列者,以地位有限,僅屬該公司製造之眞空管),則於計劃一眞空管電路時,當有不少便利也。茲舉一例於次以明之:設需計劃一眞空管發射機,其週率爲10⁶,其輸出之電力,須得到80瓦特,則究應採取何種範圍內之眞空管,方最爲適當?查10⁶週率與80瓦特電力二者之交叉點在X,最近X之曲綫而在其下部與左部者爲FP-1之曲綫,故應採用FP-1程式之眞空管。(朱其清)

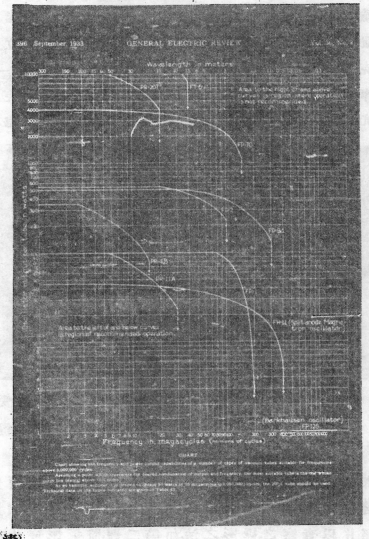

檢驗銲縫之方法

德國國有鐵路公司在 Wittenberge 地方,設有接銲技術試驗部 (Schweisstechnische Versuchsabteilung der Deutsehen Reichsbahn-Gesellsehaft zu Wittenberge)。該部曾經試驗,利用愛克司光線 (X-Ray),以檢驗重新接銲之長條銲縫,結果非常圓滿。

試驗之物,為一高邊貨車之鐵框。該鐵框曾經撞裂,接銲後,欲檢驗其銲縫是否完全銲接周密。其法用愛克司光線管,裝於可以移動之反光燈上。檢驗者共兩人,一人手持此燈,立於車框之外,使愛克司光線反射於接縫處,沿縫而移動之(見第一圖)。另一人則在車框內,用螢光板(凡塗青化白金鉀之紙受愛克司光照射即發螢光)隨同燈之移動而移動之。倘遇銲縫欠密之處,愛克司光射透

圖(一)　車框以外用愛克司光照　　圖(二)　用愛克司光攝取
　　　射車框以內用螢光板察　　　　　　銲縫情形之照片
　　　驗銲縫之是否周密

一部份,螢光板上即發現螢光。凡此檢驗時發現螢光之處,或重要接縫之處,或地位過狹不能應用螢光板之處,均須用愛克司光攝成照片以查察之。攝影之法,如第二圖,將攝影底片裝於暗匣,置於

應檢查之銲縫處,暗匣與鐵框之間,再用不透光之物嚴密罩蓋,使四周光線不能射入,然後再將愛克司光燈裝於座架上,使發射光線。倘其光綫穿過銲縫時,卽攝於底片之上。

(譯者註：「工程第八卷第三號刊有陸增禕君之電銲一文,前在 Verkehrstechnik Heft 16. 17. April 1931 讀及此篇,因憶與陸君文頗有關,特節譯之以供參考。)　　　　　　　　　　　　(蔣易均)

普通房屋之防空辦法

本刊第九卷第五號曾載有德人 Backe 氏所撰「防空地下建築」之譯文。茲見該氏又在 Zentralblatt der Bauverwaltung 1934, Heft 18 發表一文,論述普通建築物之防空辦法,不無見地。用爲一併譯載,以供國人參考。

在建議普通建築物防空辦法之先,吾人須計及轟擊,燒夷,毒氣三種炸彈。惟有效的防禦重量炸彈之着擊,著者以爲事實上決難辦到,因普通建築物勢不能皆備有 2 公尺厚之鋼筋混凝土屋面,且空襲時使用重量炸彈當爲數不多,而以施於少數重要目標爲限,又今日之飛機僅能載重量炸彈甚少也。又毒氣彈僅用以攻擊人馬等活動目標。故普通建築物可僅以防禦輕量轟炸彈及燒夷彈爲限,卽使其足以抵抗或減殺以上兩者之穿擊力,空氣衝擊力,空氣反吸力,震盪力,及燃燒之作用。

關於房屋構造者,特別重要之點如下：

(1)外牆堅厚,

(2)外牆於多處設抵抗橫力之撑持設備(例如橫牆與外牆聯繫者)或柱,

(3)外牆與各層樓面聯繫,

(4)樓面之支承設備(支座及柱)特別堅固(鋼架建築似亦合宜),

(5)樓面防止向上提起,

(6)多設防火牆,例如每隔25公尺一道。

關於屋面者：屋頂層應特別注意對於燒夷彈之防禦。須防止起火,或雖起火,亦使其不能蔓延。無論如何,屋頂層之火須阻其延

燒至下面各層。

(1)最理想辦法,為使燒夷彈或火光或鄰近之焚燒物絕對不能侵
　　入屋頂層,換言之,即屋面用不燃而堅硬且表面光滑之物料構
　　造。陡斜之屋面較平屋面為佳,以輕炸彈有時可使其滑落故。近
　　時常用之鑲鋅鋼板屋面似屬適宜。特別有效為厚 7 公分許之
　　雙向鋼筋混凝土陡斜屋面。

(2)如屋頂架為木質構造,宜施以防火物料,使不易着火。用阻火物
　　料包圍亦佳。

(3)屋面下地位,以使消防人員易到及易於視察為要,勿用木條分
　　隔。如必須分隔,應用鐵絲網。

(4)防火牆須達屋頂下。

(5)新造建築物之最上層樓面,最好用不燃材料滿築(即無空心部
　　分),例如用鋼筋混凝土是。不燃之面層與底層之間,如舖沙一
　　層,尤足以加大防禦之功效。

(6)普通新造建築物,不在危險地位者,可仍用木質樓梁(於其間加
　　剪刀撐與填料),而以堅固不燃物料為樓板(例如 4 公分厚之
　　雙向鋼筋混凝土樓板)。木梁上以滿舖柏油厚紙層為要。

(7)舊建築物已有之木質地板,宜改為不燃地板,或即舖於舊有木
　　質地板之上亦可。　　　　　　　　　　　　　　　　　(胡樹楫)

德國汽車專用路設計要點

　　　　德國近計劃建設整個汽車專用路系統,初期擬築成 6,100 公
里(按據德國某雜誌載,初期建築 6,500 公里,其中 1,500 公里已興工)
以後再築滿 12,100 公里。茲述其設計要點如下:

　　　　路之標準橫剖面按行車方向劃分兩部,各寬 7.5 公尺,中間以
3—5 公尺寬之草地分隔之。路面(舖砌面)兩旁各留 1.5 公尺寬之路
肩。曲線半徑及灣道闊度之規定,皆以適應每小時 185—200 公里
之行車速率為度。路面之橫坡度以 1.5% 為限。每段直線之長度以

4 公里為限，所以防司機人之厭倦也。兩曲線間之切線，長度在 180 公尺以上。路線與他路平交，在所不許。此外又須使該項道路與四周景色相適應。

關於路燈問題，下列兩種辦法，將何去何從，尚在研討之中：

(甲)設路燈　關於方式之選擇，現已有種種試驗，但未覓得最理想者。

(乙)不設路燈　由車輛自行放光，沿路旁設反光器為之輔助。更沿路邊分段種植灌林之有反光功能者，庶夜間既利行車，日間又足破除路景之單調。中央草地亦於相當距離設立樹籬，與路線成直角，比汽車燈光稍高，以免來往汽車之司機人各受迎面燈光之眩爍。(在灣道上此點尤為重要。)此項樹籬兼具反光之效能，藉以照示各車行駛路線。惟在路面升降較劇之處，燈光或不免由樹籬上邊溢出，致失樹籬遮光之功效耳。(自 Engineering News-Record, July 5, 1934 摘譯)

(胡樹楫)

中國蟹侵蝕北歐河海岸

Bautechnik 1934, Heft 7 載有「中國蟹貽害河海岸」(Die Chinesische Wollhandkrabbe als ein Schädling der Ufer und Küsten)一篇，頗饒趣味，爰為精述如次：

1912 年德國弗色爾河(Weser)之亞歷 (Aller) 支流始發現中國蟹。歐戰後此種蟹在北歐日益加多，顯係由往來遠東之船舶帶來。近年內由愛爾伯河(Elbe)在漢堡下流捕獲之蟹達十萬公斤，1933 年在哈爾弗河捕得之蟹，僅就兩處而言，亦有六萬五千公斤之多。中國蟹在歐洲傳佈之廣，於此可見一斑。

幼蟹喜於溫暖時季匿居岸濱，在有潮汐之處，尤喜鑽穴深藏，以免潮退時露跡。蟹穴多作圓管狀而微扁，皆在相當堅實之土層內，例如粘土等，在沙土及細泥內，自不能構成。河流挾帶細泥之處，例如回灣，與河岸為韌性土質者，及水草叢生之處，常為多數蟹穴

所在。穴身常由穴口向內部傾降，俾潮退時穴內蓄水。蟹穴在水平方向之形狀，則變化萬端，彎直至不一律。穴身寬 2—12 公分，長 20—80 公分，而以寬 4—5 公分，長 40—60 公分者居多。若干蟹穴並作漏斗狀，寬達 15 公分。

寒季蟹多離穴，藏匿深水。此種穴孔一時既不能由泥沙填塞，往往漸漸塌沒，而誘致河岸之傾陷，傾塌之泥土復爲水流冲刷而去。故蟹穴之貽害河岸，殊爲顯著。

硬粘土質之海岸亦有爲蟹穴所破壞者。

（胡樹楫）

宋代廣州之給水工程

偶讀「蘇黃尺牘合刋」，見蘇東坡與王敏仲書，言及羅浮山道士引泉入廣州城事，與近代城市給水原理相符，茲將原文摘錄於下：

「羅浮山道士鄧守安，字道立，山野拙訥，然道行過人，廣惠間敬愛之。好爲勤身濟物之事。嘗與某言「廣惠一城人，都飲鹹苦水。春夏疾疫時，所損多矣，惟官員及有力者，得飲劉王山井水，賫下何由得？惟蒲澗山有滴水巖，水所從來高，可引入城，蓋二十里以下耳。若於巖下作大石槽，比五管大竹續處，以繩漆塗之，隨地高下，直入城中，又爲一大石槽以受之，又以五管分引，散流城中，爲小石槽，以便汲者。不過用大竹萬餘竿，及二十里間用葵茆苦蓋，大約不過費百千數可成。然須於循州少匿良田，令歲可得租課五七十千者，今歲買大筋竹萬餘竿，作筏下廣州，以備不住抽換。又須於廣州城中買少房錢，可日稅一百以備抽換之費。更差兵匠數人，巡覷修葺，則一城貧富，同飲甘涼，其利便不在言也。」………」

「聞遂作管引蒲澗水，甚善。每竿上須鑽一小眼，如菉豆大，以小竹針窒之，以驗通塞。道遠日久無不塞之理。若無以驗之，則一竿之失輒累百竿矣。仍願公變置少錢，令歲入五十餘竿竹，不住抽換，永不廢，則一城貧富，同飲甘涼，其利便不在言也。」仍願公變置少錢，今歲入五十餘竿竹，不住抽換，永不廢，管吾必不訝也。」

按竹管連續處以繩漆塗之，所以防漏，大竹萬餘竿用並茆苫蓋，所以防汙及熱裂。他如鑽小眼以驗通塞以及巡視修葺辦法之周密等，均可見古人之匠心焉。

劉永愻

工程

第十卷

胡樹楫

總編輯

中國工程師學會發行

中華民國二十四年

工程

第十卷總目錄

科別	類別	題　　　目	著（譯）者	號數	頁數
土木	鐵路	莫斯科之地下鐵路**	胡樹楫（譯）	1	69
		德國鐵路之改進**	胡樹楫（譯）	1	84
		近代改進鐵路之趨勢	稽銓（譯）	1	97
		鐵路豎曲線	許鑑	2	192
		路軌狀況紀錄機	稽銓（譯）	2	212
		機車駛過彎道時之力學	稽銓（譯）	5	472
		粵漢鐵路株韶叚土石方工程統計及分析	凌鴻勛	6	592
	道路	德國之汽車專用國道網*	趙國華（譯）	3	305
		德國之汽車路	沈怡	5	397
	橋梁	德國鋼橋建築之新趨勢	胡樹楫（譯）	2	206
		整理平漢鐵路橋梁意見書	薛楚書	3	281
		華盛頓橋之交通成績*	趙國華·譯	3	301
		德國之希特拉橋	趙國華（譯）	3	306
		芝加哥之活動橋	林同棪	4	348
		鋼筋混凝土公路橋梁式樣之選擇	稽銓（譯）	4	368
		建築深水橋基新法	劉峻峯（譯）	4	388
		巴黎亞歷山大第三橋橋梁之計算	魏秉俊	4	391
		加固橋梁電焊法	稽銓（譯）	5	467
		鐵路鋼橋之試驗	稽銓（譯）	5	477
	力學	鋼筋混凝土長方形蓄水池計算法	盧毓駿	2	171
		直接力率分配法	林同棪	5	414
		批撒塔傾陷現象在土壤力學上之解釋*	趙國華（譯）	5	491
		打椿公式及椿基之承量	蔡方蔭	6	508
建築		白蟻與木材建築	倪慶積（譯）	3	268
		高二千公尺之巴黎防空塔計劃*	趙國華（譯）	3	304
		橫面成階叚式之房屋	胡樹楫（譯）	4	381

科　別	類　別	題　　　　　　　　　目	著（譯）者	號數	頁數
市　政		紙型與建築	吳華慶	5	454
		港浜錯綜市區之道路系統設計	胡樹楷	1	76
		香港之給水工程	王璋	4	314
	△	防空與城市設計	胡樹楷（譯）	4	356
水　利		虹吸管之水力情形及流量之計算	曹瑞芝	1	1
		參加黃河試驗之經過	沈怡	2	115
	△	相似性力學之原理及其對水工試驗之應用	譚葆泰	3	225
		漢堡港與現代海港建設	卜其爾	5	406
		湖北金水閘沉井工程	李學海	5	426
		河工及鐵道工程用之濾過式石堰*	趙國華（譯）	5	489
		中國第一水工試驗所	李賦都	6	530
機　械		山東內河挖泥船「黃台」號及「石村」號設計製造紀略	陸之順	1	21
		鐵路車輛之製造及四方機廠造車施工概況	周勵　李金沂	2	124
		內燃機利用 Walker 循環之裝置	田新亞	4	309
		粵漢鐵路南段管理局建築西村機廠計劃	黃子焜	6	558
電　工		統銅鎢鑛及與辦鎢絲及燈泡製造廠計劃	趙曾珏　沈俐賢	1	85
		統銅燈泡製造事業計劃	趙曾珏　沈俐賢	1	107
		自動電話上繼電器	林海明	2	158
		二感應電動機之串聯運用特性	顧毓琇	6	497
		國立清華大學新電廠	莊前鼎	6	577
化　工		窰窯的進化	凌其峻	1	48
	△	汽油關係國防與經濟之重要及其代替問題	王龍佑	1	62
		關於復興窰業的幾個問題	凌其峻	1	101
無線電		乙種調幅器及其設計	王端驤	5	439
飛　機		爪哇號飛機之設計及製造	田培業	1	57
雜　項	△	開發西北應注意的幾個問題	吳屏	1	70
		煤的問題	沈熊慶	3	242
		意國法西斯蒂統制下之土木事業*	趙國華（譯）	3	302
	△	工程及怎樣準備研究	趙曾珏	5	483
		多勝芳式地基勝儎力測定機*	趙國華（譯）	5	495

* 短篇稿，歸入雜組題內者。

** 短篇稿，塡入空餘地位者。

6110

工程

二十四年二月一日　　　第十卷第一號

❖

第四屆年會論文專號

虹吸管之水力情形及流量計算

山東內河挖泥船設計製造紀略

瓷　　窰　　的　　進　　化

爪哇號飛機之設計及製造

汽　油　之　代　替　問　題

開發西北應注意的幾個問題

港浜錯綜市區之道路系統設計

統制鎢鑛及興辦鎢絲燈泡廠計劃

近代改進鐵路軌道之趨勢

關於復興瓷業的幾個問題

統制燈泡製造事業計劃

中國工程師學會發行

中華郵政局特准掛號認為新聞紙類

內政部登記證警字第七八八號

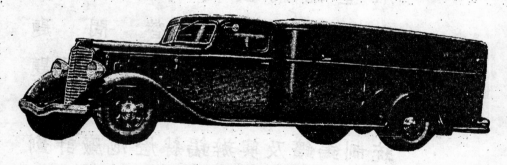

中國工程師學會會刊

工程

編輯：

黃炎 (土木)
董大酉 (建築)
胡樹楫 (市政)
鄭肇經 (水利)
許應期 (電氣)
徐宗涑 (化工)

總編輯：沈怡 (胡樹楫代)

編輯：

蔣易均 (機械)
朱其清 (無線電)
錢昌祚 (飛機)
李俶 (礦冶)
黃炳奎 (紡織)
宋學勤 (校對)

第十卷第一號

(第四屆年會論文專號)

目錄

編輯者言

虹吸管之水力情形及流量之計算……曹瑞芝 1

山東內河挖泥船「黃台」號及「石村」號設計製造紀略……陸之順 21

瓷窰的進化……凌其峻 48

爪哇號飛機之設計及製造……田培業 57

汽油關係國防與經濟之重要及其代替問題……王龍佑 62

開發西北應注意的幾個問題……吳屏 70

港浜錯綜市區之道路系統設計……胡樹楫 76

統制鎢礦及興辦鎢絲及燈泡製造廠計劃……趙曾珏 沈倘賢 85

近代改進鐵路軌道之趨勢……稽銓 97

關於復興瓷業的幾個問題……凌其峻 101

統制燈泡製造事業計劃……趙曾珏 沈倘賢 107

中國工程師學會發行

分售處

上海望平街漢文正楷印書館
上海民智書局
上海霞飛路中國科學公司
南京正中書局
重慶天主堂街重慶書店
漢口中國書局
上海徐家匯蘇新書社
上海福州路光華書局
上海生活書店
福州市南大街萬有圖書社
天津大公報社
上海福州路現代書局
上海福州路作者書社
南京太平路鍾山書局
南京花牌樓書店
濟南芙蓉街教育圖書社

6113

編 輯 者 言

(一) 本期所刊各篇,為中國工程師學會第四屆
　　年會論文之一部分。其餘尚有十餘篇,以限
　　於篇幅,不克備載,擬酌登以後各期,或移送
　　「工程週刊」刊載,惟其中間有已送登其他刊
　　物及與本刊及週刊體裁不甚符合者,只得
　　從略。

(二) 陸之順君所著「山東內河挖泥船設計製造
　　紀略」一篇,原有單行本,凡五十餘頁,插圖四
　　十餘幀,亦以篇幅關係,經編者酌量刪減。

(三) 本期首列三篇,係第四屆年會論文複審委
　　員會選定得獎論文,特於題目下註明,俾讀
　　者注意欣賞。

虹吸管之水力情形及流量之計算

(中國工程師學會第四屆年會得獎第一名論文)

曹　瑞　芝

（一）緒　言

　　山東建設廳對於魯境黃河左右兩岸沙鹼地,曾擬有山東黃河沿岸虹吸淤田工程計劃,在此計劃之中,計有沙地 12,594 頃,鹼地4,854 頃,共計 17,448 頃。若安設虹吸管引黃淤灌,可悉數變爲良田。每畝建設費需洋二元五角,每年農產收入可達一千五百餘萬元。又於歷城王家梨行及青城齊東交界馬閘子安設 21 吋虹吸管各一處。齊河紅廟濱縣尉家口各設18吋者一處。蒲台王旺庄設15吋者一處,其中王旺庄紅廟王家梨行及馬閘子均已先後完成,出水甚旺。黃水淤田,已獲實利,刻下人民自動請求擴大安設虹吸管者,爲濱縣蝎子灣虹吸工程委員會。所有淤灌田畝,業已調查完竣,正在積極籌款之中。又最近上海資本家來山東建設廳接洽投資,辦理虹吸淤田事業。似此情形虹吸管之在黃河沿岸已佔有重要地位,不可不加以注意。惟黃河水面雖在低水時,亦多高於堤外地面,其兩岸大堤事實上又不能建設閘門引水灌田。此種特別情形,實爲世界所少有。故先進各國工程師對於虹吸管尚未有精確之研究。所用流量公式亦甚約略,不堪使用。每當設計虹吸管時,殊以缺少過去經驗之故不敢確信設計之是否合宜不得已加以試驗,從事研究數月之久略有所得,謹將關於虹吸管之水力情形及流量之計算,分述於後,以資研討。

6115

(二) 名 稱 及 符 號

　　關於虹吸管所用之各種名稱,查美國工程師史太文 (J. C. Stevens) 氏,關於虹吸洩水道所用之各項名詞,多適用於虹吸管。因略爲增減並分別解釋於下:

(一)管峯(Summit) 虹吸管之最高部分,與水流方向成垂直之橫斷面曰管峯。

(二)管底 (Invert) 管內之底面曰管底。

(三)管頂 (Crown) 管內之頂面曰管頂,

(四)上游管腿(Up-Stream-leg) 虹吸管自進水口至管峯一段,稱曰上游管腿。

(五)下游管腿 (Down-Stream leg) 虹吸管自管峯至出水口一段,稱曰下游管腿。

(六)靜力水頭(Static head) 虹吸管之任何部分與進水處水面之差度爲靜力水頭。

(七)大氣水頭 (Atmospheric head) 眞空管放入水內,因大氣壓力之故,管內水柱升高,此升高水柱之面與水面之差度,卽大氣水頭。

(八)絕對水頭 (Absolute head) 大氣水頭與靜力水頭之總和爲絕對水頭。

(九)虹吸水頭(Siphon head) 虹吸管出水處與進水處兩水面之差度爲虹吸水頭,亦可稱爲出水處之靜力水頭。

(十)流速水頭 (Velocity head) 當水流動時無論在任何方向,其動能 (Kinetic energy) 可使水柱上昇若干,此水柱之高度,可用水之流速昇出,故稱爲流速水頭。通常以 $\frac{V^2}{2g}$ 代表之。

(十一)位置水頭 (Position head) 水對於基線之高度,曰位置水頭。

(十二)壓力水頭 (Pressure head) 因壓力所成水柱之高度,曰壓力水頭,

(十三)絕對壓力水頭 (Absolute pressure head) 虹吸管任何部分之絕對水頭減去由進水口至該部分之水頭損失及流速水頭,其餘剩爲絕對壓力水頭,卽試驗時在試壓管(Piezometer)內所量水柱之高度。

(十四)水壓傾斜線(Hydraulic gradient) 有水流之管子,若週以垂直玻管數處,各管內之水面不在一平面上,而依向下游方向成一坡度。此等水面之聯線,卽水壓傾斜線。

(十五)絕對壓力線(Absolute pressure line) 虹吸管各部分絕對壓力水頭之聯線爲絕對壓力線,

(十六)能力水頭 (Energy head) 壓力水頭與流速水頭之總和曰能力水頭。

(十七)絕對能力水頭(Absolute energy head) 絕對壓力水頭與流速水頭之總和

曰絕對能力水頭,

(十八)能力綫(Energy line)　虹吸管各部分能力水頭之聯綫即為能力綫,

(十九)絕對能力綫(Absolute energy line)　虹吸管各部分絕對能力水頭之聯綫即絕對能力綫,

(二十)淹沒(Submergency)　虹吸管當抽盡空氣時,下游管腔內之水面高於管差之管頂,此種情形稱曰淹沒。

　　　上述各名稱及其他公式上所用各名詞,可用下列各字母代表之:

A=斷面(以平方呎計)

D=虹吸管進水口水面與管頂之差度,(以呎計)

d=管之直徑(以呎計)

d_1=虹吸管進水口中心與其垂直綫內水面之距離(以呎計)

d_2=虹吸管出水口中心與其垂直綫內水面之距離(以呎計)

E=效率(以百分數計)

f=阻力係數,即公式 $h_F = f \cdot \dfrac{1}{d} \cdot \dfrac{v^2}{2y}$ 內之f

f'=水道阻力係數,即 $h_F = f' \cdot \dfrac{1}{r} \cdot \dfrac{v^2}{2g}$ 內之f'

g=地心吸力加速度,其數值為32.2秒秒呎,2g=64.4 $\sqrt{2g}$=8.025

H=虹吸水頭(以呎計)

h=流速水頭(以呎計)

h_1=在圖上(1)點之流速水頭(以呎計)

h_2=在圖上(2)點之流速水頭(以呎計)

h_8=在圖上(3)點之流速水頭(以呎計)

h_a = 大氣水頭(以呎計)

h_F=阻力水頭損失(以呎計)

K_1=進水口水頭損失以 $\dfrac{v^2}{2g}$ 計算之係數

K_2=水門水頭損失以 $\dfrac{v^2}{2g}$ 計算之係數

K'_2=第一水門損失以 $\dfrac{v^2}{2g}$ 計算之係數

K''_2=第二水門損失以 $\dfrac{v^2}{2g}$ 計算之係數

K_8=游管水頭損失以 $\dfrac{v^2}{2g}$ 計算之因數

$K'_3 =$ 第 一 灣 管 損 失 以 $\frac{v^2}{2g}$ 計 算 之 因 數

$K''_3 =$ 第 二 灣 管 損 失 以 $\frac{v^2}{2g}$ 計 算 之 因 數

$K_4 =$ 管 之 活 接 水 頭 損 失 以 $\frac{v^2}{2g}$ 計 算 之 因 數

$K_5 =$ 出 水 口 水 頭 損 失 以 $\frac{v^2}{2g}$ 計 算 之 因 數

$L =$ 水 流 經 過 虹 吸 管 之 總 水 頭 損 失(以 呎 計)

$L_{1-2} =$ 在 圖 上(1)點 至(2)點 之 水 頭 損 失(以 呎 計)

$L_{1-4} =$ 在 圖 上(1)點 至(4)點 之 水 頭 損 失(以 呎 計)

$L_{3-4} =$ 在 圖 上(3)點 至(4)點 之 水 頭 損 失(以 呎 計)

$l =$ 管 之 長 度(以 呎 計)

$p =$ 每 平 方 呎 面 積 上 水 之 壓 力(以 磅 計)

$Q =$ 虹 吸 管 流 量(以 秒 立 方 呎 計)

$r =$ 水 力 半 徑

$s =$ 淹 沒 深 度(以 呎 計)

$u =$ 流 量 係 數

$V_A =$ 眞 空 水 柱 流 速(以 秒 呎 計)

$V =$ 水 之 流 速(以 秒 呎 計)

$V_1 =$ 管 上(1)點 水 之 流 速(以 秒 呎 計)

$V_2 =$ 管 上(2)點 水 之 流 速(以 秒 呎 計)

$W =$ 每 立 方 呎 水 之 重 量

$Z_1 =$ 圖 上(1)點 之 位 匿 水 頭(以 呎 計)

$Z_2 =$ 圖 上(2)點 之 位 匿 水 頭(以 呎 計)

$Z_3 =$ 圖 上(3)點 之 位 匿 水 頭(以 呎 計)

$Z_4 =$ 圖 上(4)點 之 位 匿 水 頭(以 呎 計)

(三) 虹吸管之水力情形

虹 吸 管 之 原 理,極 爲 簡 單。即 普 通 灣 管,使 灣 曲 向 上,一 端 插 入 水 內,一 端 置 於 較 低 地 方。若 灌 以 水 或 抽 淨 管 內 空 氣,則 大 氣 壓 力 逼 水 升 入 管 內,達 於 管 峯,復 順 管 下 流,出 管 口 流 於 低 處。其 中 之 水 力 情 形,可 用 下 法 說 明 之:

虹吸管因裝置之不同,其水流狀況亦隨之而異,茲按四種情形分述於下:

(一)裝置如第一圖。管內成眞空時,上游水流升至管峯,因上游水面過低,僅有微小絕對水頭。又下游管腿內之水柱,低於管峯。水柱之上僅有化汽壓力 (Vapor pressure) 與水內放出之空氣

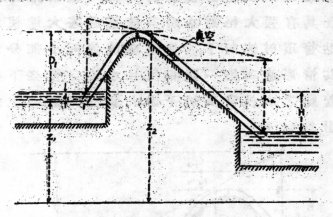

第一圖　微小絕對水頭而管峯不被下游水柱淹沒者

壓力。水流經過管峯,因絕對壓力甚小,遂滾流向下,與水流經過滾水壩情形相似。又因地心吸力關係,其流速為繼續增加。及至破開下游水柱之面,受靜水阻力,其流速始逐漸減少。故最大流速不在管峯,而在破開水面之處。當水流自管峯向下流時,流速愈大,其橫斷面愈小。故此段灣管沿管頂為眞空部分,如圖所示。管峯水流既接觸眞空,其壓力等於零。依卜腦里氏原理 (Bernoull's theorem) 開公式如下:

$$h_a + d_1 + Z_1 + h_1 = o + Z_2 + h_2 + L_{1-2}$$

因 $Z_2 - Z_1 = D_1 + d_1$

$$\therefore h_a = D_1 + h_2 - h_1 + L_{1-2} \quad\text{.....................} (1)$$

若進水門用喇叭口式,則進門時流速甚小,h_1 可作為等於零

$$h_2 = h_a - D_1 - L_{1-2} \quad\text{.....................} (2)$$

因 $h_2 = \dfrac{V_2^2}{2g}$

$$\therefore V_2 = 8.025 \sqrt{h_3 - D_1 - L_{2-1}} \quad\cdots\cdots\cdots\cdots\cdots (3)$$

$$Q = V_2 A = 8.025 A \sqrt{h_3 - D_1 - L_{1-2}} \quad\cdots\cdots\cdots (4)$$

此即下游管腿大氣水柱低於管峯底面時之流量公式也。

(二)按第二圖裝置。上游水流升至管頂時，因上游水面近於管峯具有强大絕對水頭。下游管腿仍與第一種情形相同。水流經過管峯既具有强大絕對水頭，其流速必甚大，遂使水流順管之灣度，貼管頂射流向下。故眞空或流速極小部分常緊貼此段管底，其情形適與第一圖相反。且水流自管峯下射入水柱時，下游管腿之水柱，常高於下游大氣壓力應有之水柱。其高出部份，計算如下：

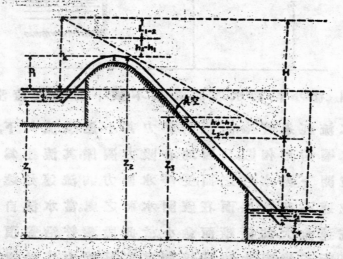

第二圖　强大絕對水頭而管峯不被下游水柱淹沒者

按第二圖上增加水柱之高 $= Z_3 - Z_4 - d_2 - h_a$

取 (3) (4) 兩點，依卜腦里氏原理推算，

$$Z_3 + h_3 = Z_4 + d_2 + h_a + h_4 + L_{3-4}$$

即 $Z_3 - Z_4 - d_2 - h_a = (h_4 - h_3) + L_{3-4}$

故增加水柱之高 $= (h_4 - h_3) + L_{3-4} \quad\cdots\cdots\cdots\cdots (5)$

在(5)公式內，可見：所增加之水柱，爲水流自(3)點至(4)點所增加之流速水頭，與此段管子損失水頭之總和。亦可知：下游管

腿無論縮短至 (2)(3) 兩點相合時,或延長至任何長度,其流量
之大小,無若何之改變也。

(三)虹吸管者按第三圖裝置。上游水面遠低於管峯,故水流升至
　　管峯時,其絕對水頭甚小,又下游管腿水柱高於管峯管頂。則
　　上游水流經過管峯後,仍依第一種情形原理向下滾流,但以

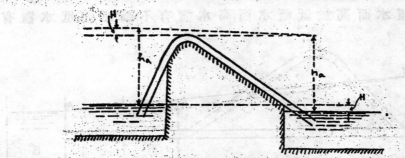

第三圖　微小絕對水頭而管峯被下游水柱淹沒者

下游管腿淹沒關係,其流速逐漸減少,至水之阻力大於地心
吸力加速處為止。於此可知在此種情形虹吸管之流量較第
一種情形為少。因在第一種情形,下游管內有一部分真空,無
靜水阻力,可增加虹吸管之效率也。

(四)第四圖之裝置,為上游水流升至管峯時具有強大絕對水頭,

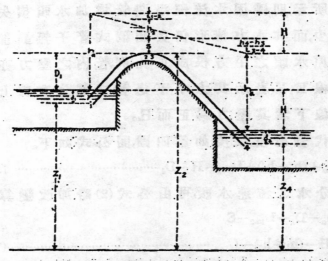

第四圖　強大絕對水頭而管峯被下游水柱淹沒者

但管峯管頂被下游水柱淹沒。經過管峯之水流情形與第二種相同。不過因淹沒關係，水之流速逐漸減少，又與第三種情形相同而已。普通所用虹吸管，多為第四種情形。茲更以第五圖涵洞式管子比較之：

設 A 為高水櫃，B 為低水櫃。此二水櫃分開置放有相當之距離。A 櫃水面高於低櫃水面，高水櫃有不斷水源，低水櫃有相

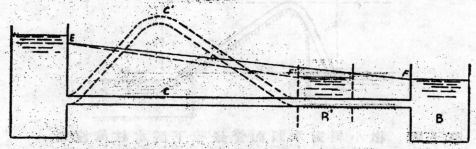

第五圖　虹吸管與涵洞管之比較

當出路。兩櫃之間通以涵洞式橡皮管于 C，則 A 櫃之水經過 C 管流入 B 櫃。其水流情形，與涵洞相似，管內各部之壓力，可用水壓傾斜線 EF 表示之。其他水力情形，各水力學上言之甚詳，不再贅述。若將 B 櫃移近 A 櫃，使橡皮管向上灣曲，如圖內虛線所示，則雖因水流經過灣管增加水頭損失，使其流量略為減少，而其水力情形仍與涵洞式管子無異。即流速之大小仍與原水頭之平方根成正比例。管內之壓力亦可以新水壓傾斜線 E，F 表示其大小，不過管之部分在線上者其壓力為負，在線下者其壓力為正而已。

茲用 S 代表淹沒深度，如第四圖，開公式如下。

$$S = h_a + (h_4 - h_3) + L_{3-4} - H - D_1 \quad\text{......（6）}$$

管頂部分水之流速水頭，可由公式（2）略加改變算出：

$$h_2 = h_a - D_1 - L_{1-2} - S$$
$$= H - (h_4 - h_3) - L_{1-4} \quad\text{......（7）}$$

此時上游管腿內出口流速，變為下游管腿內水之初速，故 h_2

等於 h_3,即

$$h_4 = H - L_{1-4} \quad\cdots\cdots\cdots\cdots\cdots\cdots\cdots\cdots\cdots\cdots (8)$$

在公式(8)內,看出虹吸管出口之流速水頭等於虹吸水頭減去總水頭損失。

(四)虹吸管流量公式及係數之選定

查黃河兩岸虹吸水頭至大不過 6 公尺,大堤之頂面高於堤外地面亦不過 7 公尺。又查鄆城黃河在最低水位時,眞空管水柱之高爲 10.30 公尺,利津則爲 0.35 公尺;若在大堤上安設虹吸管其淹沒深度卽在 3 公尺以上。故適用之虹吸管爲第四圖情形。茲以管家斷面爲標準,推算公式如下:

(1)在上游管腿

$$\frac{p_1}{W} + Z_1 = \frac{p_2}{W} + Z_2 + \frac{V_2^2}{2g} + L_{1-2}$$

$$\frac{p_1}{W} - \frac{p_2}{W} + Z_1 - Z_2 = \frac{V_2^2}{2g} + L_{1-2} \quad\cdots\cdots\cdots\cdots (9)$$

(2)在下游管腿

$$\frac{p_2}{W} + Z_2 + \frac{V_2^2}{2g} = \frac{p_4}{W} + Z_4 + \frac{V_4^2}{2g} + L_{2-4}$$

因管徑不變, $V_2 = V_4$

$$\therefore \frac{p_2}{W} - \frac{p_4}{W} + Z_2 - Z_4 = L_{2-4} \quad\cdots\cdots\cdots\cdots (10)$$

公式(9)與(10)相加,

$$\left(\frac{p_1}{W} + Z_1\right) - \left(\frac{p_4}{W} + Z_4\right) = \frac{V_2^2}{2g} + L_{1-4}$$

卽 $H = \dfrac{V_2^2}{2g} + L_{1-4} \quad\cdots\cdots\cdots\cdots\cdots\cdots\cdots (11)$

$$V_2 = \sqrt{2g(H - L_{1-4})} \quad\cdots\cdots\cdots\cdots\cdots\cdots\cdots (12)$$

$$Q = V_2 A_2 = A_2 \sqrt{2g(H - L_{1-4})} \quad\cdots\cdots\cdots\cdots (13)$$

從上列公式(8)與公式(11)觀察,因 U_2 等於 U_4,此二公式完全相

同。即管徑不變,無論用管峯或出口斷面計算,其所得流量之結果,毫無差異也。

　　黃河沿岸安設之虹吸管,有兩種不同式樣,一爲灌水式,一爲抽水式(詳山東黃河沿岸虹吸淤田工程計劃第十頁)。灌水式虹吸管,其兩端備有水門,抽水式則無之。灌水式管峯管頂有空氣室,抽水式則爲連於蒸汽鍋爐之噴射器(Ejector)其他灣管活接等完全相同。

　　虹吸管各部分之水頭損失,均可用流速水頭 $\dfrac{V^2}{2g}$ 表示之,其單位均以呎計。

　　設 $K_1 \dfrac{V_2^2}{2g}$ ＝進水口水頭損失

　　　　$K_2 \dfrac{V_2^2}{2g}$ ＝水門水頭損失

　　　　$K_3 \dfrac{V_2^2}{2g}$ ＝灣管水頭損失

　　　　$K_4 \dfrac{V_2^2}{2g}$ ＝活接水頭損失

　　　　$K_5 \dfrac{v_2^2}{2g}$ ＝出水口水頭損失

　　　　$f \cdot \dfrac{1}{d} \cdot \dfrac{V_2^2}{2g}$ ＝直管內阻力水頭損失

　　如是(13)公式內

$$L_{1-4} = \left(\Sigma K + f\frac{1}{d}\right)\frac{V_2^2}{2g}$$

代入公式得

$$Q = A_2 \sqrt{\frac{2g}{(1+\Sigma K)+f\dfrac{1}{d}}} \quad\cdots\cdots\cdots\cdots (14)$$

　　公式內各代字如前所述,A_2 爲管峯橫斷面以平方呎計。d爲管徑,H虹吸水頭,l爲直管長度,均以呎計,其他各係數,分別述之於下:

　　K_1 爲進水口水頭損失以 $\dfrac{V^2}{2g}$ 表示之係數,茲參照美國威士

干遜大學教授費德(Danil W. Mead)及道生(Francis M. Dawson)經驗,得 K_1 數值如下:

(一)方稜直管插入水內形　　　　　　　0.9—1.0

(二)管口帶法關整形　　　　　　　　　0.5

(三)管口為八字形　　　　　　　　　　0.1

(四)管口為喇叭形　　　　　　　　　　0.02—0.05

K_2 為水門水頭損失以 $\dfrac{V^2}{2g}$ 表示之係數。美國威士干遜大學水功試驗室,曾用 $1/2$ 时至 12 时九種截水門(Gate valve),試驗水頭損失,得 K_2 之數值如下表:

截水門直徑(以时計)	$\frac{1}{2}$	$\frac{3}{4}$	1	$1\frac{1}{2}$	2	4	6	8	12
滿開時 K_2 之數值	0.808	0.280	0.233	0.201	0.175	0.164	0.145	0.103	0.047

此外魏禮謨(G. S. Williams)郝拜耳(C. W. Hubbel)及汾開耳(G. H. Fenkell)諸氏試驗 30 时截水門,其滿開時水頭損失等於 30 时徑直管子長 15.62 呎之阻力損失,計 K_2 為 0.1177。如第六圖所示,即各種截水門 K_2 之曲綫圖。其中 ⧫ 記號表示上述之 10 时截水門 K_2 之數值。

K_3 為灣管水頭損失以 $\dfrac{V^2}{2g}$ 表示之係數玆參考沙德(E. W. Schoder)及道生二氏之經驗,得其數值如下:

(一)大直徑管子滑度平穀且內面光滑者為　　　　　0.05—0.15

(二)光滑管子以直徑作灣曲半徑灣成九十度者為　　0.5

(三)灣曲大於九十度其灣曲半徑二至八倍於管徑者為　0.25

(四)九十度帶羅絲灣管(內徑略大於管子者)為　　　0.75

(五)帶羅絲三通者為　　　　　　　　　　　　　　　1.50

此外美國威士干遜及康奈爾大學關於灣管試驗結果,繪有曲線圖,如第七圖。在此圖上,橫尺代表灣曲半徑以管徑計。竪尺表示每一管徑長所損失之水頭以呎計。任何灣管可由此圖尋得水頭損失。再用 $\dfrac{V^2}{2g}$ 除之,即得 K_3 之數值。

K_4 為活接水頭損失公式內之係數。因活接有兩種,一為鑄鐵

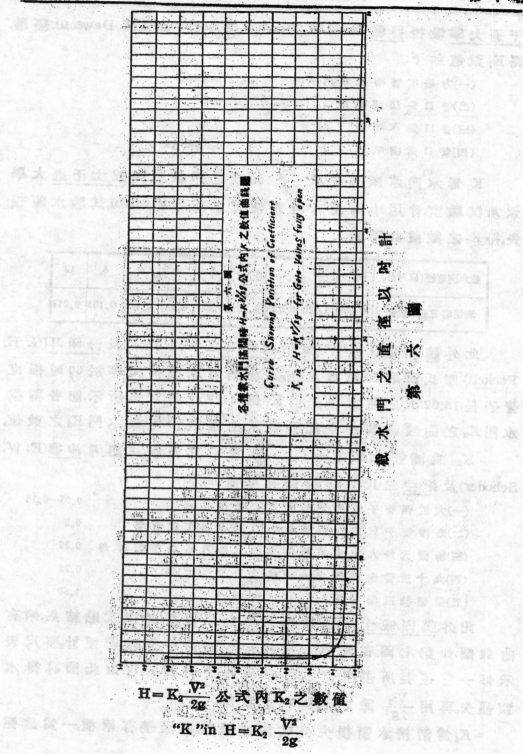

第六圖

各種洩水門全開時 $H = K_1\dfrac{V^2}{2g}$ 公式內 K_1 數值曲線圖

Curve Showing Variation of Coefficient

K_1 in $H = K_1\dfrac{V^2}{2g}$ for Gate-Valves fully open

洩水門之直徑以吋計

第　六　圖

$$H = K_2\frac{V^2}{2g} \text{ 公式內 } K_2 \text{ 之數值}$$

"K" in $H = K_2\dfrac{V^2}{2g}$

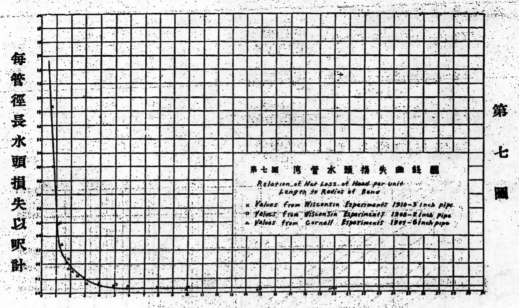

第七圖　彎管水頭損失曲線圖

Relation of Net Loss of Head per unit Length to Radius of Bend

x Values from Wisconsin Experiments 1910-5 inch pipe.
o Values from Wisconsin Experiments 1908-2 inch pipe.
△ Values from Cornell Experiments 1907-6 inch pipe.

（左側縱軸）每管徑長水頭損失以呎計

（下方橫軸）彎管半徑以管徑計

球形活接。一為橡皮鋼簧活接。故 K_4 亦應分別言之.

橡皮鋼簧活接。按齊河18吋虹吸管試驗結果, K_4 之數值為 0.0963。

鑄鐵球形活接,尚未尋得試驗結果。如欲作約略之計算,可用管徑忽然加大時水頭損失公式(參看 page 507, Hydraulics, by Shoder & Dawson)

$$H_F = \left[1 - \left(\frac{d_1}{d_2}\right)^2\right]^2 \frac{V_1^2}{2g}$$

通常所用之球形活接,其球徑與管徑之比數為 0.58,則 K_4 約為 0.44。K_5 為出水口水頭損失公式內之係數據試驗結果八字形出水口 K_5 之數值為 0.131。f 為圓管阻力係數。因圓管之直徑等於水力半徑四倍,故其阻力係數(f)大於其他水道阻力係數(f')四倍。公式如下:

$$h_F = f' \cdot \frac{l}{r} \cdot \frac{V^2}{2g} = f \cdot \frac{l}{d} \cdot \frac{V^2}{2g}$$

關於圓管阻力係數由沙德及道生二氏直管阻力水頭損失

公式推得 f 公式如下：

(1)極光滑管子　　$f=\dfrac{0.01932}{d^{0.25}\,V^{0.5}}$

(2)光滑管子　　　$f=\dfrac{0.0245}{d^{0.5}\,V^{0.14}}$

(3)粗糙管子　　　$f=\dfrac{0.0322}{d^{0.25}\,V^{0.05}}$

(4)極粗糙管子　　$f=\dfrac{0.0444}{d^{0.25}}$

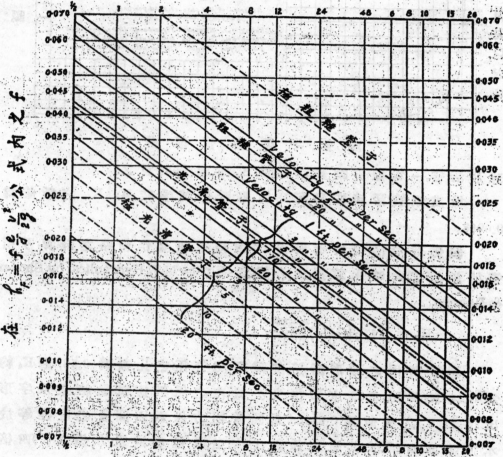

第八圖　圓管阻力係數之數值

該二氏為便於計算起見，繪有圓管阻力係數圖，如第八圖。在此圖內，如知管徑與流速，可直接尋得 f 之數值。

（五）虹 吸 管 之 試 驗

　　山東建設廳水利組曾於二十三年八月在濟南新東門外第一水電廠前攔河壩上架設 4 吋虹吸管作模型試驗。該管係灌水式,上游管腿插入壩後河內的水庫,下游管腿深入壩前河內。出水口連於木製量水櫃。虹吸管上,除兩端截水門及管峯管頂上漏斗及通氣管外,尚設有小龍頭(Cock)十二處。各小龍頭可連於帶玻管之橡皮管。水櫃附近有舊標尺一根。試驗時將玻管置標尺上即可量出虹吸管內各部分之壓力。量水櫃 10 呎寬深各 3 呎。櫃中橫設木板擋牆兩道。擋牆上穿核桃大無數小孔,用以通水,並減殺虹吸管出口水勢。櫃之尾端設寬 1 呎之長方形銳邊量水櫃(Rectangular sharp edged)。堰口各邊精製合度。安裝時並用水準打平。堰口之上水櫃邊牆上安設標尺,附以(鈎針附尺 (Hook gauge) 可讀出公厘如是堰口水頭(Head on weir)可得較確之數值。

　　茲將試驗結果分項列表如下:

					$3\frac{15}{16}$" 虹 吸 管 試 驗 結 果				
			(欄 內 數 值 均 以 呎 計) 水 頭＝3.92呎 流 量＝.698秒 呎3						
分段號數	試壓管號數	試壓管真高	壓力水頭	壓力真高	絕對壓力殺真高	流速水頭	絕對能力線真高	分段吋之能力損失	能力總損失
上游水面	—	—	0	96.02	129.82	0	129.82	0	0
進水口 1	—	94.30	+1.25	95.55	129.35	0.250	129.60	0.22	0.22
2	1	94.52	+0.77	95.29	129.09	0.420	129.51	0.09	0.31
3	2	95.98	−1.72	94.26	128.06	1.066	129.13	0.38	0.69
4	3	97.88	−4.00	93.88	127.68	1.066	128.75	0.38	1.07
5	4	99.18	−5.42	93.76	127.56	1.066	128.63	0.12	1.19
6	5	100.17	−6.50	93.67	127.47	1.066	128.54	0.09	1.28
7	6	98.83	−5.57	93.26	127.06	1.066	128.13	0.41	1.69
8	7	97.00	−3.98	93.02	126.82	1.066	127.89	0.24	1.93
9	8	95.18	−2.24	92.94	126.74	1.066	127.81	0.08	2.01

-10	9	93.38	—0.64	92.74	126.54	1.066	127.61	0.20	2.21
11	10	91.13	+1.07	92.20	126.00	1.066	127.07	0.54	2.75
12	11	90.59	+1.56	92.15	1259.5	1.066	127.02	0.05	2.80
13	12	90.45	+1.09	91.54	125.34	0.799	126.14	0.88	3.68
出水口 14	—	90.45	+1.35	91.80	125.63	0.400	126.00	0.14	3.82

在此表上，第一欄爲分段號數，係依虹吸管上所分之段次第列出。第二欄爲小龍頭號數，亦即試壓管之號數。第三欄爲試壓管之眞高，係用水準儀依第一水電廠前標尺測出。第四欄爲試驗時各試壓管所量之壓力水頭。第五欄爲壓力線眞高，其各項之數值，除上下游水面眞高外，餘皆係第三第四兩欄之總和，第六欄爲絕對壓力線眞高。在水電廠附近眞空管水柱之高爲 33.8 呎，加於壓力線眞高即得絕對壓力線眞高。第七欄爲流速水頭，其流速係用管之橫斷面除流量所得之結果。第八欄之絕對能力線眞高，爲第六第七兩欄之總和。第九欄爲分段間能力損失，即相鄰兩段絕對能力線眞高之差。第十欄爲能力總損失，即每段第五第七兩欄之總和，在上游水面眞高內減去所得之結果。

第九圖係依架設之虹吸管，用一公分等於一呎之縮尺繪出。又用表上絕對壓力線眞高各數值，依所分各段，繪出絕對壓力線，加平均流速水頭繪出絕對能力線，有此二線，虹吸管所有各部分絕對能力與絕對壓力之改變，可一目了然矣。茲爲表示虹吸管內各部分壓力之大小及正負起見，又用表內水頭損失各數值繪出水壓傾斜線。在此線上者爲負壓力，在此線下者爲正壓力。管與線間之垂直距離，即壓力之大小也。

在此圖上可見虹吸管內大部分爲負壓力，且各部負壓力以在管峯者爲最大，水壓傾斜線下之管子僅出口處一小段，在此段管子內所有之壓力，皆爲正壓力，且數值甚小。

上述絕對能力線係假設虹吸管各部份皆爲滿水所求得者。但實際上下游管腿內或少有一部眞空，或有流速板小部分，或因

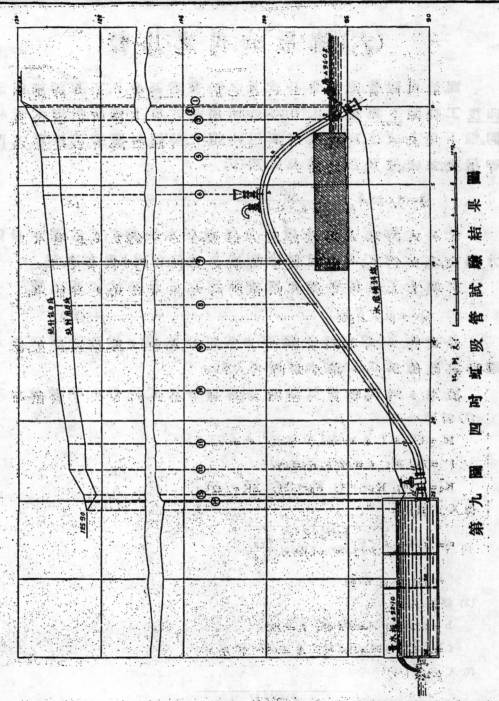

第九圖　四時虹吸管試驗結果圖

空氣混入以致水之橫斷面不足者，剩下正在試驗之際，一俟得有結果，再爲補述。

(六) 流 量 公 式 之 比 較

關於虹吸管之流量公式,見之於書者甚少,且不甚詳細,例如印度工程師卜克禮(R. B. Buckley)所用公式。與上節所推者大致相同。惟卜氏公式僅列有進口與阻水損失,其他如灣管,活接,截水門等損失;並未述及。茲將該公式列下:

$$Q = 8.025A \sqrt{\frac{hd}{(1+f_o) d + 4fl}} \quad \cdots\cdots (15)$$

此公式內之 f 為水道阻力係數,在本文為 f';f_o 為進水口能力損失,本文為 K_1;h 為虹吸水頭,本文為H。d 與 l 與本文同。

又瑞士工程師,計算虹吸管所用之流量公式,更為簡單,

$$Q = a\, \mu \sqrt{2\, gh} \quad \cdots\cdots (16)$$

公式內 a 為虹吸管斷面;h 為虹吸水頭;μ 為流量係數,低水頭時其數值為 0.55,高水頭時為 0.70。

根據 4 吋虹吸管試驗結果,算出各公式內各代字數值如下:

(1) 新推公式

H =3.92 呎; A =.0845 平方呎; d =.328 呎;

l =16.2 呎; f =.025; K_1 =.291;

K_2=1.180; K_3=.628; K_5=.131; ΣK =2.229。

代入公式(14)

$$Q = 0.0845 \sqrt{\frac{2 \times 32.2 \times 3.92}{(1+2.229) + 0.025 \times \frac{16.2}{0.328}}}$$

=0.656 秒立方呎

(2) 印度公式

h =3.92 呎; d=.328 呎; f_o=.291;

f =.0062; l =31.4 呎; A =.0845 平方呎;

代入公式(15)

$$Q = 8.025 \times .0845 \sqrt{\frac{.328 \times 3.92}{(1+2.91).328 + 4 \times .0062 \times 31.4}}$$

=.344 秒立方呎

(3) 瑞士公式

μ＝0.55

代入公式(16)

$$Q=.0845\times.55\times\sqrt{2\times32.2\times3.92}$$

＝.740 秒立方呎

當虹吸水頭爲 3.92 呎時,量水櫃堰口上水頭爲 0.364 呎。按美國墾務局標準量水堰之規定,寬一呎,其流量爲 0.698 秒立方呎。新推公式所得之結果爲 0.636 秒立方呎,相差百分之九,想係試驗時壓力,水頭等所讀之數值或稍有出入,容再試驗以證明之。然以印度公式言之,其結果爲 0.344 秒立方呎,則相差約爲百分之五十,足以證明其不確矣。至於瑞士公式,雖其結果 0.740 秒立方呎,多於實在流量 0.042 秒立方呎,相差約爲百分之六,以其流量係數太爲約略,不可作精確之根據也。

（七） 結 論

總之虹吸管設計之良否,當視其效率之大小以爲斷。效率大則經濟,效率小則不經濟。史太文氏計算虹吸水洩道效率用下列公式,亦可應用於虹吸管:

$$E=\frac{Q}{A_2\sqrt{2g\,h_c}}=\frac{V_2}{V_a}$$

在此公式內 V_2 爲管峯水之流速,V_a 爲眞空水柱流速(Velocity for one atmosphere)。眞空水柱流速在一定地點常爲恆數,故效率之大小,祇與 V_2 成正比例。前述公式(12)可寫爲下式:

$$V_2=8.025\sqrt{\frac{dH}{(1+K_1+K_2+K_3+K_4+K_5)d+fl}}$$

從上列公式觀察,V_2 與各係數之平方根成反比例。卽知係數愈小,流速愈大,亦卽效率愈大。茲將關於各係數應行注意之點,分述於下:

(一)關於 K_1 者——據齊河紅廟 18 時虹吸管之試驗,達蓬頭(Foot

Valve)當虹吸水頭爲2.1呎時,其能力損失爲1.36呎。損失甚大,不可使用,若改用灣曲適宜之喇叭口式進水門(山東建設廳有詳細設計)當能減少損失,增加流量。

(二)關於K_2者————據濟南新東門外 4 時虹吸管試驗,截水門置於進水口後其能力損失較小。安在出水口前,其能力損失較大,即K_2之數值可隨位置而略有改變。

(三)關於K_3者————虹吸管之灣度愈小,其能力損失愈小。然在黃河大堤上安設,從管峯起須逐漸傾下,不可平置。否則出水不利。又下游管腿當就大堤坡度平穩灣下,以期減少損失。

(四)關於K_4者————齊河紅廟18時虹吸管之橡皮鋼寳活接,當時試驗能力損失僅爲 0.05 呎,故鑄鐵球形活接雖未經試驗,已知其遠不如橡皮活接矣。

(五)關於K_5者————當水出虹吸管時,流速甚大,出水口之設計應使水之流速逐漸變小灣曲過大亦不適宜。

(六)關於 f 者————據此次四時虹吸管試驗,上游管腿內水之流速與水流在普通管內情形相若,但下游管腿內水之流速較大於管峯水流平均流速。且最大流速之在管頂或管底,全視前述虹吸管之裝置如何。故其阻力損失與水之在普通管內者略有不同。即係數 f 欲求精確尚須根據試驗加以改變。

上述各點,若能設計適宜,不難使係數變小,增加虹吸管之效率。同一工程建設費,虹吸管效率大者,流量增多,淤灌面積因之加大。效率小者,流量減少,淤灌面積因之縮小。虹吸管設計之良否,其關係亦重且大矣。

山東內河挖泥船「黃台」號及「石村」號設計及製造始末紀略

（中國工程師學會第四屆年會得獎第二名論文）

陸 之 順

民國十九年山東省政府有小清河工程局及工程委員會等之組織。組織既成,先修五柳閘,繼修達莊閘,再造「濟南」「黃台」「石村」三號挖泥船。著著進行,不遺餘力。「黃台」「石村」兩號,係作者集資創辦之陸大鐵工廠所承造。當山東建設廳與陸大廠訂立合同時,頗受各洋商之押擊,以爲常道以如許規模之工程,異諸素乏經驗之工廠承做,事莽失當。以故陸大廠承造之初,夙夜惊惕,乃特聘德人歐恩達及同學張逸塵君,担任設計事務。詎意歐先生甫將船売鋼骨計畫完備,即病殁於青島,洵爲不幸。其餘船面之機件以及導輪等則由張君設計,經多次之試驗與修改,將告完成,張君又決然去職。今此船已勉強成功,爰述簡略以誌之。

民國廿二年九月廿七日陸之順識

(一)聯斗式挖泥船之一般說明

聯斗式挖泥船用於各種土質,咸稱適宜,而土質較硬並欲挖得一定之斷面時,尤多用之。挖泥斗行轉於船槽之間,其數常在一二十個以上,故帶動時耗費馬力極大。如泥質輕鬆可以吸取者,則用聯斗式挖泥船,不及用幫浦挖泥船較爲經濟。聯斗式挖泥船每小時所挖泥量,自 5 立方公尺至 600 立方公尺,均可採用,但泥斗之容量,不能超過 1 立方公尺,故此種挖泥船罕有出泥量在 700 立方公尺以上者。其挖出之泥,由兩旁或後方之淌泥槽流送於盛泥船之內,其泥量較少時,亦有用輸送帶送至兩岸者,倘泥量既大,並欲輸送至遠方時,則用幫浦藉鐵管將泥送出。

　　船之形式與尺寸,用在河內或海中,略有不同。在有危險性之海上工作者,恆裝有推進旋,俾遇有危險時可立即逃脫也。

　　挖泥船工作時前後左右之推移,專藉船上所裝六個鐵錨之力量,計此項鐵錨前後各一個,兩側各二個.

　　當送泥槽後方裝置時,則不設後錨,小號之船常用兩個側錨。在狹流挖泥之時,側錨皆拋置於岸上,

　　挖泥於淺水之地,應先挖出船路,使船得以推移,以故泥斗梯端,須伸出船頭,而可上下移動。

(二)「黃台號」及「石村號」之用途

　　「黃台號」及「石村號」兩挖泥船係山東省政府建設廳委託濟南陸大工廠設計製造,其式樣大小,俱各相同,船長26公尺,高2.05公尺,規定之吃水量爲0.915公尺,乃專爲疏潛小清河之用。此河發源於濟南,流至羊角溝而入渤海。共長約三百六十餘華里,兩岸皆膏腴之地,物產豐美,羊角溝尤饒食鹽,從前流急河淺,不能通行航船,茲於上流築閘貯水提高水位外,將再用該挖泥船挖深河底,並加闊河床,以備二百噸以下之航輪,由海口直達濟南,似此則濟南不特與渤海沿岸諸埠貫通航運,且可與沿海各省,及海外巨埠取其互相聯絡,將來工商業之發展,誠未可限量也。

(三)主要計算

(甲)泥斗容量之計算

$$J = \frac{Q}{\eta \cdot 60 \cdot \frac{V}{2l}} \text{立方公尺}$$

Q = 每小時出泥量 = 160 立方公尺。

η = 泥斗效率即泥斗實盛量與可容量之比約爲 75 %。

V = 斗鍊每分鐘之速率 = 19 公尺。

l = 鍊鈎長度 = 0.60 公尺。

$\frac{V}{2l} = \frac{19}{2 \times 0.60} = 15.8 = $ 每分鐘泥斗出泥次數。

將上列各數代入式內即得:

影（一）　挖泥船下水前情形

影（二）　挖泥船下水後情形

影(三)　　挖泥船內部船骨排列情形

影(四)　　挖泥船上全部起錨機

泥斗容量 $J = \dfrac{160}{0.75 \times 60 \times 15.8} = 0.222$ 立方公尺,約等於 8 立方呎。

(乙)馬力之計算

(a)帶動泥斗所需之馬力。

$$N = \frac{[Q\gamma_1 - \gamma_2)t \cdot 1000 + Q \cdot \gamma_1 \cdot h \cdot 1000] \cdot L}{60 \cdot 60 \cdot 75} =$$

$$= \frac{Q}{270} L[(\gamma_1 - \gamma_2)t + \gamma_1 h] \text{ 馬力。}$$

Q = 每小時出泥量 = 160 立方公尺。

γ_1 = 泥之比量約 = 2.0

γ_2 = 水之比量約 = 1.0

t = 最大挖泥深度 = 4 公尺。

h[[= 自上四方輪上泥斗重心至水平面之距離 = 8.4 公尺。

$\dfrac{Q(\gamma_1 - \gamma_2)t \cdot 1000}{60 \cdot 60 \cdot 75}$ = 起泥至水平綫所需馬力。

$\dfrac{Q \cdot \gamma \cdot h \cdot 1000}{60 \cdot 60 \cdot 75}$ = 自水平面起至上四方輪上所需馬力。

L = 馬力係數,即自河底起泥至上四方輪,所需馬力與挖泥時之鼓動機所出馬力之比。此數不能用簡易方式求得,而以挖泥之情形與斗練之磨擦,以及馬力傳導之損失等原因而定;按經驗所得,如以上之情形,L 約等於 4。

將上數代入式內,其馬力則爲:

$$N_a = \frac{160}{270} \times 4 [(2-1)4 + 2 \times 8.4] = \frac{160}{270} \times 4 \times 20.8 = 50 \text{ 馬力。}$$

(b)起錨機所需馬力,按經驗所得約計如下:

前起錨機約需 …………………………………… 16 馬力

後面及兩側起錨機約需 …………………………… 8 馬力

前兩側起錨機約需 ………………………………… 11 馬力

斗梯升降機約需 …………………………………… 15 馬力

　　　總共約需馬力　　　　　　　　　　　50 馬力

倘同時並用約需馬力最多時爲:

前起錨機約需 …………………………………… 16 馬力

後起錨機約需 …………………………………… 4 馬力

前側起錨機一個約需 …………………………… 5.5 馬力

共約　　　　 $N_b =$ 　　　　　　 25.5 馬力

(c) 輸送機所需馬力,依 "Hütte" 為:

$$N_c = \frac{Q\gamma L}{500} 馬力。$$

每小時輸送量 $Q\gamma = 160 \times 2 = 320$ 噸。

輸送長度 L = 19公尺。

所以約需: $N_c = \frac{320 \times 19}{500} = 12.5$ 馬力。

總共所需馬力為:

$$N = N_a + N_b + N_c = 88 馬力。$$

現在選用之柴油機則為 125 馬力,比較預算上所需者,約超過三分之一。

(丙)排水量之計算

依設計時所規定之尺寸,由下式可得此船規定吃水深度時之排水量:

$$D = (L \times B - L_s \times B_s) T. J. \gamma_1$$

L = 在吃水線之長度 = 26公尺

B = 在吃水線之寬度 = 7.65公尺

T = 吃水深度 = 0.915 公尺

L_s = 在吃水線船糟之長度 = 13公尺

B_s = 在吃水線船糟之寬度 = 1.2公尺

J = 船之載荷率 = 0.90

γ_1 = 水之比重 = 1

將上數代入式內即得排水量:

$$D = (26 \times 7.65 - 13 \times 1.2) \times (0.915 \times 0.9) \times 1) = 155 公噸。$$

現在全船實在之重量,由下列各項合計:

船売 ………………………………………………………… 8) 公噸

船上設備(即總架船頭台航具及艙內設備等) …………… 10 公噸

機器裝置與附件,及傳動裝置等 ………………………… 15 公噸

起錨機及起重機 ……………………………………………… 20公噸

挖泥工具 ………………………………………………………… 10公噸

送泥裝匣及其轉動與平衡設備 ………………………………… 6公噸

　　　　　　　　　　　　總共重量 …………………………… 141公噸

(圖)大概說明(參閱圖一,甲至丙)

　　船分前後兩艙,長短相等,前艙因船槽劃分為二,為船員臥室之用(圖一丙)。各設床位六個,並安設桌燈器具。後艙為機器房,發動機,及傳導裝置等。發動機為 125 馬力提士柴油機,重約 5 公噸,位於船中心之第四四至第四六橫底梁之上,機器艙口之下,機身自底脚起高 1.77 公尺,長度:至外軸承為 3.60 公尺,水箱容量為 8 公噸,置於船之最後部,所以為平衡船身之用。柴油箱之容量為400公升,懸掛於發動機後機器艙口壁上,又冷汽瓶兩個上下排置於機器一旁之船壁上。筒置於機器艙口後台上,外圍2.3公尺高與0.90尺直徑之烟囱,以壯觀瞻。艙內尚有 4 馬力汽油發動機一部,以之施動離心抽水機,並有1.5瓩之發電機,抽水機,以汲艙底之水至於船外,或由船外抽水,以供艙面洗滌之用,或送至冷水箱內。此外有第一導軸及起重機導軸,裝於船艙之內。

　　力之傳動,係由發動機藉皮帶之力轉動第一導軸,其第二導軸再藉兩次齒輪之傳導,以達四方輪軸。所以如此多次傳遞者,實因發動機旋轉 450 次而四方輪軸祇轉 8 次,其傳導率最大故也。四方輪之轉動,可以帶動聯斗,實行挖泥,此聯斗以每分鐘行19公尺之速度,轉動於船槽間斗梯之上,此斗梯上懸於大架上之橫軸,下端藉鋼絲繩繫諸船頭台下升降機之上,可以上下升降,以適合挖泥時之深淺度,約有45度之傾斜,可以起至水面之上。

　　挖上之泥,當泥斗過四方輪時,即傾注於洞泥圓斗中,流至輪送帶上,轉送岸上。自船之中心可達19公尺之遠,其運送帶之速率,每秒鐘1.6公尺,其面上之泥層,平均約55公厘,由第一導軸藉齒輪帶動之。輪送機全部裝置,可以旋轉 180 度,以放向兩側或後面輪

送時,皆可隨意轉置之。該輸送機在船之一旁,伸出如長臂狀,時有偏重情形,故於其背面裝置相當重量之均重物,以均稱之,使船平穩。

　　起錨機精總發動機皮帶直經導軸而帶動之。前錨及兩側錨之兩起錨機裝於大架之兩旁,由左面前側錨起錨機之皮帶輪軸精用齒輪及長軸之傳導,帶動斗梯升降機。後錨及後側錨之起錨機,則排列於船之後部船面上。鐵錨之重量,前錨 600 磅,前側錨及後錨 400 磅,後側錨 250 磅。錨繩悉係鋼絲繩,後前錨繩徑 ⁷/₈ 吋,長 600 呎,後錨繩徑 ³/₈ 吋,長 500 呎,前後側錨繩徑亦 ³/₄ 吋,皆長 400 呎。每部起錨機於挖泥時,各派一人駕馭之。

　　挖泥時,發令之人站於船首,操縱斗梯之升降,指揮機器之動作。挖泥之成績與船隻使用生命之長短,都視此人之幹練與否而定。

(五)船売及大架之構造

　　船為長方形,長 26 公尺,高 2.05 公尺,前後端略形尖斜,以減輕進退時之抗抵力。送泥高度,按照規定,須在水面 5 公尺之上,因之上面方軸之地位極高,計自艙面至輪軸有 6.60 公尺之距離,四方輪軸高,船之重心亦高,欲使挖泥時之平穩,非擴大寬度不可,現在規定之 7.65 公尺,則過於一般之挖泥船矣。船內有長 13 公尺,寬 1.2 公尺之船槽,以為安置斗梯之用。船頭台跨立於前端船槽之上,與左右兩半之船身相固接。大架在船之中部。後艙設一機器艙,艙口設玻璃窗,以增光線。上下艙口,前船左右各一,後船一個。船之兩側,裝有八寸方護木兩方,並各置 9 吋徑圓玻璃窗十二個,使船內光明。船沿各有洩水管四個,船面四週及船槽兩旁,悉裝管子欄杆。船面置有纜柱六個。

　　船上一切材料之選用,悉按德國 Llyod 之規定。船売(圖二)皆係 ⁵/₁₆ 吋鋼板,惟船邊與船底兩接圓角處則用 ¹/₄ 吋鋼板。鉚法係將船底及兩邊用重疊式,船面用并列式,并列埋頭之鉚法,以使船面極

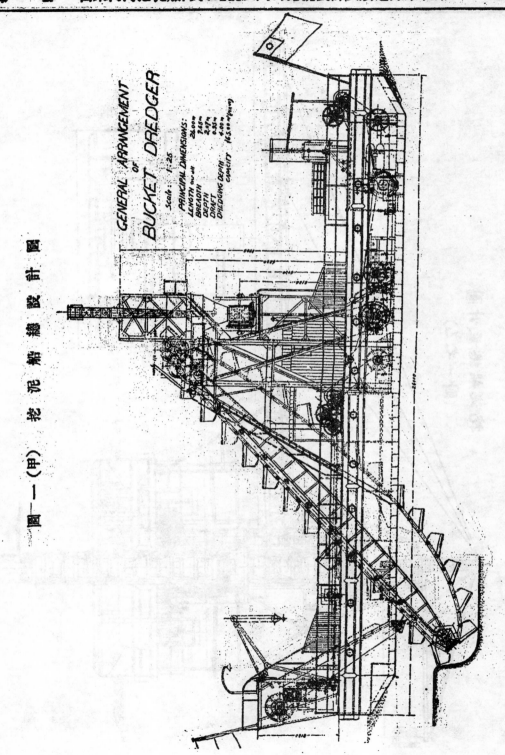

圖一(甲)　挖泥船總設計圖

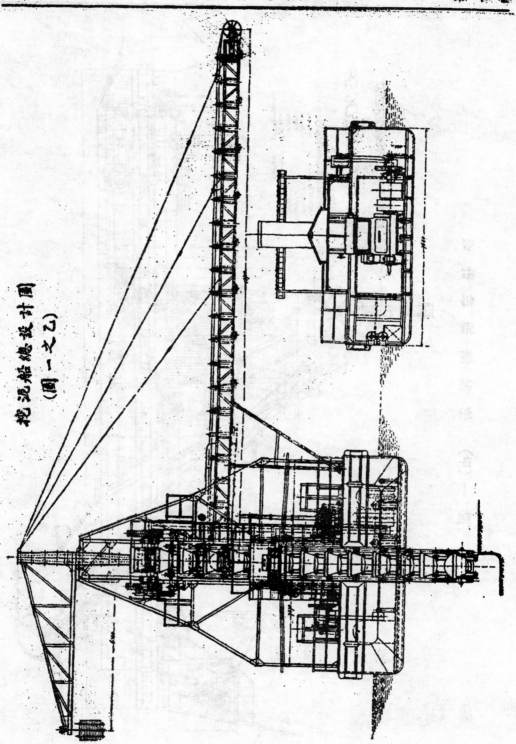

挖泥船總設計圖

(圖一之乙)

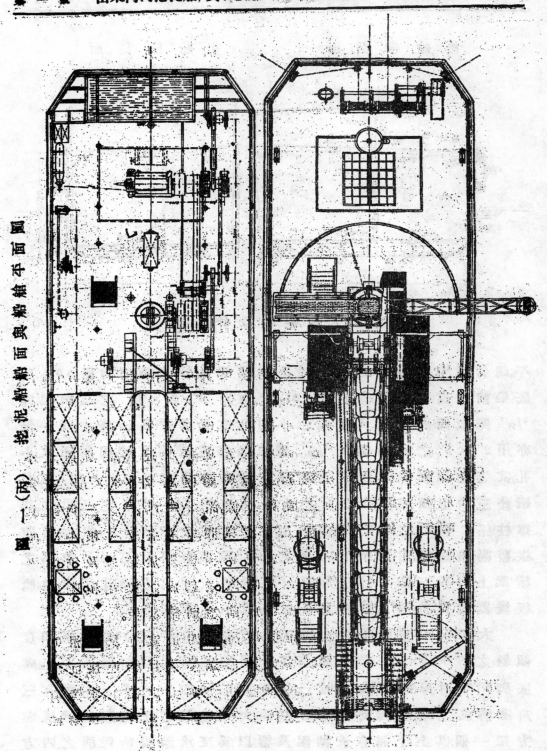

圖 一 （丙）　挖泥船船面與船艙平面圖

後艙橫剖面　　　　前艙橫剖面

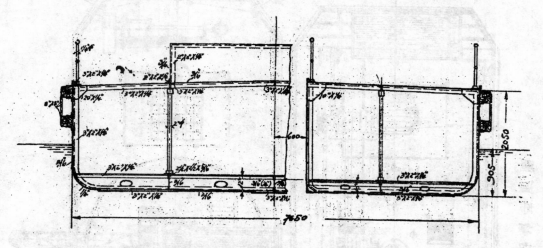

圖(二)、挖泥船梁骨構造

平。鉚釘為 $\frac{1}{2}$ 吋徑,釘距 1 $\frac{3}{4}$ 吋,全船橫梁共 51 條,距離均係 0.9 公尺。底梁前艙高 0.2 公尺,後艙高 0.3 公尺,均用 $2'' \times 3'' \times \frac{1}{4}''$ 之三角鐵與 $\frac{3}{16}''$ 鐵板鉚成。壁上具有通水小圓孔。直梁兩旁各一條,中間一條,亦用 $2'' \times 3''$ 之三角鐵及 $\frac{3}{16}''$ 鐵板,節節與橫梁連接,間具通水小孔,其邊助以橫梁底三角鐵彎成,上端與艙面之 $2'' \times 3'' \times \frac{1}{4}''$ 三角鐵藉三角形鐵板鉚接。艙面之直梁三條,係 $2'' \times 3\frac{1}{4}''$ 之三角鐵。其撐柱係 2 吋徑之鐵管,支撐於上下直梁間,左右各十一根,中間四根。發動機座係用兩根 8 吋高之槽形鐵,橫豎鉚於第 44 及第 46 之橫梁上,再與三條 3 吋三角鐵及 $\frac{1}{4}$ 吋鐵板鉚成之梁互相聯結。艙板機器艙內悉用 $\frac{3}{16}$ 吋厚之花板鋪成,前艙則鋪木板。

　　大架因四方輪軸之地位而俱增高,由四根直立及兩根 60 度傾斜之 $8'' \times 4'' \times \frac{1}{2}''$ 槽形鐵,與等大槽形鐵橫梁,互相連接而組成。底腳用 $\frac{3}{8}$ 吋厚鐵板與 4 吋三角鐵固結於加大之梁上,兩旁有三角鐵構成之架,以資支撐而增堅固。大架後部之上,有三角鐵構成方架一個,其上下部有承軸圈及框,以為支承繫掛輪送機之四方

形旋轉柱之用,以三角鐵與槽形鐵及大架固結使其穩固。附近大
梁後部方架之下,有輪送機一只,台高 3.3 公尺,由 2 ¹/₂ 時三角鐵構
成之,台上置有 1.5 公尺直徑之軌道,以安放輪送機之旋轉框。大架
兩旁有平台,在方架之後,可以繞通,故上下平台之梯祇設一個。大
架之下,設置 60 度傾斜之淌泥板使溢出之泥水流入河中。方架三
面裝有護泥板,以防泥漿四外濺溢。

(六)總發動機及傳導裝置

(甲)總發動機

自柴油機發明以後,船上之發動機亦多捨蒸汽機而用柴油
機,蓋因其佔地小,重量低,用人少而又開駛便捷,較之蒸汽機有種
種便利故也。「黃台」「石村」兩挖泥船亦採用最新式之道馳牌 (De-
utz) 提士柴油機。按第三節之計算,每船總需馬力 90,現在採用之
柴油機,其馬力則為 125,似此機力極為富裕,不惟有充分之保險,
而且機器之生命亦可延長。柴油機為四缸四衝程式汽缸直徑為
190 公厘,行程為 400 公厘,每分鐘旋轉 450 次,藉調整器可使降
低至一百餘轉,其消耗油量為每馬力每句鐘 0.165 公斤。開機用壓
縮空氣,其壓力為 355 磅,每次使用之後,冷氣筒內不足之量,則列
汽缸內之燃汽而灌注之,另外並無壓汽機之裝置。潤油循環流轉,
藉油幫壓送,油壓為 18—25 磅,耗油量每馬力每小時約 0.004 公斤。機
器冷水因挖泥時河水混濁,乃置冷水管及冷水箱使定量之水,循
環流轉,常保清潔。所需冷水量,每小時 2.5 公噸,現在水箱之容量約
有 8 公噸,超過上數三倍以上。冷却管排係以十一根 10 呎長,⁵/₈ 時
徑之紫銅管所組成,裝於船之後部外斜底壁上,平時則沒於水中。

(乙)傳導裝置

發動機之轉數為 450 次,四方輪軸為 8 次,故傳導率為:

$$\varphi = \frac{8}{450} = \sim \frac{1}{56}。$$

所有現在設計之傳導裝置如下圖(圖三)所示。

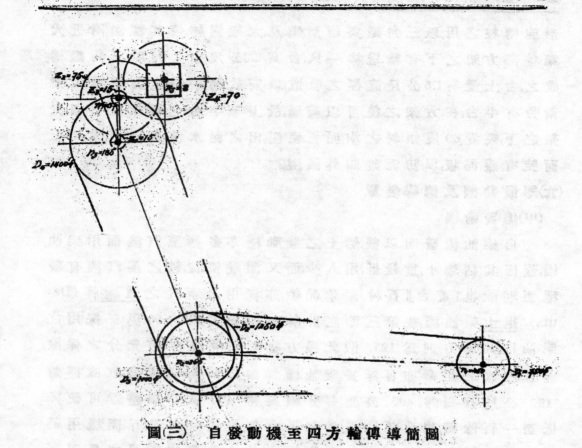

圖（三）　　自發動機至四方輪傳導簡圖

即以兩次皮帶與兩次齒輪之傳導,故:

$$\varphi = \frac{\varphi_1}{\eta_1} \times \frac{\varphi_2}{\eta_2} \times \varphi_3 \times \varphi_4 = \frac{750}{1250 \times 0.97} \cdot \frac{1000}{1400 \times 0.97} \cdot \frac{15}{75} \cdot \frac{15}{70} = \frac{1}{56}$$

η_1 及 η_2 爲皮帶傳導有效率,約97％。

發動機開駛時,須無荷載否則機器極易受損,故D_2軸上應安設活輪,藉用接合器或皮帶推移設備,於發動機達有相當轉數時,使與D_2軸相接連以帶動D_3,D_4,D_5,各軸。現以地位上之關係不能裝置接合器,故選用活固兩輪,及皮帶推移器。第一導軸D_2直徑 100 公厘,每分鐘轉數 265 次,軸上除 1250 公厘之活固兩輪與1000公厘直徑之一輪外,軸端尚有角尺齒輪,以轉動輸送裝置之直軸,其軸承爲具合金瓦而帶油環者,其軸承架係用槽形鐵製成。第二導軸D_3直徑爲 100 公厘,每分鐘旋轉 185 次,位於大架梁之上,一端有

圖（四）　大架上傳導裝置

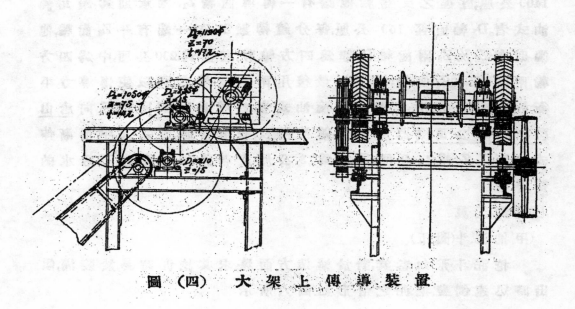

圖（五）　泥　斗

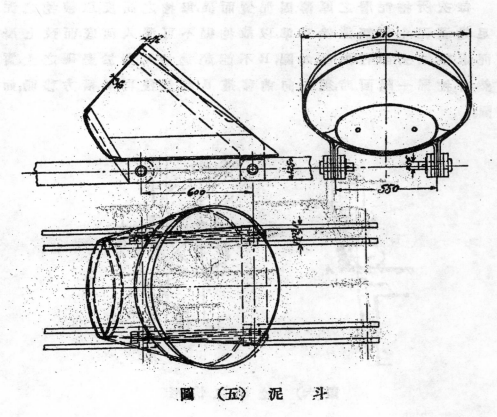

1400公厘,直徑之皮帶輪,他端有一傳導齒輪Z_1,軸承則爲銅瓦滴油式者。D_1軸直徑 150 公厘,每分鐘轉數87次,一端有一Z_3齒輪,他端則有Z_2及Z_3兩齒輪,D_5即爲四方輪軸,直徑爲200公厘,中爲四方輪,兩端各一Z_4齒輪。(圖四)。最後用兩對齒輪者,所以使傳導力平衡故也。軸承亦用具銅瓦及滴油式者,齒輪爲鑄鋼所製,係向唐山啓新洋灰公司機器廠定做,鑄造精良,毫無沙眼,齒爲人字形漸伸式,齒距Z_1,Z_2爲44公厘,Z_3,Z_4爲 3 公厘,皮帶係10吋寬之不透水的雙層帶。

(七)挖泥工具

　　(甲)挖泥斗(圖五)

　　挖泥斗形如畚箕,對於構造方面務求其挖泥時易於裝滿,傾出時迅速倒盡,挖泥之情形如圖六所示:

　　每次所挖泥層之厚薄,因泥質而異,每挖之高度,以被挖之泥適足盛滿泥斗而無遺餘爲準,以故挖掘不可深入河底,而致上層之泥未經挖去即行崩墜。如圖,R不能超過於h,對於堅硬之土質尤然,當挖掘一斷面時,須先向前移進 d 路,然後再於橫方移動,如下圖。

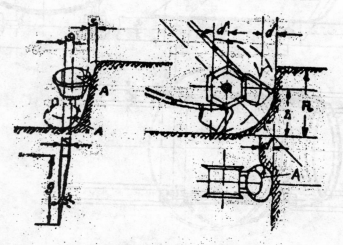

圖(六)　挖泥之情形

泥斗口大底小,兩邊傾斜,使挖泥時斗邊不與泥層磨擦,其斜度可以 $\tan \alpha = \dfrac{s}{g}$ 決定之。S 爲五方輪側移之速率,約爲每分鐘 5 公尺, g 爲泥斗 A 點之挖泥速率,約爲每分鐘25公尺,所以:

$$\tan \alpha = \frac{5}{25}; \quad \alpha = \sim 12°$$

但依經驗所得,則以 17° 最爲適宜,故現在選用此角度,亦使黏性之泥易於傾出也。斗面亦有相當傾斜,使挖泥時,S 與泥層相擦,其斜度常爲40°至50°。

斗身用 $\frac{1}{4}$ 吋鋼皮鉚成,斗口沿邊鑲有厚 $\frac{1}{2}$ 吋,寬 5 吋之冷硬鋼刃,以爲割泥之用,並與斗脚鉚固,斗脚係由兩塊 5 吋寬 $\frac{3}{4}$ 吋厚之鋼板,與斗身之脚及墊鐵組成,其底面鉋削極平,如此,轉在四方輪及五方輪上時,不致因擊拍而使各部鬆動。每個挖泥斗之重量爲280公斤。

(乙)節鍊斗銷及襯套

泥斗藉節鍊及斗銷互相連接,節鍊爲各兩條 5 吋寬,1 吋厚之扁鋼,其銷子眼鑲有冷硬鋼套,斗脚之銷子眼亦然。此鋼套用小方銷裝牢,以阻其轉動。銷子眼之距離爲 600 公厘,其斗銷亦爲冷硬鋼製成,頭屬圓形,其他端用墊圈及扁銷釘固。斗脚之兩條 $\frac{3}{4}$ 吋扁鋼(係用三個螺絲固結)及節鍊,當其一面損蝕時,都可翻轉再用。

(丙)四方輪

上四方輪所以帶動聯斗者也,方輪之邊數以少爲宜因其重量較輕拉牽有力,故現在採用四邊輪,係鑄鐵所成,上面均加寬 $(6-\frac{1}{2}$ 吋,厚 1 吋之冷硬鋼板,使磨損減輕,兩旁有突起之邊,以防斗鍊左右之移動。

(丁)五方輪及在斗梯下端之支承裝置

下方輪以邊數較多爲宜,故採用比四方多一邊之五方。輪係鑄鐵所成,上面亦加 $\frac{3}{4}$ 吋厚,$6-\frac{1}{2}$ 吋寬之冷硬鋼板亦有防斗鍊左右移動之突起邊。五方輪支置於斗梯下端叉形架間之方形軸承

上,軸承兩後有熟鐵臨塊,各厚 77.5 公厘,故軸承與軸及五方輪,在斗樑在長方向,可移動至 300 公厘之路,蓋五方輪之移動所以緊縮斗棟也。

(戊)斗梯(圖七)及滾筒

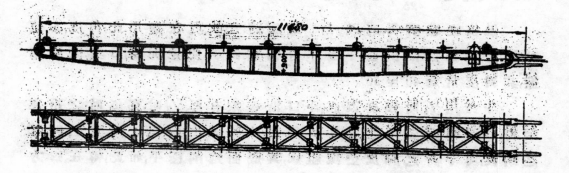

圖（七）　斗　梯

　　斗梯之長,以其在45度時之挖泥深度而定,現長為 14.4 公尺,梯身為兩扇長腰形之鐵梁,用 $^3/_{16}$ 吋鐵板及 2-$^1/_2$ 吋之三角鐵鉚成,其底面鉚有 $^1/_4$ 吋厚之扁鐵,用六道 2 吋三角鐵及 $^3/_{16}$ 厚之鐵板組成之橫壁以連接之,上端懸套於 100 公厘直徑之橫軸上,下端鉚有叉形之鑄鋼架,以承置五方輪。×形架後之鐵梁上鉚有 $^3/_4$ 吋之身狀鐵板,以為懸掛之用,梯上裝有滾筒十付,以承貫聯斗,其中五付帶邊,以防斗棟左右之移動,滾筒係表面堅硬之鑄鐵,其直徑為 150 公厘,長為 200 公厘,藉大裝力裝於軸上,其軸承裝於其梁面上,軸瓦形方,當其一面磨蝕時,尚可翻轉再用,但均為鑄鐵所製。

(己)斗梯升降機

　　斗梯升降機,所以調節五方輪之高低,以適合挖泥之深淺度者也。其升降速率宜小不宜大,然斗梯於泥斗之泥盧滿時,須在十分鐘之內將其提起水面,升降機現由總發動機,經起鋸機皮帶輪軸藉齒輪帶動之,其傳導情形如(圖八)所示:

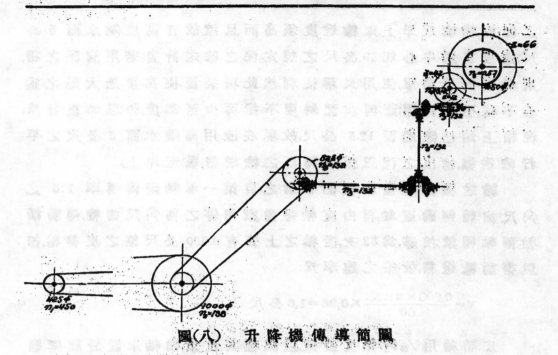

圖（八）　升降機傳導簡圖

升降速率每分鐘爲：

$$v = \frac{0.45 \pi \times 0.57}{2} = 0.405 \text{公尺}$$

即由起錨機之皮帶輪軸，藉齒輪與角尺齒輪傳動長軸，而立軸與螺旋軸以及螺旋輪則藉再一對齒輪以轉動繩子輪。

長軸長爲十一公尺餘，置軸承七個，上覆木盒，以遮雨水，軸端裝有角尺齒輪易向器，使繩子輪倒順轉動以升降斗梯。羅絲係馬丁鋼製造，螺紋斜度爲 6.30' 如此，螺旋及螺旋輪齒之接觸面上，有相當之磨擦，使螺旋輪不至自鬆而轉動。螺旋輪之螢齒輪廓，係銅製，鑲於鑄鐵之輪體上。繩子輪亦係鑄鐵所製裝，置於船頭台下其直徑爲 0.45 公尺，有左右旋繩槽。

斗梯之懸掛，乃用兩根 ⅞ 吋鋼絲繩，繩之一端繞於繩子輪上，其他端則通過活輪後，繫於 7 吋之工字梁上。活輪下具拉桿，與斗梯相接。

（八）送泥裝置

小清河下洩兩旁河岸頗高，而河面亦較廣闊，欲就河中挖出

之泥,直接輸送岸上,則輸送度須高而且遠,故有高度離水面 5 公尺,遠度自船中心起 19 公尺之規定。泥之輸送計畫,若用溜泥之槽,則構造既屬簡單,使用又稱便利,然此項裝置,使高度過大船之重心不穩,不能採用;蓋因溜泥斜度不能再少至 25 度,即以 25 度計算,泥槽上端已離船面 12.5 公尺,故現在改用高離水面 5 公尺之平行輸送機,挖出之泥以循環轉行之輸送帶,送至岸上。

輸送機由總發動機而帶動之,自第一導軸藉傳導率 1:5 之角尺齒輪轉動直軸,再由直軸藉齒數相等之兩角尺齒輪,轉動橫軸,兩軸轉數相等,為 53 次,橫軸之上裝有 0.600 公尺徑之皮帶輪,即以帶動輸送帶,故帶之速率為:

$$v=\frac{0.600\times\pi\times53}{60}\times0.96=1.6 \text{公尺}$$

皮帶輪用 $\frac{3}{16}$ 吋鐵皮製造以減輕其重量,輪軸承置於旋轉框上。直軸直徑為 85 公厘,支承於鋼絲珠軸承上。

輸送帶係膠皮所製,寬 23 吋,厚五層,環行於輸送架上下。輸送架長 1.17 公尺,其前端長 4.125 公尺之一段,可以卸下,以合於狹流滾處之輸送,並減輕偏倚之重量。架係 2″×3″ 三角鐵及 4 吋槽形鐵連成,上裝口形滾筒二十一付。

間距各為 0.825 公尺,下裝直滾筒十個,皆用 4 吋徑鐵管製成。近旋轉框之下滾筒直徑較大,可上下移動,以鬆緊輸送帶。

旋轉框用 4″×8″×$\frac{1}{2}$ 槽形鐵製成,下端裝有小活輪兩個,故可在輸送台之道上旋轉。溜泥圓斗裝卸於旋轉框上,上口直徑為 1.4 公尺,下口較小,斜向於輸送帶上,斗中置軸,軸上裝割刀,以分割大塊之泥,俾泥流至輸送帶上,均而且匀。刀軸之旋轉,由橫軸藉皮帶動之。旋轉框之上橫梁與四方旋轉柱相連,下橫梁中有軸瓦,以支承軸。

輸送架內端藉槽形鐵及三角鐵與旋轉框相連,外身用三道 $\frac{3}{4}$ 吋鋼絲繩繫掛於四方旋轉柱頂上,中選管于支柱,其下端具有

活輪,可在船面軌道上行走,故全部輸送裝置,可以隨意旋轉。輸送架中段之兩側,裝有鐵環,環上繫繩,帶上下活車,以爲一定方向送泥時拴柱輸送機之用。

四方旋轉柱係用三角鐵鉚成,其兩面鉚有 $1/4$ 吋鐵板,以增其轉折之抵抗力。中間兩處裝有瓦狀鐵片,使於其處成圓柱形,以利於軸承圈上之轉動。旋轉柱於輸送機之他向,鉚有三角形鐵架,其端有重鐵 3 公噸,距四方柱中 5.60 公尺,以作均稱輸送機重量之用。

(九)起錨機

起錨機所以調制挖泥船挖泥時之地位者也,對於挖泥船極關重要,因挖泥之成績如何,常視以起錨機之良否而定。小號挖泥船上之起錨機,由人力搖動之,在較大之船上,不能以一人之力搖動者,則由總發動機或零星之發動機帶動之。纜錨之棟,側錨常用鐵棟,以其重量較大沉於水中不致妨礙航行,前後兩錨多用重量較輕之鋼絲繩。現在兩船上之錨棟,皆係鋼絲繩,因側錨拋置岸上,亦以重量較輕之鋼絲繩爲宜也。前後兩錨用以固定船位及拖曳船身,然工作時大部份之力量則由前錨承受,以故此錨最關重要。

影(四)示本挖泥船上所用之各起錨機。

起錨機俱由總發動機,藉皮帶之力帶動之,其各所需馬力,按經驗所得,約如第三項之規定。其勁與力之傳導如圖(九)(十)所示。

起錨機繩子輪之速率,計前爲每分鐘 5.3 公尺,前側爲 10.3 公尺,後及後側爲 11.8 公尺。

起錨機之構造,大致相同,繩子輪直徑 0.325 公尺,周面平滑無繩槽,在軸上活動,藉斜面接合器之推進,始與軸連結。接合器則由把輪轉動羅絲而推進。繩子輪一端圓周上,置有鋼皮所製之箝制器,以調節其速率,或制止其轉動。鋼皮帶端有羅絲母,藉絲桿之旋轉而緊鬆之,以生效力。前起錨機上則另設制齒裝置,以增加制止繩子輪旋轉之力。制齒輪即於繩子輪端鑄齒而成,制齒裝於一小

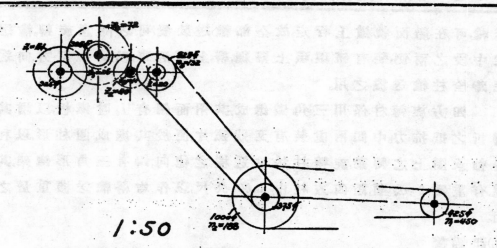

1:50

圖(九)　　前及前側起錨機傳導簡圖

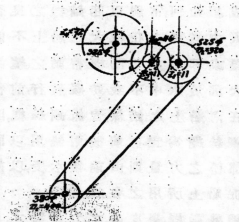

圖(十)　　後及後側起錨機傳導簡圖

軸上,軸端有踏板,以足略作推移,即可將齒置上或放下。

(十)工作情形

　　上述兩船於二十一年十二月與山東省政府建設廳簽訂合同,合同成立後,即開始設計圖樣,籌備造船廠所,訂購機器及材料,至二十二年三月始正式開工嗣因船壳鋼板及鑄鋼齒輪等遲到之故,以致工作進行略爲遲緩,然至八月底兩船船壳及大架已完全落成,一切安裝及種種設置至十月底俱各完備,於十一月間兩船先後下水,並實行挖泥,成績尚佳,曾由建設廳派員驗收,於是全

浚工程,乃告完成,統共歷時約近一載。

此兩挖泥船乃供小清河疏濬之用,故造船地點應在該河之濱,俾造成之後,曳入河中,即可使用。黃台灣全糖廠之東有水灣一處,其面積約有三百餘平方公尺,與小清河相通,昔為糖廠嘉街船隻集之處,及供船塢及淀泊之用,乃於此地附近闢為船廠,灣南之廣場,長七十餘公尺,寬四十餘公尺,作為船場。場之東南有小房五揀,充作辦公室及工具收藏室,場南建一大棚作為廠房。棚內畧冶鑪四個,並置鏇床一部,鑽床三部,舂床及剪床六部,以柴油機藉導軸驅動之,再南有小屋一行,用為工人宿舍及廚房之用。

所有造船之工匠,大部係自青島來者,因該處昔為德人佔據時,建有造船工廠,至今尚有經驗素富之工人,特招集僱用之。船壳鋼板係由英國定購,其三角鐵,溝形鐵等,則皆購自上海,鑄鋼之件係由唐山啓新公司定製。其他船上所需一切材料,係自外埠購來,對於製造方面,頗感不便,船上一切機件皆在本廠製成,運至黃台船廠,該兩處距離,約二十餘里,運送既感煩瑣,所費亦屬甚鉅。

船釘大部份係用氣錘鉚上,故頗堅固。船壳造成後,艙內皆灌水二呎,試驗不漏,所以下水之後,船內毫不滲濕。

兩船先後擺列,前船距灣頗近,故下水軌道直鋪至灣內,軌道係兩行 8 吋方木作成,作 28 度之傾斜狀,每隔一公尺,鋪 8 吋方 1 公尺長之枕木,其下層及四週,並用砂子灰土打實,以增負力。灣內水深約 2 公尺,在鋪設軌道之前,將灣口塔住不與河通,用抽水機抽盡灣水,待斜坡修安,軌道鋪成之後,再用兩部 4 吋口徑抽水機,日夜向灣內灌注,至與岸平,始實行下水。

船底之下,有一 8 吋方木構成之長方框,其兩邊木覆於軌上,接觸之面成 Λ 形,塗有水膠,以減水磨擦力。下水時全船重量約 120 公噸,所以拖曳之力須在 20 公噸以上。但無相當起重機,故利用船上設備,將諸錨(後錨在外)拋於船之前方。另用兩錨將錨繩拴於斗棣之上,開駛總發動機,轉動起錨機及聯斗而拖曳之,經過多次

之移動,始離開原地約十七八公尺而入於水。當時之吃水爲 2 呎 2 吋。

(十一)公開試驗與修改

建設廳特派王秘書朱科長,曹科長,曹技正,史技正,李主任會同試驗發動機之結果,係 450 轉,挖泥斗之速度每分鐘爲16個,每個容量以 8 立方呎計,每小時總計 7680 立方呎,合 215 立方公尺。此係按平斗之計算,如泥斗少微凸出,約在 240 立方公尺,則與合同 165 立方公尺超出若干。其機件製造尚有不合宜處,卽係接泥板太短及接泥盤上之鐵梁太低,所挖之泥半落水內,有時閉塞不通。當經議決另加修改,查挖泥機所挖泥在相當傾斜度不能痛快落斗,大都至半迴轉時,卽落水中。此種原因,係泥之粘性太大故。爲此,集合全廠同人詳加考慮,最後決定拉錨機速度再行減低方有把握,按原來計畫每分鐘速度爲11公尺,每經過一斗割泥寬度爲11公尺之一六分之一,等於 0.69 公尺,因速度太快,每次所割之泥,不能完全挖出,大都傾倒河底,且割泥時壓力太重,泥與斗之接觸最易發生眞空,增高粘力,特將速度改低,割泥寬度遂減。故每次所割之泥,如鉋木花鉋成片狀,旋轉落於斗內,壓力於是減少,眞空亦不易發生矣。每次所割泥之泥,適足滿斗,但斗子稍微傾斜,泥卽落於盤內,而導入輸送機(圖六)。

挖泥船左右活動之速度,因河底之泥性而變,在軟性河底平均每分鐘 5—6公尺,在硬性河底最低 3 公尺,斗子挖泥之速度,每分鐘25至50公尺,由 $tg\alpha = \frac{S}{g}$,設 $\alpha = 12°$,$g =$ 挖泥斗之速度 = 每分鐘20公尺,則 $S =$ 船左右活動之速度應等於每分鐘 4 公尺。

按照以前所設計之速度爲每分鐘 10—11公尺,並不合宜,故將以前計畫之總發動機與導軸中間,又加一間接導軸,並將拉錨機之速度改減爲4.20公尺,所有改造聯絡傳動之現象,見圖(十一)。

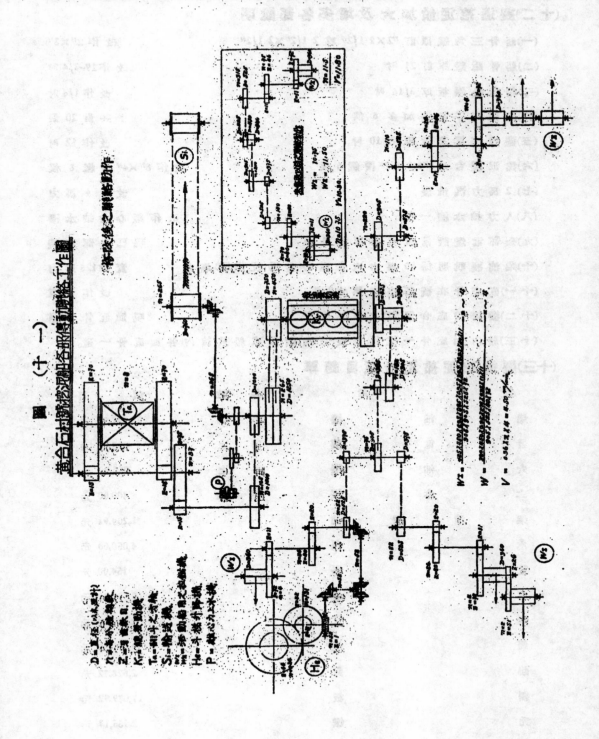

圖 （十一）

黃台石村兩挖泥船各部傳動聯絡工作圖

D＝工主任（MKST）
ルートの傳動速度
Z＝引量數日
K＝绳索助過
Ts＝钢斗乙个重
Si＝给送機
Ws＝ルト動力之消耗機
H＝泵水挖升深机
P＝轉心力工水電機

(十二)製造挖泥船加大及增多各部說明

(一)船骨三角鐵原訂 "2×2 1/2" 或 2 1/2"×2 1/2"　　　　改作 2"×3"

(二)船骨距離原訂 21 吋　　　　改作 19–3/4 吋

(三)船底邊鋼板厚 3/16 吋　　　　改作 1/4 吋

(四)鋼框橙子每造加多 5 個　　　　共計 20 個

(五)機槍底梁高度原訂 10 吋　　　　改作 12 吋

(六)挖泥機台用 6"×2 1/2" 槽鐵 6 根　　　　改作 8"×4" 槽鐵 8 根

(七) 2 馬力汽油機　　　　改作 4 馬力

(八)人力抽水機一個　　　　改作離心力抽水機

(九)全部電燈設備說明書原無此項　　　　現已全部安裝

(十)柴油機說明係 80 馬力定合同時自勵改作 100 馬力　　　　實辦 125 馬力

(十一)直底骨在機器座底原定 3 道　　　　改作 5 道

(十二)機器槍底合同訂定原無直骨　　　　現加直骨 3 道

(十三)船內加底骨一道係用雙三角鐵做成船頭槍內各加直骨一道。

(十三)製造挖泥船工料價目總單

名　　稱	件　　數	價　　目
柴　油　機	兩　部	26,747.00 元
發　電　機	同　上	995.00 元
火　油　機	同　上	950.00 元
上　水　機	四　部	400.00 元
柴　油	油	1,209.91 元
木	料	4,050.00 元
電	料	154.00 元
生　鐵	鐵	9,599.00 元
銅	貨鐵	2,290.00 元
扁	釘	2,699.59 元
鉚	板	2,628.72 元
鋼	板鐵	17,079.92 元
元	鐵	2,535.13 元

三　　　角　　　鐵	6,700.25 元
滑　　　　　　　輪	4,015.93 元
鋼鐵及皮帶羅絲等五金雜費	20,994.40 元
煤　　　　　　　炭	1,318.10 元
油　　漆　工　料	3,748.92 元
水　　　　　　　工	952.00 元
電　　　　　　　力	2,130.15 元
貨物運力及工人車力雜項等	5,639.38 元
土工及修造工人房	1,712.21 元
伙　　食　　一　　起	9,543.18 元
黃　台　伙　食　雜　項	4,866.67 元
黃　　台　　租　　地	853.00 元
製　　　　圖	500.00 元
利　　　　息　　費	3,521.60 元
青　　島　　工　　費	17,000.00 元
本　　廠　　工　　費	21,432.47 元
中　國　技　師　薪　水	2,500.00 元
外　國　技　師　薪　水	1,339.40 元
總　計　價　淨	181,105.39 元

瓷窰的進化

(中國工程師學會第四屆年會得獎第三名論文)

凌 其 峻

在製造瓷器的進程中,燒窰可算是最末後,最重要,也是最艱難的步驟。用長石,高嶺土,石英,或天然瓷土做成各種形式的瓷器,非經過這一個步驟,不能保持其形狀,容易破壞,上面沒有光亮玻璃質的瓷釉,非但不美觀,也不能盛水或他種流液。假使燒窰時,有什麼錯誤,結果所燒的瓷器,或改變了形狀,或沒有燒熟不耐使用,或釉色暗淡沒有光彩,一有缺點,再也不能補救了。所以中外各國燒窰的工人,所得的工資,比較他種工人多得多。我國出產瓷器有名的地方,如河北省的磁縣(彭城),江西省的景德鎮,福建省的德化,每一個窰厰裏在窰的旁邊,總有一個窰神,在每次燒窰的時候,總要燒香點燭,求神保佑燒窰的成功。「陶說」上講窰神的故事如下:

「有神童姓者窰尸也。前明燒龍缸,連歲不成,中使督責甚峻,窰民苦累,神爲衆徇生,躍入窰突中以死,而龍缸卽成。同事者憐而奇之,建祠厰署,祀爲,號風火仙。」

我們從這一段迷信故事,可以看出燒窰的重要了。我們知道燒窰不能靠窰神,乃靠窰的本身。設計和建築瓷窰的時候,須特別注意兩點:(一)窰裏各部份火度要平均;(二)燃料要減省。

我們現在可以看看中國的瓷窰,設計究竟是怎樣底。

景德鎮瓷窰　中國產瓷中心點,當然是江西景德鎮。鎮上的窰如第一圖,窰式長圓,高寬皆一丈餘,長約三倍,上面罩窰棚,前面

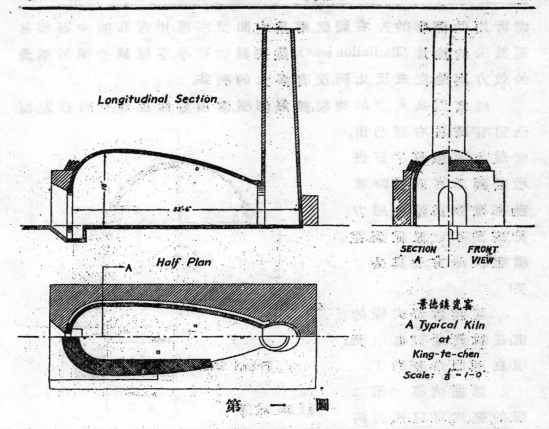

Longitudinal Section

Half Plan

SECTION A

FRONT VIEW

景德鎮瓷窰
A Typical Kiln
at
King-te-chen
Scale: 1/8″=1-0

第　一　圖

是窰門,就是裝窰進出的門口,窰裝滿後用磚封好,留一個方洞,投入燃料。烟突在後面,高約四丈,燃料用柴,火焰從前面通到後面,爲平焰式。窰內火度不勻,前面火力最烈,裝粗器,中部火度適宜,爲最優的位置,細瓷就裝在這裏。後面靠近烟突,火度漸低,只可燒軟釉粗器。大約須燒到三十六小時完畢,用柴八百餘担。在窰頂上前後左右有四個小孔,可以看火。窰內沒有測量火度的設備,窰工看火時,手攜一隻油燈(白天也是如此),吐睡小孔中。這種奇特的方法也有相當學理,吐睡的作用在使涎沫在窰裏蒸發,使燒紅的匣鉢容易看清楚。油燈的作用是拿燈的火色當標準,和匣鉢的銀紅色比較,與光學測火器的學理相合。但全靠窰工的眼力是太不科學化了。

　　　蓋窰的火磚耐火力不高,所以窰的裏面被火熔化一些,好像

砌街用的磚窰的左右牆壁,兩重中間留空隙,用意在減少因輻射而散去的熱量 (Radiation loss)。然按諸物理學,空隙減少輻射熱量的效力與熱度成反比例,沒有多大的利益。

　　燒窰到高火度的時候,熱氣澎漲,窰頂好像皮球有時往左面凸出,有時往右面凸出。窰頂上面預備了好幾堆普通磚,可以隨時移動來增加或減少壓力,使窰頂不致於破裂,這種簡陋的方法真是笑!

　　這種原始式樣的窰,在歐洲最初也用過,現在早已作廢的了。

　　彭城碗窰　第二圖的窰式,可以代表河北省磁縣彭城一帶的窰。唐山與博山的缸窰與碗窰都差不多,不同的地方是在火門與烟突的構造。

　　窰式下面長方略圖土頂間圖形,窰門在前面,封窰時留一方洞為燒煤用。門裏有半圓形的爐檻,用火磚與破缽砌成。土窰所出的煤末須先潑水使凝結成

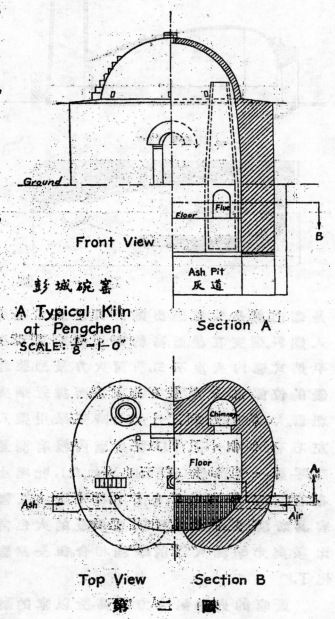

彭城碗窰

A Typical Kiln
at Pengchen
SCALE: $\frac{1}{8}$"=1'-0"

第　二　圖

塊,不致墜落爐檔下面。

匣缽(土名籠)堆高裝在窰底上,正中圓留一空隙,放一排「火鷄」(用黃土儆成如鮮鷄樣的泥塊)豎立在前後,最前面的匣缽下段用土封好,像一矮牆,使火燄先升到窰頂,再往下經過後面堆高的匣缽,從窰底面兩旁小門出烟突,這是一種倒燄式窰。

窰裏火度不能十分平勻,但所用火鷄狠像外洋用的三角錐形炎表,熔化後窰工就知道火力已夠,便可停止燃料。

德化瓷窰　第三圖是按照湖南醴陵模範窰業工廠的窰畫的。蓋造這窰的是一位日本技師,因為日本土窰就是這樣的。但這

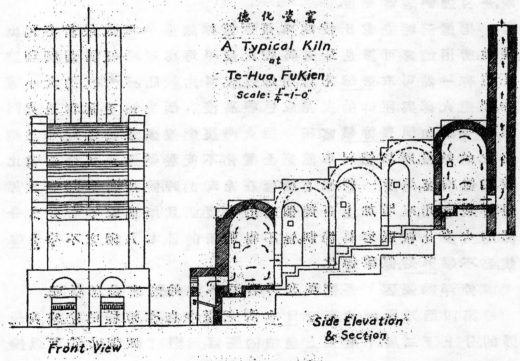

德化瓷窰

A Typical Kiln
at
Te-Hua, FuKien
Scale: $\frac{1}{4}$-1-0"

Front View

Side Elevation
& Section

第　三　圖

種窰並不是日本人所發明,燒瓷窰有名的福建德化地方,一向有這種窰,所以著者稱牠為德化瓷窰。

在德化的窰比較圖樣還要大一些,連接在一起的窰有卅六個以上的。日本土窰往往有六個,頂上的窰最尖,寬二五尺,長三十

五尺,高十二尺。

德化瓷窰都是建築在山坡上,底下有兩個燒柴的火箱。窰分五間,都是倒焰式(如圖)。每間大小相同。裏面是長方形,有圓圓頂像城門洞。火焰從火箱進第一間,上升到窰頂。往下由第二間的底面烟道,入第二間。同樣的陸續經過上面的幾間,而入烟突。每間燒到發紅光的時候,窰工從兩旁小孔添送劈柴,到瓷器成熟為止。在燒第三間的時候,第一間裏的瓷器,正在漸漸冷却。等到燒第四間時,已經可以出窰了。

看火的方法,是用小塊未燒瓷片幾塊,放在窰裏隨時拿出來看,是否燒到適當程度。

把這三種瓷窰比較起來,景德鎮雖然是中國瓷最著名的出產地,所用的窰可算是最劣等。從火度平均與燃料經濟兩種觀點上,沒有一點可取。彭城窰應用烟煤,燃料比較底經濟。窰的大小適中製造火磚與匣鉢的火泥成色很高,沒有倒窰的毛病。但是火門只有一個,如同景德鎮窰。在一個火門裏燃燒多量的燃料,來供給全窰的熱道。所以燃料不能完全養化,不能避免還原焰。德化窰比較其他兩窰,進步一些。底下的窰在冷却的時候,所含的熱量大部份可以利用,來增加上面幾個窰的火度。並且每個窰不十分大,各部的火度比較底容易節制。怪不得聰明的日本人砌窰,不學景德鎮,也不學彭城,偏學德化。

外洋的瓷窰 吾們現在再看看外洋的瓷窰是怎樣底。

第四圖万歐洲式瓷窰,日本陶瓷廠中也有這樣的窰。窰身是圓的,分上下二層,下層裝上過釉的瓷器,四圍有四個火箱,可以燒柴或煤,如改用燒管,可以應用流體氣體的燃料。火焰從窰底四圍升到下層窰頂,往下進底下烟道,通過牆壁裏烟道升到上層,經過預備素燒的瓷器,從上層窰頂上的小孔出烟突。這種瓷窰,下層是倒焰式,上層是直焰式。

窰的上層是利用下層出來的熱量,也是一種經濟的辦法。

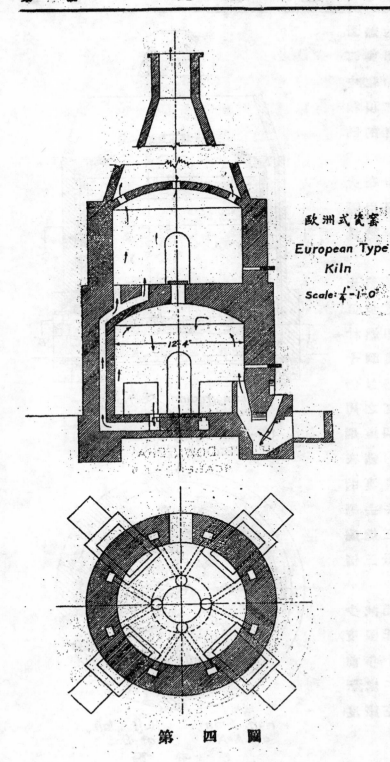

欧洲式炎窯

European Type
Kiln

Scale: ¼-1-0

第　四　圖

第五圖是著者十二年前按照美國勞頓(Lawton)式窯,爲上海中國製瓷公司計畫的。這窯至今尚完善,如燃燒得法,上下四圍的火度相差不會超過攝氏十度,燒到三角錐火表十號與十一號之間,用煤約十二三噸。

這種窯的特點是:每個火箱的火焰分兩路進窯,一路是在窯的四圍,一路是通過窯底到窯的中心。火焰先向上升到窯頂,折囘下去經過散佈在窯底的小孔通過窯底與牆裏的烟道,然後出烟突。

這樣設計的目的,在使窯裏所裝的瓷器能充分

利用周圍火箱的熱量。就是不容易燒測與窯頂同樣高火達到窯中心與窯意池和窯頂相等。實驗證明,這目的已經達到。

窯身圓圈,如在火磚與普通磚之間,用隔熱物體,可以減少熱量的散射。

前述的窯,雖然比較中國舊式窯進步。但仍有美中不足,即燃材的經濟猶不能達到十分地步,大部份熱量仍有損失;(一)由窯之周圍散射;(二)由烟道烟突散在空中,(三)儲在瓷器,匣缽,與窯身裏的熱量,在冷却時失去。總共損失的熱量,在燃燒瓷器必須的熱量三倍以上!

隧道式窯能減少這種損失到最低限度,在歐洲美國二十年前試用,現在盛行各處,新倡辦大規模的瓷廠沒

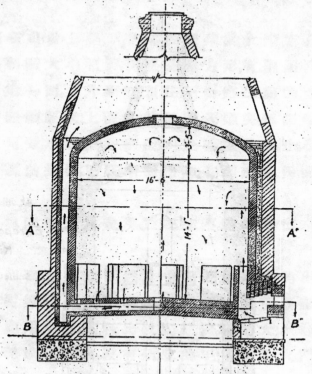

Longitudinal Section
美國式瓷窯
UP-AND DOWN-DRAFT KILN
SCALE: $\frac{1}{4}" = 1-0"$

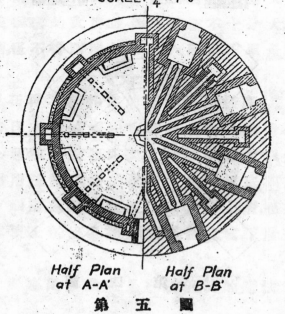

Half Plan at A-A'　　*Half Plan at B-B'*

第　五　圖

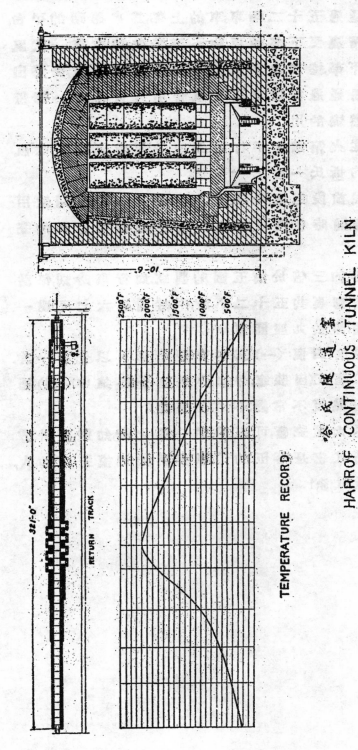

哈氏隧道窰 第六圖

HARROF CONTINUOUS TUNNEL KILN

TEMPERATURE RECORD

RETURN TRACK

有不用這種窰
的。日本在十幾
年前已用這種
窰。隧道式窰的
種類也不一，哈
氏隧道式窰（第
六圖）不過是一
種。依著者觀察，
在中國最適用。

　　窰長三百
二十一英尺，裏
面寬五十四英
寸半，窰身高十
一英尺。全窰分
三段。前段一百
六十英尺長，火
度逐漸增高。中
段四十二英尺
長，兩旁各有火
箱四個。用自動
爐欄燒煤，使瓷
器燒到適當火
度。後段一百十
九英尺長，爲瓷
器逐漸冷却的
地方（參觀圖中
火度表）。裝瓷
器的匣鉢，壘罐

在四輪車上。全窰可通過五十二輛車。車的上部,為火磚砌的平台,兩旁有鐵板堙在沙槽裏使下部的車輪不至發熱。前段有一吹風機,將空氣通過車的下部,摻加冷空氣後,一部份通到後段,使將出窰的瓷器冷却。一部份通過後段窰頂冷氣管引入火箱。又一部份直接進中段火箱為燃燒的用。

　　經燃燒後,熱氣從火箱進窰,平行通到前段兩旁風道,用吹風機引出窰外面。熱度約攝氏一百七十五度。

　　裝滿匣鉢的車,從前段進窰,每隔五十分鐘至一點三刻鐘用水力推進機推進一輛,同時在後段推出一輛已經燒好冷却的瓷器。這樣輪流不斷。

　　全窰所容的瓷器,約三倍於第五圖的圓窰,如行車時刻,每點鐘一輛,那沒每輛車在窰裏共五十二小時,平時圓窰六七天燒一次,所以這座窰的效用,等於九座圓窰。

　　隧道式窰的優點有四個:(一)窰的燃燒情形可以先後一律,(二)燃料非常經濟,(三)省工(因裝窰,卸窰,與燒窰各部集中),(四)極少修理(因窰的各部份熱度不常變,不容易損壞)。

　　我們從前面講的六種瓷窰,可以得到一種比較,知道設計方面進化的程度,中國舊式窰是落伍的了。想興辦大規模瓷廠的人,應當採取新進的隧道式窰!

爪哇號飛機之設計及製造

田 培 業

「爪哇號」飛機係爪哇華僑捐款十三萬元,由航空委員會第一修理工廠所製造。現第一架已於二十三年五月完成,第二架之製造尚在計議中,茲將第一架飛機之設計及製造情形,概述如下:

(甲) 設計 在國內自行設計製造之正式軍用飛機,當以此為第一架。根據飛機製造設計之定例,參酌各國現有飛機中技能功用以最合於國內需要為標準。至於各部之構造,航程之需要,油量之供給,武裝之設備,重量之分佈,發動機之種類等項,則另為考慮裁定。

此次設計所依據之標準,為美國達格拉斯(Douglas)機,功用為偵察機,亦可用為轟炸機與魚雷機,速度,載重升高等性能與之相若惟機翼面積,發動機馬力俱有增加。續航時間為八小時,航程為一千哩,可作上海北平,上海漢口間之直達飛行。裝機關鎗兩挺,一在左下翼,一在後座,炸彈五百磅。機身用鋼管氣焊,外加木架糊布,作成流線形。機翼用木製,外部糊布。發動機用賀奈因擊(Horner Engine)。

(一) 重量之估定 由以上之設計,規定其重量如下:

皮 重		載 重	
螺旋槳	127 磅	汽油	1200 磅
發動機	823.5 磅	滑油	105 磅
蓄電池	45 磅	炸彈	500 磅
汽油箱	200 磅	駕駛員(二人)	360 磅

滑油箱	25	磅	子彈(2000粒)	130	磅
著地架	175	磅	共計		2295	磅
機翼	590	磅			
儀器	40	磅			
駕駛系	40	磅			
機身	530	磅			
尾翼	115	磅			
照像機	80.6	磅			
機關鎗(後座)	46.4	磅			
機關鎗(下翼)	24.5	磅			
炸彈架	60	磅			
共計	2922	磅			

總重 ═ 2922+2295 ═ 5217 磅

(二) 尺寸之規定　各部之尺寸規
　　定如下(參閱附圖):

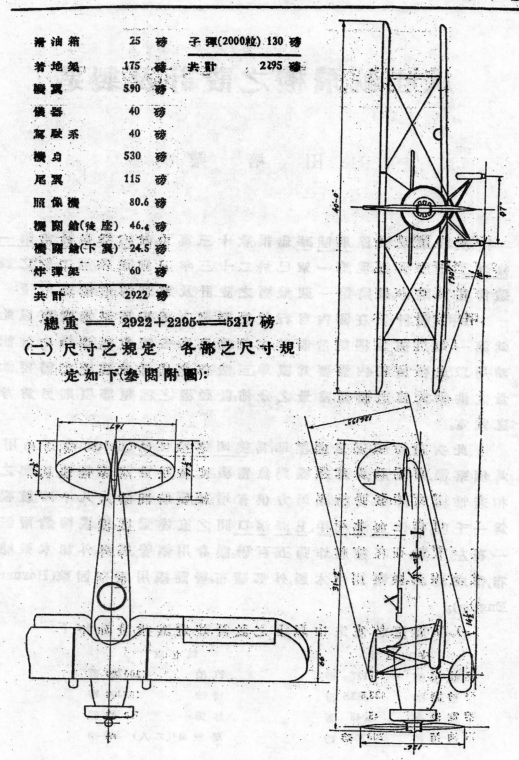

翼畏	40呎	機長	39呎2吋	機高	10呎6吋
翼筋	G398(Gottingen398型)		上反角	上翼0°；下翼1½°
翼兼	12吋	翼距70吋	翼强	66吋
迎角	2°	上翼面積(連副翼)206方呎	下翼面積(連副翼)196方呎
總面積	402方呎	副翼面積　38方呎	安定面　21方呎
升降舵	25方呎	垂直面　8.75方呎	方向舵　13方呎

(三) 技能之計算　按長途飛行,實際甚少需要,普通當以南京鄭州間,南京漢口間之飛行為最大航程,故汽油載重自當減少,其總重應為:

皮重	2922磅
汽油及滑油	924磅
駕駛員	360磅
炸彈	500磅
子彈	65磅
總重	4791磅

有用載重為總重之19.3%

每馬力載重 $4791 \div 525 = 9.13$ 磅

每方呎面積載重 $4791 \div 402 = 11.9$ 磅

落地速度　53.5哩/小時

最大速度　150哩/小時

起升速度　1,370呎/分鐘

高度　17,000呎/分鐘

應用高度 15,750呎/分鐘

(四) 載重之設計倍數　根據美國陸軍航空部之規定,偵察機之載重倍數應如下:

高迎角 8.5	落地時	6	減震器落下高度	21吋
低迎角 5.5	翼筋載重率	7	副櫃及水平尾翼載重	30磅/方呎
側飛 3.5	橫翼前綠載重率10	垂直尾翼載重	25磅/方呎

(五) 各部之分析　依據以上各種規定,作機翼,機身,尾翼及着地架各部之力學分析,以決定各部分之最大載重,應

用材料及安全係數等。詳細計算,另有分析書不及備載.

（乙）製造

（一）工程　製造工程可分機身,機身接頭,機身零件,機身切面,機身包皮,機翼,機翼接頭,操縱系,操縱面,着地架,發動機等項,由航空委員會第一修理工廠之「機身」,「機器」,「焊工」,「木工」,「發動機」,「縫油」等組各選技術優良之工人數名參加工作。計共需工數四千一百餘,而以機翼及各種接頭需工最多,機器組所作工數約佔全數之半,因該組專作各種接頭零件及包皮切面等繁重工作也。

（二）材料　本國材料,可用者惟木料縑布等項。原欲用閩建杉木,後因發現此種木料節疤甚多,且質不甚堅故仍用美國白銀松。縑布一項則就山東綢,河南綢,杭州紡綢等加以試驗研究後;決定採用上等杭紡。此外零星材料,亦多採購本國出品,至於主要機件與材料,如發動機各種儀器,鋼管,鋁皮,鋼條,輪胎等,自須向國外訂購。然最小之帽釘洋釘,亦爲國內所無,至足慨惜。

（三）費用　此次原擬十三萬元之半數購買工作機器,以半數購買飛機材料,惟實際上購工作機器只用去四萬餘元,發動機及螺旋槳合兩萬餘元,係由航空署供給;其餘飛機材料由國內採購者約值三千元,由國外採購者二萬五千元,惟僅用去三分之二。故此機成本,連發動機在內,只合五萬元,而購達格拉斯機一架,則需十一萬元,相差二倍有餘。現捐款十三萬元中尚餘五萬餘元,可再造同樣飛機一架。

（丙）結論　由上述飛機製造之經驗,可得結論如下:

（一）自製飛機包括工資)與向國外購買,所需費用約爲五與十一之比,故以購買十架之款項可自製二十餘架.

（二）中國工業,現仍在手工業與機器工業之間,故中國工人

之技術實居外國工人之上。此次初次試造，毫無經驗，而成績亦甚佳，若再補充機器，則將來進步，尤可預期。

(三)　此次所需時間及工數未免較多，以係初次發軔之故，將來續造，工時定可減少。

(四)　「器材自給」原為重要問題，惟關係各種工業甚多，根本解決，尚談不到。

至於發展航空須從自造飛機着手，為稍具常識者所共知，然中國航空事業已有二十餘年之歷史，何以迄無自造之計擬？此其原因雖非一端，而對於航空技術上未能自信，亦居其一。現在國人對於發展航空事業已深切注意，故將自造飛機之經驗及利益略述如上，藉供參考焉。

汽油關係國防與經濟之重要及其代替問題

王　寵　佑

　　汽油之用途,日形繁廣,交通建設如汽車事業,航空事業,莫不利賴之;在國防上之關係,尤爲密切。法之名將福煦氏曾謂:「少一點汽油須多犧牲一滴血」,是故世界列强,莫不鈎心鬥角,日以如何羅致,如何貯備,如何代替爲謀,誠恐一旦國際發生戰爭,無以應付之也。

　　中國可稱爲無油國家。煤油之提煉,僅安山撫順本溪湖三處,年有少量出產,至於石油田,僅陝西甘肅四川新疆,略有希望,但貯藏並不見豐富,民國二十年出產僅一千餘桶(每桶四十二美國加侖),而我國之需要逐年加增,近年來進口數量,已達三千餘萬加侖,不僅經濟上爲我國極大漏巵,在國防上設想,亦殊堪憂懼,未雨綢繆猶待專家之藝計。

　　茲就管見所及,可資研討之問題有九,錄之如左:

　　(一) 低溫度高溫度炭化法提煉汽油,

　　(二) 利用輕氣化烟煤爲汽油,

　　(三) 氣爐中燃燒木炭或無烟煤或焦煤代替汽油,

　　(四) 壓縮煤氣以代汽油,

　　(五) 用植物油代替汽油,

　　(六) 用火酒代替汽油或攙和汽油內用之,

　　(七) 破裂天然煤氣使煤氣變爲汽油,

　　(八) 調查國內頁岩油之貯藏,

　　(九) 調查國內油田,

(一) 低溫度高溫度炭化法提煉汽油

英國用低溫度高溫度炭化法從煤中提煉汽油,已著成效。其法先將煤炭化為煤焦油 (Coal tar) 再用輕氣作用變為汽油。用低溫度煉出之煤焦油,較高溫度煉出者為容易變化,因高溫度煉出煤焦油滓太多之故。

經高溫度煉出之煤焦油,再用蒸溜法蒸溜之,然後精輕氣作用變為汽油,則比低溫度煉出者尤易變化,但多一番手續耳。低溫度提煉法,英國成例每噸烟煤可提出煤焦油 22 加倫,再用輕氣作用,即可提出汽油 15 加倫,黑油 6 加倫,以及少量機器油與家常用焦炭並炸藥顏料等。假定中國國防必需量為一萬一千噸,用此法提煉,每年用烟煤二十五萬噸,其煉廠設備經費如下:

低溫度炭化廠設備	二十五萬鎊,
輕氣廠設備	六十萬鎊
化學廠設備	五萬鎊
共計	九千萬鎊

倘煉出之煤焦油扣入輕氣用一〇〇一三〇〇空氣壓力,經熱度攝氏 450 用 Catalyst, moly bdenum oxide, 或 moly bdenum sulphide, 則煤焦油一噸,即可變成汽油一噸,毫無消耗。

此外亦可用高溫度副產品煉焦法 (By-Products Coke Oven) 提煉汽油。按照英國成例用英國煤之一種,經此法提煉,每噸煤可提汽油 3 加倫,並有化鐵爐用之焦炭,肥田粉,煤焦油等材料。假定中國國防必需量為一萬一千噸,每天需用煤三千噸左右,各項機廠設備經費約計一百零七十五萬鎊。惟是用此法提煉所得巨量焦炭及煤焦油無甚用處,故用此法為提煉汽油,似不甚上算耳。按用此法提煉,除汽油外所有煤焦油倘可用前述輕氣扣勻法變為汽油,惟手續未形繁多,不如自低溫度提出之煤焦油直接提煉汽油較為簡捷。

(二) 利用輕氣化煤煉汽油法

利用輕氣變煤爲油法,又名輕氣動作法 (Hydrogen Action) 即
將擊碎之煤屑,調以重質油料變成煤糊後,再加輕氣。由是此混合
物再經極熱及重壓力之化學作用後,即變成碳化氫。然後再由此
碳化氫,經過提煉之手續後,即可取出純淨之汽油矣。據傳製造所
得結果,用24磅煤即可提成汽油 1 加侖。

輕氣提煉法中,首先發明可提煉汽油及他種油類者,爲保基
提煉法(Bergius Process)嗣後德國 I. G. Farbenindustris 與美國美孚
兩行,研出一種新法,對於保基舊法多所改良,與英國各廠家亦有
聯絡,共同研究,互商改良方法。

一九二七年間保基廠主幹白洛門(H. Bruckmann Diesel)氏宣
稱,用保基法煉煤一公噸(二、二○五磅)需德幣七十一馬克,可得
重量百分之六十五之柴油,內中含汽油百分之二十五, Diesel 油
百分之三十,又滑物油百分之十。按此項數字,係菲爾納(A.C. Fiel
dner)氏用以表示由煤直接提煉之汽油成本,在德國爲每加侖美
金二角六分,在美國爲美金四角至五角。菲爾納氏計算根據,謂由
煤煉出之柴油,可得汽油百分之五十。大規模輕氣機廠之資本,以
各專家計算書爲根據,每天產量三十五英國加侖汽油之桶一桶,
在美金七百元至二千五百元之間。

英國皇家化學工廠(Imperial Chemical Industry)職員曾稱:英國
能產汽油成本,每加侖在一角四五分之間,內中四分係煤之成本;
外國運入汽油,每加侖徵稅一角六分,所以英國提煉如免稅,即有
贏餘可獲,且此種煉油營業,既有益於煤鑛事業,更能於解決失業
問題有所幫助,故頗爲社會人士所關切。將白洛門氏與菲爾納氏
計算比較,可見從煤直接提油之成本,在一九二七年爲每加侖三
角一分,至一九三一年已跌至一角四分矣。

英國政府於一九三三年提倡用輕氣提煉法煉油。政府對此
種汽油担保每一加侖至少另加價四便士,所以皇家化學工廠(Im
perial Chemical Industry)擬每年用三十五萬噸煤煉汽油十萬噸,投

資約四百萬磅以英國煤價每噸十二先令半計算,用此法煉油,每加侖計成本為七便士,即在廠價每加侖十便士,假定吾國每年國防上需要為一萬噸,投資四十萬磅左右,即可辦到矣。

[註] 汽油一噸等於三百加侖

（三）氣爐中燃燒木炭或無煙煤或焦煤代替汽油

氣爐中燃燒木炭代替汽油,在歐洲已具相當歷史,近年來我國志士鑒於汽油漏巵之大,相繼研究試驗,已告成功者,有鄭州湯仲明氏之木炭代汽油之汽車,及湖南建設廳試製之木炭汽車,此不僅可挽回利權,於國防前途有莫大裨益,深望國內科學家作進一步之研究,俾臻完善,我國地大木多,可就地取材,倘能暢用無阻,則雖交通最不便之長江上游,以及陝西關中陸地,亦不致感燃油缺乏之困難矣。

湖南木炭車燃料極省,有一次試驗途長為九十八華里,需時七十七分鐘,共用木炭祇四十二磅,消耗之價,木炭與汽油比,為十與一云。惟現僅限於貨車與長途汽車,尚未能用於普通街市汽車耳。

近聞英倫 The Producer Gas Plant Co. 煤氣機廠創造一種貨車,用木炭為動力燃料,試驗結果,一噸半貨車行駛一百英里用汽油需七加侖,用木炭則需七十二磅以(漢口木炭價最上等每担約二元計算,比用汽油便宜多矣)。

美國福特廠載重一噸貨車,用汽油一加侖行駛十四英里,用品質優良之焦炭丁子(即小塊子),每英里用〇、六二七磅,英國 Leyland motor Co. 現在實驗用無烟煤代替汽油,本屬可能之事,惟稍感重笨耳。

（四）壓縮煤氣以代汽油

查英德法三國均為無汽油礦井之國,然均試用代替物,其中最普遍,最有成效者,首推壓縮煤氣以代汽油行車,在歐洲煤氣之產生甚廣,或自副產品煉焦爐,或自城市煤氣廠,隨地可以煤氣,經

壓力機之壓縮,代替汽油,行駛長途公共汽車及貨車,用法,將煤氣用壓力壓入小筒子,再由另一頭放出,即可代替汽油,鼓動機器。按此種壓力機器與平常機器無大分別,惟多一項筒子而巳,壓力甚大,每方时自二千磅至三千磅,尋常鋼質筒子不能勝任此種壓力。現新發明一種"Nickel-chrome molybleum Alloy Steel"鋼料,質極堅,可受此種重大壓力。惟機器既須備堅質筒子,分量不免稍重,故煤氣壓力祇能用以行駛貨車及長途公共汽車,至於副產品,煉焦爐煤氣大概二百五十立方尺(每立方尺等於 500 B.T.U.),可抵汽油一加倫,此種煤氣因壓縮後,可以代替汽油,其價值因之提高,

　　現德國用煤氣,經"Linde process" 提煉法可提一種特成氣,名爲 methane「米桑」。每「米桑」一百五十立方呎,可抵一加倫汽油。此種代汽油法德國巳試行幾年成效顏著。按此種「米桑」,係由煤氣經每方时二千磅壓力壓入 1.4 立方呎筒子。德國長途公共汽車巳行多年,即法國巴黎之公共汽車亦倣此辦理。其煤氣即由城市煤氣公司供給,每裝氣一次,可走三十五哩。

　　英國所用筒子較大,爲 1.75 立方呎,壓力亦每方时二千磅每三百五十立方呎氣即可代 1.4 加倫之汽油,有六筒子氣即可代替八加倫汽油。六筒子重量爲六百七十二磅,未免過重,因此自備汽車未能應用,然此種代汽油車並不呆笨,開關管理反較尋常汽車爲便利,以言乎成本,根據英國現狀計算壓氣機一座,馬力 190,壓力三千磅每分鐘可壓三百立方呎氣,每年可壓氣 73,500,000 立方尺,價值爲四千八百鎊,壓力,工本每壓一千立方呎爲六辨士又百分之十一,另加煤氣,成本倘較向國外購運汽油便宜多多。

　　我國既爲無汽油國家,此種壓縮煤氣以代汽油辦法,既巳成效卓著,自宜傚效。吾國目前雖無煤氣廠及副產品煉焦爐可產煤氣,但日後定極普遍,故極有研究之價值。

(五) 用植物油代替汽油

植物油用於汽車以代替汽油,我國沈宜甲氏巳有深切之研

究。沈君爲國立北平研究院駐歐研究員。二年來,在比京曾作試驗十六次,成績極佳據云,用以開車,其應用效能,與汽油無甚差異,聞此後當以之試作飛機燃料。惟關於科學方面,以原油代替汽油之結果,還當繼續改良下列各缺點:(一) 汽缸所出廢汽 (Gaz d'Echappement) 太濃厚,有礙都市清潔及衞生;(二)電火頭易藏塞不靈(Encrassement des bougies); (三) 燃燒過遲,不能在汽缸中充分爆發於適當時期;(四)用此原油,是否與用他種重油同一毛病,致所得馬力不及用汽油者之大?願我科學學者勉加研究,共圖改進,是則中國雖少礦物油,而多植物油豈非天不絶我。惟經濟方面,以目前市價比較,植物油較汽油略昂,但可從政治商業方面設法減低,一至國際發生戰爭,海港封鎖,外源斯絶,我國旣無礦物油,植物油,雖貴,猶可彌此缺憾。及到有油者昌無油者亡之關頭,固不以價目貴低爲用油標準矣。此吾國志士不可不深長思者也。

(六) 用火酒代替汽油或攙和汽油內用之

單獨以火酒 (Ethyl) 代替汽油作汽車或飛機之燃料,爲不可能之事。倘特造汽機以合其性質,固無不宜。火酒之熱力,較汽油的爲低。汽油一磅之熱力爲一萬八千七百九十個 B.T.U. 熱單位,火酒一磅之熱力,僅一萬一千四百六十五個 B.T.U. 熱單位。火酒和在汽油內燃用,實屬可能之事。歐洲南美洲南非洲不達汽油各國家,均定有計畫,在汽油內和一部份火酒燃用之,藉期減少汽油進口,甚至有法德英巴西等八國以法律規定攙和一小部份之火酒入汽油中燃用。此外有二十餘國對汽油攙火酒,雖未以法律限制,事實上已極通行。法國在一九二九年間曾有攙用火酒百分之五十之提議。

英國所用汽油,普通攙火酒百分之十。和用火酒之多寡,大概視其價格之昂賤爲異。價格問題極爲複雜,多半以其政治經濟背景如何爲斷。然而關稅原則如何,與原料多寡不無連帶關係。英國近有一家製火酒廠,專製一種攙汽油用之火酒,名爲 "Cleveland Diacol"。

製造火酒 (Ethyl) 之原料,大概用穀,麥,糖漿等類,但近有新發明一種火酒,用 Acetylene& Calcium Carbide 製造,大概成本比舊法稍貴,另有一種火酒,名為Methyl Alcohol,普通係用木料製造。

又有用Water Gas 及 Hydrogen 混和,製成 Methyl 火酒,名為"Methonol"。用此法比用木料較為便宜,但是 Methyl 火酒比 Ethyl 火酒的熱力較弱,相差一半之多,因此和入汽油,頗不適宜,將來或可研究其異點而改進之,或研究馬達之構造,特製一種馬達,庶幾此種火酒亦可和入汽油內應用矣。我國對於製造火酒之原料,極稱豐富,他國旣盛行採用之風,自當倣行,稍塞漏巵。

(七) 破裂煤氣使煤氣變為汽油

天然煤氣用一種方法名為"Cracking"(即破裂之意),可變成汽油,根據英波油公司(Anglo-Persian Oil Co)之試驗,以兩種煤氣行之,一種 Methane 極多,佔百分之八十,另有一種 higher homologues of methane。前一種煤氣每一〇〇〇〇〇〇立方尺可出 bonzene 汽油二二〇加侖,後一種僅可出七七〇加侖,另有少量煤焦油而已。

四川自流井一帶,有天然煤氣,應加注意,並調查其成分,一面應試驗裂變汽油之方法,計算其成本,近朗國防設計委員會擬有計畫,從事調查,倘能成功亦解決燃油之一助也。

(八) 頁岩油之調查

頁岩油由含油質多之頁岩中提煉之。頁岩油到處均有,提煉方法亦甚簡易。英之蘇格蘭及美國,頁岩甚多,所以提煉亦多,中國最多之處首推東北之撫順,別處雖有不多。根據地質調查所調查,撫順貯藏深四千五百尺約有二,一〇〇,〇〇〇,〇〇〇桶(barrel),撫順煉油廠資本日金八,五〇〇,〇〇〇圓,每年產柴油五萬噸,此外有副產品頁岩油約二〇,〇〇〇噸。

由此觀之,頁岩油亦為主要原料之一,未可忽視,極有調查研

究之價值。

（九）調查國內油田

中國西北部陝西甘肅新疆四川等處傳惟有油田區較有希望，但並不十分豐富，似可斷定。四川方面，去年曾有德國專家用Geophysical法考察，似覺無甚希望。陝甘方面屢經調查，似不致失望。油之問題，既爲目前世界問題豈宜久藏地下，不事開發，亟宜實地調查出以應世，固不待智者而後知矣。

莫斯科之地下鐵路

莫斯科自爲蘇俄首都以來已形成該國政治，經濟及工業之中心，因此人口自1917年之一百五十萬激增至1933年之三百五十萬，若干年內可望續增至四五百萬。以前之交通設備，遠不足以應需要。電車交通固已擁擠不堪，公共汽車及無軌電車，有裨於交通之調劑者亦少。該市爰決定仿照倫敦巴黎，柏林，紐約，般樂愛亞等處之先例，建設地下鐵路，中間以埋頭實施五年建設計劃關係，經將此議暫行擱置，直至1931年始籌劃興工，並於次年着手建築，第一期建築路線三條，長約12公里，原定1934年十月通車，現經展期至1935年初。以後添築之路線共長80公里。

路線由中心市區四向放射者凡六條，環形路線凡兩條。

關於建築方式，在建築稠密與地層堅實之處採「深隧道式」（仿倫敦例，隧道深達地面以下15—40公尺），在廣闊道路及地質不宜於建築深隧道之處，則採用「路面下地道式」（地道底距路面深9—12公尺），仿柏林例，用露天開挖法施工，惟在地下水面較深及路線不經過路面下之處，則仿巴黎例用隧道法施工。計初期建築之12公里中，屬於深隧道者凡5公里，屬於「路面下地道」而用露天開挖法建築者5公里，用隧道法建築者2公里。開挖土方凡2,000,000立方工尺，使用混泥土材料凡800,000立方公尺。

（胡樹楫自"Bautechuik" 3 Aug. 1934 摘譯）

開發西北應注意的幾個重要問題

吳　屏

　　年來開發西北之聲浪,徧佈全國開發西北之組織,層出不窮,投機家視開發西北為最好的發財機會,官迷者認開發西北為最好的升遷捷徑。此種趨勢與心理,九一八後尤盛,眞正志於開發西北之人士應知此種趨勢甚危險,此種心理極錯誤何也?西北數省,在今日一方面為吾國國防綫最前之一部,一方面為吾國國防之重心,東省旣失,內蒙漸入東鄰掌握,外蒙及新疆之大部分則受俄人之支配,南疆及西藏已在英人勢力範圍內,觀此,西北數省為吾國國防綫最前之一部,無待再述矣.西北數省,地大土肥礦產豐富,實為極好之軍需資源地,兼之距離河海窵遠,敵艦失却效用,果在軍事上有適當設備,敵之飛機亦難發揮其威力,此西北數省為吾國國防重心之由來也.

　　西北數省在國防上旣如是之重要,故開發西北,卽是鞏固國防。本此立場吾人願將對於開發西北應注意之問題,略述如下:

　　西北之富源為農產及礦產故開發西北,當先從此兩種目標下手。開發之方法,須自開闢交通,整治水利始。交通便,則治安管理運輸各種重要設施,始易於維持及發展,水利與直接輔助農業林業及交通,間接影響於氣候及工業方面亦甚大。為實現此種計劃起見,應注意者有三事焉第一,煤鐵問題,第二,農產製造問題,第三,水利問題。

　　在未討論上列問題之前,作者有須聲明者,予個人之見聞,祇

6184

限於晉綏甯夏方面,故祗能就此數方面所得者而討論之,至關於陝甘新青諸省者,請俟諸他日。

　　(1)煤鐵問題　煤鐵為一切工業之基礎,晉綏甯夏諸省,煤量豐富,但晉省之煤多不適於煉焦,綏遠者則有一部分可供此用,即大青山煤田之石拐煤區是也。該區在包頭東北六十里許,其煤之成分,就北平地質調查所之分析結果如下,(參閱王竹泉綏遠大青山煤田地質,劉宗濤漢南鑛業公司石拐煤區調查記,林守壬漢南鑛業公司石拐煤區調查錄。)

水分	揮發物	固定炭	焦炭	灰分	磺黃	焦性	灰色	熱量
1.44	36.88	51.61	61.68	10.07	0.0142	棕色	團結	7894
1.44	33.02	56.62	65.54	8.92	0.0127	褚紅	團結	7751

　　石拐鑛區面積共為14方里 101 畝 1 分 4 方丈,今以整數14方里計之,現今發現之煤層,總厚18尺,計合全鑛區含煤量約 2680 萬噸,若每日採煤 500 噸,年以 350 工作日計算,共計15萬噸,可供一百七八十年之開採,而第三層以下所含之煤,猶未計及焉。觀此,煉鐵所需之焦煤問題,已告解決。

　　民國十六年夏,西北考查團丁道衡君在綏遠固陽縣富神山發現一鐵鑛,(參閱二十三年十二月出版之地質彙編第二十三號丁道衡著綏遠白雲鄂博鐵鑛報告)該鐵鑛之成分如左:

鐵	磺	矽 酸
67.40	0.066	12.27

　　該鑛之儲存量約計鑛石 3600 萬噸,鑛床因斷層關係,大部露出於外,便於露天開採,且鑛床甚厚,鑛區集中,尤適於近代鑛業之發展,雖距石拐焦煤區稍遠(約計三百里),但因地形關係,築一輕便鐵道以達包頭所費亦無幾。此路築成後,則集煤鐵於一地,就地設廠,煉焦製鐵,極為便利。包頭地點適中,交通極便,向東可用平綏

路經察哈爾山西以達北平，（俟路晴完成後則運出之區域更廣），向南順黃河以達陝西河南，向西經寧夏甘肅而達青海新疆，向北可達外蒙俄境，故包頭煉焦製鐵廠完成後，其產品如鋼軌，鋼板，鋼管，各種機器，及酒精汽油硫酸鉀，柏油等副產品，可以供給西北各省之用。因此一舉百舉，則西北之農業與國防工業，皆可隨之而興矣。

作者在三年前受漠南礦業公司之委託，添招股本一百二十萬元，擴充石拐煤場，因該場自民國三年起即已開採，平均每日出煤八九十噸左右，每年祗工作八個月，因五，六，七，八四個月正值農忙時，工人皆須回家也，且所用之開採法極為陳舊，故成本較高，礦場出售價，大塊每噸約為三元二角，小塊每噸約為二元四角，祗因交通不便，運至包頭，每噸運費約計五六元，此外沿途再有各項雜捐約計一元二角左右，故在包頭每噸之成本，已在十元上下，以此十餘年來，公司僅能維持，不能獲利，為革除此種缺點，故而添招股本，從事擴充，改用新法開採，築石包鐵路以轉運，擬定第一期計劃，日出煤五百噸，專銷綏遠寧夏一帶，第二期計劃，日出煤一千噸，以五百噸供煉焦之用。作者擬定此種計劃時，感覺一最大之難點，即焦炭之銷售問題，僅生產而不能銷，則第二期計劃即無從實現。偶與丁君談及大青山煤田地質，並以予之難題告彼，及詢渠是否知悉包頭附近有無可用之鐵礦，因此而知丁君之發現，（當日丁君對於該鐵礦之研究工作，尚未完成，故其發現亦未公布，知者極少），快慰之下，乃擬定一「西北鋼鐵廠計劃」，以對實業部之「中央鋼鐵廠計劃」，並請北平某洋行經理某君估價，連同鋼軌，鋼板，鋼管壓製廠及輕便鐵路之全部工程與機廠按當日市價約共需洋四千萬元上下，計劃甫有頭緒九一八事變發生，一切工作因而停止。甚望本會同人能設法使此種計劃得以實現，則西北數省之開發，西北邊防之鞏固，東北失地之收復，或因此得有實現之希望。

(2) 農產製造問題 吾國以農立國垂數千年近則購美麥，買

浩米,農村破產,幾至不可救藥,推其原因,除墨守成法,不事改良,兵災匪禍水旱蟲害諸端而外,「農產製造之忽略及不講求」,亦為其主要原因之一,例如棉花,吾國特產之一也,其色澤之佳,纖維之長,皆具紡成良美紗布之條件,乃大多數被外商所收買,紡成紗布後,再轉售於我酒精之原料,全國各地皆備也,且為量極富,代價極廉,但全國所用之酒精十九購自外人;甘蔗之繁殖於四川廣,甜菜之適植於北數省,國人所需之糖,似可自給而有餘,實際上則外糖充斥,且無國產者可以代替之,此無他,農產製造之不講求所致也。穀賤傷農之諺語,以糧作薪之現象,無糧可食之慘況,舉由交通不良,難以運輸,不能調劑所致,實則亦由於農產製造之不講求,遂致有補救之可能,而卒致於不能救。反之,若能注重農產製造,則可將短期廢壞之農產產物如馬鈴薯,變為價值十倍之澱粉,此外如用麥稈稻草製纖維,由各種雜糧製酒精,以甘蔗甜菜製糖,皆足以調濟豐歉,輔救農民,而農產品製成國防上最重要之軍需品,如棉花火藥,酒精汽油,各種油漆,則尤其最顯著者也。今特選關於西北數省農產製造中之重要者數則,列述如左:

　　(甲)　酒精製造及酒精汽油問題　　西北數省糧富價廉,就中尤以馬鈴薯為最大,同附近之馬鈴薯,收穫時每元可購三百斤,綏遠則一元可購四百餘斤,(北平須五元一百斤,因其多供外人之食用故也)二以之製酒精,手續簡單,三百斤馬鈴薯可出酒精十六公升,四百斤可出二十公升,以此,每公升酒精之代價,約計洋六七分。如以之製造酒精汽油,則每桶酒精汽油約價二元四五角左右,(酒精汽油係由酒精以脫本精三者所合成,以脫由酒精製成,本精則產自鍊焦廠),而北平現時汽油之市價,每桶(五加侖)約計三元二角上下,若運至西北各省,其價當加倍於斯。吾人如能在包頭鍊焦廠附近設一大規模的酒精汽油廠,則西北數省目前所需之汽油,當可完全供給,他日遇必要時,可在蘭州及潼關再各設一廠,則不但年免鉅量金錢之外溢,且可增強國防力,及輔助農村與發展

畜牧事業,因酒精廠之糟為最好的飼料,豬牛羊馬皆可飼之,所得之廄肥,又將製酒原料取諸田內之肥料,原璧歸還。西北本極肥沃,其一部分荒地,藉此可變為肥田。其對於國家農民利益之大,無待申述。至於牲畜如馬牛羊豬等對於人類之利益,更無待申述。

　　總之,酒精汽油問題,為吾國現時最嚴重之問題。政府適應時勢,提倡航空救國,公路救國,吾人當然極端欽佩,但吾人如進一層研究之,中國若不設法自造飛機,汽車,以及因飛機汽車所需之汽油或其代替品,則飛機及汽車所行之公路,不但不能救國,反足以亡國。吾人試想每架民航機需款若干,每架軍用機需款若干,每架載重汽車需款若干,每架乘人汽車需款若干以現在購買速率計,中國每年費於購機購車者共若干,每年因機及車所耗之汽油共若干,吾知此驚人數字即足以亡國,不定須日本海陸空軍之光臨也。姑進一步想,假定現時中國發現金銀鐵,可以取之不窮,用之不竭,一旦遇有國際戰爭,一切賣買飛機汽車及汽油之交易停止,或因海港封鎖而不能進口,吾人又將如何?由此可知作者屢述之煉焦製鐵問題,及酒精汽油問題,不但為開發西北所必須解決之問題而已,直有關於中國生死存亡的整個問題,作者謹以十二分的誠意,希望本會同人,對此問題努力研究,助其實現,以救危亡。

　　(乙) 澱粉製造問題 吾人已知西北數省馬鈴薯的產量之豐與價格之廉矣。例如在綏遠,以一畝地種麥,可獲利三元至四元,若改種馬鈴薯,一畝地可產二十五石至三十石,(每石一百斤),可獲利六元至八元,而且有許多地,祇能種馬鈴薯而不能種麥。馬鈴薯含水甚多,不能長期保存,既不能以之完全製酒,更不能因生產過剩而不種。欲解此問題,唯有加增「農產製造之一法」,將馬鈴薯變成澱粉及餘渣。餘渣用以飼畜,澱粉既可以長期保存,又可用以代替一部分麵粉而製食品,又可以製澱粉糖或糖色,又可以用之於紗廠花邊廠訂書廠及紙廠,又可以用之製炸藥。此外尚有其他種種用途,茲不細述。以綏遠一百斤馬鈴薯計約含十六至十八

斤澱粉,用土法每百斤可出粉十斤,用新法每百斤可出粉十四斤至十六斤左右,在大同每斤約價洋一角至一角二分,其利益之大,可想而知矣。此外因製澱粉而生飼料,因而產生廐肥因而荒地成爲肥田,其於農業之利益,豈淺鮮哉。

（丙）纖維製造問題　綏遠有一特產物,名「雄雞草」,野生極多,當地土著用作燃料或編薦。就編者之試驗用此草可得極好之纖維纖維之用途極廣,主要者供造紙之用。西北將來的用紙問題,由此又可解決。

其他問題,如藥材漁業鹽田城地.因不在農產製造範圍內,故不逮及。

（3）水利問題　「黃河百害,惟富一套」。漢唐以來,河套富庶。致富之因,厥爲水利。古代之渠工,今日任其殘毀,罪該萬死。開發西北,應講水利,盡人皆知。建築溝渠以事灌溉,已在興辦故不多逮。惟有一事,應注意者,卽磴口一段河床,多爲石質,水流較急,甚合興建水電之用。據專家調查,所生之電量,足供綏甯兩省工業之用。詳情如何,因作者對此事爲門外漢,不敢推測討論,故特提出,留待本會內之水電專家解決。

港浜錯綜市區之道路系統設計

胡 樹 楫

（一）緒言　吾人讀本國地理書籍,知有所謂「大江三角洲區域」者。緣揚子江在蕪湖以東,斜度驟低,速力大減,故在杭州灣以北,淮水以南,形成三角洲沖積平原,囊括太湖襟帶運河。此區域之特點,為汊港縱橫,平均每平方公里中水道之長度,居全世界第一。

上述區域中,不乏大城市之存在,上海市與南京市其尤著者也。於此建設或擴充市區,勢須有特殊之道路系統設計原則,以適應上述特殊情形,以求建設之經濟與通當。此項問題,前此似尚無加以通盤研究者,作者爰不揣讀陋,草撰是篇,以就正於宏達之前。

（二）港浜之填留問題　港浜錯綜市區道路系統設計之先,首應統盤孜慮各個港浜應如何處置之,即令保存,抑將予填塞,庶便分別設施,且免實行建設時發生扞格與困難。

大抵源遠流長之港浜及深廣可通船舶者,宜予保留,以利上下流農田之灌溉與排洩雨水,及資水運之需要,似無疑問。其短小之港浜,大都水淺不流,於市區成立後,既無裨實用,又不足以點綴風景,徒貽藏垢納汙,蚊蚋生聚之資,似應及早決定填塞。

（三）保留港浜之處置　保留之港浜,可通船舶者,宜以道路夾持兩岸,以便設置碼頭等及匯納趨向港邊之交通(因此於必要時,可減少若干橋梁工程)。在港岸凸凹激急之處,路線須偏出港岸時,其路線與港岸間之地宜附帶收用,為設立公園,或其他公共設備之用。

保留之港浜,鮮船舶交通而源設流長者,宜置於園林帶內,以維持其水流之清潔(參閱第一圖)。該圖示上海市中心區域園林

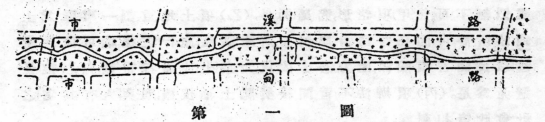

第　一　圖

帶之一部分,此項園林帶之寬度,以經濟關係,不必過大,必要時可減至30公尺。園林帶之外,兩邊各開道路。然園林帶之設立,在城市設計上雖有重大意義,而吾國一般淺見者流,或以為以有用土地供不生利用途為可惜,致主持城市設計者不能堅持其主張,反成非牛非馬之局面。在此種情形之下,不如運照上述辦法以道路夾持兩岸,換言之,即將園林帶之寬度縮至零,而於港岸紆曲之處,將連貫之園林帶改成散立之小公園也。

　　至於穿越保留港浜之道路,以建橋技術及土地分割關係(參閱下文)應與港浜約略成直角,自毋待言。

　　(四)填塞港浜之處置　(1)道路佈置宜適應港浜之形勢試檢閱港浜錯綜區域之詳細地圖,即知各港浜大都蜿蜒曲折,其相互聯絡情形亦頗複雜。然細察之,其間亦有相當規律可尋,即:港浜與港浜之交匯大致成直角,其為六十度以下之銳角者絕少。故順應港浜之形勢,以計劃道路系統,所有劃分之段落,大都可約略成長方形,無成尖三角之弊。

　　又試散步港浜錯綜之鄉區,即知港浜為耕地之天然分界,沿港浜耕地之其他三面界線(阡陌)亦大致與港浜成直角或平行。故順應港浜之形勢以計劃道路系統,即無地籍圖之依據,大部分土地亦可分割比較齊整。如能參攷土地界線設計,尤為理想。

　　反之,如計劃市區道路系統完全不顧港浜之形勢,循依幾何的規律以從事,如(甲)全區土地係屬公有(或民地收歸公有),備分

劃放領(例如上海市中心區),或(乙)雖爲民地,而將由地政機關予以重劃時或(丙)大地主併吞小地主(土地投機)之情形異常活躍時,雖似無不可,然(甲)項情形,究屬例外,(乙)項土地重劃一事雖爲土地法所許可,而在吾國尚屬創舉,將來該法施行之後,縱可依法辦理,以民間習慣關係,阻力必多,故就大宗土地施行重劃,究以盡量避免爲是。(丙)項辦法不啻間接獎勵土地投機,則與「人有其宅」之社會政策相刺謬。

　　且即在(甲)(乙)(丙)三種情形之下,如不順應港浜之形勢以計劃道路系統,仍有若干弊端可言:1)港浜劃入私人土地內,則其堙塞或暫留,難以通盤籌劃,在全區土地未有卽將建築趨勢之先,勢必影響農田水利。(2)在(甲)種情形之下,港浜劃入放領土地內,應由何方面擔任堙塞,每爲爭執問題,在地政機關方面,以爲全區土地按一定單價放領,似無爲有浜土地盡特殊義務之理,在領地人方面,則以爲照一定單價領地,而有須另加整理與不須另加整理之分,殊次公允,若於事先由地政機關堙塞港浜,而將所支費用使一般領地人平均分攤其爲不公,正復相同。

　　概言之,計劃港浜錯綜市區道路系統時,如純依「幾何的」規律以從事其缺點約如下:

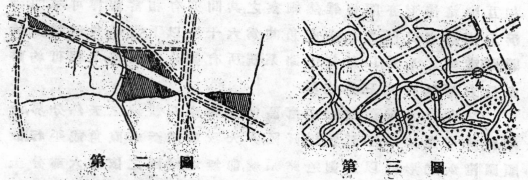

第　二　圖　　　　　　　　　第　三　圖

(甲)道路對港浜之形勢不規則,則道路分割之土地,如不經過重劃手續或吞併現象,形狀必難期整齊(第二圖中畫排線部分)甚至有劃成畸形零塊,不適於建築者。

(乙)道路與港浜凌亂交叉,過渡期間建築之橋梁涵洞,有時不免較多,或因成斜形,設計較困難,造價較高昂。〔例如第三圖中同一港浜於(1),(2),(3)三處通過同一道路,又同一道路於約450公尺之距離內跨越港浜(1),(2),(3),(4)四處,過渡期間須建築較多之橋涵或遷移浜身,殊不經濟。〕

　使道路適應港浜形勢之法,不外三種。一曰「沿浜築路」,如(三)節所論,對於將填塞之港浜似不成問題;二曰「填浜築路」或「騎浜築路」,即浜基劃入路線之內;三曰「離浜築路」,說明見下文(3)項。(二),(三)兩種路線既定,其他路線之設置問題,自不難迎刃而解。

　(2)填浜築路之利弊　填浜築路之利弊,可得而言者如次:

　(甲)根據土地以港浜為天然界線一點,可知填浜築路一法對於土地分割最為理想。

　(乙)利用「公浜」填築道路,可減少徵收民地之担負。

　(丙)埋築溝渠時可省挖土工程。

　(丁)無論公浜私浜,於築路時即行填塞,免貽日後藏垢納汙之資。

　(戊)地勢大都向港浜傾斜,以浜基為路身,對於溝渠系統之佈置頗屬適宜。

　以上係填浜築路之優點,至其劣點約如下述:

　(己)在新闢之市區填浜築路,往往建築未與,而農田水利已先蒙其害。

　(庚)港浜形勢大都紆曲,甚至凸凹作「黃河套」狀,苟路線完全騎浜,有時不免彎曲過甚,此在「交通道路」尤不適宜。若令路線局部越出港浜以外,則路線與浜岸間劃留之土地,阻塞他岸土地之出路。

　(辛)就新填之港浜築路,路基難遽期堅實,尤以用垃圾(含有機物成分者)填浜時為甚。

　由上所述填浜築路一法似屬利多弊少,在相當情形之下,頗

宜採用,例如可待市區發展時再行開築之「居住道路」,聯不甚紆
曲之港浜而設置(第四圖中〇),殊無可非議之理由也。

(3)離浜築路 「離浜築路云者,即將港浜置於兩路(第四圖中M

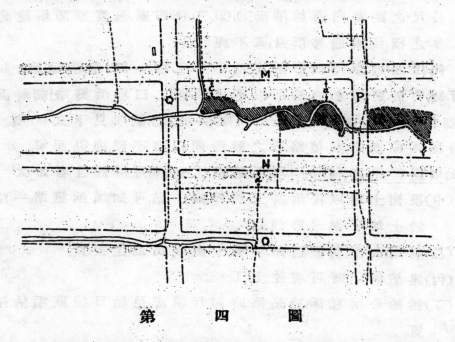

第 四 圖

及N)所挾段落之內,與路線約略平行,而其兩岸任何一點與
路邊之距離(第四圖中a及b)至少有若干丈尺是也。依此法
以設計道路系統有下列各項利益:

(甲)因道路約略與港浜平行,故基於(1)項所述之理由,土地分
割可期大致齊整。至於路線之詳細形勢及對港浜之距離,
最好根據沿港浜土地之後面界線決定之,即或跨各土地
之後面界線,或劃分各土地為二,使分立於兩邊而各具相
當深度適於建築,如無土地戶籍圖(Kataster-Karten)以資依
據,則地形圖中繪入之小路等,亦可使吾人得土地界址情
形之相當概念,蓋一般鄉間小路大都棄為農田之阡陌,亦
即土地之分界線也。此外圖中所載圍籬等亦可資參攷。至
於路邊與港浜邊或沿港浜土地後面界線(第四圖中c及

d）之距離,普通可定爲建築段落應有深度之半（約25—40公尺）。關於最小距離之規定,可得而言者,即新闢市區大抵爲住宅區（包括小商業區）,普通住宅及小商店之進深約 9 公尺已足,設規定建築面積至多爲基地面積之六成,則屋後尙須留出 6 公尺之空地,依此計算,則上項最小距離應爲 15 公尺。如能放大至 25 公尺,自屬更佳。

（乙）港浜不必於築路時即行填沒,即在建築未甚發達以前,亦可暫時保存,故在過渡期間,仍可資農田灌漑與排洩雨水之用。

（丙）港浜之填塞可由市政機關通盤籌劃,隨營造事業之發展,陸續進行。（且營造及築路埋溝工程發達時,儘有餘土瓦礫,以供填浜之需。）

（丁）港浜雖紆曲,僅足致各建築地後面（或側面）界線之交錯不齊,道路形勢少受拘束,可期相當平直.

（戊）如港浜約與段落之長邊平行,過渡期間建築之橋梁涵洞可減少。

因路線距港浜任何一點須有一定至少距離,以應建築上之需要,在港浜紆曲成「黃河套」狀之處,有時段落深度不免較大,例如在100公尺以上,最好於建築發達時再築支路劃分整理之,而於過渡期間仿照柏林等處之辦法,規定「後面建築線」(hintere Baufluchtlinien）, 即規定距現有路邊（或前面建築線）一定尺寸（柏林市規定爲 50 公尺然以參酌將來劃分段落深度各個分別規定爲佳）以外,不得起造任何建築物,所以便上項支路之闢築與防止建築物由路邊向土地內部重重排列過繁,致防礙居住衞生與消防也。設擬定一般段落深度爲 50—80 公尺,則假定跨浜段落將來再劃分爲二,道路寬度爲 10—20 公尺時,該項段落深度可達110—180 公尺。

爲減少築路時拆毀碳路房屋之困難起見,離浜築路辦法亦屬適宜。蓋港浜錯綜之地,已有農村房屋大都密邇港浜設置,如填

浜築路,往往因浜寬不足,路線須溢出兩岸之外,不免妨礙農村房屋之存在,若離浜築路,則此弊可期減免。

港浜填塞後,如不闢築正式道路,亦宜留為步道,俾段落內偶有不沿道路之基地(第四圖中畫排線部分)可利用之以為出路。(如有「大地主併吞小地主」之情形,則此項施設自屬可免,然城市設計者不宜懸此為目標。)

(五)道路系統設計　由以上各節所論,可推衍歸納而得港浜錯綜市區道路系統設計之原則如次:

(1)在設計之先,應確定各個港浜將予以保留,抑填塞之。

(2)沿保留之港浜,設夾持之道路(沿浜築路),或兼設園林帶。

(3)擬定與保留港浜交叉及平行之幹道(交通道路)路線,約每隔300—500公尺一條。在跨越港浜處,須與兩岸約略成直角。

(4)幹道普通不宜騎浜設置,以其大都儘先建築,過渡期間有妨農田水利,且免路線受港浜紆曲形勢之過分拘束。

(5)擬填之港浜,如不劃入路線內(填浜築路),應與附近同向道路約略平行,且岸邊任何一點,應距路邊至少有一定尺寸,俾其間基地均有適於建築之深度(離浜築路)。

(6)如能預定各道路之建築程序,則留待最後施工之支路(居住道路),其路線不妨置於較直之擬填溝浜上,惟路身無論何段不宜偏出浜外,以免劃成畸零地塊(填浜築路)。

(7)一切路線設計,最好根據土地界址情形(地籍圖)以從事,如乏是項彙攷資料,亦應察酌舊有小路形勢等以定路線之緣由。

第五圖亦根據「離浜築路」原則設計道路系統之一例,惟並非已實施者,不過供說明之草圖而已。基於「小路(圖中虛線)大都為土地分界線」之理由,其處置辦法應與港浜同,即或置於路線內,或置於距路線相當尺寸以外。

第　五　圖

　　(六)結論　城市道路設證之主要目的有二,一曰應交通運輸之需要,二曰分割土地,使直通公路,俾陽光充足,空氣流通而治安

與消防等易於維持與執行。乃吾國一般主持城市設計者,每偏重交通運輸方面,不分幹道支路,路線必求矢直,系統必成棋盤,而對於適應土地界線一點,漠不關心,以致建築凌亂,市容醜惡,在所不免。本篇論港埠錯綜市區道路網之設計原則,對於適應交通需要及土地分割兩方面之重要性,等量齊觀,雖未必可據以解決一切困難,或比拘執幾何的系統設計規律略勝一籌歟?

德 國 鐵 路 之 改 進

"Bautechuik" 雜誌 1934 年份第 44 號載有 Leibbrand 氏關於德國鐵路交通改進之演講辭,頗多新穎之點,摘譯如下:

貨車站照最新式加以改造,並附種種新設備,以利貨運交通。中途車站用小摩託機關車,以增進效率。貨車之構造,重量減輕,載重力加大。運貨列車之速率加大,在特別情形時,增至每小時 90 公里。貨物傳裝利用「容器」(Behälter)以資便捷。鐵路自備多數汽車,以輔助運輸。

為增進旅客交通之速率起見,將路線改良,並用新式軌枕佈置,其軌條之長達 60 公尺者。號誌設備改進為適於高速交通者。

笨重之載客列車以多數之高速自動車 (Triebwagen) 替代之(電力自動車,Diesel 摩託自動車,高壓蒸汽自動車)。蒸汽機關車僅於繁重之長途交通用之。長途自動車之最大速率,應為每小時 160—180 公里,其餘幹線上自動車之最大速率應為 120—130 公里。德國多數大城市間之旅行,將於旦夕內可以往返。　　　　　　　　　　　(胡樹楫)

統制鎢鑛及興辦鎢絲及燈泡製造廠計劃

趙曾珏　　　沈尙賢

國產燈泡工廠,勞力日漸增強,惟鎢絲來源,仍仰外國,爲求自給
計,亟宜興辦鎢絲製造廠,惟此項企業,須資本較大。又整頓鎢鑛,
間接與國防大有關係,應由政府統制之,本計劃對於統制及辦
廠兩事均分別縷陳,供關心者之研討。

(一) 統制鎢鑛理由

(1) 鎢鑛之產景,在全世界中,我國約占四分之三,若是項鑛
產,由國家經營,勿使低價流出國外,則鎢價市場,我國可
以左右之。

鎢鑛爲世界產額甚少之礦產物之一,而我國之鎢
鑛,亦僅集中於江西湖南廣東等省邊界處,雖福建廣西
河北亦有出品,但所占極微,並不足道。據民國十八年統
計[1],全世界鎢鑛共產 12,534 噸,而中國出 9,708 噸,占 77
％以上,江西一省所產,已較世界其他各國全部合計之
產額爲多。以後雖因地方不靖,中國產額減少,但每年仍
產 6,000 噸以上。至於銷路方面,需求甚多,以美國爲最,英
法等次之。僅美國一國,全年需 7,000 噸以上,我國出產
之鎢砂,因自己並不提鍊,故全部輸出,運銷外國大部在
香港上海兩地出口。夫我國既出產如此多量之鎢,於世
界鎢價,理應由我國左右之,乃按之實際,適得其反。其故
在鎢商資本類多微弱,以營利爲目的,急於銷售,而外商

---

(1)中國礦業紀要(第四次)21年12月

則往往聯合,壓價收買,市價中心,乃在國外,如紐約等地。
試觀在歐戰時,列強需用鎢質甚多,且盡力儲積,故鎢鑛
價稍騰增,每噸達數千元。[2]戰後以鎢量過多價稍大跌,民
國十八年一月,長沙市價,每噸 540 元,[3]現在則又以世界
戰雲之密佈,需鎢甚多,故市價亦漸增。鎢價被人操縱,由
此可見。此項鑛產,若由國家經營,統制出口,則市價必可
略增。至於我國操縱鎢價,亦曾有相當時間,「粤商馮簡
卿,恃其雄厚資本,操縱壟斷,鎢砂價遂由每噸三百元繼
續漲至千元以上,」[4]其例一也。民國十九年間,實業部曾
有整理全國鎢鑛辦法,其提議原文中,亦有「鎢鑛一項,世
界產地較少,而在鋼鐵及電氣事業內實又需量較多,我
國對于鋼鐵事業,現正在積極規劃,其具有連帶關係之
鎢鑛等,亦自應同時準備,始免顧此失彼,至少地方開採
運銷須依法嚴加限制,藉以留備將來之用,」不無見地,
今宜積極進行之。

（2）鎢質為煉鋼之重要原料,製造優良槍炮,亦須多量鎢質,
故為鞏固國防起見,亦有禁止濫採濫銷之必要。

製造高速鋼時,需要鎢質通稱鎢鋼,即鎢與鐵之合
金也,性最靱,為軍用品及工業品之重要材料,如軍艦之
甲板,大炮之Ａ管,高速率機械,磁石,及堅利之刀等,在優
良之軍械中,亦為不可缺少之物。但世界需求,每虞不足,
於是我國鎢業,大為世界所注意,而我國鎢商,又無自立
能力,必受外國之操縱,國內旣無煉鋼機關,鎢礦亦無可
用,冶煉成品,反仰給於外洋,經濟方面,旣受損失,國防方
面,尤失其自存能力,致我大好鎢業,利權旁落,是國人亟

（2）中國礦業紀要(第一次) 10年 6月聯審內鎢砂每噸 8000 元
（3）礦業雜誌　　(第七八期)19年6月
（4）礦業雜誌　　(第六期)18年11月

宜設法挽救者也。今我國國營大規模之鋼鐵廠，既在籌備，於自製重要軍械方面，亦積極準備，則統制全國鎢鑛，作一整個計劃，亦爲目下急務也明矣。不特此也，「查我國產鎢區域，爲贛湘粵閩燕五省，而儲量最豐者，當首推贛湘。十數年前，因圖一時之利，凡鑛脈之稍佳者，靡不採掘過半，惟鎢鑛用途，既如此之大，而所存儲量，極屬有限，值此我國工業尚未興發，國防未可稍忽之時，似宜統籌全局，精確調查，選擇鑛脈最佳儲量最大之鑛區，劃作保留區域，禁止開採，俾作日後特殊之需，否則任憑鑛人到處探掘，以現時砂價而論，十數年後，欲得一完美礦區，恐不能矣，」此又爲統制鎢鑛之一重要理由。

（3）防止外人覬覦

鎢鑛出產，既以我國爲大宗，而世界需用又甚多，故各外商，例如「日英美法德，均派有專員，駐砂面採辦鎢鑛。」此等專員，除彼此聯合，壓價收買外，自必虎視耽耽，大有欲間接或直接經營此項鑛產而甘心，一則收價更可便宜，二則可以源源不絕，大宗採取，無價格受人操縱及收貨中斷之虞。閒廣東「西江丹灶石歧二家，由德人投資，」此種危險，自不待言，政府亟宜加以取締，且爲預防覬覦計，將此等礦業，由國家統制之。

（4）供給鎢絲製造廠

設立鎢絲製造廠之理由，將于下節詳述。爲求自營鎢絲，以及其所製成之燈泡，能與外貨競爭計，應將鎢礦統制蓋必如是，我國始能操縱鎢價。鎢質之世界市價，必將激增。間接足以增加外貨鎢絲及燈泡之成本，因之在我國內銷售之外國燈泡，將難立足，漸被淘汰，爲理之所

（5）中國礦業紀要（第三次）18年12月

（6）湖南建設廳地質調查所報告19年10月

必然,是以肅清國內外貨燈泡,以此爲上策。若達相當時期,我國或可以較廉之鎢絲及燈泡,推銷於世界市場焉。最近日本以大宗燈泡運往美國銷售,即知此事之可能性甚大。

(二) 興辦鎢絲電燈泡廠之理由

(1) 國內自製燈泡,已有若干程度,應製造鎢絲以求自給。

國內電氣事業,次第發達,有相當成績,且照現在趨勢,激進甚烈,電燈用戶,亦約與全國發電量同一發展。最初所用燈泡,均爲外貨,或自海外輸入,或在國內製造,年內以需用甚多,利權外溢更甚。有志之士,乃先後成立製造廠,積極自製,以抵制外貨,挽囘漏巵,惟此等工廠,以經費及產量關係,不能自辦鎢絲廠,所用之鎢絲,均自國外輸入,鎢絲價格,受人節制。因之出貨成本,不能十分減低。至於鎢絲品質方面,亦任入供給,無法自主,加以改進。此層影響於燈泡之質料者亦甚大,故亟宜創辦鎢絲廠,以求自給。

(2) 以國產原料,用本國人工,製造廉價鎢絲。

鎢絲產額,以我國爲最多,前以國內無煉鎢之廠,致此等可寶貴之原料,全部運至外國,再以高昂之工資,製造煉絲,我國所需之鎢,又仰給之。其間轉輾手續,來往運輸,裝包及關稅所費不貲。今若將此等原料,就近在國內用較廉之人工,製爲鎢絲,則其成本,相較當極爲便宜,甚至可與外貨競爭,擴充海外市場。

(3) 作提高鎢絲進口稅之預備

「奇異」,「亞司令」,「飛利浦」等主要外貨燈泡,爲(一)欲避免我國進口關稅,(二)欲利用我國便宜之工資,(三)欲減除海上運費起見,均直接在我國製造,其出品,在國內市場,已根深蒂固。至中國民營燈泡廠出品,(一) 以資本薄

弱,致廣告不力,成本頗高;(二)以品質尚宜改良,致信用未孚,一時欲與之競爭,實甚困難,謀排擠之,更無論矣。雖然,我若製造鎢絲,供給此種廠家後,除國產成本可以減輕外,我國更可增加鎢絲進口稅,俾「奇異」,「亞司令」,「飛利浦」等出品,受其影響,增其成本。一增一減,相差甚大,將來全國均用國產燈泡,庶可期焉。

(4) 同時可以製造鉬絲

　鉬 (Molybdum, 或德文 Molybdan) 本與鎢為同屬,性質亦相若,同為煉鋼之重要原料。鉬絲在電氣工業中,應用亦甚多,例如電燈中所用之支柱,大都為鉬絲,電子管之陽極等,亦以鉬片製成。我國鉬鑛,有相當出產,惟不能自為利用,今設鎢廠之後,在廠內將鉬鑛中提取鉬質,其手續約與自鎢鑛取鎢相同,所得鉬質除一部份與鎢質,供煉鋼廠應用外,其餘即可在廠內製造鉬絲。至於製造鉬片,其所增之設備亦並不甚多。

(5) 為適應社會需要,改進民生問題,應擴充國貨燈泡出品。

　我國用燈,初用植物油。迨煤油輸入後,植物油無立足地,煤油入口,日見增多,且油價時有上落,非由自主。至應用電燈後,煤油燈亦非其敵,國民均已逐漸採用電燈,村鎮上,亦次第舉辦電燈廠,對於民生問題,不可謂無相當改進。政府為促進此種現象計,除於發電廠方面,更求發展及經濟外,對於燈泡價格,亦同時減低,以期普及民間。夫欲減低燈價,一在成本之減少,二在出產之加增。預計若外貨漸被排擠後,民營燈泡廠範圍定將不敷。為改良民生計,當用自製鎢絲成立大規模之燈泡廠以補民營工廠之所未逮。電燈發達後,煤油輸入,自必銳減,亦可挽回利權不少。查我國煤油輸入,每年約二千七百萬元,市價亦由外人操縱,此每歲二千七百萬元之煤油輸入

額中,供燃燈用者,自占大部。若政府積極提倡電光事業,除人民稱便外,煤油之輸入額必可大減,每年可塞一二千萬元之漏卮。

(三) 統制全國鎢鑛之辦法

(1) 調查國內鎢鑛情形

為整頓全國鎢鑛計,須先調查國內各鎢鑛情形,例如鎢鑛之所在,出產額,成分,開採法,運輸等。此項可先查各種鑛業書籍,詳細情形,可參考專文。茲將約略情形一提。

我國鎢鑛產額,在民國十八年,十九年,二十年三年內,略如第一表。

第一表　　　中國鎢鑛產額(單位噸)

省　別	產　　　　　　　地	民國十八年	民國十九年	民國二十年
江　西	安遠,仁風山,盆古山	540	380	無詳細紀錄
	嶺縣,大湖江,聚花圍等	195	140	,,
	會昌,豐田墟,白朗墟	242	160	,,
	大庾,四崲山,洪水寨等	1740	1195	,,
	南康,青山,滲水窩等	102	70	,,
	龍南,甏尾山	2400	1600	,,
	定南	20	10	
	雩都	15	10	,,
	上猶	150	80	,,
	崇义	10	10	
	遂川	50	30	,,
	其他	480	120	,,
江　西　共　計		5644	3805	3500
廣　東	滃源,黃澤,蒲滿,仵雞寨	2280	1910	無詳細紀錄
	樂昌,銀釘嶺	45	74	,,
	乳化,大江田	25	——	,,

中山,張家邊,白石瀚	38	20	,,
東莞,橋頭塘	──	11	,,
河源,蓮花山	520	60	,,
揭陽,五華及其他	427	358	,,
廣 東 共 計	3582	2433	250 o
湖 南 宜興,郴縣,宜章,瑤阿仙	100	117	無詳細記錄
臨武,香花嶺	95	86	,,
汝城	140	64	125
桂東	85	116	──
酃縣,郴縣,茶陵及其他	62	115*	──
湖 南 共 計	482	498	550
其他如廣西福建等	──	──	30
合　　　計	9708	6736	6580

*內 107 噸為鑛產過湘者

　　鑛產成分,大都為錳鎢鐵鑛 (Wolframite),內含多量之鎢酸錳 (MnWO₃), 淨砂約可得鎢酸 (WO₃) 百分之六十以上。一部份為重石, (Scheelite) 為鎢酸鈣 (CaWO), 在河北省遷安鸚鵡山,產鎢酸鐵鑛 Ferberite 下含錳極微。茲將江西省大庾縣及安遠縣鎢鑛成分列表以資比較:─

第二表　　鎢鑛化驗成分表 (單位%)

縣　　別	大庾縣	大庾縣	大庾縣	大庾縣	安遠縣
鑛　　地	西華山	生龍山	洪水寨	潭　塘	仁鳳山古盂山
礦　　別	錳鎢鐵礦	錳鎢鐵礦	錳鎢鐵礦	錳鎢鐵礦	錳鎢鐵礦
成 分 鎢酸	72.34	63.36	63.10	63.34	69.78
錫質	1.74	2.62	3.41	3.80	1.77
備　　註	所取鎢砂礦樣,多係結晶純塊,故成分顏高。				

現在沿襲之開採方法大都爲「露天掘，隨鑛脈挖成長溝後，漸採漸深，循階而進，其他各鑛，多掘井而入，循礦脈之頃斜而下，斜深每達六百尺，直井深者達二百尺，所採之砂，藉山澗之水淘洗，用淘金沙之小盆，或長五尺，寬七寸，高五寸之木槽搖冲。淘洗之後，得毛沙，毛沙再經篩選後，冲洗而得鎢沙，即烘乾包裝以待運售。」[3]

「鑛工作業情形，約有三種，（一）鑛工自相結合數人或數十人，自採自銷，如仁風盆古山礦是；（二）有人設廠，向工人收沙，而轉售於總局，以圖微利，如豐田是；（三）由鎢鑛局自招工人開採，按產額結工費，每人每日約獲沙二斤至四五斤，合洋四角至八九角不等。」[3]

（2）將一切巳開未開之鎢礦實行統制。

爲統制全國鎢礦，及操縱世界市價計，須將各處鎢鑛細加研究，視實際需要，礦質優劣，及交通情形，決定何處繼續開採，何處暫行停採，俾不致產量過剩，且留備日後之用。於開採之處，設立礦務局，管理及收受所產鎢沙。礦務局由政府直轄，產額多寡，政府得統制之。以目前情形論，似可先開贛南或湘南之一部，其他暫予停頓，禁止採取。

（3）訂立取締鎢礦出口條例。

訂立取締鎢礦出口條例，通介各鎢礦出口處之海關嚴禁私自輸出，俾國外鎢質減少。各地私採私運者，查出後均加以重罰。在現在世界各國均竭力擴充軍備之時，若我國能嚴禁出口一年，必能引起各國需鎢之大恐慌，其價格必激增不已。在自製鎢絲未有出品以前，我國民營燈泡工廠，必亦略受影響，蓋鎢絲輸入價必增。於必要時，政府可酌給津貼。至于外貨燈泡，當然亦同受影響。爲使國民不致多受燈價高貴之影響起見，鎢絲廠開辦，以愈早愈佳。

（四）興辦鎢絲及燈泡製造廠。

（1）鎢絲廠所需之設備

欲着手籌辦鎢絲廠等,應選派專家,赴國外著名之鎢絲製造廠,從事研究各種方法,俾求能得一最經濟,最適合我國情形之方法。籌辦燈泡之製造廠亦然。製造鎢絲手續及其所需機件,約如下述[4]。

(1) 廠中用電,可取給於電廠,不得已時,得自行發電。

(2) 廠中所需煤氣,以自置為宜,故需煤氣產生設備。

(3) 廠中所需壓縮空氣,供燃燒用者,須勝壓氣機以得之。電氣煤氣壓氣之設備,須容量充足,以備他日擴充。

(4) 自原料提煉成黄色純粹之鎢酸(WO_3)之化學設備。

(5) 將鎢酸粉滲以少量他種原料之混和設備。

(6) 將鎢酸用氫(H)還原,成為鎢(W)粉之設備。

(7) 將鎢粉,壓成鎢條之壓條機設備。

(8) 將鎢條經過一次預熱,使略堅硬之預熱爐設備。

(9) 將鎢條通以電流加熱,使之結實之電熱設備。

(10) 將鎢條錘擊,使成粗絲之錘擊機設備。

(11) 將粗絲抽引成細絲之抽絲機設備。

(12) 將鎢絲在爐內加熱,使之潔淨之烘絲設備。

(13) 測定鎢絲之直徑及重量之秤衡設備。

(14) 研究鎢絲之組成,結晶,壽命,電學特性等之研究室設備。

(15) 研究製造鎢絲化學手續之化學研究室設備。

(16) 製造鎢質金鋼鑽或抽絲石之設備。

(17) 製造鉬片之設備。

(18) 機械工場修理工場設備。

鎢絲廠容量,可暫規定以供給每月可出 200V, 5W, 25W, 40W 電燈 5,000,000 隻之燈絲為標準。（其中一部份或須 110V）.

（2）調查國外供給製造鎢絲及燈泡機械之工廠出品及價目,然後設計,及招標訂購機件。

在訂購機械前,須先調查一切供給製造鎢絲及燈泡機械之工廠,及其出品價目等。此層可委託國外購料機關,或對於此種工程有興趣之留學生辦理之。須先詳知各機器之運用方法,優點,劣點及各種工程統計(Technical data) 以資研究。並須先行估價,以後集各國出品,再作審查,互相比較以求取合,務使最經濟及最合實用。訂購機件,或可由國外購料機關辦理之。並派技術人員赴廠監製,並對於機件之運用,及各種製造方面,細加實習,俾回國後能應付自如。

（3）關于燈泡製造廠之設備約略如下:——

(1)電力,採氣,壓縮空氣來源之設備,約與鎢絲製造廠同。

(2)製造玻泡及玻管玻柱之玻璃廠,及洗泡設備。

(3)切斷玻管玻柱及切除玻泡根部之割切設備。

(4)製造及焊接電極各部之設備。

(5)玻柱作結切斷及裝置鎢絲之設備。

(6)玻罩熱旋機設備。

(7)玻罩與電極密合及截抽氣管之設備。

(8)捲絲機設備。

(9)裝絲於絲架之設備。

(10)加碳設備。

(11)抽氣充氣及封管設備。

(12)高壓感應器設備。

(13)試驗壽命及度數設備。

(14)裝燈頭設備。

(15)揩洗及印標設備。

(16)試燃設備。

(17)裝匣設備。

(18)其他試驗設備,如試燈泡受震動之耐力,燈頭之拉力,玻泡之膨座等。

(19)對於燈泡製造之作業及管理研究室設備。

（五）此後工作

統制國營鎢礦,及著手計劃鎢絲製造廠,當可同時進行。整理國內鎢鑛,期以一年,而籌備鎢絲製造廠,亦須於此一年內辦竣,以後建造廠屋,整置一切機件,約須半年又半年,為試驗時期。故兩年內,當可有鎢絲出品能提早出品則更佳。此後工作分述如下:

(1) 增加鎢絲進口稅

為使在國內製造之外貨,增加成本起見,于我國自製鎢絲,供給民營各燈泡廠後,即宜增加鎢絲進口稅。如是,則外貨價格可昂,或以外來鎢絲太昂,外廠不得不用國產鎢絲,則吾人更可任意操縱其價格及品質,使不能與國貨相敵,民營燈泡廠方面,得以最廉之價值,供給鎢絲。

(2) 作大規模電光宣傳,提倡電光,及通令全國採用國產燈泡。

為推廣銷路,普及用電起見,須在國內作大規模電光宣傳,尤以在內地為甚,必要時得代地方人士設計及裝置電廠,並負指導及諮詢之責,以策進行。如是,則電氣事業之進步更將較速,至于通令國內電廠,一律勸用國產燈泡,亦可使銷路增加,擴充國產燈泡種種方法,詳見拙著「統制燈泡製造事業」之計劃內,

(3) 國產燈泡出口銷售。

鎢礦由國家經營,節制輸出後,世界鎢價定必增加,因之世界各國所製之燈泡,必定大受影響。反之,我國之此項出品,其成本將較現在為廉。是以對外貿易之可能性增大,我國可將過剩燈泡,運銷外洋,而在世界市場中,奪取若干營業。以關稅關係,歐美各強國在國內有自製出品者,似難以插足,故市場方面,最好在南洋羣島南美洲等處,及歐洲小國。燈泡出口僅以國營廠出品為限。

(4) 擴充範圍,設立燈泡研究室,研究電子管整流管,氣體放

電管,光電管等,以備將來製造。

電子管,整流管等之需要,我國亦已甚大,故製造電燈,有相當成績時,須亟謀擴充,研究此種電管,以爲將來自製之預備。自製電子管等,於國防方面,亦甚有關係,蓋互通消息,無綫電之功甚大,而現時所需電子管,均購自他國,若一旦有事,勢必來源稀少或斷絕,則訊息遲鈍,我國將大受厲果。至于氣體放電管,亦可以代電燈之用,歐美各國均在竭力研究中。我國爲欲適合時代潮流,與歐美並駕齊驅計,對于氣體放電管,亦須努力研究,不可忽視。

（5）于需要時得在重要地點,銷售中心,籌辦燈泡製造分廠。

視需要情形如何,得在國內各地,設立燈泡製造分廠,以應需求,其目的在減低運費,使售價更廉,電燈更能普及。如在南洋等地,銷路良好,亦可酌設分廠。

近代改進鐵路軌道之趨勢

秘 銓

鐵路交通,以安全迅速經濟三者為主要條件,亦為最後目的,鐵路上任何設備,莫不與此三者有關,而以軌道一項,實負最大之責任。因其關係之重要,問題之複雜,工作之瑣碎,技術之精細,各項設備之富有研究性,結構基礎之缺乏永久性,以及各種病態,不易覺察之潛伏性,其影響行車經濟之重大性,實非其他設備所可比擬,且近來機車加重,車速增高,列車增長,與時俱進,軌道問題更形重要。故歐美各國自發明鐵路以來,對於軌道之設計及修養;各專家無時不殫精竭慮,悉心研究改進之法,以期達到此三大目的,雖迄未能獲得最後所期之結果,仍在改進之中。今就歐美各國最近對於軌道設計及修養之改進方法撮要列舉,以覘其趨勢,而資借鏡焉。

(一) 關於設計方面

(1) 路床

堅固路床實為優良軌道之重要條件,如路床不固,土質鬆軟,排水不暢,縱改良軌道,亦徒勞而無功。

(甲) 鐵筋混凝土路床　美國及奧國近採用鐵筋混凝土路床,曾劃出一短距離實驗區,以試其成效。據聞成績甚為優異,對於固度 (Stability) 及修養費均有圓滿結果,惟建築費頗高,不易普及。

(乙) 增厚渣床厚度　美國渣床厚度,在枕木下約厚12吋,如

　　路床潮濕,另於渣床下再加一層底層渣床 (Sub-ballast)
　　厚度亦係 12 吋。

　(丙) 混凝土水槽或開節水管 (Concret Channels or open joint
　　Pipes) 凡不能在路基上面直接流水處,均採用混凝土
　　水槽及開節水管,舖於混凝土上。

(2) 鋼軌

　(甲) 改用重軌　機車加重,需用較重較勁之軌條以適應之
　　美國採用最重者每碼152磅,法國 125 磅,英國及其他各
　　國, 100 磅者頗為普通。

　(乙) 改用長軌　軌節為軌道最弱之一點,近代趨勢以減少
　　軌節為目的,故改用長軌頗為一般所公認,美國最長者
　　有 66 呎。

　(丙) 銲接軌端　德國以長軌運用不便,用電銲法銲接軌端,
　　合三軌為一軌,長30公尺。

　(丁) 改良軌卡　軌條爬行為軌道病態之最可厭者,今用各
　　種有效軌卡,可以減輕此病不少。

(3) 軌節

　軌節為軌道最弱之點,實因夾板及軌節佈置迄無滿意設計
　之故。雖有各種設計,其目的在使軌節之負力與軌條其他各
　點同,但迄今尚無標準之規定。歐州近採用短距離軌節,兩節
　枕木中心相距只 10¼ 或 9¹⁄₁₀ 吋,以減少軌端之伸臂長度
　(Cantileuerlength),甚或使兩枕密列。

(4) 配件 (Rail Fastening)

　德國最近採用軌條及墊板分繫法以前通用之配件佈置,係
　用螺釘插予墊鈑孔中,鑽入枕木,釘須拘住軌條下緣所為合
　繫法,今改用分繫法,係用螺釘及墊塊(Clip)繫軌條於墊鈑另
　用螺釘繫墊鈑於枕木。此法較前法需費較鉅,但配件容易繫
　緊,且將來更換軌條手續較易。

（5）軌枕

（甲）鋼枕　木枕本能耐久,更換需費甚鉅,歐洲改用鋼枕者益衆,尤其在氣候乾熱之區.

（乙）混凝土枕　尚在試驗期中,迄無標準之規定。

（丙）加密枕距　現代機車加重,為增加軌條勁度計,只有加密枕距.美國最密枕距約10.8吋,每半公尺軌條用枕木二十根。

（6）軌岔(Switch and Crossing)

（甲）錳鋼岔心　岔心係輪脚落空處,錘擊力甚大,易致磨損,現暸採用錳鋼,可以耐久。

（乙）滾式尖軌　現通用尖軌均係滑式,即在滑板上往返滑動者.但滑阻力甚大,須不時擦油或鉛粉.現有採用滾式者,即在尖軌下加一滾珠之座俾在滑板上滾走,阻力大為減少。

（丙）彈式岔心　岔心係活動式,與翼軌可以分合。平時岔心與重要軌道之翼軌相合,如有時須在次要岔道上通行,則岔心與翼軌間係彈簧接合可以擠開。

（7）彎道

（甲）特質鋼軌　彎道軌條最易磨損,近有採用特質軌條,以抗磨力。

（乙）安設護軌　在內外軌裏面各設護軌一條,以防出軌。

（二）關於修養方面

修養方面之趨勢,不外（1）發明省工工具（2）採用省費方法.

（1）發明省工工具

（甲）軌狀記錄機　昔日查驗路工,乘車視察,既費時間又不準確,今用記錄機裝於車上只須在軌上行過一次,所有軌平,軌向,軌距,車輪之上下左右前後擺動,一一繪於紙

上。如有砸道不實。軌頂不正等等,自動的用油班記於軌腰。工人只須檢視此記號,立即修正之。

(乙) 汽油自動車　工人在駐在地與工作地間往返,現用自動車,迅速便利。工人可以將行走時間騰出,化為工作時間。

(丙) 氣錘砸道　利用高壓空氣之氣錘以砸道,省工而堅實。其餘大批更換軌條,清理石渣等等,均有特殊機械,以求省工。

(2) 省費方法

(甲) 修正彎道繩度法　昔日修正彎道,須用儀器,費時不少,今用一根繩即可行修正之法,便利而省費。

(乙) 清理渣床　渣床年久被泥土培塞,阻礙排水,不獨朽腐軌枕,並將損壞軌平,至少三年非澈底清理一次不可。

(丙) 改變道工組織　昔日均採用少數工人短距離道班段制,今則趨用多數工人長距離道班段制;

(丁) 電銲法　凡軌端磨低,翼軌磨損,均用電銲修復,省費不少。

(戊) 鏟墊法　通常砸道均用鎬鍫,砸墊不易堅實,今發明改用鏟墊法,將軌枕舉起,用鏟墊入應需石渣之厚度後,再行落下,據說此法最為耐久。

(己) 彎道噴油法　彎道軌條極易磨損,今有用噴油法以減少其廟阻者。

關於復興瓷業的幾個問題

凌 其 峻

　　在討論復興瓷業問題之前,先談一談中國瓷業過去的光榮歷史。

　　在歐美各國人的眼目中瓷器可算是中國文化的結晶品,簡直就稱呼瓷器為「支那」(China)。最早在十二世紀中(宋朝)就有中國瓷流入歐洲傳說有一隻牙白色小碟,是十字軍遠征隊中人由Palestine 聖地帶回去,進貢於德皇,至今尚在 Dresden 博物院中.那是很希有的寶物,以後陸續有中國瓷器運到歐洲.到了十七世紀裏,凡有名的博物院中,都有中國瓷器陳列;各國的皇室貴冑也願出高價羅致中國瓷器,於是一班葡萄牙和荷蘭商人,往來販賣中國瓷器,賺了不少錢,意國和法國雖有一班藥劑師式的化學家,竭力研究做造;但所得結果是一種含有多量玻璃的軟質瓷器,比不上中國瓷。這消息傳到中國,景德鎮的瓷工便譏笑他們道,「他們製瓷但有肉,沒有骨頭怎樣能做成瓷坯呢?」

　　當時歐洲人對於製造瓷器的原料,有種種猜想。有人說,瓷器的成分中含有獸骨,蛋殼燒成的灰;也有人說,瓷器須埋在地下,經過多少時候,才變成透明有光,一直等到十八世紀康熙時代,一位駐在江西饒州的法國天主堂傳教士 Pere D'entrecolles, 在 1712 與 1722 兩年到過景德鎮從信敎的瓷工方面,得到了製造瓷器的實在情形,寫了兩篇又正確又詳細的報告書寄到巴黎,從此歐洲人士才對於中國瓷器的原料與製造方法有其實的認識。

6215

　　在歐洲地方製造眞正瓷器的成功,是在十八世紀的初葉。一位德國化學師 Bottger 氏發見了高嶺土,便在麥城 (Meissen) 地方秘密製造,經營十多年,麥城瓷器竟然聞名於全歐洲。追隨他的是法國賽湖(Sevres) 地方,我們在魯意斯十四代的寵婦邦伯都夫人 (Madame de Pompadour) 底軼事裏,看到她怎樣熱心提倡,成立了皇家窰廠,從軟質瓷 (rate tendre) 進步到硬質瓷,造出了不少精美瓷器。至今賽湖瓷還是歐洲有名的產品。

　　中外瓷器的發達,都是由於皇家的提倡鼓勵,在歐洲除去商業化的英國外,大多數國家有國立的窰廠,如Imperial Manufactory of Sevres, Royal Manufactory of Berlin, Imperial Factory of Vienna, Royal Manufactory of Copenhagen 與在帝網時代的景德鎮官窰同樣著名。中國瓷業的衰敗,起初是因為清朝末年,政府不繼續提倡瓷業。大原因還是中國人太守舊,不用科學方法改良。商辦工廠既沒有大資本來燒造極精細的瓷器,又不能設法製造適合現代用途的普通瓷器,結果,在景德鎮地方雖有十餘萬工人依靠瓷業生活,當地中等人家所用款待客人的茶杯和菜館裏的盤碟,往往底下有日本或英國製造的標誌。在製造瓷器中心點的景德鎮尙且這樣,舶來品瓷器當然是充滿於全國各地了。製造瓷器鼻祖的中國墮落到這般地步是何等的可恥呢!

　　製造瓷器,的確不是一樁容易事。要做到盡善盡美的地步,必須有學術和經驗。中國的瓷工是完全不懂得學術的,他們的經驗也是陳舊的。我們要復興瓷業,非研究學術(就是科學原理和方法)不成,也非經過多少時間的訓棟,得了新的經驗不成,以前新辦瓷廠的失敗,就是為學術不足,經驗不夠的緣故。

　　在十年以前,很少人們對於瓷業注意改良。雖有幾個工廠用新法製造眞是寥若晨星。這幾年來各項工業有顯著的進步,大都市的建築非常發達,在上海,香港,廣州,天津都有工廠製造瓷磚,對於採用科學方法,已有相當的成績。在唐山地方,有啓新和德盛窰

兩廠製造硬質陶器,暢銷於<u>華北</u>一帶。又因關稅自主以後,外國陶瓷器的進口稅,逐漸增加到值百抽五十,對於國貨瓷器,施行保護政策。於是不少企業家提倡興辦新瓷廠。最近報紙記載,政府當局也有設立一個百萬元資本的瓷廠底計畫。這是極好的現象。在未來的一二十年裏,很有實現復興瓷業的可能,

　　同時我們應當知道要著手興辦這重要工業,尚有幾個根本問題,必須仔細考慮,設法解決。這幾個問題是:(一)原料問題,(二)產品成本問題,(三)技術人才問題。

　　原料問題　製造瓷器的主要原料,不限於瓷土一種,其餘如長石,高嶺土,石英配合起來,可以替代天然瓷土。至於傲模子用的石膏,造匣体和蓋窰用的火泥,都是很重要的原料。現在瓷廠所採用的原料,往往限於附近所產的天然瓷土。良好的長石和高嶺土,除了礦物陳列館中幾塊標本外,缺少大量的生產。並且開採各項原料的人,對於瓷業的需要,缺少認識,不注意質的改良,或開採不得法。如<u>祁門</u>的瓷土層上面,有一薄層黃色砂土,採掘的人,不先把黃土層削去,以至在掘瓷土的時候,有黃土攙雜在內,不易分開或性質不勻。這是一種普遍的現狀。大概開採的人,缺少資本,隨採隨賣。先後開採的原料底成分,原來就不完全一樣,淘洗或磨棟的方法,也沒有一定的標準。顆粒大小多少毫無把握。各工廠須自己有精棟原料的設備,方才可靠合用。

　　要解決這個問題第一須對於各種原料產地,有廣範圍的調查。中國各省地質調查很有成績,但可惜對於陶土長石的調查,不大注意,讓許多很有經濟價值的原料,永遠埋在地下,沒有人去發現牠。即使發現了,也不去試驗牠——研究牠的性質用途。

　　大多數人以為陶業原料的銷路限於產地,這是不確的。良好的陶土,長石,比煤還要值錢。<u>美國</u>的瓷廠,往往採用<u>英國</u>的高嶺土和<u>坎拿大</u>的長石。甲處出產好的原料,雖本地也沒有陶業,只要交通便利,可以運到乙地,供給在那裏的陶業工廠。可見得陶業原料

到處有調查和研究的價值。開採陶業原料時，應當多用一些資本，改良採掘，和淘洗，製煉的方法。其目的非但要增加產量，還要使同樣原料，先後性質相同。

這個問題的根本性，如棉花，羊毛對於紡織業，小麥對於麵粉業，一般重要。請提倡瓷業的人特別注意。

產品成本問題　假使國貨瓷器的式樣質地，能做到比較洋瓷不相上下的地步，還待牠的賣價，比洋瓷不貴，才能競爭。這就是成本問題。

工業成本的計算，原是很複雜的原料的價值，與品質工人的的工資與效率，都極有關係。但就瓷業而論，這兩項的成本，不會比較外國高可以撇開不談。我們應當注意製造的設備和方法，對於出品的質與量是否經濟。無論製造何種瓷器，必須經過下列幾段手續：

(一)原料的配合　我們研究其成分除能適合技術上的需要條件外，其原料的價值，與經過幾重手續製成物品的費用，須在一定限度之內。譬如製造隔電子 (Cup insulator) 時，配合原料須有相當成分，始能燒成富有機械力與隔電力的東西。除此之外，還要研究那一種成分所用原料的成本，比較低廉，並且做成坯後在乾燥與燒窰的時候，不容易破裂卽窰內火度稍有不勻，成色不至於受影響絕少廢棄不能用的。

(二)原料的製煉　有用普通調漿機的，有用球磨的，何種設備最合宜，是值得研究的。煉好的泥藏在窖裏多少時候可以增加黏力。若用乾壓法做坯，普通是將瓷土烤乾後再加水，或許不等完全乾燥，也不用加水，就打成粉末，比較省事。粉末所含的水分，也比較平勻。壓坯用的鋼模，可以多用幾時。若用注漿法做坯，在怎麼時候把電解質 (electrolytes)(純碱水玻璃一類)摻加在泥漿裏使牠的效用增加，這幾點對於成本都有關係的。

(三)做坯上釉　做坯的方法有四種(甲)拉坯法(乙)濕壓法

(丙)乾壓法,(丁)注漿法。轉輪用手拉坯,是最舊的方法。除了做少數大件陶瓷器應用外,最不經濟。中國內地,還是專用這方法,真是守舊不堪。製造許多種陶瓷器,可用(乙)(丙)(丁)三種方法中的兩種。究竟採用何種最經濟,很值得攻慮的。注漿法比較最新。以前但應用於製造薄坯,現在製造三四寸厚坯,也有採用這方法了。上釉的方法有兩種:(甲)蘸釉法,(乙)吹霧法。應採用何種上釉之前,是否應當將坯子先行素燒?這也是應該研究的問題。

(四)燒窰　在陶瓷工廠裏所需各種設備中,窰最費錢。所經過製造手續中,燒窰的費用(煤與匣鉢的消耗)最大。全廠出品中有幾成貨好的,幾成貨不好的,關係燒窰的好壞最密切,著者關於這個問題,另著一篇。請參攷「瓷窰的進化」。

總而言之,要抵制洋瓷,尤其是日用瓷器一項,非將本國瓷的製造成本減到最低限度不可能。要減低成本,非將瓷業合理化,採用科學方法,新式設備,從事於大量生產沒有效力。

技術人才問題　俗話說「事在人為」,要復興瓷業,必須有專門技術人才。中國二十年來,瓷業衰敗到極點,就是缺乏技術人才的證明。國內未嘗沒有實施陶業教育與從事陶瓷研究的機關,如江西饒州有省立甲種工業學校,是專門教授新法製瓷的,以前北平工業試驗所,山東工業試驗所,四川陶業試驗場,都有窰業股,做試驗的工作。江蘇宜興與湖南醴陵有模範窰業工廠,實地訓練工徒,製造陶瓷器。但大多數限於經費,除在省政府公報上登載幾篇報告,試驗室裏,做幾個標本外,沒有很大貢獻。教育自教育,試驗自試驗,而陶業改良總不能實現於陶業界。因此有已經停辦的,也有縮小範圍的。聽說實業部中央試驗所內陶業科也不出於這運命。中央研究院在第三次鐵道展覽會裏,陳列了不少瓷器,大部份是美術品,聽說是由湖南請來底工人做的。所做的日用品,不知道費了成本多少,所用的方法能否在工廠應用來製造大量成本低廉的出品?

　　就著者觀察,國內至少應有一個專門學校,附設試驗所,對於陶業做高深的研究,實地的工作,將學術與經驗傳授與一班富有科學根基的學生,或訓練一班曾經在陶業工廠服務的技師。不空談理論,還能實驗,更進一步,把實驗的方法經濟化,建設新陶業工廠,做出各種陶瓷器來抵制洋瓷。與辦瓷廠的人,不能徒防他人,或依靠幾個祕方來發展他們的事業。偌大的中國非有一班專門技術人才,決不能復興瓷業。

　　我們對於上面所提出的三個問題,如能逐漸設法解決,其他問題,如資本問題,銷路問題都不成問題了。

統制燈泡製造事業計劃

趙曾珏　沈尙賢

（此處所謂“燈泡製造事業”，指製造電燈，電子管，霓虹管，整流管及一切
其他裝於管內，氣壓較“大氣壓力”爲小之電氣機件等工廠而言）。

(一)　統制燈泡製造事業之理由

國內民營電燈及霓虹管之製造廠家，已略具雛形，惟各廠大
都限於資本，品質方面，不能銳意改進，同項之廠家，爲數甚多，
呈極紊亂之現象。因外貨之侵逼，及國貨彼此無謂之競爭，致
此項企業大有風雨飄搖，不能立足之勢。故爲各廠本身計，爲
我國根基未固之實業計，爲國家前途，挽囘利權計，實有將現
有民營燈泡製造事業，急加統制之必要。茲再分述其理由如
下：——

(1)　各廠間無謂競爭，任意跌價

電燈及霓虹管等製造事業，社會需要甚大，自一二廠家擧辦
後，新興之廠，如雨後春筍，爲數甚多，大小不一。其間不無相當競爭，
跌價甚烈，以圖推廣營業，爲知事與願違，因跌價過甚，各廠有不能
維持之勢。例如電燈泡價，竟至每百只價格在八元左右，而霓虹管
價，在兩三年內，每呎價格，約自十二兩跌至三元左右。此種自戕政
策。實有協力制止之必要，使以後將無彼此傾軋之危險。

(2)　出品品質不佳，有失國產品之信用

以任意跌價故，品質方面，當然不能十分講究，致愈趨愈下，竟
至壽命常在數十小時左右者。此種現象，非但該牌燈泡名譽墮地，
卽其他國產品，亦受其影響，致國人恆覺「國貨品質，決不能及外貨」，
其間接危害國貨工廠之信用，極非淺顯，亟宜速加取締，故有統制

之必要,且若各廠能互相聯合,彼此技術合作,則進步更易。

(3) 奇異,亞司令,飛利浦各貨之壓迫

　　電燈銷入中國之歷史,以奇異爲最久,亞司令,飛利浦等牌相繼而入,在國內已著有相當信用,更以其雄厚之資本,豐富之經驗,大規模之廣告,故其銷路迄今仍占全部之 60% 以上。奇異出品又利用國內便宜之人工,在上海製造,利潤愈多。奇異,亞司令,飛利浦等外貨,彼此間初尚有相當競爭,迨國產出品發行後,三家鑒於利害之關係,立即放棄原有政策而採一致行動,組織中和燈泡公司,亞司令,飛利浦等貨,亦同在上海製造,以操縱國內市場。觀乎本年四月初之聯合跌價大廣告,即可見一斑。國貨工廠以資本薄弱,經驗缺少,又彼此一盤散沙,時在內鬨,尚難與之競爭。以此之故,各廠之合組,實爲必要。

(4) 日本貨低價推銷

　　日本燈泡已有優良成績,該國除能自給外,更以其過剩出品銷行國內,售價甚廉,除奇異牌等受其打擊外,其侵害國貨推銷更甚。迨電燈進口稅增加後,則又以無頭燈泡輸入,在國內製合,及藉軍艦偷運,以圖漏稅。欲求對抗日貨,國貨廠亦須彼此合作。

(5) 國貨牌號繁多,致日貨有魚目混珠之機會

　　民營燈泡廠數既多,其出品之牌號,自亦十分繁雜,非但購買之主顧不能確知其是否國貨,即經售之商店亦往往未能深悉,例如許多燈泡,牌名「亞令奇」「亞爾登」「威而森」等,令人目眩。因此之故,日本貨更易於混入,用國貨名號,冒充國產品,行銷各地。以其售價特廉,各地受其愚者,屢見不鮮。更有不肖商人,將日貨燈泡,改頭換面,蓋以華商牌號出售,致眞正之國產廠家,非但商業上受其影響,即其出品牌號,亦易引起愛用國貨者之懷疑,申辯莫由。

(6) 增進工廠效率減低出品成本

　　我國工業除規模較大者外,大都限於資本,於工廠效率方面,不能十分注意,又以人才及工具之缺乏,出品遲鈍,改良無由。與外

商競爭,其困難不待言喩。又以規模狹小故,出品成本,若以同一品質相比,必爲較昂,反之,若欲求價格不昂,則於出品之質料方面,必將較次。若能各廠彼此聯合,互相合作以「合理化」方式,使效率增進,則製造成本變輕,自在意料之中。

(7) 促進推銷

國貨燈泡,年來於銷路方面,雖與日俱增,但以出品速度,廣告勢力,品質及信用等關係,究不能超出外貨之勢力以上,迄今國產燈泡銷路,約古全部需要之30%,其售數增加之故,藉電廠事業之發展者爲多。照現在趨勢,我國之電燈事業,正方興未艾。爲適應此種環境計,燈泡製造工業,必須日謀推銷之促進,使非但出品之數,依電燈用戶比例增加,卽在全數銷售比率中,亦當逐漸上升,以排擠外貨勢力。欲達到此目的,非各廠聯合,提高國貨信用,及作大規模之聯合廣告不爲功。作聯合廣告之利,一使國民得認清國貨,二則較各廠單獨宣傳,費省而功大,其影響於銷路當然甚巨。將來國貨燈泡事業,蒸蒸日上,庶可期焉。

(8) 謀政府保護,及管理之便利

依各國成例,凡各種企業,均受政府之監導,於必要時得特加保護,燈泡等品在國內亦逐漸變成日用之必需品,政府對於是項工業,更須特加保護。但現今廠數既多,而於組織方面更極雜亂,甚至各挾意見,互相暗鬥者有之,不顧商業道德,無理跌價者有之,政府卽欲保護,亦頗感困難。最好各廠彼此有相當組織,則便利政府之保護不少,例如通令勸用,取締跌價,給予製造是項出品之標準與專利權等,得由政府次第行之。

(二) 統制燈泡製造事業之計劃程序

本計劃之程序可分兩方面言,一爲民營各廠自身彼此作相當合作組織方面,一爲政府監導保護方面,

(甲) 民營工廠本身組織方面

(1) 各廠推舉代表,卽舉行合作會議,彼此商協組織「燈泡製造同業

會，訂定同業規例及規定燈泡出售價格，此種工作，政府當加指導。

在最近三月內，由民營廠方自動，或由政府通令啓事，使各廠推舉代表，組織同業會，環顧國內外燈泡之產銷情形，協商同業合作辦法，政府亦得派員參與該會。

同業會之宗旨，在維持各廠勢力，免除彼此競爭，策進同業合作，提高國貨信用。訂定同業規例，經政府核准後，各廠均須一致遵守，若有違背之處，須受嚴厲之處置，其形勢重大者，政府得設法取締。若於事實上可能時，得訂定分配出產數目，及銷售地點等辦法，以支配市場，或將出售機關，集中一點。此外各廠之出品，須詳細規定批發及零售價格，全體遵守。

(2) 各廠出品作大規模聯合廣告，俾國民對於國貨，有更明白之認識。

同業會在組織成立後，在各報登載啓事，述明組織經過，及以後任務，通告各界，劃一售價，並將各廠名及出品，列表附後，以使人民確知國貨。

現在在各電料店中，所見者均爲外國貨之廣告，中和之聯合廣告亦甚多，鄉僻各地，外貨廣告之勢力更大，同業會得通告各電料店，勸協力推銷國貨，將外貨廣告，一切代以同業會之聯合廣告，則銷售數目，定可增加。聯合廣告辦法，與國貨捲煙維持會所舉行者相若。

(3) 各工廠技術方面，得彼此諮詢。

爲改進國產出品起見，各廠於技術方面，例如對於原料之購入，機械之改進等等，得彼此諮詢。蓋若國貨燈泡合作，在社會能得相當之信用，則外貨勢力，自能漸弱，而各廠出品均蒙其益。此層各廠或因利益關係，將認爲不宜，惟若放大眼光，則其利益亦甚顯著。本年六月間，外商中和燈泡公司爲其出品奇異，亞司令，飛利浦三牌，作大規模聯合廣告，說明赴電燈用戶處，精光度測量器當面試

驗，以表面鍍鎳等出品優良經濟。凡我燈泡製造界均須回頭猛醒，亦聯合一致，求品質進步，一以抵敵外貨，二爲國產爭光。

(4) 經過相當時期後，各廠彼此聯合，組成一合組公司，以各廠之資本，爲合組公司之資本，將所有各廠股票，經協議後，換發新股票。合組公司之目的，在就一各廠之組織使成爲一整個團體。

在以前之程序中，各廠尚個別存在，彼此除於銷售方面，有合作之規定，須共同遵行外，其他均係獨立，惟此種辦法，究未十分澈底。故爲集中力量，使於生產，亦彼此合作，以謀減低成本，增加發展可能性起見，各廠應聯合一致，組織一合組公司，實爲上策。公司不妨定名爲「中華燈泡製造合組公司」，在此公司組織下，各工廠須一律加入。其不加入者，得由政府加以取締，以求統一。其組織之次序，可先由同業會協商新公司之組織大綱，更將各廠之資本，視實際情形如何，換發新股票，以後營業之利益，依新股票分配，新公司最高機關爲董事會。第一次依各廠資本之多寡，推舉董事，第二次董事則由新股票執有人投票公選。進行新組織時，政府可派員指導。

(5) 合組公司成立後，對外名義一致，所有出品之牌號，亦改爲一種

合組公司既經組成後，對外一切事務，均用合組公司名義，各廠均屬於合組公司，不能單獨對外，惟對內則各廠於製造工作方面，仍可適用舊有名義，例如亞浦耳廠，華通廠等，各廠設主任管理之。至於事務及業務方面，則集中一處，以求劃一。合組公司之出品，其牌名亦須改爲一致，例如稱爲「中華牌」，以增強廣告勢力，便利國民認識，凡不爲此牌者，均得認爲非國貨。

(6) 視各廠效率如何，分別加以改組或分併

爲求廠中製造合理化起見，各廠組織不得不加以相當整頓，其效率甚劣，改良困難，或運貨不便，聯絡不易，或以與他廠合併，較爲相宜者，可一部或全部加以停頓。數處同樣工作之部分，以能合在一起爲便利者，則合併之其範圍將擴充者得分爲數廠，有數廠

可使專製某項另件。以求經濟。各廠之整頓,當同時注意運輸擴充,
管理便利等關係。各廠之範圍,須約略相當,不宜過大,亦不宜太小。

(7) 增進各廠間聯絡,進貨一同購入。燈泡製造所需零件,規定標準

　　各廠間之聯絡,猶使達於完善。原料方面,一齊購入,再行彼此
分配。其購入價,自較各廠單獨購入為廉,且能節省手續及時間。至
於在合併以後,出品之件數增多,其零件若經劃一之標準後,成本
可以減輕,而各廠間貨物上彼此之流動,亦不感困難。各廠之組織
及管理方面,須力求一律。

(8) 各廠於技術方面,絕對合作

　　組織合組公司,其目的除使組織統一,銷路增加,生產經濟外,
對於出品質料之改進,其便利之處亦甚多。蓋各廠既同在一合組
公司之下彼此之經驗得互相參考,以一廠之所長,補他廠之不足,
進步自能更易。至於出品之試驗及研究方面,可集中在一處,所省
經費,用以羅致專門人才,注力於改進及發展。

（乙）政府保護及監導方面

(1) 參與民營各廠統制之組織,加以指導

　　此節已如前述。在未有同業會前,政府須先詳細調查全國此
項工廠,舉行登記,俾知實際情形。調查表中,至少須有廠名,廠址,開
辦年月,開辦時資本,現在資本,公司性質,主要負責人及履歷,主要
技術人員及履歷,工人數,職員數,出品種類,出品數,出品標記,營業
情形等項。

(2) 頒布全國燈泡製造業取締條例

　　我國工業情形,往往因同一業內廠數甚多,大小良莠不齊,致
造紛亂現象。其中有眼光短近之廠家偷工減料作無限制之跌價,
以圖兜攬營業致其他工廠受其影響。而造成市場之恐慌。政府方
面,亟宜出而加以取締。取締方法有三,一為統制現有之工廠,使互
相合作。二為規定品質標準,禁止不良出品。三為嚴格審查將來添
建工廠,非有相當設備,及技術人員,幷其產額不致妨害原有企業

者,不准其任意糊辦。

(3) 獎勵國產品,以資提倡。令國內電料店銷售國貨燈泡

為助國貨燈泡推銷起見,政府應令全國電料店及燈泡寄售商店,一律勸用。樣子櫥內,不得列外貨及外貨之廣告。顧客來購時,須先供給以上等國貨燈泡。並說明其理由,以喚起人民之愛國心。此種商店內,一律須用國貨燈泡,以為模範。各種燈泡價格,須一律照定價單,不能任意增抑。

(4) 通令凡政府公共機關,一律應用國貨燈泡

政府及公共機關內所需燈泡,須一律應用國產品,以示提倡。

(5) 通令全國國營及民營電廠,勸電燈用戶用國產燈泡

以前因國貨牌號紛亂,品質不佳,故電廠中雖有勸用國貨之心,實際上亦甚感困難。但若燈泡製造業,有相當組織及成績時,則各電廠想必樂於援助,例如凡一切新用戶,在廠方查驗接電時,可規定所有一切電燈,須用某數種國貨燈泡。此外或電廠規定獎勵用戶用電時,可與國貨燈泡廠接洽,用贈送燈泡辦法,以代其他減價等法,使國產品銷路,可以推廣。各小城市及村鎮之電廠,迄今仍多有用包燈制者,且以習慣關係,規定外貨為標準,在無國貨或國貨成績未佳時,固為不得已辦法,惟以後國貨進步,自當將此規定更變,不得以外貨作為包燈標準。二十三年四月間,全國民營電氣事業聯合會,曾登報勸用國貨燈泡。若燈泡製造廠家能與之作更進一步之聯絡,結果必有可觀。

(6) 政府將經管國內一切鎢鑛,興辦鎢絲製造工廠以最低價值供給國內民營燈泡製造廠家

現今各燈泡廠中所需之鎢絲,均購自外國。價值方面,既易被操縱,而質料方面,亦任人供給,無法改進,影響於此項事業之前途者甚大。且我國產鎢甚多,若能自給,價格方面,當可較廉。政府為維護國產燈泡業計,將開辦鎢鑛,創立鎢絲製造廠,使國產品之成本較廉。一面並力求出品之改良,庶與外貨競爭之能力,大有增加。製

造鎢絲,當另作計劃詳述。

(7) 採用適當方法,便外貨價格提高

　　外貨之生產來源有二。一為直接來自國外,其價格恆較昂,且可增加進口稅,以使售價加增。二為在國內製造;此種出品,既不必付進口稅,又利用我國廉價人工,故其勢力特强,而欲與之競爭,較為困難。惟若政府能自製鎢絲。供給自營工廠,而外貨所需鎢絲仍來自國外,則我國可增加鎢絲進口稅,使外貨成本,單獨增加,則將來自可漸被國產品排擠,而我廠範圍當能逐漸擴大。

(8) 國產燈泡品質,須受政府之監督,審查與保護

　　為維護國產之品質起見,國產燈泡須時由政府加以考查若認為有改善之必要者,當督促之,指導之。劣者得禁止其發售,以免他種出品間接受其影響。至於售價,亦須由政府審查,切實規定售價單,等售價目,必須與價單相符,否則政府當取締之。

　　民營工業力量有時究嫌薄弱,尤在我國為甚,蓋我國受不平等條約之限制,外貨傾銷更易,外貨以其過剩之生產,對外作經濟侵略,資本既大,政府又能加以保護,是以國貨廠家,恆有被壓迫之危險。我國政府在必要時,自當出而特加保護,或減輕稅率,或加以津貼,使能維持,徐圖發展。

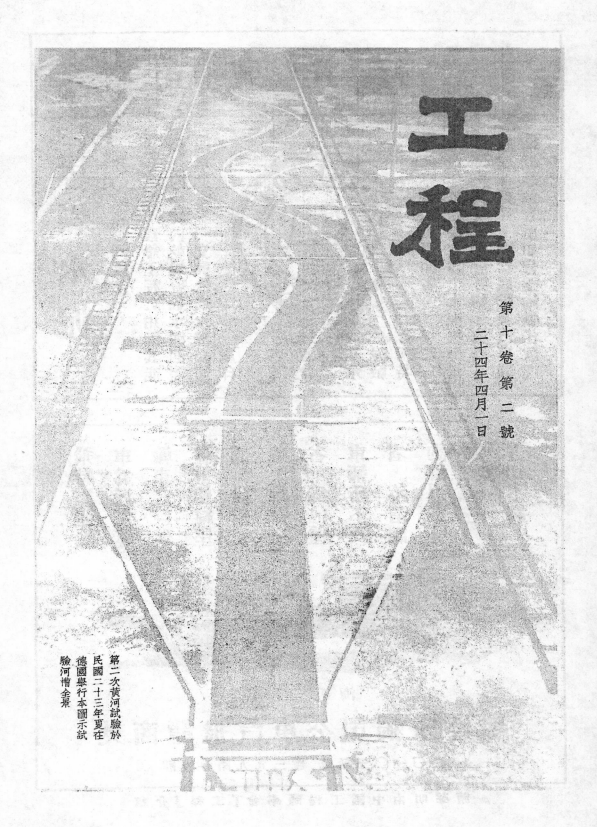

工程

第 十 卷 第 二 號

二十四年四月一日

第二次黃河試驗於
民國二十三年夏在
德國舉行本圖示試
驗河槽全景

中國工程師學會會刊

工　程

編輯：
黃　炎　（土木）
董大酉　（建築）
沈　怡　（市政）
汪胡楨　（水利）
趙曾珏　（電氣）
徐宗涑　（化工）

總編輯：胡樹楫

編輯：
蔣易均　（機械）
朱其清　（無線電）
錢昌祚　（飛機）
李　俶　（礦冶）
黃炳奎　（紡織）
朱學勤　（校對）

第十卷第二號

目　錄

參加黃河試驗之經過……………………………………沈　怡　115

鐵路車輛之製造及四方機廠造車施工概況………周　勵　李金沂　124

自動電話上繼電器………………………………………林海明　158

鋼筋混凝土長方形蓄水池計算法………………………盧毓駿　171

鐵路豎曲線………………………………………………許　鑑　192

德國鋼橋建築之新趨勢……………………………胡樹楫（譯）206

路軌狀況紀錄機………………………………………稽　銓（述）212

中國工程師學會發行

分售處

上海望平街漢文正楷印書館
上海民智書局
上海福煦路中國科學公司
南京正中書局
重慶天主堂街重慶書店
漢口中國書局

上海徐家滙蘇新書社
上海福州路光華書局
上海生活書店
福州市南大街萬有圖書社
天津大公報社

上海福州路現代書局
上海福州路作者書社
南京太平路鍾山書局
南京花牌樓書店
濟南芙蓉街教育圖書社

（一）主持黃河試驗之恩格思教授

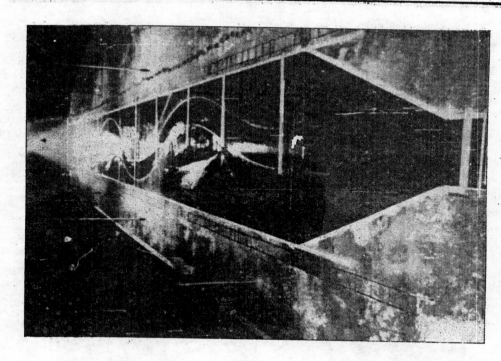

(三) 試 驗 場 夜 景

(二) 雪 後 之 試 驗 場

（四）河床內舖瀝青炭屑

（五）洪水時之景

（六）水過後河床冲刷及灘地淤積情形

（七）說明同（六）放大之景

參加黃河試驗之經過

沈 怡

（一）緣起　德國恩格思教授爲近代水利名家,對於河工試驗建樹甚多; 1893 年氏首創河工試驗室於德國德蘭詩頓,自是以後,各地水利學者競相仿效,對於河渠海港及造船工程,無不有鉅大之貢獻;惟此種試驗大半均在室內舉行,雖成績卓著,但間有因模型比例過小,無法與自然界情形完全適合,致試驗結果不盡合用者。恩氏鑒於此項錯誤有矯正之必要,乃有大模型試驗之提倡;其目的在利用天然流水,就地設置試驗場,以解決水工上之各種問題。1926 年德國明興水工及水力研究院正式成立,附設試驗場於巴燕邦(Bayern)之奧貝那赫(Obernach)。奧貝那赫者爲一山溪之名稱,通瓦痕湖,(Walchensee) 地位天然,第一次之黃河試驗,即於二十一年夏在此舉行。當時試驗之目的,在欲研究縮狹洪水隄距以後,是否可以刷深河槽,並使洪水位因此降落,以便由此決定治導黃河之方策;其經過詳見恩格思治導黃河試驗報告書(參看本刊八卷六號黃河問題專號)。據恩氏意見,該項試驗因經費關係,中途停止,尚不得謂爲結束,倘能再作一試驗,其結果必更可觀。此事停頓者幾達二年卒於二十三年夏因全國經濟委員會之資助,得以繼續,是爲第二次即本屆之黃河試驗。

（二）試驗目的　本屆黃河試驗之目的,乃在各種不同水位之下,研究河槽因各式隄防所起之影響,且因第一次黃河試驗所採用之河槽爲直棧形,故此次改用「之」字形河槽,以便由此覆核

第一次試驗結果之是否無誤。

（三）試驗分組　本屆黃河試驗共分四組如下：(叄看第一圖)

甲．大隄成直綫形，隄距取寬，內為中水河槽，作「之」字形，並假定中水河槽已經固定。此組試驗之目的，在研究寬大之隄距對於河流所起之影響如何。

乙．大隄仍成直綫形，隄距之寬及「之」字形中水河槽槪如甲。惟自大隄起每隔相當距離，在兩岸灘地上築翼隄一道，葢因中水

第　一　圖　試　驗　分　組

河槽固定之後，萬一洪水大溜趨出槽外，可賴以防止。

丙．大隄成曲綫形，隄距取寬，但較甲已較狹。隄身與中水河槽不並行，中水河槽作「之」字形如甲。

丁．大隄成曲綫形，隄距取狹，隄身與中水河槽相並而行。此組試驗之目的，在研究縮狹以後之隄距，對於河流所起之影響若何。

（四）設備述要　本屆試驗，仍在德國明興水工及水力研究院附屬之奧貝那赫試驗場擧行。該場面積甚廣，本屆之試驗槽卽築於上屆試驗槽之旁，長約120公尺，寬8.9公尺，全部用混凝土築成。按恩格思敎授對於治理黃河，素有固定中水河槽之主張，今試

驗河槽用混凝土建築,其用意不外假定此中水河槽業已固定,至於試驗時,則仍在槽中鋪以與我國黃土情形相類似之瀝青炭屑,俾河床冲刷之情形,可以充分表顯。兩旁灘地,究用混凝土抑用其他易於冲刷之材料鋪面,曾經幾度研究,後卒決定採用混凝土,取其於洪水後,灘地上填高之情形,可以一覽無遺,因瀝青炭屑係黑色而混凝土灘地則為白色也河水中本應摻入黃土,使與黃河之水同其性質,但因所需數量過鉅,故仍以瀝青炭屑代替。此次黃河水利委員會交作者帶德之黃土2,000公斤則留作定性試驗之用。此項定性試驗,經一再舉行,無不證明此次所用之瀝青炭屑,與黃土有同樣之性質。瀝青炭屑之產地,距試驗場頗近,故原料之來源殊不虞其竭歇。惟因河水含沙有一定之成分,且此項配合工作及配合後之瀝驗頗費手續,因此已配合之河水,不得不設法保存,設

第　二　圖　試驗備設

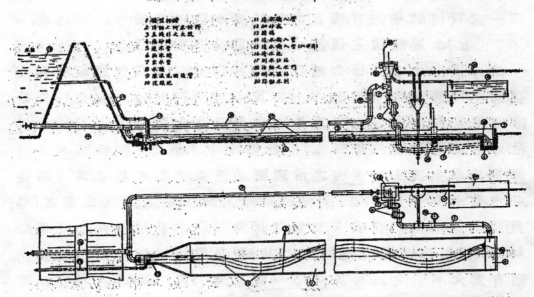

有所謂環流設備。(叁看第二圖)關於詳細設備情形,可叁閱恩格思教授之臨時報告,及將來之正式報告,茲不多贅。

　　(五)試驗經過　本屆黃河試驗,自廿三年六月十五日開始籌備,作者抵奧貝那赫之日,為七月四日時河槽僅粗具雛形,廿七

日河槽本身竣工,但灘地鋪面工程,則至八月十一日始告完工。試驗槽係在露天,毫無遮蔽,而是年夏季,山中雨水特多,故工作時作時輟,試驗之進行,爲之延遲不少。河槽完工之後,又因抽水機能率不敷需要,臨時設法改造,更費不少時日。因上述種種原因,正式試驗直至廿三年九月初始能開始,甚非始料所及。幸九月以後,天氣轉晴,加以恩格思教授之竭力督促,及試驗場職工之努力,卒能於二月之中,完成全體四組之試驗。十一月八日四組試驗全部告竣,作者亦於十二月中由歐啓程返國。

（六）試驗結果　本屆試驗結果已如恩格思教授報告所述,完全證明第一次黃河試驗結果之無誤。第一次試驗結果之最堪注意者,即河道之刷深,在寬大之洪水河槽較之狹小之河槽爲速。惟上屆試驗時之河槽爲直線形,且模型年較短,本屆試驗一則採用「之」字形河槽,再則將模型年由三年增至五年,而其結果竟與第一次黃河試驗相若;換言之,對於縮小隄距,認爲可以不必也。

（七）本屆試驗之價值　恩格思教授對於治理黃河,認爲第一步應固定中水河槽;對於現有隄距,則認爲不宜任意縮狹,其主張詳見所著制馭黃河論。由上屆及本屆黃河試驗之結果,已充分證明築隄縮狹河道之可以不必。按恩氏之意,隄以防潰,不宜作爲治水之工具,惟當以岸束水(按卽固定中水河槽)。按我國明季潘季馴氏畢生致力於黃河之治理,厥功至偉,其治水名言,爲『以隄束水,借水攻沙』八字。就字義論,則恩氏所主張者爲以岸束水,「岸」與「隄」固根本有別;但我人又知潘氏對於隄之功用,解釋本甚明晰,如云:『築遙以防其潰,築縷以束其流』。是遙堤之與縷堤,在性質上,固有重大不同之點。潘氏河防一覽又云:『近年事隄防者,既無眞生,類多卑薄,已非制矣;且夾河束水,牽狹尤甚,是速之使決耳!』照恩格思教授之解釋,潘氏之縷堤,嚴格言之係固定中水河漕護岸工程之一種,而不能以堤論,並認潘氏之見解,爲十分合理,因其區別遙堤之功用爲防潰,而縷堤則有治導之功用也。恩氏且力言建

築褸堤,（此處之褸堤,應作護岸工程觀）足以固定中水河槽;又認爲縮狹堤距,有使黃河發生危險之可能,凡此皆與潘氏當年治河之主張,不謀而合。我人已知潘氏一生曾四治河,無往無功,則其主張已有事實上之證明,彰彰明甚,今恩氏之主張,復經兩次之試驗,證明其合理;由此可見治河真理唯一,原無古今中外之分也。

鐵路車輛之製造及四方機廠造車施工概況

周　勘　李金沂

（一）緒言　我國鐵路所用機車車輛,率多購自外洋,每年所費甚爲不貲。亟應設法利用國產品自行製造,而免利權外溢。惟製造機車爲重工業,需貲既鉅,且以今日國內機車材料之不足,工作亦極感困難。製造客貨車輛則不然。即如膠濟鐵路四方機廠,不過一修理廠耳,設備稍爲完全,即能於修理工作之外,自製車輛。所用材料,除一部鋼料須用舶來品外,其他一切材料,皆可求之國內。是故欲謀我國鐵路機械工業之發展,當擇其輕而易舉者,首先開辦。茲將造車方法詳細說明以供參考。

本篇所述,爲普通造車施工之方法及其步驟。按工作之先後而排列之,藉以明瞭製造時之程序。尤於製造車輛特殊之點加以注重。他若鍛鑄金工之類,與普通工業方法相同者一概從略。至於設計部份,其詳細原理及算法,亦爲篇幅所限,亦不敍述。閱者諒之。

（二）車輛構造大意　車輛由車體(Car Body),轉向架(Truck)及各種設備所組織而成。車體包括底架(Underframe)地板(Floor)車牆(Sides & Ends)車頂(Roof)等部。牆頂地板恆用木料或鋼鐵製成。底架則因負擔重量,非以鋼鐵製造不可。轉向架爲四輪或六輪小車,承載車體而運行軌道之上。各部分須用鋼鐵製造。至各種設備,則視車之性質,繁簡不同。惟如挽鈎(Coupler),牽挽具(Draft Gear)風閘(Air Brake),手閘(Hand Brake)等類,客貨車輛均須設置耳。

（三）設計之根本原理　鐵路車輛,種類繁多,用途不同,設計

第 一 圖　　膠濟鐵路木製頭等客車

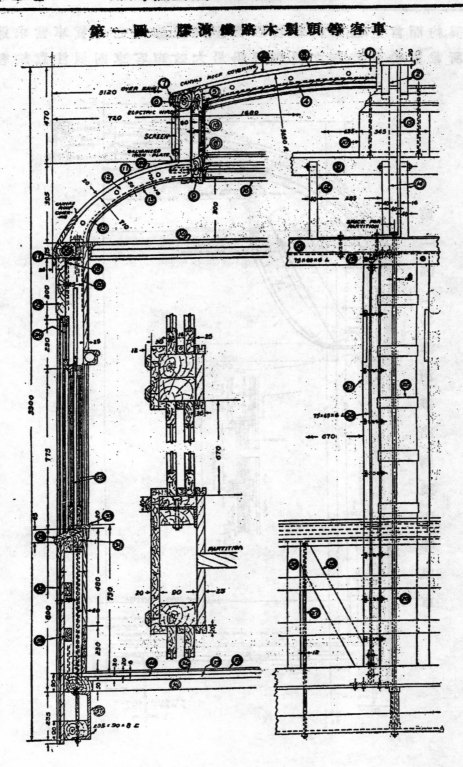

亦異。約而言之，無論何種皆以輕堅爲主。除此之外，貨車當求適合
於所載貨物及裝卸之便利，以得最大效率。客車則須注意旅客之

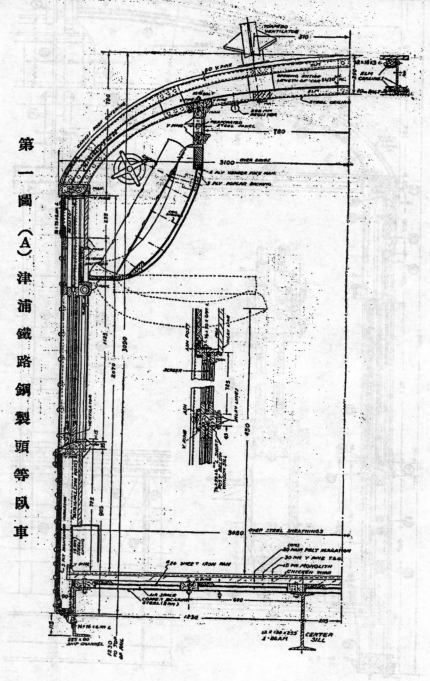

第一圖（A）津浦鐵路鋼製頭等臥車

安適與佈置之美觀而巳。

（四）預算　材料預算,應由設計部編製,雖不能十分準確,亦可爲備料之根據。鋼鐵,油漆,螺絲,鉚釘,及各種零件,預算較易,惟木料消耗甚大,尤以膠板爲最,普通預算約備三倍以上卽可足用。

（五）校對　車輛圖樣由設計部發至車廠後,應詳加校對。如木料鐵料之結構;力量之强弱;工作之難易;皆當加以充分之考查,以免錯誤。然一圖旣成,若橫加修改,則勢必牽動全局。故當設計之先,設計及工廠雙方應互相商榷,以利進行,庶可免却麻煩不少。

（六）板圖　造車之最要工作卽爲畫板圖,將車身之結構放成眞形（Full Size）,藉以明瞭各部之結構,及零件之眞形,幷可更正設計時之錯誤。

普通貨車,構造較簡,故需圖尙少。

造普通客車,若車內全係客座,則亦甚簡單,祇車端構造較爲複雜,需圖多幅而已。若造頭二等混合車,則中部有間壁一道,兩端設備各異,窗門座位,裝飾佈置,月台廁所,洗盥室配電板等,又甚複雜,故需圖較多。茲將四方機廠製造頭二等混合客車所需之板圖列舉如下,以資參考。

（甲）大板圖

　　（1）車體橫斷面（如第一圖）半面頭等,半面式等。

　　（2）車端俯視圖半幅由車頂俯視,半幅則由車旁門中部剖開俯視。

　　（3）車端圖（End View）。半幅爲外形,半幅爲剖視。

　　（4）車端旁面圖。

（乙）長條板圖:是板寬約200公厘,長約10公尺。若車身太長一條畫不完全者,可用數條接起畫之。

　　（1）板之正面:　自旁樑（Side Plate）上面俯視。

　　　　板之反面:　沿窗之中部全車剖開俯視。

　　（2）板之正面:　車頂窗架下樑之旁面圖（Side View of Deck Sill）。

　　　　板之反面:　車頂窗架上樑及副上樑之頂面圖（Top View of Deck Plate & Auxiliary Deck Plate）,是車車頂爲複式,故有車頂窗架。

（丙）小板圖:　此種板圖乃用以表明車內牆板間壁等項之構造及位置。

6245

第一表　客車車體各部名稱（參觀第一圖）

號數 No.	名	稱
1	上層頂樑	Upper deck carline
2	雙式上層頂樑	Compound upper deck carline
3	複頂	Deck roof
4	複天花板	Deck ceiling
5	車頂窗架上樑	Deck plate
6	車頂窗架複上樑	Auxiliary deck plate
7	複頂外邊線條	Deck eaves molding
8	頂窗	Deck sash
9	車頂窗架下樑	Deck sill
10	車頂窗架小柱	Deck post
11	車頂	Main roof
12	旁面頂樑	Lower deck carline
13	天花板	Main ceiling
14	雙式旁面頂樑	Compound lower deck earline
15	鐵頂樑	Iron carline
16	線條	Molding
17	車頂邊線條	Eaves molding
18	旁樑	Side plate
19	桶鈑旁樑	Angle side plate
20	桶鈑旁柱	Angle side post
21	旁柱	Side post
22	旁柱橫撐	Side furring
23	車邊大窗	Window lintel
24	車邊小窗	Art glass deck light
25	窗	Window
26	旁樑拉桿	Sill & plate tie rod
27	斜撐拉桿	Brace tie rod
28	斜撐	Brace
29	窗台	Belt rail

30	窗台蓋板	Belt rail cap
31	副窗台	Auxiliary belt rail
32	車外皮	Sheathing
33	車外皮釘板	Sheathing nailing strip
34	上層地板	Floor upper course
35	下層地板	Floor lower course
36	地板架	Floor nailing strip
37	邊樑	Side sill
38	車邊短柱	Stud
39	油毯	Linoleum
40	油紙	Asphalt saturated felt

此外如製造臥車,餐車,客廳車,遊覽車等,則構造尤繁:如臥舖房間之方位;匯箱廚房之安區;客廳食堂之陳設;皆須板圖多幅方可表明。

（七）樣板(Templates)板圖完成後,即可按之製造樣板.車中無論大小零件,皆須製有樣板.板上標名件數及材料,交主管部備製。例如木頂樑(Wood Carline)之樣板則為一薄木板,作頂樑之正面形狀.樑之厚度,所需之木料,及件數等項,則皆標明於此板上。

（八）分工　大計既定車輛所需之各項製品即可分由各廠配製例如:

（甲）鐵工廠　底架,轉向盤,鐵鈑,鉚工。

（乙）木工廠　車體之木料部分。

（丙）機器工廠　零件輪軸等。

（丁）翻砂廠　鑄品。

（戊）縫工廠　牀舖椅墊等。

（己）油漆廠　油漆。

（庚）電廠　電器設備電鍍品。

（九）膠板

（甲）概論　木製貨車及普通三等車,郵車,守車等,其內部多用板條(Tongue & Groove Boards)拼成,蓋不求美觀,但取其省工經濟而

6247

已。至頭二等客車,客廳車等,則內部例用膠板製成,其理由如下:

(1)膠板花紋顏色皆可隨意選擇。膠成後與整板無異,故甚美觀。

(2)膠板歷久不彎不裂,若用整板,則有變彎或發生裂紋等弊。

(3)車內間壁用板,有大至1100公厘×2000公厘者;有長至2800公厘以上者;有厚至40公厘或薄至10公厘者;用整板則不易得,拼湊則甚不美觀。

(4)膠板係用薄板縱橫相間黏合而成,故較整板堅牢耐用。

(5)膠板能利用小塊碎板以做內層,而免廢棄。

惟膠板用木費,需工多,且板層遇水易裂,爲其缺點耳。故須有防水方法(詳後),且二等以下各種車輛皆不用膠板。

第 一 圖　膠 板 木 架

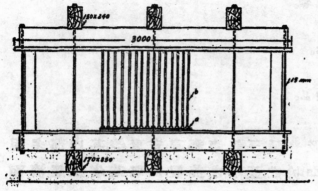

第二圖(A)有槽鉋刀

（乙）設備

（1）膠架　新式造車廠多用水力壓板機（Hydraulic Press）。第二
圖所示為四方機廠用以膠平板之膠架，第三圖所示為膠
彎板之木架。

第三圖　膠彎板木架　　　（A）燙板用熨斗

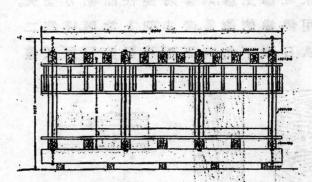 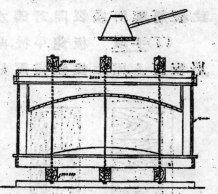

（2）木條　用以壓板，如第二圖A其斷面約20公厘 × 25公厘。

（3）鋼條　用以壓板，如第二圖B其大小約為5公厘×10公厘
× 905公厘。

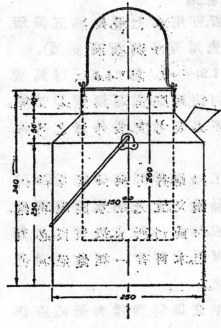

（4）鋸齒鉋　此鉋與普通木工所
用之鉋相同，惟其鉋刃則為鋸
齒形，如第二圖（A）所示。蓋備好
之板，用普通鉋鉋光後，須再用
此鉋將預備上膠之板面，沿木
紋鉋成無數小槽（Grooves Along
the Grains of Wood），庶可容納
多量之膠，使板屑膠固。

此外如養膠器刷膠用品，及彎板
設備等，皆不可缺。

（丙）材料

（1）膠　我國之牛皮膠黏力頗大，
本甚合用，惟質料不純，顏色灰

第四圖　養膠壺

黑,且稍有臭味,若能加以提揀改良,則尤佳矣。膠以無色力
強爲上,現時有用舶來品者。用膠時須加水化開,隔水煑溶
卽可。第四圖所示,爲煑膠器。

（2）防腐劑（Formaleum）膠板兩面之最外着膠面,皆須先塗防
腐劑（若能每層皆塗則尤佳）,晒乾後再上膠,以防水侵入,
致板層腐朽或裂開。若藥水未乾卽上膠,則膠將變性而黏力全失。

（丁）手續　板鉋平後,再用鋸齒鉋鉋過,置膠架上塗膠,將第二
層板叠上,用木條鋼條壓好。次日取下,鉋其反面,再黏第三層,反復

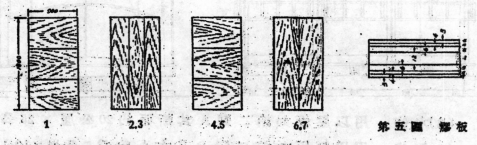

第五圖　膠板

為之,至黏完爲止。例如黏38公厘之膠板,可用木七層,如第五圖所
示,外露面尙須細加鉋光（冬日塗膠宜先用熨斗將板面燙熱）。

　　膠板時之次序,卽如圖中所示之 1,2,……7。第1,4,5三層爲橫
紋,第 2,3,6,7 四層爲直紋,蓋取其縱橫相間,則堅固而無彎裂等弊。

　　膠板內層可用次等木料,工作亦不必太考究。最外層之外露
面則反是,幷須備有下列各美點:

　　（一）光滑　此面外露膠畢必須加工細鉋,幷用細砂紙及砂磚
磨光,以求美觀。若鉋時板面太乾,則不易鉋光,宜先用水擦濕再鉋。

　　（二）花紋　膠板多由數板對接而成,如前例所示。故用板必須
預先選擇,惟顏色相同,木紋相接者始可用。木料有一經鉋過其色
卽變深或變淺者,故選擇時應注意及之。

　　（三）對縫　數板對接,其邊緣必須平直異常,庶能對縫嚴密,膠
安後雖再加鉋,仍不露痕跡,與整板無異。

　　(戊)板厚　膠板厚度,隨處而異,第二表所示,爲普通所用膠板之厚度及層數。

第 二 表

厚度(公厘)	層數	各層厚度(公厘)			用　途
		外層邊緣	板　體	外層邊緣	
10	3		2·5,5,2·5		天花板
15	3		5,5,5		天花板
20	5		35,7,35	3,3	月台牆板
20	5		2·5,4,7,4,2·5		車內牆下段
25	5		2·5,4,12,4,2·5		車內牆中段
25	7		2,3,9,3,2	3,3	車內牆上段
38	7		3,4,6,12,6,4,3		間壁上段
38	9		3,3,5,10,5,3,3	3,3	間壁
38	9	3,3	3,4,12,4,3	3,3	間壁
48	7		3,5,10,12,10,5,3		配電廂底

　　(己)尺寸(Size)。膠板之尺寸,皆自板圖及樣板上量出。備板時應額外放大30至40公厘,以便鉋鋸。

　　(庚)木料　內層可用次等木材如紅松(Red Pine),楊木(Poplar)等。外露面可用橡木(Oak,俗稱柞木),柚木(Teak),或桃花心木(Mahogany)等。爲節省此種較貴之木料起見,最外層之不外露部分,亦宜用次等木料拼成。

　　膠板用料最不經濟,且外露面之選擇尤爲不易。有裂紋及木節者無論矣,卽花紋粗大,木色不合,或不美觀者,亦皆在不用之列。故購入之木材(Log),能供膠板外層用者,每塊不過數板而已。

　　板愈薄則愈不經濟,若需用3公厘厚之板,則鋸時須厚6公厘,然後經機鉋入鉋方夠應用,且鋸木時鋸刃至少亦占去3公厘,故棄料約在三分之二以上。

　　(辛)雜項。

　　(1)電線路　客車內之電氣設備,其電線多藏頂內或壁內。故門框等處之安有電鈕(Switch)者,則該處所用之膠板內部,須留有電線之空道。如第六圖所示,卽其一例。

（2）門框　如第六圖所示,門框邊所鑲之板（A）厚爲12公厘若用整板做成,則恐其太厚,日久變彎若用膠板,則又板層外

第 六 圖　門 框

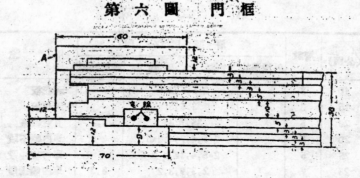

露,甚不美觀,且水分亦易侵入,故必用整板而將內部挖空,再黏薄板兩層於其內,庶可一舉而兩得。

（3）鑲邊　外露之膠板邊,須用木條蓋住,以求美觀,且可防水份侵入。法將膠板邊鉋平,再鑿一槽,將製就之木條用膠黏上壓住以待其乾。第七圖所示爲普通用之三種。

（4）鑲花　車內牆膠板,宜鑲以各種花紋,以求美觀。花紋草圖

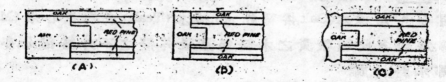

第 七 圖　膠 板 鑲 邊 法

畫成後,即可照樣描於膠板上,再沿線刻成空槽;將刻就之花紋小塊及小條等鑲入膠好。黑色花紋可用烏木或硬橡皮（Ebonite）做成,紅色可用紅桃花心木（Red Mahogany）,白色可用臘木。白檀木。

　　鑲花可分邊緣（Border）及中心（Center Panel Figure）兩種,如第八九兩圖所示。

（壬）膠彎形板法　膠彎形板須用特製之膠架（第三圖）。普通天花板之彎度甚小（半徑約爲四公尺）,故製造較易,所用之板不

第 十 圖　　養板

第十一圖　烘壓

第十二圖　烤板

第十五圖　上膜　第十六圖

第十三圖　頂板　　第十四圖　膠匹

必養過。膠架上所用之木胎,其彎度應與天花板之彎度相同。

天花板可由三層板膠成。膠時先將備好之第一層木板拼緊(每邊大出50至60公厘),沿外邊釘於木胎上,然後再將他層黏上。將來取下時,將底層沿邊切去即可。

其他彎板,如車頂兩旁之天花板;月台頂板轉角處;及車內間壁之圓角等,其彎度甚大,故手積亦較繁,茲將圓壁角之黏法舉出

第 八 圖　　邊緣鑲花圖案

第 九 圖　　中心鑲花圖案

以爲例(參閱第十圖至第十七圖)。

　(1)養板　板須用水養軟,以便壓彎(第十圖)。

　(2)烘烤　板養軟後,再置於燒熱之鐵管上壓彎之(第十一圖)但壓過之板,多烘焦變成黑黃色,甚不美觀,故祇內層板(如第十七圖之BC兩層)可用此法。至外層板(如第十七圖之DE兩層)則祇可與熱鐵管隔開20至30公厘烘烤,徐徐彎過,以免烘焦變黑(參閱第十二圖)。

　(3)壓模　將彎板置木模中夾起,置日中晒之乾後即可去模,

　(4)上膠　將晒好之彎板(第十四圖B及D)黏於備製之木柱(第十七圖A)上,其黏法如第十四圖所示,然後再將膠壁(第十七圖F及G)。鑲上黏牢,最後黏最外層(第十七圖E及D)。

膠最外層時,須紮一彎形甬道式之膠架其彎度與壁角膠板

之彎度相合,方可用(第十六圖)。

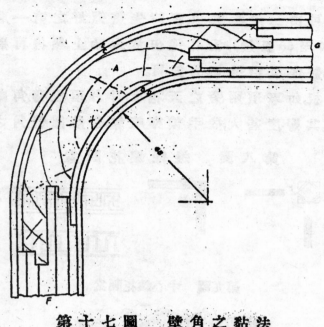

第十七圖　壁角之黏法

(十)裝架

(1)底架 (Underframe) 及轉向架 (Trucks)

(甲)底架　底架之構造,已於前章述及。新式鑄鋼底架亦有兩種:一則全底架爲一整個鑄鋼品所製成;一則兩端用整個鑄鋼品,而中段接以建築鋼。但此種鑄品,須有大規模之鑄鋼廠,始能製造。故我國現時所用者,仍由各種建築鋼。如 匚形鋼,I 形鋼,或鋼鈑與構鈑等所組成。裝架時可將各樑椽按其應有之地位架於兩木樁上(以木樁代轉向架)。再用螺絲及螺絲帽(Bolts & Nuts)穿於鋼釘孔內旋緊。各樑椽之方位 (Alignment) 須詳加審查及校正。底架之前後兩端及左右兩邊,皆須用水平尺 (Level) 試過,將木樁墊平,使各樑不得有絲毫傾斜,然後以次鉚好。底架中部之高出量 (Chamber) 之正確與否亦當多加注意。

(乙)轉向架　裝鉚轉向架時,各份子之方位,須多加注意。承軸銅瓦 (Bearing Brass) 與軸頸 (Journal) 須恰相符合。承軸面 (Bearing

第十八圖　　車身鋼骨架

第十九圖　　　　　　　　第二十圖

車身骨架之支撐

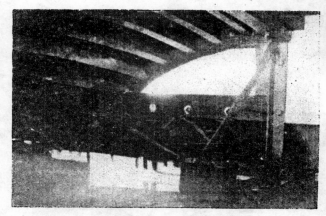

第 二 十 一 圖（左上）

車　骨

第 二 十 二 圖（左中）

複 式 頂 之 車 端

第 二 十 三 圖（左下）

兩 客 座 挤 成 之 臥 舖

第 二 十 四 圖（右）

臥 車 內 部

Surface) 可用刮刀 (Scraper) 細加刮過,面積宜大,接觸點 (Contecting Points) 宜勻宜細。

(2)地板架: (Floor Nailing Strips) 貨車之地板有鋼製木製兩種,除冷藏車外,多為單層而直接連於底架上。鋼製用鋼釘,木製則用螺絲。

冷藏車及客車則多備有地板架,用螺絲 (Bolt) 連於底架上。架為縱橫木條所組成,用榫及筍眼 (Tenon & Mortise) 接起,並用拉桿 (Tie Bolts) 拉緊。

(3)車體架 (Framing) 貨車之樑柱多用建築鋼或壓鋼製成,而鑲以木牆頂,或鋼以鋼飯體頂。

新式全鋼客車之車身內部骨骼,皆用建築鋼:如工形鋼,桷飯,

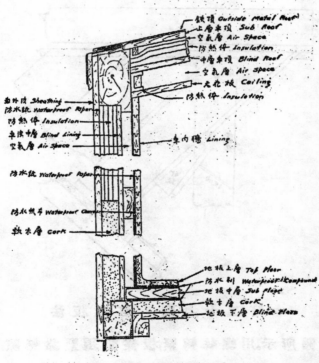

第 二 十 五 圖　冷藏車之車體

等組成,以代木製樑柱,新式木製客車,則多於木製樑柱外加以桷飯樑柱(第一圖),如旁樑下部,車柱之間,及車頂等處,使全車連接

壁固。第十八圖所示即全車鋼骨鉚好時之形狀。各楣鈑之下端,則皆用彎鈑鉚於底架上。

（4）地板　貨車地板多爲單層,直接連於底架上。惟冷藏車則構造較爲複雜,內加不傳熱體,如毛氈,軟木板或空氣層。如第二十五圖所示即其一例也。

客車地板之構造方法甚多,其要點在質輕,美觀,不透水,不傳熱。有用地板兩層,中墊油紙,下加毛氈兩層,而托以薄鈑者。津浦路藍鋼車之地板構造,可參閱第一圖 A。膠濟路客車地板之一種已見第一圖。其裝架時之手續如下:

（甲）下層地板（Floor Under Course）用20×130公厘之板條（Tongue & Groove Boards 簡稱 T.&.G, Boards）所組成,鋪地板架上,並作45°角,

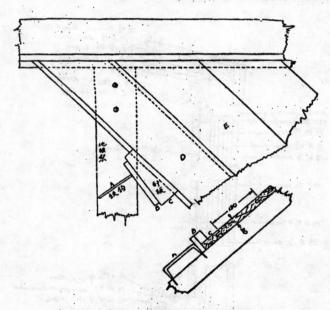

第　二　十　六　圖　　釘　地　板　法

如第二十六圖所示。用螺絲轉緊,板條間須緊靠無隙,法用鐵鈎數個（第二十六圖）,靠近地板條。釘於木板架上,再用木塊（B）及斜板（C）塞於地板條及鐵鈎間,將各斜板用錘打進,則地板條（D）與已釘好之地板條（E）自然緊靠,然後再加螺絲。

（乙）油紙（Asphalt Saturated Felt）　油紙一層,即釘於下層地板上,以防透水。洗車時水易漏下,侵及下層,若致腐爛,則修理甚難也。

（丙）上層地板（Floor Upper Course）　用20×80公厘之板條(T&G式)所組成。板條縱列油紙上,與下層成45°角,用釘釘住。其擠緊法與下層同。

（丁）油毯（Linoleum）　油毯可用油膏（Paint Paste）黏於上層地板上,再用小釘沿邊釘住（此層須待車體裝完後再裝）。

客車兩端月台地板,有用薄鈑舖成,而其上則蓋以油毯或橡皮布（Rubber Tile）者;亦有用木條板拼成者。後一種可用板兩層,下層用 T 形螺絲（T-Bolts）連於底架上,上層則釘於下層上,外面舖以油毯。

（5）旁柱（Side Posts）　木製客車之車柱,上端鑲於旁檩,下端鑲於地板架之框上,其鑲法皆用榫及筍眼。車之備有栱鈑旁檩者,則車柱上端可用螺絲連於此栱板上（第一圖）。鈑製車柱則可上端鉚於旁檩,下端鉚於底架上。

（6）車外皮釘板（Sheathing Nailing Strips）　木製車始有之,皆嵌於車柱上,用螺絲連住（第一圖）,車外皮即釘於其上。

（7）旁檩（Side Plate）　旁檩位於旁柱上端。全鋼車之旁檩多製以✓形鋼,木製車亦有每邊各備二旁檩:一爲木製;一爲栱鈑,而有螺絲連起者。

（8）車頂窗架　客車車頂可分單式（第一圖 A）複式（第一圖）二種。單式較簡。複式則多頂窗（Deck Window）兩排,故須裝窗架兩條,直貫全車。此架由上檩（Deck plate）,小柱（Deck Post）,及下檩（Deck sill）所組成,兩端架於車端鐵架上。裝架時因此架重量甚大,故中部須用木棍數枝支起（木棍之長度應十分正確）。以免中部下垂。兩窗架間,及窗架與旁檩間,亦宜用頂檩（Carline）數根架牢,以免歪斜（第十九圖）。

（9）鐵頂檩（Iron Carline）　複式車頂之鐵頂檩,可套於車頂　窗

架上,兩端用旁樑托住,用拉桿(Tie Rods)穿過旁樑,通至底架邊樑下面,用螺絲母(Nuts)轉緊,全鋼車則多用枱鈑製之(參閱第一及第一(A)兩圖)。

單式頂之鐵頂樑亦可用鈑或枱鈑彎成,兩端連於旁樑上。

(10)副上樑(Auxiliary Deck Plate)　複式頂始有之。此樑附於上樑外面,用螺絲連住。

(11)木頂樑(Wood Carlines)　單式頂之木頂樑。可嵌於鐵頂樑內,用螺絲(Bolts & Nuts)轉緊。複式頂則有上層(Upper Deck Carlines),及旁面(Lower Deck Carlines)兩種。

(甲)上層頂樑　此種樑橫排於兩車頂窗架間,兩端各用螺絲連於上樑及副上樑。鐵頂樑之兩旁,各有木頂樑一根——是謂雙

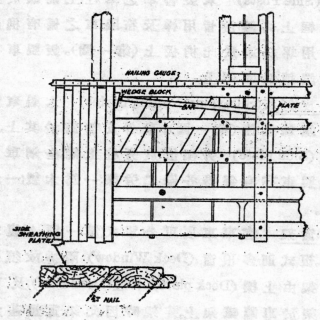

第二十七圖　車外皮之釘法

式頂樑(Compound Carlines)——夾住,用螺絲(Bolts & Nuts)轉緊,有間壁處亦然。

(乙)旁面頂樑　此種樑位於下樑及旁樑間,上端用榫及掌形

螺絲與下樑相連,下端用螺絲連於旁樑上。

(12)車邊斜撐 (Brace)　木製車有之。如第一圖所示,位於旁柱間對角處,下端置於車柱與地板架框相連處,上端靠於另一車柱上,而用一拉桿拉住,直通車底架下,用螺絲母(Nut)轉緊。

(18)窗台 (Belt Rail)　窗台可用木製,而外包以壓鈑,或單用壓鈑製成,木製車之窗台,則套於下部車外皮之頂上,而嵌於車柱間,再用釘釘於外皮釘板,及副窗台 (Auxiliary Belt Rail) 等處。上油時釘孔須用油泥塗平。

(14)車外皮(Sheathing)　貨車車邊祇有一層,冷藏車則層數甚多。如第二十五圖所示,全鋼客車之車邊外皮,係用薄鈑製成,鉚於車柱上。內牆則可用膠板。外皮之內面,宜加以防熱體Salamander or Hair Felt)。木製客車內牆宜用膠板,而外皮則係板條(T.&G. Boards)所拼成。釘法如第二十七圖所示,故能使釘不外露。板縫須擠緊,以免漏水。其方法與釘地板時之方法相仿。釘完尚須鋸齊鉋光,普通多鉋四次。板縫須用圓角鉋鉋圓,以求美觀。將來上油時尚須用砂紙磨光。

(15)車端　車端構造較為複雜。第二十二圖所示,為複式頂之車端。上樑兩端,各接以彎形上樑(Curved Deck Plate)一段,與車頂端樑相連。

車端棚門 (Vestibule Diaphram) 須用彈簧頂緊,庶兩車之棚門可以緊靠無縫。

客車車端外皮可製以薄板,用平頭螺絲或鉚釘連於車柱及底架上。

(16)電線　客車內多備有小廂 (Locker) 一間,用以裝配電盤 (Switch board)。車上之分配線,宜藏於不易見而修理甚便之處。如第二十四圖所示,則係藏於副上樑之內下角,而分發至各燈及風扇等。其線路 (Circuit) 則見第二十八圖。電池及發電機皆位於底架下,發電機與一軸上所裝之滑輪(Pulley),用皮帶相連。車行動時,即

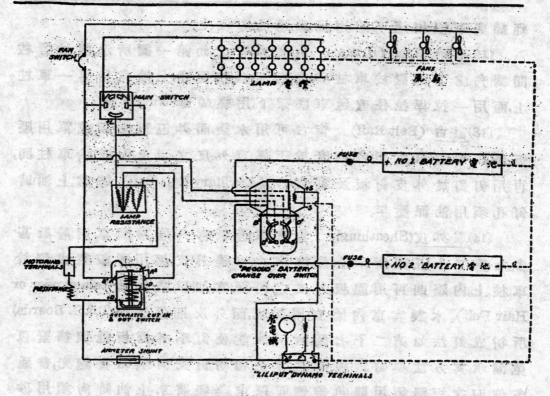

第 二 十 八 圖　　客 車 電 線 路 圖

可發電,停車時電流可由兩組電池輪流供給,例如在第一站時由
No.1 組供給,至第二站時則由 No.2 組供給,一切皆係自動。車行動
後,待發電機所發之電壓 (Voltage) 夠大時。則電流即自動由發電
機供給。

　　(17)車頂(Roof)　貨車車頂多爲單層,木車則用板條拼成,外蒙
油紙及帆布,鋼製貨車則多爲鋼鈑一層。冷藏車則層數較多。第二
十二圖所示者爲三層頂。而中夾以防熱體或空氣層。

　　客車車頂多爲雙層。車頂外層爲頂鈑,係用鈑條拼成,用螺絲
連於頂樑上面,其外宜塗油膏,將木縫填平,以防漏水板上再釘油
紙一層。帆布則用油膏膠於油紙上,並設法拉緊,沿邊釘住,免起縐
紋。油紙與帆布須待車頂四邊之線條 (Molding) 裝好後再釘,蓋帆
布四邊卽釘於其上也。車頂內層則爲天花板(詳後。

車頂板及天花板間之空隙,應加以防熱體,如軟木板（Cork Baord）, 石綿紙（Asbestos Sheet）等。亦有用普通木花以代之者,先在頂樑間釘薄木板爲襄以承之,再將木花塡滿。

月台頂則不必加防熱體。

車端頂部爲弳形,則外頂板宜用薄板條（例如截面爲10×60公厘）兩層釘成,否則板太厚,裝釘時每易折斷。

(18)車邊大區 （Window Lintel） 此區位於車窗上部至車頂相接處,木製客車可以厚木製之,長貫全車。普通多用數段接起,由車內用長螺絲連於旁柱上,故外不露釘痕。全鋼客車則可用鈑製之,而鉚於旁柱等處。

(19)車邊小窗 小窗位於車邊大窗之上部,鑲以顏色玻璃,以求美觀。

(20)間壁 車內須隔開之處,如房間,洗盥室等,皆用膠板或板條等製爲間壁。複式車頂之客車,其間壁可由膠板三段接合而成。（單式頂客車,間壁可用兩段接成）。

(甲)上段 此段上至上層頂樑,下至下樑（Deck Sill）。上端夾於雙式頂樑間,用螺絲（Bolts & Nuts）連緊。兩旁鑲入車頂窗架內面之小槽內。下端與中段間壁用螺絲接連。

(乙)中段 中段上端之中部與上段相連。上端兩旁則夾於雙式旁面頂樑（Compound Lower Deck Carlines）間,用螺絲連緊。

(丙)下段 此段上端與旁樑齊,用螺絲與中段相連接,靠車牆之一面,用鐵片及螺絲與旁柱或旁柱間之木板相連（第二十九圖）。下端嵌入地板上特備之小槽內（深可5公厘）。

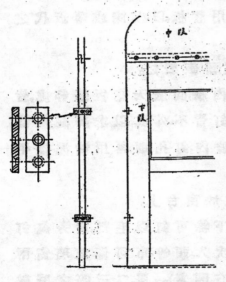

第二十九圖　間壁

凡板面之不外露者,皆應塗以油漆,如白鉛油之類,以防水份
侵入。膠板尤當注意。

(21)天花板　天花板種類萬多,有用板條拼成者,全鋼客車之
天花板以薄鈑製,木製客車可用膠板,沿邊用螺絲連於頂檁等處。
裝架時,電線路及通氣孔,皆須預爲備好。

(22)車內牆　普通車內牆可用板條拼成,或膠板揉合而成。新
式鋼製客車之內牆,多用人造木(Agasote)製成。此種材料亦可加
以鋸鑽刨鑿與天然木無異,且無彎裂諸弊,而具防火,不透聲,不傳
熱等優點。

車內邊牆之以膠板製成者,多分爲三段:

(甲)上段　此段上與旁面天花板相接,下端至車窗止。

(乙)中段　此段位於兩窗間,惟安座位處則上中兩段併爲一,
　　由一整塊膠板所製成。

(丙)下段　此段位於窗台以下至地板爲止,惟靠近地板之一
　　段,多被暖氣管所蓋住,故不必用膠板,以板條或薄鈑代之
　　即可(第一圖)。

　　　　　月台牆壁,可用膠板或薄鈑製之。

(23)線條 (Moldings)　車外綫,窗綫,內牆,間壁,天花板邊等處,皆
　　須用線條壓住,使板縫,螺絲,鐵釘皆不外露,以求美觀。線條
　　多用小頭釘釘住,釘頭須深釘條內,釘孔則再用油泥攪平,
　　油過後卽看不出。

(24)車窗台蓋板(Belt Rail Cap)　位於窗台上。

(25)窗　車窗上緣,宜釘有橡皮帶,下綫可釘以毛氈,兩旁復釘
以皮帶(Weather Strip)等件,以防風沙吹入。頭等車可備玻璃窗兩
層,鐵紗窗一層,皮窗簾一層,絨窗簾(左右開者)一層。二三等之層數
較少,有於二等車上備玻璃窗,百葉窗,皮窗簾各一層,而於三等車
則祗備玻璃窗及百葉窗各一層者。

窗之種類有三,茲列舉如下:

(甲)旁推式　　此式甚舊。一窗佔兩窗之橫地位,全車窗數因之減少,否則窗亦甚仄,故車內空氣及光線亦受其影響。

(乙)下垂式　　開窗時須將窗放入車牆內。故雨水灰沙甚易漏入,致車牆旁柱底架諸部皆易腐爛或生銹。

(丙)上提式　　此式最佳,新式車者採用之。佔地不多,且無漏水入牆等弊,惟因車邊高度所限,窗多不能太高耳。窗之兩旁應裝用彈簧盒及棟條(Sach Balance with Belt or Chain Attachment),使開窗時輕而易舉。

窗之大小,亦因車而異,與車內座位之排列法有密切關係。茲舉數例如第三表。

第　　三　　表

	膠　濟　客　車	藍　鋼　客　車
頭　　等	670寬×830高	725寬×810高
式　　等	630寬×820高	725寬×810高
叁　　等	460寬×820高	725寬×810高
飯　　車	670寬×830高	1300寬×810高

表中尺寸以公厘計

複式頂之車頂小窗,多為雙層,外層為鐵紗窗,內層為有色玻璃窗。窗框下面,與兩旁車頂(Main Roof)相連處,須蓋以薄鐵皮Galvanized Iron Plate),以防雨水漏入車頂(第一圖)。

(26)暖汽管　客車暖汽管多位於車內牆根,或座位下面。蒸汽由車頭發出,經總暖汽管輸送至各車。客車亦有自裝暖爐(Heater)用熱水暖車者(Hot Water Heating System)。暖汽管須用多孔銅片或鐵片蓋住,以防危險。

(27)門　　車門有滑動式(Sliding Type)及擺動式(Swinging Type)兩種。高框貨車可用擺動式,棚車則用滑動式。

客車多用擺動式,惟客房之門則宜用滑動式,因其地位經濟故。車內部各門,可用膠板製之,車端外門則不宜用膠板,恐被雨淋

壤,普通多用整木拼成。新式車多用薄鋼飯壓成,因中空,故甚輕。客車門之寬度,約爲500公厘至700公厘,高則有至二公尺者。搖動式之門,返較門框略狹(約狹二三公厘),以便開關。門邊應加皮帶毛氈之屬,以防風沙,且免撞壞。

(28)車座　普通車座,多以板條或整板製成。頭二等車則多用蒙以漆布或花絨之彈簧座墊(Spring Seat)。車座之框製以木條及膠板。外端椅腿可用螺絲連於地板上,內端則架於車牆上,亦用螺絲連住。車座之大小,因等級而異。臥車之牀舖,亦有兩用者,蓋日間即用以當座位也。座位之高,應在430公厘至450公厘間,車座之大小,可參閱第三十圖及第四表。

第四表　（對照第三十圖）

項目	車別 / 乘座人數	普爾曼式頭等臥車 1	頭等式 1	式等 2	叁等 2	叁等 3
A		1830公厘	1780	1690	1370	1370
B		1070	1070	1090	920	1300
C		660	610	585	430	430
D		510	560	520	510	510
E		650	610	610	580	
F		2790	2750	2790	2800	

飯車多用普通靠椅,客廳車遊覽車多用轉動式彈簧椅(Revolving Chair)。

(29)車桌　普通客車,多有一小桌,位於每兩座之間,不用時亦可放下。普通尺寸,桌面多爲450公厘×450公厘之方形,亦有爲長方形,與車座同長者。

飯車餐桌較大,藍鋼車之餐桌面有800公厘×760公厘,及800公厘×1200公厘兩種。

桌之高度,以700公厘至840公厘爲合宜。

(30)臥舖　臥舖種類甚多;有用吊舖數層者。普爾曼(Pullman Type)

式臥車:一舖位於車座上面,日間蓋起用時可以拉下;而每兩座位亦可放開,拼成一臥舖(第二十三圖),其構造可參閱第三十一圖。

　(31)水箱　客車須備有水箱,以便裝水,供給飲料或洗盥等用。箱可作方形,位於車端頂內。箱下可墊以木板,用 U 形鐵條吊於兩頂樑上,自車外用螺絲轉緊。水箱下面,若恐外露,則可蓋以薄鈑,連於間壁等處,鈑上繪以木紋,自下視之與天花板無異。箱可製以銅鈑,箱內宜橫釘半截銅鈑一兩塊,以免車行動時,水受衝擊往來盪動。車頂水箱之裝水法亦有數種:

　(甲)灌水口位於車外頂,裝水時須爬上車頂行之。設備雖簡,但太不便。

　(乙)用鐵管由水箱通至車旁。車到站時,可將自來水管接上灌水,亦有於車上裝一手搖水泵,以便上水者。

　餐車廚房,須另裝大水箱數個於廚房頂,以備應用。

　新式客車之水箱,有裝於車邊底架之下者,蓋取其修理沖洗及灌水皆甚便利也。水可用氣壓(Compressed Air)壓上車內,并可裝置冷熱水統系(參閱工程第六卷第三號津浦鐵路藍鋼車之氣壓給水統系一文)。

　車內備水多寡,因鐵路情形而

第三十圖　座位之排列

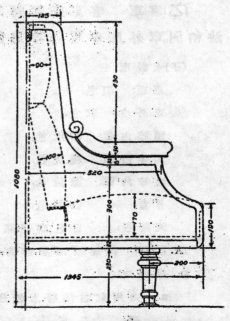

第三十一圖　頭等臥車座位

異。沿途上水之便利與否,鐵路線之長短,用水,率之多寡,皆有關係。
膠濟路之餐車廚房內,備圓筒水箱三隻,每隻容量約為 225 公升。
董鋼車氣壓給水統系之圓筒水箱,每車祇一隻(二三等則無),其
容量約 600 公升。車端水箱供便所用者,其容量為210公升。

(32)底架下之設備 如牽軔具,軔鈎,電池,發電機,風閘,及手閘
設備等。

(33)廁所 廁所之牆壁,下半段可護以薄鈑。地板亦有舖以磨
光花石洋灰者,蓋取其不易損壞,而便於洗滌也。

(34)油漆 車輛油色,各路不同。貨車車身有用紅色,灰色或黑
色者。客車外皮,有用藍色,綠色或紅褐色者。新式全鋼客車有用銀
白色者。底架轉向架等部分,則多漆以黑色。

(甲)貨車 貨車之木料部份,油兩次以上卽可。油色則各路互
異。其鋼鐵部份,如底架,轉向架及全鋼車之車身內外等部,皆宜先
用鐵刷或風沙 (Sand Blast) 將銹去盡,再塗紅鉛油以保護之(底架
等部皆宜於塗紅鉛油後再裝鉚),然後再上色油。

(乙)客車 客車底架,轉向架等部之油法,與貨車底架等之油
法相同。車外皮車頂及車內部之油法甚多,茲舉例如下:

(子)木製車

車頂: 黑色,

車外皮: 紅色,

頭等內部: 柚木色,

式等內部: 淺黃色,

叁等內部: 深黃色,

月台: 淺黃色,

天花板: 白色或淺綠色。

A. 車頂: 油黑油兩層卽可。

B. 車外皮:

a. 先用紅色油將木紋捷平,再用絹紗擦淨。釘眼須另用紅油泥填
平。

　　b. 上紅油兩層。

　　c. 上外光漆 (Body Varnish) 一層。

　　d. 寫字。車外皮例須寫明車號等級及路名等。所用黃油或金色油 (Branze Paint) 寫,亦有用貼金者。

　　e. 上外光漆一層。

　C. 頭等內部:

　　a. 塗紅油泥兩次,用絹紗擦淨(木紋須用油泥填平)。

　　b. 上紅色油(用內光漆及紅粉合成)三四層。

　　c. 上內光漆(Copal Varnish)兩層。

　　d. 用細砂磚磨光。

　　e. 上內光漆一層。

　D. 式等內部:

　　a. 塗白油,泥兩次,用絹紗擦淨。

　　b. 上無色漆(Takajain)十次。

　　c. 用濾火酒擦平。

　　d. 用細砂磚磨光。

　　e. 用濾火酒擦光。

　E. 月台(木牆):

　　a. 塗白油泥兩次,將木紋填平,用絹紗擦淨。

　　b. 上內光漆四五層。

　　c. 磨光。

　　d. 上內光漆一層。

　F. 天花板:

　　a. 塗灰油泥 (Mercury Philorite Filling Compound in Turpentine) 將板填平。

　　b. 磨光(用砂磚或浮石 —Pumice)。

　　c. 上白鋅油或淡綠色油兩層。天花板之以板條拼成者,祇須上白鋅油兩層不必塗油泥及磨光。

　G. 桌椅　　桌椅應與車內部同色。

(丑)鋼車　　鋼車內部,可與木製車同法上油。天花板雖係用薄板製成,亦可用前法,惟月台及車外皮等則較異耳。

　A. 車外皮及月台:

6271

a. 鈑面宜先用風沙或鐵刷刷光。

b. 塗灰油泥(Mercury Philorite Filling Compound in Turpentine)將鈑填平。

c. 用浮石磨光。(b)(c)兩項應迭被爲之,至鈑面異常平滑爲止。

d. 上藍色漆兩層。此漆內含:藍色油(第一層用 Prussian Blue in Oil 第二層用 Du Port Japan Color),外光漆(Car Body Varnish),速乾油 (Drier),白鉛油(White Lead in Oil)(第二層不用),松香水(Turpentine) 熟麻子油 (Boiled Linseed Oil)。

e. 上外光漆兩層。

B. 天花板亦可用磁漆漆之。

a. 塗灰油泥及磨光,

b. 上內層白磁漆一層(White Enamel Undercoat in Turpentine);

c. 上外層白磁漆一層 (White Gross Finish Enamel)。

C. 車頂用白油或灰色油上兩層即可。

(35)雜項

(甲)車內電氣設備如電燈,風扇,電鈴,配電盤等。

(乙)車內零件,如盥洗室,廁所等處之陳設。

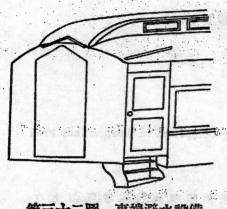

第三十二圖　車端避水設備

(丙)衣鈎,箱綱,通風器,烟盒等設備。

(丁)地板上須備圓洞兩個或四個,用銅管鑲起,以備洗車時污水可流至車下。

(戊)車階 (Car Steps)。

(己)車頂之兩端,及靠近車門處宜斜釘桶鈑數條(第三十二圖),天雨時可導雨水由旁邊流下,以免乘客上下不便,或雨水由車頂流下,淋壞車端棚門 (Vestibule Diaphrams) 及其彈簧等件。

(庚)其他。

(十一)四方機廠自製車輛費用及工數統計

第五表　四方機廠自製車輛費用統計表

項目　車類	數目	人工費	材料費	鑄物製品	木材製品	合計	單輛平均造價
頭等餐車	2	$23,364.02 26.00%	$45,001.46 50.26%	$6,774.78 7.54%	$14,540.02 16.20%	$89,680.28 100.00%	$44,840.14
頭等客運合車	2	$22,499.51 28.60%	$38,488.45 48.90%	$3,759.55 4.70%	$13,979.62 17.80%	$78,727.13 100.00%	$39,363.57
貳等客運合車	1	$8,538.80 36.10%	$13,249.23 48.20%	$1,376.39 5.00%	$4,309.71 15.70%	$27,444.13 100.00%	$27,444.13
參等客車	4	$25,490.95 33.60%	$37,140.18 49.00%	$3,630.73 4.80%	$9,575.23 12.60%	$75,830.79 100.00%	$18,959.27
守車	5	$8,110.62 34.30%	$11,212.81 47.40%	$1,309.15 5.60%	$3,007.30 12.70%	$23,639.88 100.00%	$4,727.98
守車	10	$8,922.70 22.80%	$18,120.70 46.32%	$5,672.4 14.50%	$6,422.80 16.40%	$39,138.67 100.00%	$3,913.87
30噸煤車	40	$23,630.55 11.10%	$147,805.36 69.60%	$30,787.72 14.60%	$9,920.08 4.70%	$212,143.69 100.00%	$5,303.59
30噸石灰車	10	$9,761.04 17.40%	$42,856.36 76.50%	$3,256.59 5.80%	$186.49 0.30%	$56,060.48 100.00%	$5,606.05

第六表　四方機廠自製頭等癡食車兩輛共用工數表

廠別	工別	工數	附註
車輛	木　　工	A 3924.7	
	器　　具	A 2013.8	
	油　　漆	A 1205.0	
	縫　　工	A 801.0	
	鉚　　釘	A 1507.0	A　　B　　C
	車　　台	A 238.4	工　雜　學
	裝　　配	A 2055.4	匠　役　徒
		C 1272.2	
	鋸　　木	A 1405.5	
機車欄	燒　　焊	A 35.0	
	旋　　工	A 257.1	共　　計:
		B 111.2	A = 16,894.3
		C 54.9	
	裝　　配	A 340.3	B = 373.5
		B 84.5	
		C 34.6	C = 1,855.6
	銅　　工	A 723.2	
		B 33.0	
		C 71.0	
	車　　輪	A 391.5	
		B 43.7	
		C 106.4	
器	鑄　　鐵	A 122.0	
		C 10.0	
	鑄　　銅	A 346.2	
鑄		C 93.6	
	鑄　　鋼	A 305.5	
		C 131.0	
	鍛　　冶	A 855.9	
		B 90.1	
		C 33.3	
鍛	鍛　　冶 彈簧部份	A 214.8	
		B 11.0	
		C 9.0	
水　電	電　　工	A 152.0	
		C 39.6	

（註）工數以一人工作十小時為單位

第七表　　四方機廠各場工率表

工場	職　　名	每時工率以國幣計		
		民國十四年	民國十八年	民國十九年
1	組立　鍋爐	$0.13	$0.20	$0.25
2	旋床,裝鄭,銅工	0.13	0.21	0.28
3	鍜冶	0.20	0.32	0.40
	鑄物	0.28	0.27	0.35
	模型	0.28	0.40	0.50
	鑄鋼	0.28	0.47	0.60
4	木工,油漆,縫工	0.13	0.21	0.31
	車台	0.13	0.21	0.31
5	電工	0.08	0.08	0.10
B	雜役	0.04	0.05	0.08
C	車徒	0.03	0.05	0.08

　　第五表所列之四方機廠自製之各種車輛,大多數皆在民國十四年以前完工。現在若造此種車輛,人工費當增加一倍。材料若多用國貨尚增加不多,若用舶來品,則因銀價低落關係,較前至少亦加一倍。

自動電話機上繼電器

林　海　明

　　(一)概論　近世電話多採用自動制,歐美自動制有步進式。昇降式,旋轉式種種區別,其利用繼電器作用以代替人手接綫則一。故繼電器實為一切自動電話機之框紐.對於繼電器之原理與構造,苟有相當認識,則自動電話制之全部,自不難於領會。自動電話工程,日常管理,弊病發生,泰半在繼電器上。維持電話機件者,對於繼電器之動作與時間之關係,尤貴有基本之明瞭,而後弊病尋覓,電簧校準,自必簡易。茲就繼電器之原理,構造,分類與校準,分節論列於次。

　　(二)原理　絕緣綫圈,圍繞鐵棒,通以電流,即成電磁,磁極之方向,以右手律定之。磁性之強度為

$$\frac{4\pi\mu NI}{10l} \tag{1}$$

上式中 u 為磁心物質之透磁性,N 綫圈數,1 電流安培數,L 綫圈長度公厘數。

　　繼電器即電磁也。其不同之點。係藉電磁作用。以變換他電路之形式及控制他電路中電流。從第 (1) 式可知繼電器之磁性,與磁心透磁性及安培綫圈數成正比例,而與綫圈之長度成反比例。

　　繼電器上電流斷絕,磁性即漸漸消失,其歸同原態之時間,與下例各項有密切之關係:

　　(1)　磁路中之磁阻量, —— 磁路中磁阻量,又視下列諸狀而

　　　　定：

　　　(a)　鐵之質量及緩冷製鐵之方法，

　　　(b)　所鍍金屬之厚度及成分，

　　　(c)　磁心,底板,及磁舌之大小，

　　　(d)　使動空隙,即磁舌使動後,磁舌與磁心間之空隙。

　(2)　短路綫圈數及其導性 —— 此項因下列諸欵而變：

　　　(a)　緩動圈之大小及其導性，

　　　(b)　磁心,底板,磁舌,綫軸諸部之大小及其導性，

　　　(c)　所鍍金屬之厚度及其導性，

　　　(d)　綫圈中之短路綫圈數。

　(3)　磁漏 —— 磁路之磁漏,依緩動圈與綫圈之位置,形狀,磁路透磁性,及產生磁場之安培綫圈數而定。

　(4)　磁動力(原始).

　(5)　磁舌歸回原態時之磁動力。—— 此項與下列各欵有關：

　　　(a)　使動時之電流，

　　　(b)　磁路之長度,透磁性,及洗磁力 (coercive force)，

　　　(c)　原始磁動力，

　　　(d)　緩動圈之位置。

更就其數學關係言之,若透磁性 u 爲常數,及磁漏爲零,並設

　I ＝ 綫圈上電流，

　N ＝ 綫圈圈數，

　Φ ＝ 磁流，

　T ＝ 時間，

　n ＝ 短路綫圈圈數，

　r ＝ 短路綫圈之電阻，

　re ＝ 磁心,底板與磁舌對于渦流 (eddy current) 之有效電阻，

　K ＝ 常數。

當磁流爲穩定狀態時,其值如下式：

$$\Phi = KNI \tag{2}$$

當磁流隨時間變異時,

$$NI = \frac{\Phi}{K} + \left(\frac{n^2}{r} + \frac{I}{r_e}\right)\frac{d\Phi}{dt} \tag{3}$$

當繼電器電流斷絕時,苟無火花發見,則 $NI = 0$,從第 (3)式得:

$$\frac{\Phi}{K} = -\left(\frac{I}{r_e} + \frac{n^2}{r}\right)\frac{d\Phi}{dt},$$

$$dt = -K\left(\frac{I}{r_e} + \frac{n}{r}\right)\frac{d\Phi}{\Phi},$$

$$\int_{T_1}^{T_2}dt = -K\left(\frac{I}{r_e} + \frac{n^2}{r}\right)\int_{\Phi_1}^{\Phi_2}\frac{d\Phi}{\Phi},$$

$$T_1 - T_2 = -K\left(\frac{I}{r_e} + \frac{n^2}{r}\right)(\log_e\Phi_1 - \log_e\Phi_2),$$

$$歸回原態之時間 = K\left(\frac{I}{r_e} + \frac{n^2}{r}\right)\log_e\frac{I_1}{I_2} \tag{4}$$

第 (4) 式中 1 係表示原始狀態,2 表示歸回狀態。

若 μ 隨磁流密度而變時(但磁流分佈為常數),第 (3) 式可改書如次:

$$NI = \frac{\Phi}{R} + \left(c, \frac{n^2}{r} + \frac{c^2}{r_e}\right)\frac{d\Phi}{dt} \tag{5}$$

上式中 $C_1 =$ 短路綫圈之磁漏因數,$C_2 =$ 磁心之磁漏因數,R 為變量。

當繼電器電流斷絕時,$NI = 0$,從第 (5) 式得

$$\int_{T_1}^{T_2}dt = -\left(C, \frac{n^2}{r} + \frac{c_2}{r_e}\right)\int_{\Phi_1}^{\Phi_2}R\frac{d\Phi}{\Phi}$$

即歸回原態之時間 $= \left(C, \frac{n^2}{r} + \frac{c_2}{r_e}\right)\int(I_1, I_2) \tag{6}$

(三)構造　繼電器各部名稱,參閱第一圖,其製造材料如下表:

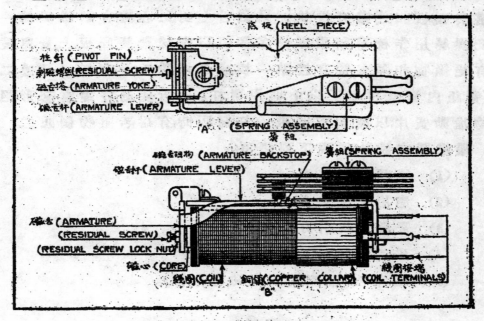

底板(HEEL PIECE)

柱針(PIVOT PIN)
剝磁螺絲(RESIDUAL SCREW)
磁舌搭(ARMATURE YOKE)
磁舌杆(ARMATURE LEVER)
"A"　(SPRING ASSEMBLY)
簧組

磁舌組物(ARMATURE BACKSTOP)　簧組(SPRING ASSEMBLY)
磁舌杆(ARMATURE LEVER)

磁舌(ARMATURE)
(RESIDUAL SCREW)
(RESIDUAL SCREW LOCK NUT)
磁心(CORE)　線圈(COIL)　銅領(COPPER COLLAR)　線圈接端(COIL TERMINALS)
"B"

第一圖　繼電器之部分名稱

部分名稱	原　名	製造材料
磁　心	Core.	磁鐵,
線　圈	Coil.	瓷漆電綫,
線圈接端	Coil terminal.	錫鍍銅片,
底　板	Heel piece.	磁鐵,
磁　搭	Yoke.	黃銅,
裝磁搭螺絲	Yoke mounting screw.	磁鐵,
柱　針	Pivot pin.	紅銅,
磁　舌	Armature.	磁鐵,
磁舌杆	Aramture lever.	磁鐵,
磁舌組物	Armature back stop.	黃銅,
剝磁螺絲	Residual screw.	黃銅,
剝磁螺絲帽	Residual lock nut.	黃銅,
電　簧	Spring.	鎳鐵合金,
簧接點	Spring contact.	銀合金;金合金,或鉑,
銅　領	Copper collar.	紅銅,
套形絕緣物	Bushing.	硬橡皮,
按　綫	Washer.	磁鐵,

　　線圈繞於磁心之上,外圍漆布 (heavy empire cloth),以避空中水氣。線圈接端,有套形絕緣物與底板相隔。線圈與磁心,以螺絲附

着底板。底板復藉磁搭以聯磁舌。磁舌與磁搭相連處,有柱針一只。
磁搭與底板相連處,有螺絲一只。磁舌上對磁心處,有剩磁螺絲一
只。此螺絲用作校準剩磁隙,故名。簧組以螺絲緊裝底板上。簧與簧
間,有絕緣物相隔。每簧有接點一枚或二枚。磁舌旁有杆一只或二
只,(簧組內簧數在十三以上則用兩杆)。磁舌使動,杆端有套形絕
緣物推動簧片,以開關電路。磁舌杆歸回時,有磁舌阻物制止之。

　　繼電器之設計,須視下列諸項:

　　(1)　綫圈數之多寡,

　　(2)　應用電流之大小,

　　(3)　簧數及其引力(彈力),

　　(4)　磁舌隙(磁舌與底板之隙),

　　(5)剩磁隙(磁舌使動時與磁心之隙)。

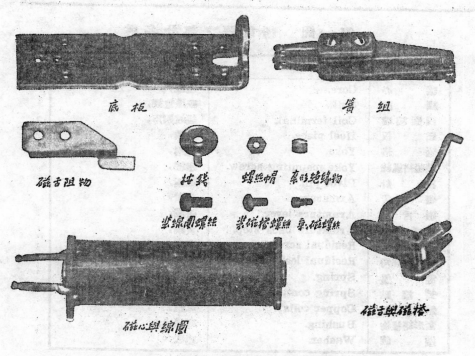

底板　　　　　　　　　　簧組

磁舌阻物　　　按錢　　螺絲帽　套形絕緣物

裝線圈螺絲　裝磁搭螺絲　剩磁螺絲

磁心與綫圈　　　　　　　磁舌與磁搭

第二圖　繼電器之各部零件

繼電器之各部零件參閱第二圖。每件廠家均有一定號碼,配

補零件,只須按號購置,異常省事。

(四)分類　繼電器之分類,恆以分類目標而異。尋常定分類之目標者有下列數事:

(1)　電流之性質,

(2)　綫圈之接法,

(3)　磁舌之歸原力,

(4)　磁心之形式,

(5)　使動之速度,

(6)　使動之形態。

(1)　繼電器依電流之性質分之,有直流,交流與直流交流複合三種。每種繼電器,得因設計之特異,不爲他種電流所動及。直流繼電器如第三圖(甲),在同一磁心上裹有兩綫圈,一爲有效綫圈,

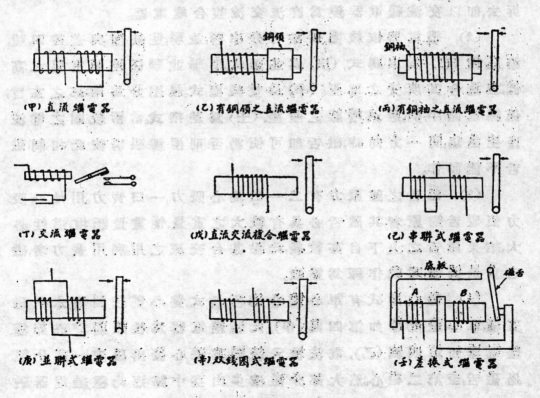

(甲)直流繼電器　　　(乙)有銅領之直流繼電器　　　(丙)有銅袖之直流繼電器

(丁)交流繼電器　　　(戊)直流交流複合繼電器　　　(己)串聯式繼電器

(庚)並聯式繼電器　　　(辛)雙線圈式繼電器　　　(壬)差振式繼電器

第三圖　各種繼電器

一爲短路綫圈,當直流經過有效綫圈時,發生磁性,使動磁舌。交流經過有效綫圈時,短路綫圈上發生感應電流。感應電流產生之磁塲,適與交流所產生者相反,結果磁性中和,磁舌不容使動。在短路綫圈外,亦有採用銅領者,如第三圖(乙),或銅袖者,如第三圖(丙)。其實銅領與銅袖之作用等於短路綫圈,蓋前二者可作單一綫圈觀,惟電阻較小耳。

　　交流繼電器如第三圖(丁),除具較重之磁舌外,有蓄電器與綫圈相串聯。蓄電器之作用,在退阻直流。採用較重之磁舌,係增加磁舌慣性。當交流變向時,磁舌因有較大慣性,得保守本位,不致使動。

　　直流交流複合繼電器,如第三圖(戊)。直流流入,使動磁舌,如尋常繼電器然。交流流入,則使磁舌振動不已。如將(丁)圖蓄電器拆去,卽以交流繼電器變爲直流交流複合繼電器。

　　(2),繼電器依綫圈接法可分串聯,並聯,雙綫圈與差捲四種。第三圖(己)爲串聯式,(庚)爲並聯式。串聯並聯係控制電阻之高低,以適合其所受之電壓。(辛)爲雙綫圈式。綫圈分爲兩部之主旨,係謀電路平衡,避免嘈雜之喧擾。(壬)爲差捲式。當兩綫圈之電流產生磁塲,同一方向時,磁舌卽可使動,否則兩種磁塲彼此相制,磁舌不能動作。

　　(3)　磁舌之歸原力有二:一曰地心吸力,一曰簧力。用地心吸力使磁舌歸原者,其磁舌必具有較大之重量,惟重量旣增,慣性必大,結果磁舌之上下自亦較緩,此點甚合交流之用。利用簧力者,磁舌重量低微,其動作極爲靈敏。

　　(4)　磁心形式有單心,雙心總極,殼式,雙心雙綫圈與永久磁五種。單心繼電器如第四圖(甲)。此種繼電器爲性頗弱。雙心總極繼電器如第四圖(乙),電流流入綫圈。其磁心發出磁流,一部分經過磁舌,至第二磁心。然大部分磁流多由空中歸返。此種繼電器磁漏較大。殼式繼電器如第四圖(丙),磁流由中央磁心經磁舌,至磁

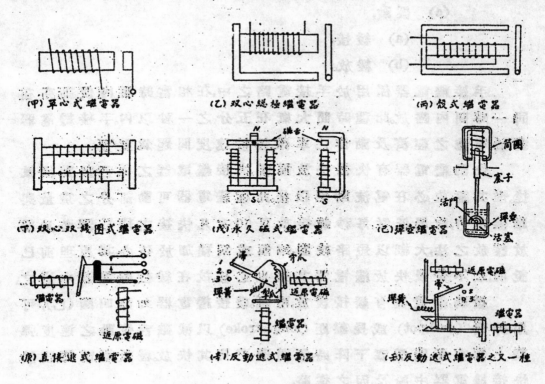

(甲) 單心式繼電器　　　　(乙) 雙心總極繼電器　　　　(丙) 殼式繼電器

(丁) 雙心雙繞圈式繼電器　　　　(戊) 永久磁式繼電器　　　　(己) 彈空繼電器

(庚) 直接退式繼電器　　　　(辛) 反動退式繼電器　　　　(壬) 反動退式繼電器之又一種

第四圖　各種繼電器

殼,同至磁心他端.此種繼電器磁漏極小,因而磁性亦強.雙心雙繞圈繼電器如第四圖(丁)。此種繼電器效率頗高,而磁性亦強,惟其值較為昂貴,電報機件上多採用之.永久磁繼電器如第四圖(戊),電磁包含兩輕鐵心,磁搭與磁舌,而永久磁跨於電磁路之間,永久磁產生之磁流,分經輕鐵磁心。電流流入綫圈,使輕鐵磁心上磁極相異。此種磁極與磁舌上磁極,同性相拒,異性相吸。因此使動磁舌,而成永久磁繼電器。

　　(5)　繼電器依其動作之速度,有以下之分類.

　　　　(a)　手接,

　　　　(b)　快動,

　　　　(a)　快接,

　　　　(b)　快放,

　　　(c) 緩動，

　　　　　(a) 緩接，

　　　　　(b) 緩放。

　　手接繼電器係用於手接電路之中，在相當時間內使動，亦在同一時間內歸放。此種時間大概在五分之一秒以內。手接繼電器對於電流之經濟及動作之準確，恆較速度問題爲重要。

　　快動繼電器有快接快放兩種。快接繼電器之磁舌吸動須敏捷，惟其歸放必在電流斷絕以後。此種繼電器可動部分之重量與摩擦阻力，均屬低微，每秒鐘接放可 50 次，凡快接之繼電器必爲緩放。緩放之法，大概以短路棧圈，銅領或銅袖加於磁心。其原理前已說明，茲不贅及。快放繼電器，其接也必緩，故在緩接繼電器中述之。

　　緩動繼電器有緩接緩放，兩種。緩接繼電器如第四圖(己)，可用彈壺 (dashpot) 或長擊距 (long-stroke) 以減磁舌使動之速度。彈壺上備有活門，活塞下降時，活門開啓，使其快放。緩放繼電器，已於快接繼電器中論及，因之從略。

　　(6) 繼電器依其使動形態言之，有以下之分類：

　　　　(a) 尋常繼電器，

　　　　(b) 迯式繼電器，

　　　　　(a) 直接迯式，

　　　　　(b) 反動迯式。

　　尋常繼電器，直一電鑰耳。其使動時，卽以開關電路；其歸放後，電路恢復原狀。

　　迯式繼電器則不然。其使動時，開關電路，與尋常繼電器無異，惟其歸放，必有他力或電磁助之。第四圖(庚)爲直接迯式。當電流流入棧圈時，磁舌被吸，釋放電簧，以變異電路。此時若將電流斷絕，磁舌雖返原位，惟電簧已釋，不容鎖止，必藉返原電磁吸動電簧，使其仍鎖於繼電器磁舌之下，因此電路方可恢復原狀。

　　反動迯式繼電器之特性，在其電流流入棧圈時，無電鑰作用，

而電之開關，全在繼電器電流斷絕時也。反動逃式繼電器有二種，如第四圖(辛)與(壬)參閱(辛)圖，當電流流入繼電器綫圈時，掣爪(pawl)被吸，退回一齒。電流斷絕時，掣爪放回，推動弧面之齒，使弧面旋動。帚 (wiper) 固聯弧面，因弧面之旋動，亦由接點 1 移至接點 2。彈簧之作用，在制馭磁舌之推力。守爪 (defent) 之作用，在保守弧面與帚在移動後之地位。接點數則視電路之情形而定。返原電磁吸動守爪與掣爪，彈簧使弧面與帚歸返原狀。(壬) 圖所示之反動逃式繼電器，昔日用之甚廣。電流流入綫圈時，吸動磁舌，帚杆之三角形端，在下二齒間。電流斷絕時，磁舌放回，帚杆因齒之推動，將帚由接點 1 移至接點 2。同理，帚亦可由接點 2 至接點 3。返原電磁吸動磁舌，推動帚杆，使帚歸返原位。

　　繼電器之分類，大概已如上述。有時繼電器得複合數種以成一種，然經相當之分析，均可歸納上述類中。茲爲清晰起見，將本節所論分類，附以原名，列表如下：

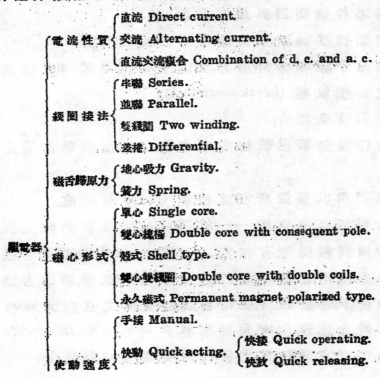

		直流 Direct current.
電流性質		交流 Alternating current.
		直流交流複合 Combination of d. c. and a. c.
		串聯 Series.
綫圈接法		並聯 Parallel.
		雙綫圈 Two winding.
		差捲 Differential.
磁舌歸原力		地心吸力 Gravity.
		簧力 Spring.
		單心 Single core.
磁心形式		雙心總極 Double core with consequent pole.
		殼式 Shell type.
		雙心雙綫圈 Double core with double coils.
		永久磁式 Permanent magnet polarized type.
		手接 Manual.
使動速度		快動 Quick acting. { 快接 Quick operating. / 快放 Quick releasing.

緩動 Slow acting. { 緩接 Slow operating.
緩放 Slow Releasing.

尋常繼電器 Ordinary relay.

使動形態 { 逃式 Escapement type { 直接逃式 Direct escapement.
反動逃式 Back acting escapement.

(五)校準 繼電器之校準,可分五項言之:

(1) 普通需要,

(2) 磁舌與底板間空際,

(3) 剩磁際,

(4) 電簧測校,

(5) 電限。

(1) 普通需要 —— 繼電器各部裝置如第一圖。其普通需要諸點如下:

(a) 螺絲,螺絲帽,與其他部分,須無損缺。

(b) 各部零件號碼,須與規定符合。

(c) 一切螺絲,螺絲帽除特殊情形外,均須收緊。

(d) 絕緣部分除特殊情形外,須能受交流電壓 500 伏次四分之一秒之破損試驗。(break down test)。

(e) 電簧須彼此相齊。

(f) 磁舌杆端套形絕緣物之中心,須在其所推動電簧之中綫上。

(g) 繼電器與其裝置所在之根板 (base) 相垂直。

(2) 磁舌與底板間空際 —— 欲避免磁舌在使動時之固連於底板,磁舌與底板間應有相當之空際,在.004吋以下。蓋空際變大,則磁路中磁阻增高,而繼電器之效率因之低微。校準方法:將裝磁搭螺絲鬆下,移動磁搭,使磁舌與底板間之空際大於.0015吋,小於 .004 吋。此種厚度,有司脫來特公司厚度計 (Starrett's thickness gauge) 定之。空際校準之後,仍將裝磁搭螺絲收緊。

　司脫來特公司厚度計,如第五圖,計有九種厚度,卽 .0015", .00 2", .003", .004", .006", .008", .010", .012" 與 .015"。其他厚度,可取數片合而用之。如 .011" = .003" + .008"。此種厚度計,步進式自動電話機件管理者均用之。

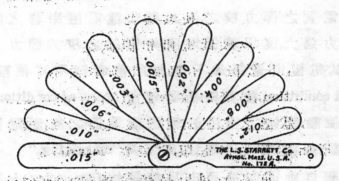

第五圖　司脫來特公司厚度計

　(3) 剩磁隙 —— 剩磁隙卽磁舌在使動時與磁心間之空隙,以剩磁螺絲校準之。剩磁隙尋常爲 .0015 时。因電流斷止時磁鐵有剩磁性,此剩磁之力,足以使磁舌固連磁心,不同原位校置磁舌在使動時與磁心之空隙,卽增加微量磁阻,使剩磁之力不足以吸動磁舌。剩磁隙過大,亦有使繼電器效率減低不適於用之病。

　(4) 電簧測校 —— 電簧測校,英語爲"spring gauging"。電簧上之,有曲折,既損外觀,且減彈力,故電簧首先使之平直。受磁舌杆推動之電簧曰磁舌電簧 (armature springs)。磁舌電簧對於各自靜接點 (break contact) 或套形絕緣物須有相當之壓力,因此磁舌電簧之上須加彈力。當繼電器使動後,磁舌電簧與動接點 (make contact) 相接,但彼等相接,須在磁舌杆達全擊距 (full stroke) 之前。如此,則磁舌電簧,對於動接點方有相當壓力,而二者之接觸亦可確實矣。電簧測校,卽磁舌電簧與其動接點相接時,剩磁螺絲端與磁心,必有相當之距離,一使磁舌電簧對於接點有相當之壓力,一以證實接觸之準確。磁舌電簧與靜接點相離時,剩

磁螺絲端與磁心,亦有相當之距離,以示其分開之起始。董小於此種相當距離,前者不能接觸,後者不容分開。

(5) 電限——磁舌電簧囘歸壓力(back pressure)之大小,與歸接之準確,決定方法以繼電器與某定量電阻串聯成一電路,再將磁舌電簧之彈力校之,使其與此種電阻串聯之時不能使動,又恐彈力過大,復以較低電阻相似試之,校其彈力,足以使動。但囘至前試電阻,電簧仍為不動。如此,前者曰不可使動狀態(nonoperated condition),後者曰使動狀態(operated condition)。使動狀態與不可使動狀態之電阻值,須視繼電器之綫圈,電簧數及其功用以為斷。此種校準曰電限,英語為"margining."

茲舉美國自動電話公司出品接線機(connector)上話綫繼電器(line relay)以明之:

繼　　電　　器	電　　簧　　測　　校		電　　阻	
A　R—500I—AI	系連阻 600	.006 ← → .004	O	2700
綫圈 D—280026			NO.	2800
〇　井1　　200			O	
井2　　200			NO.	

上表中O.為使動狀態,N.O.為不可使動狀態。作電限校準時,綫圈 #1 與 #2 相串聯。剩磁螺絲端與磁心距離 .006 时時,磁舌電簧甫與靜接點分開。距離至 .004 时時,磁舌電簧甫與動接點接觸,各廠家對其出物之繼電器,均附有繼電器校準葉(relay adjustment sheet),以便校準之用。

(六)結論　繼電器之原理構造,分類與校準,已如上述。繼電器之為用,實不僅自動電話工程已也,他如商業上活動廣告,電工率管理板(power supervisor's board(,電話工程上應用之錢匣(coin box)等等,均利用繼電器之使動,以變化電路。本篇將自動電話機上繼電器作一敍述,以便閱者對于繼電器本身有相當認識,廣為應用。至於篇中認誤,尚乞正之!

鋼筋混凝土長方形蓄水池計算法

盧 毓 駿

（一）概論　蓄水池（Water tank）所以儲蓄油.酒.水等液體,或架於空中,或造於地面,或埋於地下。有長方形與圓形之別。就同一之容量而言,以圓形者爲最省材料,但因左列問題,則又常有樂用長方形者:

(1) 圓池側壁之木模,較貴於長方形,

(2) 圓池之直徑在 40—50 公尺以上時,計算上假設唯受張力,常因混凝土易生裂痕,既減少蓄水池之不透水性,又發生次應力,欲消除之,頗費工料。

實際上選擇形式之標準,小規模之蓄水池,其容量爲 60—80 立方公尺者,以長方形爲經濟; 100—200 立方公尺者,圓形或長方形者均可採用; 200—5000 立方公尺者,則應採用圓形,在後數以上之容量,則又以長方形爲經濟與堅固（其側壁爲垂直面或斜面。此篇專討論長方形蓄水池之計算法。

造於地面之蓄水池,其池壁僅受水之壓力。爲減省池壁之厚度起見,應加垂直之垜墻（Verticals counterforts）於池壁外,或造中安框（Rectangular frame）於池壁內。

若蓄水池爲無蓋者,垜墻可視爲一端嵌固於池底之伸臂梁（Cantilever）計算之。池壁則視爲嵌固於三面,卽池底與兩垜墻。若於池口緣加箍,則更臻堅固。若蓄水池爲有蓋者,則池蓋按所施於池壁之反應力計算之。

6289

理於地下之蓄水池,所以防飲料受溫度變更之影響。上覆泥土約 0.40—1.00 公尺厚。

池底受水之壓力,傳佈於地下,而生反壓力。若地內排水完備,在大面積之蓄水池,於水重之外,尚須算及列柱所傳之池蓋重量。(因大規模之蓄水池,常分為數間,以備輪流洗濯或修理)普通池底厚8—10公分,其雙向鋼條,可用8—10公厘之圓鐵,其中距為16—25公分。

若在易浸溼之土質,則用仰拱式之池底,以禦反壓力,或用翻身樓板式,並計算池壁與列柱於池內空虛時,是否足以抵抗仰拱或梁之反應力。

若池之面積過大,則池蓋用井梁樓板,置於池壁及磚柱或鋼骨水泥柱上,以傳佈荷重於池底。

池壁之高在 2—2.5 公尺以下者,其鋼條以縱向排列為經濟,在2.5公尺以上者,則主要鋼條應以橫向排列為經濟,幷可用不同尺寸之鋼條,或將池壁之厚度由下向上逐漸減小。

(二)池蓋之計算 設池蓋頂載一公尺深之填土,則每平方公尺之載重為 1500公斤,再加其本重,其總載重約為每平方公尺1800—1900公斤。可照樓板計算法計算之。

(三)池底之計算 若蓄水池架於空中,池底之計算甚簡單。

置於地面或埋於地下之水池,則因水滿與水空而情形各異,分述如左:

(a)池空時因池底與池壁成為整體,故計算池底,可視為嵌梁。大面積之池底,應分為井梁而計算之。其旋量為:

	支點	中點
池底板	$M_0 = -\dfrac{1}{3}\left(\dfrac{1}{12}pl^2\right)$	$M_m = +\dfrac{1}{3}\left(\dfrac{1}{24}pl^2\right)$

池底梁　　$M_o = -\dfrac{1}{12}pl^2$　　　　　　$M_m = +\dfrac{1}{24}pl^2$

觀此知旋量之在梁中者,只有梁端之半,然鋼條之排工太大,池底鋼條仍以等距離排列爲宜。

(b)池滿時　池內之底面積 S′ 較小於池底外之底面積 S。每平方公尺之水重爲 p＝1000H 公斤(H 以公尺計),水之總重 Q′＝pS′ 設建築物之本重爲Q,則每平方公尺之地面反壓力爲 $\dfrac{Q+Q'}{S}$ ＝ $q + p\dfrac{S'}{S}$。此單位反壓力,至多不得過於地之每平方公尺勝載力。反壓力由下向上,若與向下之水壓力相減,則只剩由下向上之力。受反壓力而撓曲之池底,應以應拉力鋼條擔負之。

又須注意廣大之面積時,地基之勝載力不能到處同一,若或部分之池底受壓力而下陷時,則蓄水池失其堅固,故池底下面須安鋼條或輔梁以臻安全。

(四)池壁之計算　池壁於相當距離,應加垛墻。埋於地下之蓄水池,池壁內面受水壓力,池壁外面受土壓力,故池空時池壁須能抵禦土壓力。池滿時如按土壓力與水壓力相抵消計算,則因土壓力常因土之乾濕而異,極乾燥之土,其土壓力可視爲零,濕土則反是,故應審愼從事。普通宜僅按水壓力計算。

池壁須兩面排鋼條,以適應池空池滿時兩種情形。如蓄水池中有小分間者,其隔垛墻亦須仿此計算。

池壁左右支于垛墻,上下支於池底與池口箍或池蓋。設池高爲 h,垛墻之距離爲 l,則 h＞2l 時,池壁不必用雙向鋼條;主要鋼筋,可橫排於兩垛之間,因垛墻與池壁爲整體,故可假定爲完全嵌固;至於次要垂直鋼條,可緊嵌於池底,以增堅固。

通常垛墻之適當距離爲 l＞$\frac{1}{4}$h,卽 h＜2l。在此種情形之下,池壁之計算法如下:

(甲)計算橫向旋量　因每一直段上下各點所受壓力不同,故分池壁爲一公尺高之小段,每段根據最下方之水壓力 P 計算。

假定池壁爲完全嵌固,則嵌固處之旋量爲:

$$M_0 = -\frac{1}{12}\alpha pl^2$$

內 $\alpha = \dfrac{h^4}{l^4 + l^2 h^2 + h^4}$

中點之旋量爲:

$$M_1 = +\frac{1}{24}\alpha pl^2$$

若欲增加安全率亦可令

$$M_1 = +\frac{1}{20}\alpha pl^2$$

(乙)計算垂向旋量　池壁下方嵌固於池底,而上方嵌固於池口箍,其各點所受之水壓力爲 $p = 1000z$ (公斤);Z 爲距水面之深度(以公尺計)。在 z 深度處之旋量爲

$$M_z = \frac{1000z}{30}(3h^2 - 5z^2)\beta$$

內 $\beta = \dfrac{l^4}{l^4 + l^2 h^2 + h^4}$

在池底嵌固處其旋量爲 $(z = h)$

$$M_h = -\frac{1000h^3}{15}\beta$$

在 $z = \dfrac{h}{15}$ 處,爲正號旋量

$$M = \frac{1000h^3}{15}\beta$$

剪力在池口箍處爲 $T_0 = \dfrac{1}{10} 1000 h^2 \times \dfrac{l}{l+h}$;在池底處 $T_1 = \dfrac{2}{5}$ $1000 h^2 \times \dfrac{l}{l+h}$。

(五)池壁之詳細計算

(甲)縱排幹鋼之池壁　　池壁之高在2.5公尺以下者,其幹鋼為垂直。池壁之下端,固着於池底,而上端則止靠於池蓋。如無蓋,亦須造一池口箍,以增堅固。如圖(一)所示,設長一公分寬一公尺之池壁

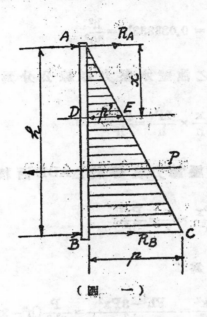

（圖　一）

之水壓力為P,則每寬一公尺之池壁所受之總壓力為:

$$P = \frac{ph}{2}, \quad 卽\ p = \frac{2P}{h}。$$

此項總壓力作用於水壓三角形之重心,離池底 $\frac{h}{3}$ 之高處。

利用靜力學之平衡條件得:

(1) 各水平力之和 $=0$, 故 $R_A + R_B - P = 0$

(2) 以任一點為旋軸之旋量 $=0$,以 B 為旋軸則 $R_A h - P \frac{h}{3} = 0$,

卽　$R_A = \frac{P}{3}$;

$$R_B = P - R_A = P - \frac{P}{3} = \frac{2P}{3}$$

若 h 之單位為公分,則 $P = 0.1 \frac{h}{100} \times 100 = 0.1h$(公斤)

而 $\qquad P = \dfrac{ph}{2} = \dfrac{0.1h \times h}{2} = 0.05h^2$

$$R_A = \dfrac{P}{3} = 0.016666h^2 = \dfrac{h^2}{60}$$

$$R_B = \dfrac{2P}{3} = 0.033333h^2 = \dfrac{h^2}{30}$$

設離池面 x 高處之池壁水壓力每線公分爲

$$P' = \dfrac{px}{h} = \dfrac{x}{h} \times \dfrac{2P}{h} = \dfrac{2Px}{h^2}$$

在 D 點以上之水壓總力,當等於 △ADE 面積即:

$$P' \times \dfrac{x}{2} = \dfrac{2Px}{h^2} \times \dfrac{x}{2} = \dfrac{Px^2}{h^2}$$

故任一點之剪力爲:

$$T = \dfrac{P}{3} - \dfrac{Px^2}{h^2} = \dfrac{Ph^2 - 3Px^2}{3h^2} = \dfrac{P}{3h^2}(h^2 - 3x^2)$$

由上式知,若剪力爲零,須 $h^2 - 3x^2 = 0$,即

$$x = \dfrac{h}{\sqrt{3}} = \dfrac{h\sqrt{3}}{3} = 0.5774h。$$

以 x=mh 代入前式,得

$$T = \dfrac{P}{3h^2}(h^2 - 3m^2h^2) = \dfrac{P}{3}(1 - 3m^2) = \varphi P$$

m	0	0.1	0.2	0.3	0.4	0.5	0.5774	0.6	0.7	0.8	0.9	1
φ	0.333	0.323	0.293	0.243	0.173	0.083	0	−0.027	−0.157	−0.307	−0.477	−0.666

由此得剪力圖,如圖(二)所示。

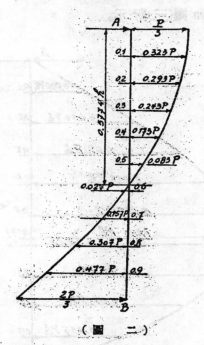

（圖　二）

任一點之旋量爲：

$$M = \frac{P}{3}x - \frac{Px^2}{h^2} \times \frac{x}{3} = \frac{P}{3h^2}(xh^2 - x^3)$$

令　　　$x = \frac{h\sqrt{3}}{3}$ 得最大旋量

$$Mf = \frac{P}{3h^2}\left[\frac{h\sqrt{3}}{3}h^2 - \left(\frac{h\sqrt{3}}{3}\right)^2\right]$$

$$= \frac{2Ph\sqrt{3}}{27} = 0,1283\,Ph$$

若以 P 之值代入,則 Mf=0,05h^2×0,1283h=0,006415h^3。

前令 h 之單位爲公分故旋量之單位爲公斤公分。

再令 x=mh, 則 $M = \frac{P}{3h^2}(mh^3 - m^3h^3) = \frac{Ph}{3}(m - m^3) = \varphi Ph$

m	0	0,1	0,2	0,3	0,4	0,5	0,5774	0,6	0,7	0,8	0,9	1
φ	0	0,033	0,064	0,091	0,112	0,125	0,1283	0,128	0,119	0,096	0,057	0

由此得旋量圖如圖(三)所示。

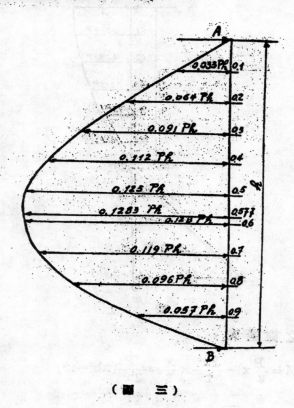

0.033 Ph　0.1
0.064 Ph　0.2
0.091 Ph　0.3
0.112 Ph　0.4
0.125 Ph　0.5
0.1283 Ph　0.577
0.1283 Ph　0.6
0.119 Ph　0.7
0.096 Ph　0.8
0.057 Ph　0.9

（　圖　三　）

例如蓄水池高 2 公尺時

$$R_A = \frac{h^2}{60} = \frac{200^2}{60} = 667 \text{ 公斤}$$

$$R_B = \frac{h^2}{30} = \frac{200^2}{30} = 1333 \text{ 公斤}$$

Mf＝0,006415×200³＝51320公斤公分

(乙)橫排鋼條之池壁　設池壁之鋼條爲橫排,可參照(六)節關於池口箍之計算法計算之。

鋼骨如此排法,則池壁在上方者可以減薄,在下方者可以加厚。

除旋量之外,池壁受有一種張力,等於兩旁池壁所受水壓力

之半。此種張力,由池座向上方漸減。

(六)池口箍之計算　蓄水池有蓋,則 (五)(甲) 所論反應力 R_A 為池蓋所承受,若無蓋,則須以池口箍承受之吾人知池壁上端之反應力為 $R_A = \dfrac{P}{3}$,並等佈于池口之周圍 (圖四)。為避免混清起見,以

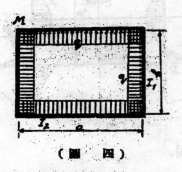

（圖　　四）

G 代 R_A,則每線公分之等佈載重為:

$$q = \frac{1}{3}\left(0,1 \times \frac{h}{100} \times \frac{h}{2}\right) = 0,0001667 h^2$$

先假定各邊獨立,而視為單梁,則其中央最大旋量 $\dfrac{qa^2}{8}$ 與 $\dfrac{qb^2}{8}$。各樑端因互相聯繫成框架式,其旋量為

$$M = -\frac{q}{12} \frac{a^2 + b^2 k}{k+1}$$

$$K = \frac{b}{a} \times \frac{I_2}{I_2} \quad \begin{array}{l} I_1 為 b 梁之惰性率 \\ I_2 為 a 梁之惰性率 \end{array}$$

故池口箍各邊中點之旋量為

$$Ma = \frac{qa^2}{8} - M \text{ (絕對值)} \quad Mb = \frac{qb^2}{8} - M \text{ (絕對值)}$$

距池角 x 遠處之旋量

在 a 梁　$ME = \dfrac{qa}{2}x - qx \times \dfrac{x}{2} - M = \dfrac{qx}{2}(a-x) - M \text{ (絕對值)}$

在 b 梁　$ME = \dfrac{qb}{2}x - qx \times \dfrac{x}{2} - M = \dfrac{qx}{2}(b-x) - M \text{ (絕對值)}$

各邊旋量之分佈如圖(五)所示。

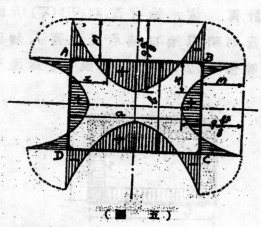

（圖　五）

剪力圖與單梁同。

設　　$I_1 = I_2$, 則 $k = \dfrac{b}{a}$,

$$M = -\frac{q}{12} \cdot \frac{a^2 + b^2 \frac{b}{a}}{\frac{b}{a} + 1} = -\frac{q}{12} \cdot \frac{a^3 + b^3}{a + b} = -\frac{q}{12}(a^2 - ab + b^2)$$

若蓄水池如方形,則 $M = -\dfrac{qa^2}{12}$

卽與固定梁之兩端旋量同,而梁中點之旋量爲

$$M = \frac{qa^2}{8} - \frac{qa^2}{12} = \frac{qa^2}{24}\text{。}$$

(七)池口箍中部擔梁之計算　若池長幾爲池寬之二倍,則於池口箍之中點可造擔梁如(圖六)之 EF。

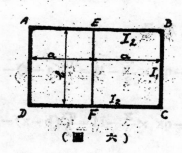

（圖　六）

　　若 a 為蓄水池長邊之半,則各池角之旋量為$M = -\dfrac{q}{12}\dfrac{a^2+2b^2k}{2k+1}$,

$k = \dfrac{I_2}{I_1}\dfrac{a}{b}$ (I_1為短邊之惰性率,I_2為長邊之惰性率。)

　　擒梁之着點,其旋量為 $Ma = -\dfrac{q}{12}\dfrac{a^2+k(3a^2-b^2)}{2k+1}$。

　　擒梁所受之拉力為 $F = \dfrac{q}{2a}\dfrac{2a^2+k(5a^2-b^2)}{2k+1}$。

　　各邊旋量之分佈,如圖(七)所示。

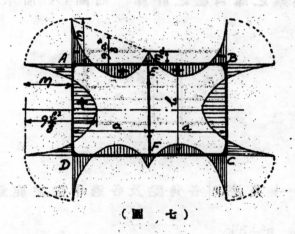

（圖　七）

推論一　若$I_1=I_2$則$k=\dfrac{b}{a}$;

$$M = -\frac{q}{12}\;\frac{a^2+2b^2\dfrac{b}{a}}{2\dfrac{b}{a}+1} = -\frac{q}{12}\;\frac{a^2+2b^2}{2b+a}$$

$$Ma = -\frac{b}{12}\;\frac{a^2+\dfrac{b}{a}(3a^2-b^2)}{2\dfrac{b}{a}+1} = -\frac{q}{12}\;\frac{a^3+3a^2b-b^3}{2b+a}$$

$$F = \frac{q}{2a}\;\frac{2a^2+\dfrac{b}{a}(5a^2-b^2)}{2\dfrac{b}{a}+1} = \frac{q}{2a}\;\frac{2a^3+5a^2b+b^2}{2b+a}$$

推論(二)　若池長二倍於池寬且 $I_1=I_2$, 則 $a=b,k=1$,

$$M=-\frac{q}{12}\frac{a^2+2a^2}{2+1}=-\frac{qa^2}{12}$$

$$Ma=-\frac{q}{12}\frac{a^2+3a^2-a^2}{2+1}=-\frac{qa^2}{12}$$

$$F=\frac{q}{2a}\frac{2a^2+5a^2-a^2}{2+1}=qa$$

(八)雙向擒梁之池口櫃之計算　如圖(八)所示

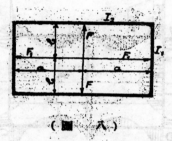

（圖　八）

令 $a=\frac{1}{2}$ 長度,$b=\frac{1}{2}$ 寬度,則各角點及各邊中點之旋量:

$$M=\frac{q}{12}\frac{a^2+b^2k}{k+1}$$

$$Ma=-\frac{q}{24}\frac{a(2a+3b)-b^2k}{k-1}$$

$$Mb=-\frac{q}{24}\frac{3b^2-a^2+2b^2k}{k+1}$$

擒梁所受之拉力爲:

$$F=\frac{q}{4a}\frac{a(4a+5b)-b^2k}{k+1}$$

$$F_1=\frac{q}{4b}\frac{5b^2-a^2+4b^2k}{k+1}$$

旋量之分佈如圖九所示。

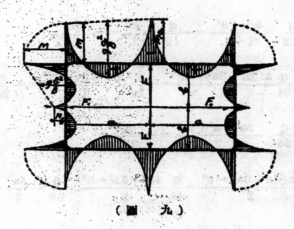

（圖　　九）

推論（一）：　設 $I_1=I_2$ 則 $k=\dfrac{b}{a}$

$$M=\frac{q}{12}\ \frac{a^2+b^2\dfrac{b}{a}}{\dfrac{b}{a}+1}=\frac{q}{12}\ \frac{a^3+b^3}{b+a}=\frac{q}{12}(a^2-ab+b^2)$$

$$Ma=-\frac{q}{24}\ \frac{a(2a+3b)-b^2\dfrac{b}{a}}{\dfrac{b}{a}+1}=-\frac{q}{24}\ \frac{2a^3+3a^2b-b^3}{b+a}$$

$$Mb=-\frac{q}{24}\ \frac{3b^2-a^2+2b^2\dfrac{b}{a}}{\dfrac{b}{a}+1}=-\frac{q}{24}\ \frac{3ab^2-a^3+2b^3}{b+a}$$

$$F=\frac{q}{4a}\ \frac{4a^2+5ab-b^2\dfrac{b}{a}}{\dfrac{b}{a}+1}=\frac{q}{4a}\ \frac{4a^3+5a^2b-b^3}{b+a}$$

$$F_1=\frac{q}{4b}\ \frac{5b^2-a^2+4b^2\dfrac{b}{a}}{\dfrac{b}{a}+1}=\frac{q}{4b}\ \frac{5ab^2-a^3+4b^3}{b+a}$$

(推論(二)．　設蓄水池為正方形，且 $I_1=I_2$，則 $a=b$ $k=I$，

$$M=-\frac{q}{12}\frac{a^2+/a^2}{1+1}=-\frac{q}{12}+\frac{2a^2}{2}=-\frac{qa^2}{12}$$

$$Ma=-\frac{q}{24}\frac{a(2a+3a)-a^2}{2}=-\frac{q}{24}\frac{2a^2+3a^2-a^2}{2}=-\frac{q}{24}\times 2a^2=-\frac{qa^2}{12}$$

$$Mb=-\frac{q}{24}\frac{3a^2-a^2+2a^2}{2}=-\frac{qa^2}{12}$$

$$F=\frac{q}{4a}\frac{a(4a+5a)-a^2}{2}=\frac{q}{4a}\frac{4a^2+5a^2-a^2}{2}=\frac{q}{4a}\times\frac{8a^2}{2}=qa$$

$$F_1=\frac{q}{4a}\frac{5a^2-a^2+4a^2}{2}=qa$$

(九)中安框之計算　　為減小池之長邊之跨度起見，吾人可造一鋼骨混凝土框，橫套於池之中部，如圖(十)所示。可應用前款之公

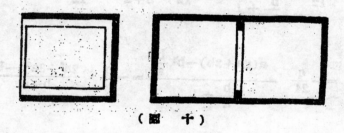

（圖　十）

式以計算之。蓄水池各段中安框若處梁腹之地位而其功用則等於搁梁。

〔例〕設計 3 公尺高，3 公尺寬，6 公尺長之蓄水池；

此處水壓力由 0 而達 0.3公斤/平方公分。若欲作精密計算，則分為60公分高之小段，各段所受之平均水壓力如下：

分段	1	2	3	4	5
平均壓力	0.03	0.09	0.15	0.21	0.27公斤/平方公分

$$M=-\frac{qa^2}{12},\qquad q\text{為每線公分之水壓；}$$

在最下分段之水壓力爲 q=0,27×60＝16,2公斤, a=300;

$$M = -\frac{16,2 \times 300^2}{12} = 121,500 \text{ 公斤公分}。$$

梁腹之張力　　F_5=qa=16,2×300＝4860 公斤

依次得　　$F_1 = \frac{4860 \times 0,03}{0,27} = 540$ 公斤　$F_2 = \frac{4860 \times 0,09}{0,27} = 1620$ 公斤

$$F_3 = \frac{4860 \times 0,15}{0,27} = 2700 公斤 \quad F_4 = \frac{4860 \times 0,21}{0,27} = 3780 公斤$$

$$F_5 = \quad = 4360 公斤 \qquad 如圖(十一)所示$$

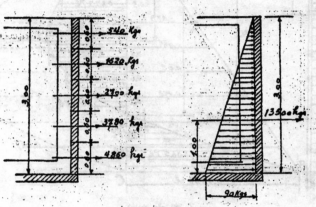

（圖十一）

故總張力 F＝540＋1620公斤＋2700＋3780＋4860＝13,500 公斤

推論(一)　　若假定池壁非固着於池底,則最大旋量

$$Mf=0,1283Ph=0,1283 \times 13,500 \times 300=519615 公斤公分$$

在上擒梁之力爲 $R_A = \frac{P}{3} = \frac{13500}{3} = 4500$ 公斤

在下擒梁之力爲 $R_B = \frac{2P}{3} = \frac{13500 \times 2}{3} = 9000$ 公斤

推論(二)　若假定池壁爲固着於池底,則

$$R_A = \frac{pl}{10} = \frac{P}{5} \qquad R_b = \frac{2pl}{5} = \frac{4P}{5}$$

固着處之旋量

$$M_B = -\frac{pl^2}{15} = -\frac{2pl}{15}$$

距池面 x 處(圖十二)之水壓力為：　$p' = \frac{px}{l}$

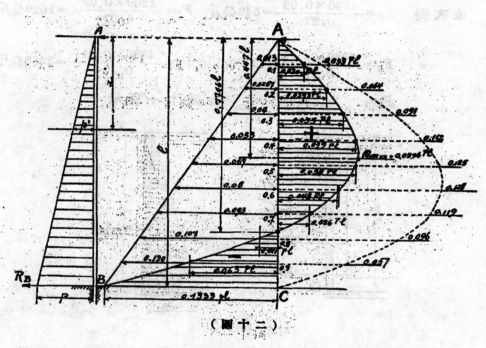

（圖十二）

旋量 $M = R_A x - \frac{p'x}{2} \times \frac{x}{3} = \frac{pl}{10}x - \frac{px}{l} \times \frac{x^2}{6} = \frac{plx}{10} - \frac{px^3}{6x} = \frac{p}{30l}(3l^2x-5x)^3$

最大旋量在　$x = \sqrt{\frac{l^2}{5}} = 0.447221$ 之處,即

$$M_{max} = 0.0298pl^2 = 0.0596pl$$

M=0 在 x=0, 與 x=l √0.6 = 0.7746l 兩處。

旋量之分佈如圖(十二),其畫法係先畫普通梁之旋量圖,次畫三角形 A B C,其 B C 邊卽固定旋量 M_B 將此兩旋量圖線相加,卽得所求之旋量圖。

推論(三)　若假定池壁爲兩端固定,則

兩端之反應力 $R_A \dfrac{3pl}{20}=\dfrac{3P}{10}$；　　　$R_B=\dfrac{7pl}{20}=\dfrac{7P}{10}$；

兩端之固定旋量 $M_A=-\dfrac{pl^2}{30}=-\dfrac{Pl}{15}=0.0667\,pl$

$$M_B=-\dfrac{pl^2}{20}=-\dfrac{Pl}{10}=0.10\,Pl$$

離 A 端 X 遠之旋量

$$M=\dfrac{3pl}{20}\times X+M_A-p'\dfrac{x}{2}\times\dfrac{x}{3}=\dfrac{3Plx}{20}-\dfrac{Pl^2}{30}-\dfrac{Px^2}{6l}=\dfrac{p}{60l}\left[9l^2x-2l^3-10x^3\right]$$

$$x=\sqrt{\dfrac{9l^2}{30}}=l\sqrt{0,3}=0,5477\,l \quad 時得最大旋量$$

$$M_{max}=0,02144\,Pl^2=0,0429Pl$$

$$x=0,237l \ 及\ 0.808l \ 時:\qquad M=0。$$

旋量之分佈如圖(十三)所示。

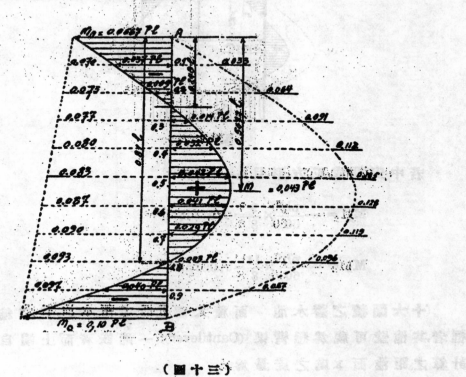

（圖十三）

推論(四)　若欲作正確之計算,須計及中安框之框架作用。茲假定該框支於 B B 兩點,則令　$k = \dfrac{I_2}{I_1} \cdot \dfrac{h}{l}$ 時(圖十四)

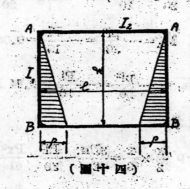

（圖十四）

$$M_A = -\frac{ph^2k(2k+7)}{60(k^2+4k+3)} \qquad M_B = -\frac{ph^2k(3k+8)}{60(k^2+4k+3)}$$

旋量之分佈如圖(十五)所示。

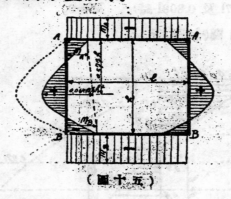

（圖十五）

若中安框成正方形,且 $I_1 = I_2$ 則

$$M_A = -\frac{ph^2}{60} \times \frac{9}{8} = 0.01875ph^2$$

$$M_B = -\frac{ph^2}{60} \times \frac{11}{8} = 0.023ph^2$$

(十)大面積之蓄水池　面積大而低之蓄水池,不設口箍及中框者,其池壁可視爲懸臂梁 (Cantilever),一端嵌着而上端自由者計算之。距池面 x 處之旋量爲

$$M = \frac{px}{h} \times \frac{x^2}{6} = \frac{px^3}{6h}$$

最大之旋量在 $x=h$ 處即　　$M_{max} = \frac{ph^2}{6} = \frac{Ph}{3}$

設令 $x=mh$, 則 $M = \frac{p}{6h} \times m^3h^3 = \frac{ph^2}{6}m^3 = \frac{Ph}{3}m^3$

旋量之分佈,如圖(十六)。

(十一)高深之蓄水池　此種蓄水池,池壁之鋼條均為縱豎,並設腰箍如圖(十七)所示。池壁可照連續梁之受三角形分佈載重者計算之。若欲池壁全部厚度一律,須先鑑定腰箍之位置,使池壁上下段之旋量約略相等。如池壁僅設一腰箍,如圖(十八)所示,則上半部池壁須占長0.627h,下半部池壁須占長0.373h。

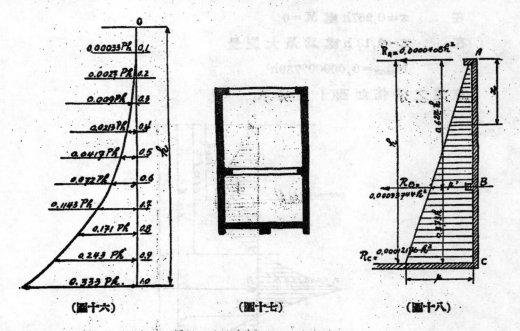

（圖十六）　　　　　（圖十七）　　　　　（圖十八）

池壁上下兩端之旋量為零;在 B 處之旋量為
$$M_B = 0.0000155h^3 \text{ (h 以公分計)}$$

反應力為　　$R_A = 0.0000408h^2$　　$R_B = 0.000033744h^2$
　　　　　　$R_C = 0.00012176h^2$

在 A 與 B 間任一點之旋量為

$$M = R_A x - \frac{px}{h} \times \frac{x}{2} \times \frac{x}{3} = 0,0000408 h^2 x - \frac{x^3}{6000}$$

令　$0,0000408 h^2 x - \frac{x^3}{6000} = 0$, 得旋量零點之地位二, 即

$$x = 0 \text{ 及 } x = \sqrt{0,2448 h^2} = 0,495 h。$$

在　$x = \sqrt{0,0816 h^2} = 0,286 h$ 處之旋量為最大, 即

$$M_{max} = 0,0000077688 \ h^3$$

在 B 與 C 間離 C 支點, X 遠處之旋量為

$$M = \frac{0,00000073056 h^3 x - 0,0000003652 h^2 x^2 - 0,000003 h^2 x^2 + 0,0000025 h x^3 - 0,0000005 x^4}{3(0,002 h - 0,001 x)}$$

$M = 0$ 若 $-0,0000005 x^4 + 0,0000025 h x^3 - 0,00000336528 h^2 x^2$

$$+ 0,00000073056 h^3 x = 0$$

在　$x = 0,267 h$ 處 $M = 0$

在　$x = 0,13 \ h$ 處為最大旋量

$$M_{max} = 0,000007739 h^2$$

旋量之分佈如圖(十九)所示。

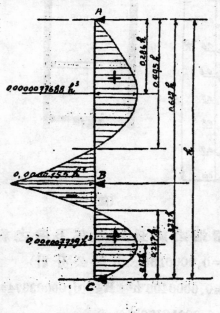

（圖十九）

(十二)梁牆之計算　第一種計算法。設梁牆下端嵌固於池底,上端嵌固於池口箍,則其計算法與(四)乙同,惟各公式須乘以梁牆之間距 1 耳。(因計算池壁時,係以單位寬度之載重爲標準,此則以間距 1 之載重爲標準)。

亦有假設梁牆下端爲完全嵌固,而上端爲淨潤者。

第二種計算法假定梁牆上下兩端均爲淨擱,則在池底之反應力爲:

$$V_A = \tfrac{1}{6}1000\ lh^2\ (l\ \text{及}\ h\ \text{均以公尺計},\ V\ \text{以公斤計})$$

在池口之反應爲　$V_B = \tfrac{1}{3}1000\ lh^2$

距池面 z 處之旋量爲

$$M_z = \tfrac{1}{6}1000\ lz\ (h^2-z^2)$$

最大旋量在 $Z = \dfrac{1}{\sqrt{3}}h = 0.577h$ 處,其值爲

$$M_{max} = \frac{1000\ l}{9\sqrt{3}}h^3 = 64lh^3$$

若假設梁牆爲部分嵌固,則其最大旋量爲

$$M_{max} = \frac{4}{5}\left[\frac{1000\ l}{9\sqrt{3}}\right] = 51lh^3$$

剪力之計算甚簡易。

(完)

鐵 路 豎 曲 線

許 鑑

　　緒言　吾國既採公尺制(Metric System)爲標準度量衡制度,當力謀通行,俾名實相符。吾輩工程師尤須抱廢除舊制而改用新制之決心。因此,本篇特用公尺制,將鐵路所用之拋物線形豎曲線路加解釋,編縱距表,以簡計算,畧數例題,以示應用。

　　鐵道路線變更坡度時。若不用豎曲線(Vertical Curve,),則重載列車經過頂點(Vertex)時,因上升與下降車輛速率不同。發生劇烈之衝動。及驟然之牽力。恆致軌鉤斷裂。或車輛出軌。設豎曲線。則免此種危險,

　　吾國國有鐵路建築標準所定:「凡坡度變更爲百分之0.2或更大者,其兩斜坡之交角,應採用豎曲線,使成弧形,此項豎曲線之長度,應依坡度變更之大小爲比例,每百分之0.1坡度變更,其交角如係凸形,豎曲線之長度,不得短於20公尺;其交角如係凹形,不得短於40公尺。交角兩邊切線之長度,宜使各爲20公尺之整倍數,其曲線應用拋物線,其起訖點與兩端切線相聯接」。換言之,凸形豎曲線,每20公尺站之坡度變率,不得超過0.1%;凹形豎曲線不得超過0.05 %。

　　豎曲線之長度,實際上往,往不能巧爲20公尺之整倍數,即是,而其始點又不能巧爲測量整站。故本篇解法務求廣義。使任何長度之豎曲線,均可適用,並假定兩邊坡度切線各佔豎曲線長度之半數。應用公式之由來引申,請閱篇末之附錄及所列之參考書。

略　號

本篇所用略號(參閱第一圖)說明如下：一

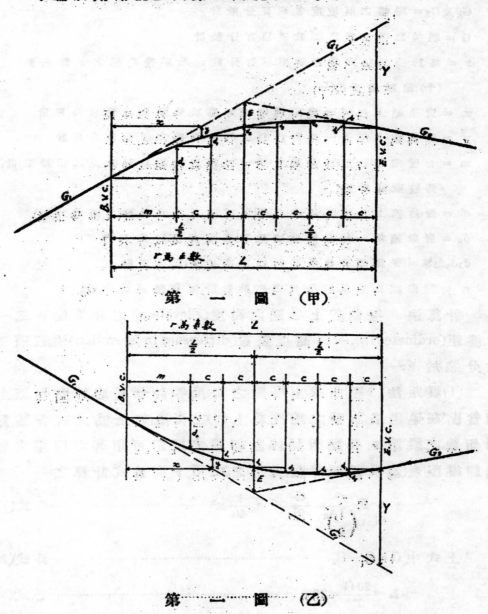

第 一 圖 （甲）

第 一 圖 （乙）

B.V.C. = 竪曲線始點

E.V.C. = 竪曲線終點

L = 竪曲線之長度以公尺計

6311

Y = 自始點切綫始點坡綫至豎曲綫終點之縱距,以公尺計

E = 自頂點(即兩坡度切綫之交點)至豎曲綫(中心點)之縱距,以公尺計

G_1 及 G_2 = 聯接之兩坡度,各以百分數計

G = 聯接之兩坡度之代數差,以百分數計

r = 每20公尺站之坡度變率,以百分數計。凸形豎曲綫之 r 爲正數
　　(十);凹形爲負數(一)。

x = 豎曲綫上任何一點對豎曲綫始點或終點之橫距,以公尺計

y = 豎曲綫上任何一點對始點或終點切綫之縱距,以公尺計

m = 自豎曲綫始點(或終點)起第一站點之橫距,以20公尺之倍數數計(可
　　爲整數或分數)

c = 豎曲綫上其他各站之長度,以20公尺之倍數計(大部爲整數)

d_0 = 豎曲綫第一站對始點(或終點)之高度差,以公尺計

$d_1 d_2 d_3$等 = 豎曲綫其他各站兩端之高度差,以公尺計

n = 豎曲綫長度,以20公尺之倍數數計(可爲整數或分數)

　　計算法　豎曲綫上各點之高度(Elevation)之計算法有二,一
曰縱距(ordinates)法,一曰高度差數(difference in Elevation)法。茲將二
法分述於下:——

　　(1)縱距法　豎曲綫上各點之高度等於始點或終點切綫上
相當點(在通過各該點之垂直綫上者)之高度,加上或減去各該點
對切綫之縱距 y。各點對始終點切綫之縱距,可用著者所編之豎
曲綫縱距表(表及說明詳後)查得之。或用下列公式計算之:——

$$y = E \frac{x^2}{\left(\frac{L}{2}\right)^2} = \frac{G}{2L}x^2 = \frac{r}{40}x^2 \quad \cdots\cdots\cdots\cdots\cdots\cdots\cdots\cdots\cdots \text{公式(1)}$$

$$上式中\ G = G_1 - G_2 \quad \cdots\cdots\cdots\cdots\cdots\cdots\cdots\cdots\cdots \text{公式(2)}$$

$$L = \frac{20G}{r} = 20\,n \quad \cdots\cdots\cdots\cdots\cdots\cdots\cdots\cdots\cdots \text{公式(3)}$$

$$E = \frac{Y}{4} \quad \cdots\cdots\cdots\cdots\cdots\cdots\cdots\cdots\cdots\cdots\cdots \text{公式(4)}$$

　　(2)高度差數法　豎曲綫某點之高度,加上或減去次點之高

度差 d, 即得次點之高度。依序計算。全曲線上各點之高度。均可求
得。各點間之高度差 d, 可用下列幾個公式計算之:—

$$d_0 = 20\left(G_1 - \frac{mr}{2}\right)m \quad\cdots\cdots\text{公式(5)}$$

$$d_1 = 20\left[G_1 - \left(m + \frac{c}{2}\right)r\right]c \quad\cdots\cdots\text{公式(6)}$$

$$d_2 = d_1 - 20c^2r \quad\cdots\cdots\text{公式(7)}$$

$$d_3 = d_2 - 20c^3r \quad\cdots\cdots\text{公式(8)}$$

　　豎曲線之長度,為 20 公尺之整倍數,而其始點又巧為測量整
站,則計算更易。若用縱距法,稱豎曲線上第一站之縱距曰 y_1,第二
站之縱距曰 y_2,如此類推,則由公式(1)可得下列諸簡式:—

$$\left.\begin{aligned}
&y_2 = 2^2 y_1 = 4y_1 \\
&y_3 = 3^2 y_1 = 9y_1 \\
&y_n = n^2 y_1 = Y = G\frac{L}{2} = G \cdot \frac{n \times 20}{2} = 10Gn \\
&y_1 = \frac{10G}{n} = 10r
\end{aligned}\right\} \cdots\cdots\text{公式(1a)}$$

　　若用高度差數法,則因 m=c=1。而得下列諸簡式:—

$$d_0 = 20G_1 - 10r \quad\cdots\cdots\text{公式(5a)}$$

$$d_1 = d_0 - 20r \quad\cdots\cdots\text{公式(6a)}$$

$$d_2 = d_1 - 20r \quad\cdots\cdots\text{公式(7a)}$$

$$d_3 = d_2 - 20r \quad\cdots\cdots\text{公式(8a)}$$

　　注意諸高度差。依次遞減 20 r。

　　縱距表　　為簡省縱距法計算起見,著者特編豎曲線縱距表,
以資應用。凡豎曲線之坡度變率為 r=0.1%,而其長度在 1200 公尺
以下時,曲線上任何點之縱距。可直接由表中查得之。而不必用公
式(1)計算。如用其他坡度變率 r′,亦可利用此表。蓋從公式(1),可知
坡度變率為 0.001 時縱距 $y = \frac{0.001}{40}x^2$。坡度變率為 r′ 時縱距 $y = \frac{r'}{40}x^2$

竖 曲 線 縱 距 表

r = 0.1 %

x	y	x	y	x	y	x	y
1	0.0000	51	0.0650	101	0.2550	151	0.5700
2	0.0001	52	0.0676	102	0.2601	152	0.5776
3	0.0002	53	0.0702	103	0.2652	153	0.5852
4	0.0004	54	0.0729	104	0.2704	154	0.5929
5	0.0006	55	0.0756	105	0.2756	155	0.6006
6	0.0009	56	0.0784	106	0.2809	156	0.6084
7	0.0012	57	0.0812	107	0.2862	157	0.6162
8	0.0016	58	0.0841	108	0.2916	158	0.6241
9	0.0020	59	0.0870	109	0.2970	159	0.6320
10	0.0025	60	0.0900	110	0.3025	160	0.6400
11	0.0030	61	0.0930	111	0.3080	161	0.6480
12	0.0036	62	0.0961	112	0.3136	162	0.6561
13	0.0042	63	0.0992	113	0.3192	163	0.6642
14	0.0049	64	0.1024	114	0.3249	164	0.6724
15	0.0056	65	0.1056	115	0.3306	165	0.6806
16	0.0064	66	0.1089	116	0.3364	166	0.6889
17	0.0072	67	0.1122	117	0.3422	167	0.6972
18	0.0081	68	0.1156	118	0.3481	168	0.7056
19	0.0090	69	0.1190	119	0.3540	169	0.7140
20	0.0100	70	0.1225	120	0.3600	170	0.7225
21	0.0110	71	0.1260	121	0.3660	171	0.7310
22	0.0121	72	0.1296	122	0.3721	172	0.7396
23	0.0132	73	0.1332	123	0.3782	173	0.7482
24	0.0144	74	0.1369	124	0.3844	174	0.7569
25	0.0156	75	0.1406	125	0.3906	175	0.7656
26	0.0169	76	0.1444	126	0.3969	176	0.7744
27	0.0182	77	0.1482	127	0.4032	177	0.7832
28	0.0196	78	0.1521	128	0.4096	178	0.7921
29	0.0210	79	0.1560	129	0.4160	179	0.8010
30	0.0225	80	0.1600	130	0.4225	180	0.8100
31	0.0240	81	0.1640	131	0.4290	181	0.8190
32	0.0256	82	0.1681	132	0.4356	182	0.8281
33	0.0272	83	0.1722	133	0.4422	183	0.8372
34	0.0289	84	0.1764	134	0.4489	184	0.8464
35	0.0306	85	0.1806	135	0.4556	185	0.8556
36	0.0324	86	0.1849	136	0.4624	186	0.8649
37	0.0342	87	0.1892	137	0.4692	187	0.8742
38	0.0361	88	0.1936	138	0.4761	188	0.8836
39	0.0380	89	0.1980	139	0.4830	189	0.8930
40	0.0400	90	0.2025	140	0.4900	190	0.9025
41	0.0420	91	0.2070	141	0.4970	191	0.9120
42	0.0441	92	0.2116	142	0.5041	192	0.9216
43	0.0462	93	0.2162	143	0.5112	193	0.9312
44	0.0484	94	0.2209	144	0.5184	194	0.9409
45	0.0506	95	0.2256	145	0.5256	195	0.9506
46	0.0529	96	0.2304	146	0.5329	196	0.9604
47	0.0552	97	0.2352	147	0.5402	197	0.9702
48	0.0576	98	0.2401	148	0.5476	198	0.9801
49	0.0600	99	0.2450	149	0.5550	199	0.9900
50	0.0625	100	0.2500	150	0.5625	200	1.0000

豎　曲　線　縱　距　表
r = 0.1 %

x	y	x	y	x	y	x	y
201	1.0100	251	1.5750	301	2.2650	351	3.0800
202	1.0201	252	1.5876	302	2.2801	352	3.0976
203	1.0302	253	1.6002	303	2.2952	353	3.1152
204	1.0404	254	1.6129	304	2.3104	354	3.1329
205	1.0506	255	1.6256	305	2.3256	355	3.1506
206	1.0609	256	1.6384	306	2.3409	356	3.1684
207	1.0712	257	1.6512	307	2.3562	357	3.1862
208	1.0816	258	1.6641	308	2.3716	358	3.2041
209	1.0920	259	1.6770	309	2.3870	359	3.2220
210	1.1025	260	1.6900	310	2.4025	360	3.2400
211	1.1130	261	1.7030	311	2.4180	361	3.2580
212	1.1236	262	1.7161	312	2.4336	362	3.2761
213	1.1342	263	1.7292	313	2.4492	363	3.2942
214	1.1449	264	1.7424	314	2.4649	364	3.3124
215	1.1556	265	1.7556	315	2.4806	365	3.3306
216	1.1664	266	1.7689	316	2.4964	366	3.3489
217	1.1772	267	1.7822	317	2.5122	367	3.3672
218	1.1881	268	1.7956	318	2.5281	368	3.3856
219	1.1990	269	1.8090	419	2.5440	869	3.4040
220	1.2100	270	1.8225	320	2.5600	370	3.4225
221	1.2210	271	1.8360	321	2.5760	371	3.4410
222	1.2321	272	1.8496	322	2.5921	372	3.4596
223	1.2432	273	1.8632	323	2.6082	373	3.4782
224	1.2544	274	1.8769	324	2.6244	374	3.4969
225	1.2656	275	1.8906	325	2.6406	375	3.5156
226	1.2769	276	1.9044	326	2.6569	376	3.5344
227	1.2882	277	1.9182	327	2.6732	377	3.5532
228	1.2996	278	1.9321	328	2.6896	378	3.5721
229	1.3110	279	1.9460	329	2.7060	379	3.5910
230	1.3225	280	1.9600	330	2.7225	380	3.6100
231	1.3340	281	1.9740	331	2.7390	381	3.6290
232	1.3456	282	1.9881	332	2.7556	382	3.6481
233	1.3572	283	2.0022	333	2.7722	383	3.6672
234	1.3689	284	2.0164	334	2.7889	384	3.6864
235	1.3806	285	2.0306	335	2.8056	385	3.7056
236	1.3924	286	2.0449	336	2.8224	386	3.7249
237	1.4042	287	2.0592	337	2.8392	387	3.7442
238	1.4161	288	3.0736	338	2.8561	388	3.7636
239	1.4280	289	2.0880	339	2.8739	380	3.7830
240	1.4400	290	2.1025	340	2.8900	390	3.8025
241	1.4520	291	2.1170	341	2.9070	391	3.8220
242	1.4641	292	2.1316	342	2.9241	392	3.8416
243	1.4762	293	2.1462	343	2.9412	393	3.8612
244	1.4884	294	2.1609	344	2.9584	394	3.8809
245	1.5006	295	2.1756	345	2.9756	395	3.9006
246	1.5129	296	2.1904	346	2.9929	396	3.9204
247	1.5252	297	2.2052	347	3.0102	397	3.9402
248	1.5376	298	2.2201	348	3.0276	398	3.9601
249	1.5500	299	2.2350	349	3.0450	399	3.9800
250	1.5625	300	2.2500	350	3.0625	400	4.0000

平方根表

r = 0.1 %

x	y	x	y	x	y	x	y
401	4.0200	451	5.0850	501	6.2750	551	7.5900
402	4.0401	452	5.1076	502	6.3001	552	7.6176
403	4.0602	453	5.1302	503	6.3252	553	7.6452
404	4.0804	454	5.1529	504	6.3504	554	7.6729
405	4.1006	455	5.1756	505	6.3756	555	7.7006
406	4.1209	456	5.1984	506	6.4009	556	7.7284
407	4.1412	457	5.2212	507	6.4262	557	7.7562
408	4.1616	458	5.2441	508	6.4516	558	7.7841
409	4.1820	459	5.2670	509	6.4770	559	7.8120
410	4.2025	460	5.2900	510	6.5025	560	7.8400
411	4.2230	461	5.3130	511	7.5280	561	7.8680
412	4.2436	462	5.3361	512	6.5536	562	7.8961
413	4.2642	463	5.3592	513	6.5792	563	7.9242
414	4.2849	464	5.3824	514	6.6049	564	7.9524
415	4.3056	465	5.4056	515	6.6306	565	7.9806
416	4.3264	466	5.4289	516	6.6564	566	8.0089
417	4.3472	467	5.4522	517	6.6822	567	8.0372
418	4.3681	468	5.4756	518	6.7081	568	8.0656
419	4.3890	469	5.4990	519	6.7340	569	8.0940
420	4.4100	470	5.5225	520	6.7600	570	8.1225
421	4.4310	471	5.5460	521	6.7860	571	8.1510
422	4.4521	472	5.5696	522	6.8121	572	8.1796
423	4.4732	473	5.5932	523	6.8382	573	8.2082
424	4.4944	474	5.6169	524	6.8644	574	8.2369
425	4.5156	475	5.6406	525	6.8906	575	8.2656
426	4.5369	476	5.6644	526	6.9169	576	8.2944
427	4.5582	477	5.6882	527	6.9432	577	8.3232
428	4.5796	478	5.7121	528	6.9696	578	8.3521
429	4.6010	479	5.7360	529	6.9960	579	8.3810
430	4.6225	480	5.7600	530	7.0225	580	8.4100
431	4.6440	481	5.7840	531	7.0490	581	8.4390
432	4.6656	482	5.8081	532	7.0756	582	8.4681
433	0.6872	483	5.8322	533	7.1022	583	8.4972
434	4.7089	484	5.8564	534	7.1289	584	8.5264
435	4.7306	485	5.8806	535	7.1556	585	8.5556
436	4.7524	486	5.9049	536	7.1824	586	8.5849
437	4.7742	487	5.9292	537	7.2092	587	8.6142
438	4.7961	488	5.9536	538	7.2361	588	8.6436
439	4.8180	489	5.9780	539	7.2630	589	8.6730
440	4.8400	590	6.0025	540	7.2900	590	8.7025
441	4.8620	491	6.0270	541	7.3170	591	8.7320
442	4.8841	492	6.0516	542	7.3441	592	8.7616
443	4.9062	493	6.0762	543	7.3712	593	8.7912
444	4.9284	494	6.1009	544	7.3984	594	8.8209
445	4.9506	495	6.1256	545	7.4256	595	8.8506
446	4.9729	496	6.1504	546	7.4529	596	8.8804
447	4.9952	497	6.1752	547	7.4802	597	8.9102
448	5.0176	498	6.2001	548	7.5076	598	8.9401
449	5.0400	499	6.2250	549	7.5350	599	8.9700
450	5.0625	500	6.2500	550	7.5625	600	9.0000

故縱距 x 相等時:

$$y' = \frac{r'}{0.001}y$$

故欲求坡度變率為 0.001 時各點之縱距 y' 可以表中查得之縱距 y 乘以 $\frac{r}{0.001}$ 即得。

下舉數例,以示應用,每題先用縱距法從用高度差數法計算之。

例題(1)　　+0.5% 坡度與 -0.5% 坡度相遇於 2+005 站,成凸形。頂點之高度為 $81.^{m}000$,求竪曲線之長度,及該曲線上各測量站之高度。

公式(2), G=0.5%-(-0.5%)=1%

依照定則,r=0.1%; 公式(3)　L=20 $\frac{1\%}{.1\%}$=200 公尺。

始點在 1+905 站,其高度=$80.^{m}500$.

終點在 2+105 站,其高度=$80.^{m}500$

第二圖示此竪曲線。各站之高度,用二法計算列表於下:—

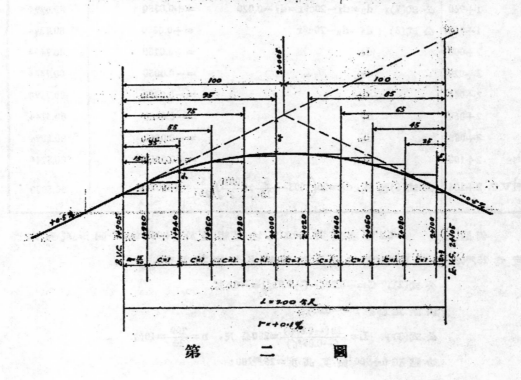

第　二　圖

(A) 縱 距 法　　因 r=0.1%，縱距可直接由縱距表中查得之。

站	切線高度	縱距 (y)	曲線高度	站	切線高度	縱距 (y)	曲線高度
B.V.C. 1+905	80.5000	0.0000	80.5000	2+020	80.9250	0.1806	80.7444
1+920	80.5750	0.0056	80.5694	2+040	80.8250	0.1056	80.7194
1+940	80.6750	0.0306	80.6444	2+060	80.7250	0.0506	80.6744
1+960	80.7750	0.0756	80.6994	2+080	80.6250	0.0156	80.6094
1+980	80.8750	0.1406	80.7344	2+100	80.5250	0.0006	80.5244
2+000	80.9750	0.2256	80.7494	E.V.C. 2+105	80.5000	0.0000	80.5000

(B) 高 度 差 數 法

站	加　　　　　　　　　　數		曲線高度
B.V.C. 1+905			80.5000
1+920	公式(5)$_1$　$d_0=20\left(.005-\dfrac{15}{20}\times\dfrac{.001}{2}\right)\dfrac{15}{20}$	$=+0.0694$	80.5694
1+940	公式(6)$_1$　$d_1=20\left(.005-\left(\dfrac{15}{20}+\dfrac{1}{2}\right).001\right)1$	$=+0.0750$	80.6444
1+960	公式(7)$_1$　$d_2=d_1-20c^2r=d_1-0.020$	$=+0.0550$	80.6994
1+980	公式(8)　$d_3=d_2-20c^2r$	$=+0.0350$	80.7344
2+000	d_4	$=+0.0150$	80.7494
2+020	d_5	$=-0.0050$	80.7444
2+040	d_6	$=-0.0250$	80.7194
2+060	d_7	$=-0.0450$	80.6744
3+080	d_8	$=-0.0650$	80.6094
2+100	d_9	$=-0.0850$	80.5244
E.V.C. 2+105	公式(5)覆核，$d_0=20\left(.005-\dfrac{5}{20}\times\dfrac{.001}{2}\right)\dfrac{5}{20}=+0.0244$		80.5000

例題(2)　　−0.2% 坡度與 +0.3% 坡度相遇於 1+000 站，成凹形。頂點之高度為 25.^{m}000 求豎曲線之長度及該曲線上各站之高度。

公式(2)，　G=−0.2%−(+0.3%)=−0.5%

俟照定制，r=−0.05%

公式(3)。　$L=\dfrac{20(-0.5\%)}{(-0.05\%)}=200$公尺，$n=\dfrac{200}{20}=10$站

始點在 0+900 站，其高度=25.^{m}200；

縱點在 1+100 站,其高度=25.^m300

第三圖示此豎曲線。各站之高度,用二法計算列表於下:—

(A) 縱距法　因 r=0.05%,縱距表中查得之縱距,乘以 $\frac{0.0005}{0.001}=0.5$ 即得欲求之縱距,

或用公式(1a)計算之亦可:

$$y_1=\frac{10\,G}{n}=\frac{10}{10}(-0.005)=-0.005; \quad y_2=4y_1=-0.020; \quad y_3=9y_1=-0.045$$

$$y_4=16y_1=-0.080; \quad y_5=25y_1=-0.125$$

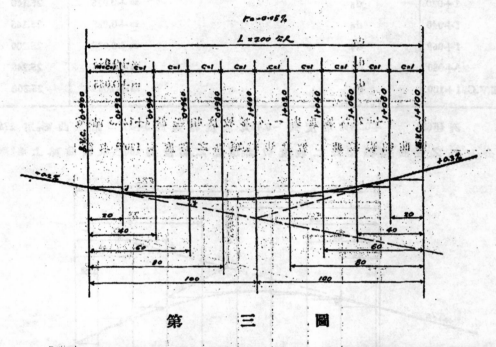

第　　三　　圖

站	切線高度	縱距 (y)	曲線高度	站	切線高度	縱距 (y)	曲線高度
B.V.C. 0+900	25.200	0.000	25.200	1+000	25.000	0.125	25.125
0+920	25.160	0.005	25.165	1+020	25.060	0.080	25.140
0+940	25.120	0.020	25.140	1+040	25.120	0.045	25.165
0+960	25.080	0.045	15.125	1+060	25.180	0.020	25.200
0+080	25.040	0.080	25.120	1+080	25.240	0.005	25.245
1+000	25.000	0.125	25.125	E.V.C. 1+100	25.300	0.000	25.300

(B) 高度差數法

站	加　　　數	曲線高度
B.V.C. 0+900		25.200
0+920	公式(5¹)$d_0 = 20G_1 - 10r = 20(-.002) - 10(-.0005)$　$= -0.035$	25.165
0+940	公式(6¹)$d_1 = d_0 - 20r = d_0 - 20(-.0005) = d_0 + .01$　$= -0.025$	25.140
0+960	d_2　$= -0.015$	25.125
0+980	d_3　$= -0.005$	25.120
1+000	d_4　$= +0.005$	25.125
1+020	d_5　$= +0.015$	25.140
1+040	d_6　$= +0.025$	25.165
1+060	d_7　$= +0.035$	25.200
1+080	d_8　$= +0.045$	25.245
E.V.C. 1+100	d_9　$= +0.055$	25.300

例題(3)　　+0.24% 坡度與 -0.46% 坡度相遇於 3+125.5 站成凸形。用 175 公尺長之豎曲線聯接此二坡度切線。頂點之高度為 100ᵐ。求聯曲線上各測

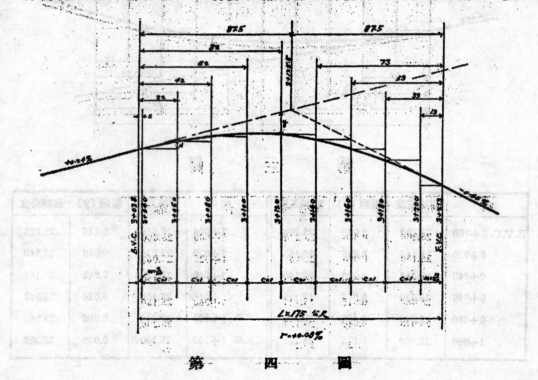

第　　　四　　　圖

量站之高度。

公式(2)　　$G = .24\% - (-.46\%) = 0.70\%$

公式(3)　　$r = \dfrac{20G}{L} = \dfrac{20(.70\%)}{175} = 0.08\%$

始點在 3+038 站，其高度 $= 99.^m7900$

終點在 3+213 站，其高度 $= 99.^m5975$

第四圖示此豎曲線。各站之高度，用二法計算列表於下：一

(A)縱距法　　因 $r = 0.08\%$，縱距表中查得之縱距乘以 $\dfrac{0.0008}{0.001} = 0.8$，即得所求之縱距。

站	切線高度	縱　距	曲線高度	站	切線高度	縱　距	曲線高度
B.V.C. 3+038	99.7900	0.0000	99.7900	3+140	99.9333	0.1066	99.8267
3+040	99.7948	0.0001	99.7947	3+160	99.8413	0.0562	99.7851
3+060	99.8428	0.0097	99.8331	3+180	99.7493	0.0218	99.7275
3+080	99.8908	0.0353	99.8555	3+200	99.6573	0.0034	99.6539
3+100	99.9388	0.0769	99.8619	E.V.C. 3+213	99.5975	0.0000	99.5975
3+120	99.9868	0.1345	99.8523				

(B)高度差數法

站	加　數		曲線高度
B.V.C. 3+038			99.7900
3+040	公式(5)，$d_0 = 20\left(.0024 - \dfrac{2}{20} \times \dfrac{.0008}{2}\right)\dfrac{2}{20}$	$= +0.00472$	99.7947
3+060	公式(6)，$d_1 = 20\left(.0024 - \left(\dfrac{2}{20} + \dfrac{1}{2}\right).0008\right)1$	$= +0.0384$	99.8331
3+080	$d_2 = d_1 - 20(.0008) = d_1 - 0.016$	$= +0.0224$	99.8555
3+100	d_3	$= +0.0064$	99.8619
3+120	d_4	$= -0.0096$	99.8523
3+140	d_5	$= -0.0256$	99.8267
3+160	d_6	$= -0.0416$	99.7851
3+180	d_7	$= -0.0576$	99.7275
3+200	d_8	$= -0.0736$	99.6539
E.V.C. 3+213	公式(5)覆核，$d_0 = 20\left(.0046 - \dfrac{13}{20} \times \dfrac{.0008}{2}\right)\dfrac{13}{20}$	$= +0.0564$	99.5975

結論　本篇所述之豎曲線計算法乃廣義的,不限豎曲線之長度爲20公尺整倍數(國有鐵路建築標準及規則)或爲雙數整站(Allen's Railroad Curves and Earthwork),

計算豎曲線之二法,均不繁難。而高度差數法似較縱距法爲尤易,編有縱距表使縱距法計算簡單。工程師可任擇一法,但初學者不妨二法並用。互相核對。以免錯誤,

所編之縱距表,應用甚廣,因豎曲線長度在 1200 公尺以下者而有任何之坡度變率,均可用之。

〔附錄〕公式之證明

(甲)根據拋物線定律,自一切線至拋物線上某點之縱距,與自同一切線至拋物線上另一點之縱距之比,等於自切點(或終點)至該二點之橫距之二乘比,得:—

$$\frac{E}{Y}=\left(\frac{L}{2}\right)^2{\Big/}L^2 \qquad \therefore E=\frac{Y}{4} \quad\cdots\cdots\cdots\cdots\cdots\text{公式}(4)$$

$$y=E\frac{x^2}{\left(\frac{L}{2}\right)^2}=\frac{G}{2L}x^2=\frac{r}{40}x^2 \quad\cdots\cdots\cdots\cdots\text{公式}(1)$$

$$G=G_1-G_2 \quad\cdots\cdots\cdots\cdots\cdots\cdots\cdots\cdots\cdots\text{公式}(2)$$

$$L=20n=\frac{20\,G}{r} \quad\cdots\cdots\cdots\cdots\cdots\cdots\cdots\cdots\text{公式}(3)$$

$$Y=(G_1-G_2)\times\frac{L}{2}=G\times\frac{L}{2}\ (\text{近似值}) \quad\cdots\cdots\text{公式}(1a)$$

得
$$y=E\frac{x^2}{\left(\frac{L}{2}\right)^2}=\frac{G}{2L}x^2=\frac{r}{40}x^2\cdots\cdots\cdots\cdots\text{公式}(1)$$

(B)高度差數法中所用諸公式,完全根據下列各原則而來:—

原則(一)　一弧之平均坡度,等於該弧中點之真實坡度。(第一圖中,第二段弧之中點之真實坡度 $\frac{d_1}{20c_0}$。)

原則(二)　以 r 乘弧上任何二點間之橫向距離,即得該二點間之坡度總變率。

原則(三)　一弧之平均坡度率,等於起始切線之坡度,減去始點至該弧中點之坡度總變率,如第一圖中,第二段弧之平均坡度率等於

$$G_1-\left(m+\frac{c}{2}\right)r$$

原則(四)　某段弧之平均坡度,等於前一段弧之平均坡度率,減去該二弧兩中間點之坡度遞變率。

以平面距離,乘一弧之平均坡度,即得該弧兩端之高度差數。明乎此則應用原則(三),即得

$$d_0 = \left(G_1 - \frac{m}{2}r \right) 20m \quad\cdots\cdots\text{公式(5)}$$

應用原則(四)及原則(二),即得:—

$$d_1 = \left[G_1 - \frac{mr}{2} - \left(\frac{m}{2} + \frac{c}{2} \right) r \right] 20C$$

$$= \left[G_1 - \left(m + \frac{c}{2} \right) r \right] 20C \quad\cdots\cdots\text{公式(6)}$$

$$d_2 = \left\{ \left[G_1 - \left(m + \frac{c}{2} \right) r \right] - c\,r \right\} 20c = d_1 - 20\,c^2 r \quad\cdots\cdots\text{公式(7)}$$

$$\cdots\cdots\cdots\cdots\cdots\cdots\cdots\cdots$$

應用原則(一)及原則(三),亦可得公式(6)如下:—

$$\frac{d_1}{20c} = G_1 - \left(m + \frac{c}{2} \right) r$$

先

$$d^1 = \left[G_1 - \left(m + \frac{c}{2} \right) r \right] 20C \quad\cdots\cdots\text{公式(6)}$$

參 考 書 目 錄

(1) Track and Turnout Engineering— CM Kurtz

(2) Railroad Curves and Earthwork— Allen

(3) Eield Manual for Railroad Engineers— Nagle

(4) Railroad Construc tion— Webb

(5) Plane Surveying— Tracy

(6) 國有鐵路建築標準及規則——民國十一年交通部訂定

(9) 實用曲綫測設法——趙世暄

(5) 清華大學土木工程學會會刊第二期

　　道路豎曲綫圖表解法——夫復得,王樵

(8) 清華大學土木工程學會會刊第三期

　　豎曲綫簡算法——韓鑪宗

〔編者按〕道路月刊第四十五卷第二號所載「道路豎曲線之研究」一篇,亦可供參考。

德國鋼橋建築之新趨勢

胡 樹 楫 譯

本篇原名「今日之鋼橋」(Stahlbrucken von heute)，德人 G.Schaper
氏所寫載在 "Die Bautechnik" 1934 Heft 46。以其對於橋梁建築，
在美觀方面之趨勢，闡述頗詳，爰爲節譯如下，以供國人參考。

自 1895 年以來，至 1923 年止，德國鋼橋建築除少數特例外，均
用 "St 37" 鋼。其應具之條件爲抗拉堅度在每平方公分 3700 公斤與
4500 公斤之間及破壞時之延伸率至少爲 20 ％。因材料之堅度不
大，故較大橋梁所需之鋼料甚多，且在跨度在170公尺以上之橋梁，
設計亦多困難。至 1923 年 "St 48" 鋼始出現於市場。其抗拉堅度規定
在每平方公分 4800 公斤至 5800 公斤之間，激延界至少每平方公
分 2900 公斤，破壞時延伸率至少 18%。此種鋼料旋即經橋梁工程
界及房屋建築界予以採用，德國國家鐵路亦因此節省費用不少。

至於今日，則 "St 48" 鋼又讓 "St 52" 鋼佔先着。德國國家鐵路
規定 "St 52" 鋼之抗拉堅度須在每平方公分 5200 公斤至 6200 公
斤之間。激延界至少爲每平方公分 3600 公斤，破壞時延伸率在縱
向(輾壓方向)至少爲20%，在橫向至少爲18%。

德國國家鐵路經過詳密試驗後，始於 1930 年初次建造 10 公
尺跨度之鍛接鈑梁橋於不通車之路線上，用靜止與行駛之重機
關車及「震動機」(Schwingungsmaschine)作載重試驗，而以x光線作鍛
接處之攝影察驗。以結果圓滿，乃將該橋梁移至快車往來繁密之
路艮上。自此以後，德國道路橋及鐵路橋之用鍛接鋼鈑梁者頗多
(僅鐵路橋將近百數)，技術方面亦多改良進步，最近興建之鍛接

第 一 圖　　　Wesel 附 近 Rhein 河 上 之 鐵 路 橋

第 二 圖　　　Griesheim 附 近 Main 河 上 之 汽 車 路 橋

第 三 圖　　　Darching 附 近 Mangfall 谷 汽 車 路 橋

第 四 圖　　　Dresden 附 近 Elbe 河 上 汽 車 路 橋

第五圖　Stettin 附近 Ostoder 河上汽車路橋

第六圖　Sulzbach 谷汽車路旱橋

第七圖　Kaiserberg 地方汽車路跨鐵路之橋

第八圖　Kaiserberg 地方公路跨汽車路之橋

鋼鈑梁橋,有跨度達53公尺者。至於銀接之橋架橋梁,則德國國家鐵路尚未有興建,因經試驗證明,前此通用之銀接方式欠缺應付強烈動力之「耐性」(Dauerfestigkeit)故,但道路橋梁不屬於受強烈動力建築物之列,故德國國家汽車專用路在 Kaiserberg 附近,跨越鐵路之橋,跨度達 103 公尺者,(第七圖)亦用銀接法建築。

德國歐戰後之橋梁建築,對於形式之選擇方面,亦有變換胃口之趨勢「橋梁應爲藝術建築物之一種,與環境趣味調和」,「最簡潔之形式卽最美麗之形式」等見解,又復通行,故塊塔敲臺視爲贅物,而認橋梁應具緊湊雅靜之形式,與敲座成整個,而橋孔相互間又成調和之比例。因此直弦橋架案興而彎弦橋架梁廢,鈑梁又漸奪橋架梁之席。

德國國家鐵路於歐戰後建造之鋼橋,均係照上述見解設計者,例如 Wesel 附近之來因河橋(第一圖),其主梁之上下弦完全平行,中肢均係斜桿,不設垂桿。又建築中 Strelasund 海峽 Rügen 堤上之鋼橋係用上下之平行之鈑梁,跨度達54公尺,蓋因 Stalsund 市景之美麗,海面之平闊,故避免高突與彎形之橋梁,使市中樓臺與海面美景減色耳。

德國汽車專用道路之橋梁,亦根據上述原則設計,可以第二圖至第八圖所示,現在建築中之橋梁爲證。

第二圖示 Griesheim 附近之 Main 河橋。該橋於兩車道各設主梁兩條,相距 9.60 公尺,主梁爲連防五孔之鈑梁,不設節紐上下邊大致平行,其跨度爲45—54—72—54—45公尺,梁身突出路面之高度僅1.10公尺,故不妨礙汽車中人四向眺望之視線。

第三圖示 Darching 附近之 Mangfall 谷橋,凡三孔,以鋼筋混凝土爲敲座,其高度甚大,主梁僅二條,中線距爲12.50公尺,爲上下邊平行之鈑梁,不用紐節,連跨三孔者腰鈑高5.50公尺,完全置於橋面之下,主梁各孔之跨度爲90—108—90公尺。橋面高出中水位70公尺。因橋式簡潔,故不礙谷中美景,橋孔寬度之配合亦覺調和,橋敲

挺秀,大小與梁身之高度相稱。各礅分為兩部,僅於頂端以橫梁聯結之。

　　Dresden 附近跨越 Elbe 河及鐵路與道路之橋 (第四'圖),其橋面亦在梁身之上,而跨河之梁係上下弦平行之構架梁,跨路之梁則為上下邊平行之鈑梁。每一車道各設兩梁。構架梁高 5.6 公尺,連跨五孔,(無紐節)其跨度為 51—73—130—73—51 公尺。鈑梁高 1.80 公尺,連跨三孔(無紐節),其中間兩礅係鋼構「擺柱」(Pendelstutzen',相距 38 公尺。橋之外觀甚雅靜。至於跨河梁所以採用構架式之故,則因高約 6 公尺之鈑梁未免有笨大之印像,且遮蔽橋後之美景。跨河部分之一端設厚礅,所以自別於跨路部分,而與他岸之橋座合觀,自成一個系統。跨越鐵路部分與道路部分均用鈑梁,所以示兩者之性質相同,而與跨河部分有別。

　　第五圖示 Stettin 附近之 Ostoder 河三孔橋,其跨度為 63—99—63 公尺。梁身完全在路面之下。為盡量減低樑身及採用鈑梁起見,設並排之主梁八條,並於中孔置節紐。因懸臂關係,梁在中礅上部分較其他部分為高,而向兩旁循直線減低,計在中礅上之高度為 4.80 公尺,在橋中央者為 3.10 公尺,在橋端者為 2.55 公尺。橋之外觀,與 Oder 河之淺平景色甚相稱配。

　　第六圖示 Sulzbach 谷阜橋,亦設主梁兩條,與 Mangfall 谷橋(第三圖)同,主梁在橋面之下,連跨七孔。不設節紐,其跨度為 40.6—52.2—58.0—63.8—58.0—52.2—40.6 公尺,下邊大致成水平,上邊具與路面相同之坡度,腰鈑在橋端之高度為 2.77 公尺,在橋中央 3.70 公尺。礅柱為鋼擺柱(最大者高達 35 公尺),於頂端用鈑梁聯結,成擺動框架。試細察之,即知此項橋柱何等簡雅挺秀;反之若代以鋼構架或於框架內加入斜桿,橫桿,又何等醜惡刺目!又鈑梁式主梁與框架鈑梁式橫梁及挑出甚多之牛腿聯合成有組織的整個,且與簡雅之鋼柱成調和之單位。由本例可見,凡照技術與美術原則設計合式之純粹鋼橋為何等藝術化!

　　將橋樑完全置於橋面之下(第四及第六圖)或僅令其高出少
許(第二圖)，普通爲最易適應前述美術要求之法。惟有時爲環境
所限，橋樑又非置於橋面上不可。例如第七圖所示 Kaiserberg 附近
之橋，因下列路軌，須逕跨 103 公尺之寬，不得設中間敬柱，而路面
又僅高出軌面 8 公尺左右，故主梁勢須置於橋面之上。佈置之法，
係於每車道各設主梁兩條，由拱梁與直梁(輔梁 Versteifungstrager)
合併而成。拱梁爲 π 字式鈑梁。直梁爲上下邊平行之工字式鈑梁，
上邊高出路面甚少，吊桿以圓鋼條充之，以暢視線，而資輕靈之觀
感。拱梁間以 K 字式風梁聯絡之，而於其兩端以斜立框架傳遞反
應力於主梁支座。各梁之結合純用鉚接法。本橋外觀亦極秀雅。圖
中所示本橋，後面舊橋設有中敬者，即將改建爲與本橋外觀相稱
之新橋。

　　第八圖示 Kaiserberg 地方 Mulheimer Strasse 道路跨越汽車專
用路之橋，設雙紐式鋼鈑梁框架八條，跨度爲 33 公尺，對於路身之
界劃甚爲美觀。

路軌狀況記錄機

稽　銓　（述）

　　鐵路修養上查驗軌道一門,自肉眼視察進而爲器械察驗,再演進而爲機械自動記錄,乃入治路工作最精美之一部。肉眼視察:如乘坐搖車及機車,查視軌道,器械察驗:如坡杯盛水,視水面之潑動,彈簧跳動,聽電鈴之警響等等,僅能於感覺上約略的查出軌道有無危度,是否安全,劣態不能確定,劣量亦無法測出,不過質的比較而巳。至於鐵路狀況記錄機 Track Recording Machine)則進而至於數的比較,所有軌道之實際狀況,細微變態,一一描繪于紙上,於是實際程度乃可與理想的標準的條件,相互比較,以求改進,今日之狀態亦可與昔日狀態逐項貿對,以求改善矣。

　　凡利用機械以記錄軌道之狀態者,其運動發生之根據有二

(一)以車身運動爲根據者　　如法國哈氏軌狀記錄器 (Hallade Track Recorder) 是。(巴黎 J. Edward Green 代售此器)

(二)以車輪相互運動爲根據者　　如美國特氏軌狀記錄車（Dudley Track Inspection Dynagraph Car) 及津浦路所用之德國驗道機及最近司布雷公司發明之最新式迴旋儀軌狀記錄車 (Sperry Gyrostatic Track Recording Car) 是。

　　爲明瞭上述各器之槪況,茲將各器分記錄對象,機件組織,及運動原理,並其效用確度數項約略敍述如左:

(一)哈氏軌狀記錄器

　(甲)記錄對象　　此器之記錄圖紙約九公分寬,有四行述綫.所記之對象如左(參觀附圖一)

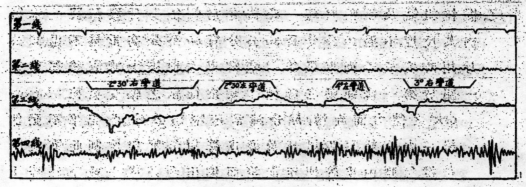

附　圖　一

(一)第一綫　地點之記錄　此記筆 (Recording Pen) 自動的按
一定常速繪一直綫,觀察者遇有里程標及彎道起迄點,卽
手撳氣鈕 (Pneumatic Bulb)此筆端乃偏出,在此綫上繪一突
曲之點,以便計算車速,及查對地點。

(二)第二綫　車速增減及車身傾倚之記錄　此記筆在列車
以常速行駛時,及車行平穩時,繪一直的中綫,如驟開汽門,
車速增高,此綫卽離此中綫而上行,如突撩風閘,車速減低
時,此綫卽離中綫而下行,如車身左右傾倚,此線卽顯鋸齒
形。

(三)第三綫　車身游移及彎道超高度合宜與否之記錄　此
記筆在軌向繩直,軌距勻等之路段上,或超高度與車速合
拍之彎道上,於車身穩定時,繪一直中綫;如軌向不合,軌距
不等,或其他不規則原因,使車受橫力而震蕩,則此綫卽現
鋸齒形但其概向仍一中綫。如彎道超高度與車速不合拍,
超高度嫌高,則此綫按過高之數偏出向中綫之一側;否則
如嫌過低,此綫乃偏出向中綫之他側。

(四)第四綫　車身上下震躍之記錄　此記筆專司車身上下
震躍之運動。在車行平穩堅實之軌道上,繪一略屈曲之小
型鋸齒形之迹綫;如遇軌節低陷,橫岔不平等等,使車身顯
播時,所繪之綫卽成大型鋸齒形。

(乙)機械組織及運動原理——此器非常輕便全付機械,裝一木箱內,其尺度,不過40公分長30公分寬50公分高重量不過32公斤。用時安放于列車最後一輛客車之地板上適對後部車盤。

(一)關於第一稜運動之機械 裝捲筒紙之軸受發條(Clockwork)之儲力而旋轉,(每分鐘常速率15公分)。此記筆不動即繪一中直稜。另設撳鈕及橡皮管用氣壓以控制此筆,鈕門被撳,氣壓由皮管傳至記筆,而偏出中稜或上或下,在稜上繪一突曲之點。

(二)關於第二稜運動之機械 此機械分兩部:

(子)專司車速變動者 係一橫軸與軌道正交,軸中點挂一懸擺,可向縱向(即沿軌道方向)前後擺動。在車速不變,即鈎力為常數時,擺下垂不動。如車速增高或減低,懸擺受縱力而前後擺動,記筆受此擺之控制而前後移動。

(丑)專司車身傾倚運動者 係兩件對稱之衡重(Symmetrical Weight)裝置於軌道正交之搖桿 (Swinging Rod) 之兩端。此桿裝置於兩端承托于刀口樞座之縱軸(Piroted Axis)上。如此佈置,車身在平面內前後及左右移動,均於衡重,不生影響,但對於車身與軌道正交之垂直面內,左右傾倚運動,則感應非常靈敏。因兩衡重絕對平衡,無論車身如何傾倚,此衡重在空間位置不生變動,故第二記筆與此機件相連,可在紙上記出此傾倚運動之頻數及倚度。

(三)關於第三稜運動之機械 此部機械專司車身在平面上左右游移運動,係一大懸擺藉滾珠支座(Ball Bearing),掛于與軌道平行之縱軸上。此擺與第三記筆相連,並與空氣衡筒 (Air Dash Pot) 相仿之阻頭器 (Damper) 相接以吸收震能(Shock Energy)。如軌道繩直,軌距相等,此擺乃穩定不動。如軌向屈曲,軌距不勻,車身受橫力推移,此擺即左右擺動,記筆亦隨之顫動。行經彎道時,如車速適與超高度合拍,則此

擺受離心力,偏出垂直綫之角度,適與車身因超高度而偏倚之角度相等。此擺與器架關係不變,表面上擺並未擺動,記筆仍劃一中直綫。如超高度嫌高或嫌低,則此擺受離心力,偏出之角度,大於或小于車身傾度,擺即向左或向右偏出,記筆即離中綫而偏出,繪一偏向上方或下方之迹綫。

(四)關於第四綫運動之機械　此部機械專司車身上下震躍之運動。此記筆與第三記筆相仿,繫于一擺之上端。此擺上端繫于與橫軸(與軌道正交)正交之水平支桿之端,下端被彈簧承托,維持擺之水平位置,並與阻顫器相接,以吸收震能。如軌道堅實,軌平勻順,此擺顫動極微,記筆繪一略有屈曲之中綫。如軌節低陷,軌平不平,則車身震躍,記筆即繪成大型鋸齒形之曲綫。

(丙)效用確度　此圖所示之結果,只好作爲比較的,而非絕對眞實的。因此器放置車內地板上,多少須受不可避免之以下三種因素之影響:

(一)車盤之映行質量及感應敏度 (Riding Qualityaud Sensitiveness of Car)

(二)車行速度,

(三)此器機件之調整。

經驗上查得以上各因素,確于記錄發生影響,但無論影響如何,軌道之優劣,極易判明。觀察者務須注意,最好用此記錄以比較優劣,如對于指定某點,以量其劣量之確數,則恐不可靠也。

(二)特氏軌狀記錄車

(甲)記錄對象　此車之記錄圖係50公分寬之捲筒紙,運動速率與車速爲比例,其縱向縮尺爲六百分之一。其所記各種軌道狀態之橫向縮尺乃係實數。所有記錄綫共有十七條。(參觀附圖二)

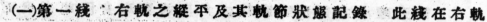

（一）第一綫　右軌之縱平及其軌節狀態記錄　此綫在右軌

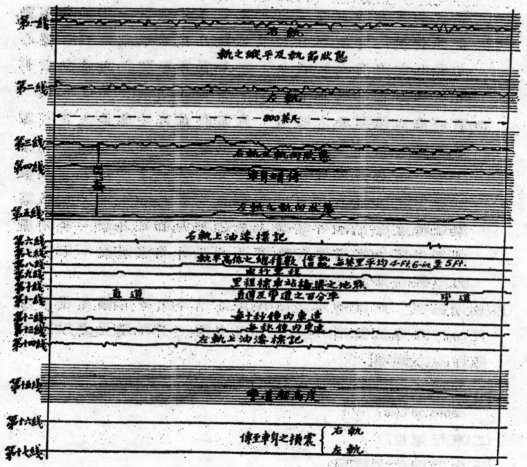

附　圖　二

縱平勻順，軌節堅實時係一直綫。如有不合，即屈曲如鋸齒
形。

（二）第二綫　左軌之縱平及其軌節狀態記錄　其記法與前
項同。

（三）第三綫　右軌之軌向狀態記錄　如軌向繩直，或彎道上
彎度勻順，此綫係一直綫。如軌條屈曲，或軌向左右扭擺，此
綫即顯鋸齒形。

（四）第四綫　車身傾倚記錄　如車行平穩，此綫係一直綫。如
軌道中堅 (Center Bound)，軌平歪扭 (Warpea Surface)，車身

左右傾倚,此綫即顯屈曲形。

(五)第五綫　左軌之軌向狀態記錄　其記法與第三條同。

(六)第六綫　右軌上油漆標記記錄　此車之機械佈置遇有
軌節低陷,或軌平驟陷,超過通常限度時,即有油漆從筩內
噴出,注射于軌條腰上,作爲標記,以便軌道工人注意。此綫
即記此類標記之里程地點。

(七)右軌軌平高低之總和記錄　軌平一有高低不平處,此機
有巧妙之機械隨時存記,俟此數至 6 吋(約 15 公分)時,此記
筆立即在綫上繪一記號,故每單位里程內,究有若干高低
之總和數,可以按圖查出。

(八)第八綫　左軌軌平高低之總和記錄　其記法與第七條
同。

(九)第九綫　車行里程記錄　此綫每逢 440 呎,(約 135 公尺),
1/12 哩時,即自動作一記號,以便核定各劣點之地位。

(十)第十綫　里程標車站橋樑之地點記錄　車過以上各點
時觀察者手撳氣鈕,記筆即在綫上分別作一記號。

(十一)第十一綫　直道及彎道之百分率記錄　此綫在直道
時,係一直綫,一至彎道起點,觀察者即撳氣鈕,使記筆偏出
中綫。至彎道終點時,又撳氣鈕,記筆又同至中綫,照偏出之
長度,即可推算每單位里程內之直道及彎道之百分率。

(十二)第十二綫　每十秒鐘內之車速記錄　此綫在每十秒
時,作一記號,以便計算速率。

(十三)第十三綫　每秒鐘內之車速記錄　此綫在每秒鐘時,
作一記號,以便計算速率。

(十四)第十四綫　左軌上油漆標記記錄　其記法與(六)同。

(十五)第十五綫　彎道超高度記錄　在直道上,此綫係一中
綫,入彎道即偏出。

(十六)第十六綫　右軌傳至車身之橫震記錄　此綫專記車

身受橫力而震動之數,與車盤因車輪沿軌而行所受之橫
震力之記錄不同。

(十七)第十七綫　左軌傳至車身之橫震記錄　其記法與(十
六)同。

以上各綫,均係紅色。尚有橫行等距之藍色綫,相距$\frac{1}{10}$吋(約2.5
公厘),以便量度紅色綫偏出之距離。

(乙)機械組織及運動原理　　此車在1881年為美國特氏所發明。
長約17.5公尺,重約32.7公噸。外觀與尋常客車相似,內容半部
為機件部份,半部為居住部份。機件部份下之車盤與尋常不
同,並非二軸四輪者,乃係三軸六輪者。定軸距(Wheel Base)為
3.35公尺,彈簧及衡桿(Side Bar)之佈置,務使載重11.9公噸勻
配于六輪。其各種機械運動之原理如左:

(一)關於第一第二兩綫運動之機械　　此部機件專查兩軌頂
平之狀態。其主要部份為六軸車盤之中軸兩輪,雖與前後
兩輪負同等重量,但其與車架接連法,可自由單獨上下運
動,前後兩輪並不受其影響。此中輪圓徑為84公分(33吋),車
箍滾面係圓墻形,非圓錐形。此輪在軸上之位置,較前後兩
輪相距較寬,故其輪緣貼行軌頭內側,較前後兩輪較緊,卽
其輪緣與軌頭間活動空際較少。中軸上另有齒輪,以傳旋
轉運動于車上記錄器。照上述佈置,凡軌道在3.35公尺(11
呎)長度內,如軌平一有突現不規則之點,則此中輪隨之而
上下運動,一一傳至記筆,而繪成鋸齒形之迹綫。

(二)關于第三第五兩綫運動之機械　　此部機件,專查兩軌軌
向及軌距狀態。係一對小圓輪藉彈簧之力,緊貼左右兩軌
內側。此輪軸承托于左右兩附軸座,將過岔心時,有槓桿可
將小圓輪擎起,俟過岔心後,再行落下,以免此小輪在岔心
空際處走入岐路。如是,兩軌如有屈曲或軌距不勻之處,此
小圓輪隨之而左右游移,傳至記筆,繪成鋸齒形之迹綫。

(三)關于第四綫運動之機械　此部機件專司車身左右傾倚之運動。係一懸擺,挂于與軌道平行之軸上。車身傾倚,擺卽偏出,記筆乃隨之左右,繪出屈曲之綫。

(四)關于第六第十四兩綫運動之機械　此部機件遇軌節低陷,路床鬆軟之處,一面在軌腰上打一油漆標記,以警告道班工人,一面將此記號地點傳至記筆,繪于紙上,以便查考。此機係一小氣壓唧筒 (Small Fo-ree Pump),與車上藍漆桶相連,氣壓係由風閘管分枝傳來,另設特別靈敏風門 (Air Valve)。如車盤之中輪因軌平不平而下壓至某種限度例如 8 公釐,此風門卽開,唧筒卽噴射藍油于軌腰上,一面記筆亦在迹綫上繪一記號。

(五)關于第七第八兩綫運動之機械　此部機件專司積算軌平升降之總和數。係一極巧妙之組織,凡中輪一有升降之處,此中輪卽推動一棘輪制, (Ratchet) 以存記之,俟此數至 15 公分 (6吋) 時,記筆卽在第七第八兩綫繪一記號。

(六)關于第九綫運動之機械　係專司車行之里程記錄。其機件之配置,俟行程每至 135 公尺, (440 尺) 時,記筆自動在綫上繪一記號,以便計算行程及地點。

(七)關于第十綫運動之機械　係一汽鈕,以皮帶通至記筆,遇有里程標,橋梁,車站,以及凡須記載之各點,隨時由觀察者撳汽鈕之門,記筆卽在綫上繪一記號。

(八)關于第十一綫之運動之機械　亦一汽鈕。觀察者過彎道起點時,手撳鈕門,記筆卽偏出中綫。俟至彎道終點時,再撳鈕門,記筆又囘至中綫,偏出之綫,俱係彎道。於是每單位里程內,直道彎道之百分率,可以推算。

(九)關於第十二綫運動之機械　專記每十秒鐘內之車速。係一計時器, (Chronometer) 特別將發條布置,使每十秒鐘記筆卽自動在綫上繪一記號。

(十)關于第十三棧運動之機械　與第九棧同,惟所記者,為每秒鐘之速率而已。

(十一)關于第十五棧運動之機械　專示彎道超高度之數量。係一對圓筒,裝在車架兩邊,下端通以直管,每筒內半盛以水,上泛以浮標,車至彎道,車身傾側,兩圓筒亦隨之傾倚,惟水平則不變,於是浮標乃一升一降,傳至記筆,此棧乃偏出。

(十二)關于第十六第十七兩棧運動之機械　係兩條簧條一端固定,一端可以自由顫動。甲條簧條左面被螺釘頂住,只可向右顫動。乙條簧條右面被螺釘頂住,只可向左面顫動。車身自左至右震動,則甲簧動作,記筆在左軌棧上繪一記號。如車身自右至左震動,則乙簧動作,記筆在右軌棧上繪一記號。

(丙)效用確度　此車所記各對象,非常完備而準確,但第一二兩棧所記軌平及軌節之劣狀,實較真相為甚。因前輪至低點時,其中輪相對的較前輪為高,其實中輪處軌平並不高,至中輪行過低點後輪行至低點時,中輪又相對的較後輪為高,其實中輪處軌平並不高。凡研究此項圖錄者,須注意此點。

(三)德國驗道小車

(甲)記錄對象　共有兩記錄棧:

(一)指示軌道橫平之棧　兩軌等高時,記筆繪一中直棧。左右兩軌互有高低時,記筆即偏出中棧之左或右。彎道超高度是否合于法定可以比證。偏出之數之縮尺等於1:3。

(二)指示軌距之棧　軌距合於法定數時,記筆繪一中直棧,如軌距太寬或太窄,記筆即偏出中棧之左或右。偏出之數之縮尺,等於1:1。

(乙)機械組織及運動原理　此機與搖車相仿,機件裝置於四輪車盤上。驗道時一人挽之而行,速度甚慢。一軸有齒輪,傳至裝捲筒紙之軸上,紙行速度與車行速度之比為1:500。

(一)關於軌平線運動之機械　係一大懸擺,挂於與軌道平行
　　之軸上,左右兩輪如有高低則擺即偏出機架中心,記筆亦
　　即左右偏出。

(二)關於軌距線運動之機械　係一小扁圓輪,與四輪中之一
　　輪內面緊切,後有彈簧頂住,不使其脫離輪背,並壓迫車輪,
　　使緊貼軌條內側。先在標準軌距處校對準確。如軌距太寬
　　或太窄,小圓輪即左右移動,藉垂直槓桿以傳動至記筆,使
　　左右移動。

(丙)效用確度　記錄尚稱準確,惟所記對象太少,兩軌縱平如何,
　　軌節有無低陷,砥是否堅實,均無記載似欠完備。

(四)司布雷公司迴旋儀軌狀記錄車

(甲)紀錄對象　此器利用迴旋儀(Gyroscope)以記錄軌道各種不規
　　則狀態,及其對於車輛行駛之影響。記錄非常完備,共有十綫。
　　(參觀附圖三)

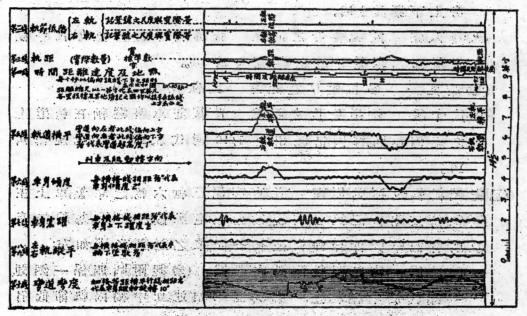

附　圖　(三)　司布雷公司迴旋儀軌狀記錄圖

(一)第一綫　左軌軌節低陷之記錄　車輪行經軌節低陷處,

此記筆卽在該綫上方繪一枝號,其尺度與實際等。

(二)第二綫　右軌軌節低陷之記錄　其記法與第一綫同,惟枝號向該綫下方.

(三)第三綫　軌距之記錄　所記太寬太窄之數量與實際等。如軌距合於標準數此綫係一中直綫;太寬則偏向上方,太窄則偏向下方。

(四)第四綫　時間距離速度及地點之記錄　每十秒鐘時間以偏向該綫下方之矩形表示之;距離縮尺爲1:480;里程標及其他須記之點,均以枝號;(Offset)在該綫上方表示之。

(五)第五綫　軌道橫平之記錄　圖上⅜時,代表彎道超高度1时。彎道向左者,此綫偏向上方向右者偏向下方。

(六)第六綫　車身傾度之記錄　每橫格綫相距⅜时,代表車身傾斜角2°。

(七)第七綫　車身震躍之記錄　每橫格綫相距⅜时,代表車身上下躍度⅟时。

(八)第八綫　左軌縱平之記錄　此綫向下或向上偏出中綫之數卽示車輪下墜之數,縮尺爲1:1。

(九)第九綫　右軌縱平之記錄　其記法與第八綫同。

(十)第十綫　彎道彎度之記錄　此綫記車身縱軸在彎道上之旋轉運動。每橫格綫相距1/16时,代表車身縱軸旋轉角10°。

(乙)機械組織及運動原理　此車亦係三軸六輪之車盤。車上主要部份爲鉛質記錄台,迴旋儀兩架,電動機,捲紙機,基線繪筆及所有記筆機件。至如何控制各記筆之運動,略述如左:

(一)關於第一第二兩綫運動之機械　(參觀附圖四)係一鋼繩。一端繫於中軸軸上,一端與記筆相連。如中軸因軌節低陷而下墜,則此軸箱亦隨之下墜,較前後兩輪軸箱爲低,於是此鋼繩牽動記筆,而繪一枝號。

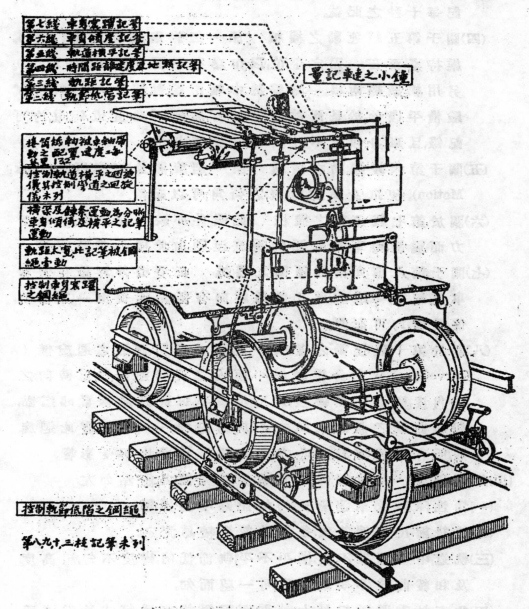

第七線　車身震蕩記筆
第六線　車身傾度記筆
第五線　軌道橫平記筆
第四線　一時間距離速度及地點記筆
第三線　軌距記筆
第二線　軌節低陷記筆

量記車速之小鐘

揉齒條軸被車軸帶動之配置速度每
英里一三二

控制軌道橫平之迴旋
儀其控制筆道之迴旋
儀未列

橫深及錄景運動為分映
車身傾倚及橫平之記筆
運動

軌距大寬比記筆被鋼
繩牽動

控制車身震蕩之鋼繩

控制軌節低陷之鋼繩

第八九十三枝記筆未列

附　圖　（四）　　司布雷公司迴旋儀軌狀記錄車

（二）關於第三線運動之機械　係一對 6 吋（15公分）直徑之小
　　圓輪,藉簧力緊切軌條。軌距如有寬窄,兩輪向外或向內移
　　動,藉鋼繩滑車,而牽動記筆。

（三）關於第四線運動之機械　此係一鐘,設法與記筆相連,以

記每十秒之記號。

(四)關于第五種運動之機械　係一迴旋儀,藏於記桌內,專為維持桌面在一固定平位,以作參考平面 (Reference Plane)。另用棚鋼繩兩根,一端繫於中軸兩端軸箱上,一端繫於試驗橫平機件。於是兩軌橫平如有高低,不論直道彎道,均可記錄,且車身傾度不致與軌道橫平相混。

(五)關于第六種運動之機械　係一迴旋儀及鍊條運動 (Link Motion),使車身與垂直線之俯角可以記錄.

(六)關於第七種運動之機械　此機件亦裝在記桌內,中軸受力而震躍,與車身相互的垂直運動,由此機件推動記筆。

(七)關于第八第九兩種運動之機械　此項機件,無論在何種車速,無論彎道直道,凡軌道縱向有低點,延長至一二節軌條長者,均可記錄。

(八)關於第十種運動之機械　此係一專司彎道之迴旋儀 (CurveGyro)。凡車身縱軸在平面內之旋轉運動,軌道轉向之總角度,彎道半徑變度,轉度增減率,每彎道之確實起迄點,和緩曲線之狀態軌向之不規則點均,一一記錄.有此迴旋儀,所有車速增減,離心力,車身傾倚運動,均不受影響。

(丙)效用確度　此車記錄最為準確而完備.其優點如左:

(一)惰性障礙及車速變更,均於記錄不生影響。

(二)迹線縮尺比例甚大,各劣點數量較易測定。

(三)軌道中堅,砸道不實,橫平不平,軌節低陷,彎度不勻,超高度及和緩曲線不規則各點,可一望而知。

(四)此車軸重照通行最大軸重而配置,故普通輕式驗道機所不能發現之劣點均可查出。

工程

第十卷第三號

二十四年六月一日

◆

相似性力學對於水工試驗之應用

煤　　的　　問　　題

白　蟻　與　木　材　建　築

整理平漢鐵路橋梁意見書

華　盛　頓　橋　之　交　通　成　績

意國法西斯締統治下之土木事業

德　國　之　汽　車　專　用　國　道　網

中國工程師學會發行

6344

中國工程師學會會刊

編輯：
黃　炎　（土木）
莫　大酉　（建築）
沈　怡　（市政）
汪胡楨　（水利）
趙曾珏　（電氣）
徐宗涑　（化工）

編輯：
蔣易均　（機械）
朱其清　（無線電）
錢昌祚　（飛機）
李　儼　（礦冶）
黃炳奎　（紡織）
朱學勤　（校對）

工　程

總編輯：胡樹楫

第十卷第三號

目　錄

相似性力學之原理及其對水工試驗之應用……………譚葆泰　225

煤的問題…………………………………………………沈熊慶　242

白蟻與木材建築…………………………………………倪慶穰(譯)　268

整理平漢鐵路橋梁意見書………………………………薛楚書　281

雜俎

　華盛頓橋之交通成績…………………………………趙國華(譯)　301

　意國法西斯蒂統治下之土木事業……………………趙國華(譯)　302

　高二千公尺之巴黎防空塔計劃………………………趙國華(譯)　304

　德國之汽車專用國道網………………………………趙國華(譯)　305

　德國之希特拉橋………………………………………趙國華(譯)　306

中國工程師學會發行

分售處

上海望平街漢文正楷印書館
上海民智書局
上海福熙路中國科學公司
南京正中書局
重慶天主堂街重慶書店
漢口中國書局

上海徐家滙蘇新書社
上海福州路光華書局
上海生活書店
福州市南大街萬有圖書社
天津大公報社

上海福州路現代書局
上海福州路作者書社
南京太平路鐘山書局
南京花牌樓書店
濟南芙蓉街教育圖書社

正 誤

(一)關於本刊第九卷第五號所載，「樓架用聯堅量解析法」一篇，著者黃文照君函送正誤表，照登如下：

頁數	誤	正
495	$$\frac{-22.4-35.2}{10} + \frac{-11.9-11.5}{20} + 10 = \Delta H_1$$ $$\Delta H_1 = +3.07$$ $$K = \frac{\Delta H_1}{\Delta H_0} = \frac{3.07}{10} = 0.307$$ $$\therefore \frac{1}{1-K} = \frac{1}{1-0.307} = 1.44$$ 以表(二)第4行諸值乘1.44········	$$\frac{-22.4-33.4}{10} + \frac{-11.2-11.2}{20} + 10 = \Delta H_1$$ $$\Delta H_1 = +3.30$$ $$K = \frac{\Delta H_1}{\Delta H_0} = \frac{3.30}{10} = 0.33$$ $$\therefore \frac{1}{1-K} = \frac{1}{1-0.33} = 1.49$$ 以表(二)第4行諸值乘1.49·······

又496頁內表(二)應更正如次：

	U＼M	A B	A D	D A	B A	B C	C B
1	X	0	—44.4	—44.4	0	—11.1	—11.1
2	$U_A = -44.4$	+20.4	+24.0	+12.0	+4.1	—4.1	—2.1
3	$U_B = -11.1$	+2.0	—2.0	—1.0	+7.1	+4.0	+2.0
4	dM	+22.4	—22.4	—33.4	+11.2	—11.2	—11.2
5	ΔM	+33.4	—33.4	—49.8	+16.7	—16.7	—16.7

(二)本刊十卷二號「鐵路堅曲線」篇著者許鑑君函送正誤表如次：

頁數	行數	誤	正
194	1	始點坡繡	(始點坡繡)
194	9	數數	數
194	14	數數	數
195	6	$d_8 = d_2 - 20c^3r$	$d_8 = d_2 - 20c^2r$
195	8	第一站之縱距曰y,	第一站之縱距曰y_1
197	表中	x為339,y為2.8739	x為339,y為2.8730
199	1	縱距X	橫距X
199	3	變率為	變率(r')非
199	4	$\dfrac{r}{0.001}$	$\dfrac{r'}{0.001}$
199	5	從用	後用
200	第二表中	公式(5)_1 公式(6)_1 公式(7)_1	公式(5) 公式(6) 公式(7)
202	表中	公式(5_1) 公式(6_1)	公式(5_a), 公式(6_a),
204	10	(甲)	(A)
204	11	切點	始點
204	21	$\dfrac{d_1}{20c_0}$	$\dfrac{d_1}{20c}$
204	23	總變率	總變率,二點間之橫距,以20公尺倍數計。
205	11	先	∴

相似性力學之原理及其對水工試驗之應用

譚 葆 泰

（一） 引言

　　水力學　水利工程,如治河,修港,灌溉,發電,近世極為發達。我國亦以黃河揚子江及兩粵西江頻年水患,治河施設,漸具端倪。水利工程設計,基於水力學,如橋樑房屋建築之基於力學構造學者然,故非理解水力學,未可以言水利設計也。現代工程科學,進展神速,窮理殫旨,極精密準確;然水力學則發展極緩,如水流所受所生之力與流動變遷情形,除靜水及流動極緩之「直線流」外,猶未能明確精密解釋,故工程設計,只用根據經驗之公式,輔適合各該情形之係數;以科學眼光視之,則忽略粗淺。良以水流轉動時,其分子之上下左右升降移動,毫無規則,而緩激情形,亦千變萬化。故 Gallilie 氏嘗曰:「吾發現遠距千萬里之星辰流動,其困難猶少於目前之流水」,可見研究水力學之困難矣!

　　水力學之研究　研究水力學者凡三種人:曰數學家,曰物理學家,曰工程師。數學家以水力學為純粹之數學;其研究水之流動係採若干假定,以水為毫無表面張力,無內阻力之理想液體(ideale Flüssigkeit),其結果殊乏實地應用之可能性。物理學家雖不能拋棄液體之性質於不顧,而空談數理,然其研究只注重液體各個份子之流動情形,而總括成定理除對於圖形,三角形,及方形管槽內之直線流已加闡明外,至於通常應用最廣之交錯混流,雖經現代

物理學家 Lamb 氏, Prandtl 氏等之研究,不過得初步之解釋,在工程上亦未能作何應用。故百年來工程師所用關於水流之算式,皆綜合實施經驗簡列而成,最著者如三元液體流聯簡化爲一元流動之 Chezey 氏公式 u＝$\sqrt{RJ}$ 是。

　　河工試驗　　關於河工問題,因河道,河牀,流速,流量等情形,永無雷同,故設計殊屬困難。且治河工程浩大,苟有錯誤,遺害甚大。故未可根據水力學預先精確計算時,則以模型研究比較各項施設節財省時,功效極大。1875年法人 Fargue 氏,1885年英人 Reynolds 氏曾作河海模型,然有系統之設備及研究,則始自 1889年德人 Engels 氏。至今歐洲各國相繼而起者,不下數十處,成效亦著。[1]我國治黃,曾託 Engels 氏在德作模型試驗,近亦自建河工試驗場,以作長久之研究。

(二) 相似性力學之原理

　　(一)相似性力學(Ähnlichkeits mechanik)　今苟作模型以研究天然河流導治情形,或某種工程實施（以下簡稱模型與天然）,則模型尺寸,自必按天然之長度,寬度,高度,依比例縮小,其形體方與天然相似,則模型與天然之須互有「幾何(形體)相似性」(geometrische Ähnlichkeit), 至爲明顯。然欲以模型研究所得之結果,如流速,流量,壓力,動力等等,推之於天然,則模型除具有幾何相似性外,其變動及其所受所生之力,亦必須與天然相似,方可應用於天然。換言之,模型與天然必須具有幾何相似性,「運動相似性」(kinetische Ähnlichkeit)及「力的相似性」(mechanische Ähnlichkeit)。

　　相似性力學,即以研究各項相似性之原則爲目的。模型與天然所受力之種類不同（如地心吸力,內阻力,表面張力）,故其比例率（長度比例率,時間比例率,力比例率）,因所受應力之種類而異,有霍特 (Froud) 氏模型律(Modellgesetz), 雷那 (Reynold) 氏模型律,及維

---

(1)見　Freeman: River Hydraulic Laboratories; Matschoss: Wasserbaulaboratorien Europas; 工程八卷六號黃河專號

白 (Weber) 氏模型律之別。

簡言之,相似性指一切物理之現象及過程 (physikalische Vorgänge), 在形體(幾何)相似之情形下,與相當比例之時間內,受相當之力時,其所發生之運動,變化及力,亦須相似;而同時其物理公式之單位 (Dimension) 亦必須相同也。

(二)物理單位　一切物理公式有下列五種基本單位:

1. 長度 (公尺) $\qquad = L$
2. 時間 (秒) $\qquad = T$
3. 力 (公斤) $\qquad = K$
4. 熱(絕對熱力單位) $\qquad = \Delta t$
5. 電量(可林) $\qquad = \Delta q$

其餘如:

速度 $\quad = LT^{-1}$

加速度 $= LT^{-2}$

工作 $\quad = KL$

能率 $\quad = KLT^{-1}$

質量 $\quad = KL^{+2}T^{-2}$

皆由以上五種基本單位合併而成。相似性力學之目的,為研究模型及天然之基本單位之比例率(模型與天然之長度比例率,時間比例率,力比例率)及比例率之相互關係。如基本單位之比例率,及其比例率之相互關係已知,則可以轉求其他一切比例率(流速比例率,流量比例率等),而由模型研究所得之結果,乘以相當之比例率,即可推之於天然。

關於河工試驗,熱及電之影響甚微,故只就長度,時間及力等三種基本單位,申引各種模型律。

模型律之申引,可歸納為下列方法:

(1) 力比較法

(2) 工作比較法

(3) 物理方式之微分方程式比較法

(4) 單位學申引法

(5) 物理係數 (physikalische Konstante,) 比較法

　　為簡明起見,本文用「水比較法」,申引對於水工試驗關係最大之霍特雷那及維白三模型律。

(三) 霍特氏相似律及霍特氏係數

(1) 長度相似性　　　　$L_2 = L_1 \cdot \lambda$

(2) 時間相似性　　　　$T_2 = T_1 \cdot \tau$

(3) 力相似性　　　　　$K_2 = K_1 \cdot \varkappa$

　　指數 1 代表模型, 2 代表天然。$\lambda, \tau, \varkappa$ 為天然與模型之比例率,皆為純粹無單位之數目字。

　　當模型及天然所受力只為地心吸力時,則二者之普通惰性力比例率,及因受地心吸力之重力比例率應相等。

普通惰性力 = 質量 × 加速率 = 　　　　　　$M. b$

重力 = 質量 × 地心吸力加速率 = 　　　　$M. g$

$$\varkappa = \frac{M_2 b_2}{M_1 b_1} = \frac{M_2 g_2}{M_1 g_1}$$

$$\frac{b_2}{b_1} = \frac{g_2}{g_1} = \frac{\lambda}{\tau^2} = \frac{L_2 T_1^2}{L_1 T_2^2}$$

$$\frac{L_2}{T_2^2 g_2} = \frac{L_1}{T_1^2 g_1} = F = 霍特氏係數$$

　　霍特氏係數,為一無單位之數目。當模型與天然只受地心吸力時,則兩者由相當比例之長度,時間,及地心吸力加速率,所計算而得之霍特氏係數,必須相等。

　　由以上方程式,可求得長度比例率,時間比例率及力比例率之相互係關如下:

$$\lambda = \left(\frac{g_2}{g_1}\right)\tau^2 = \left(\frac{\varrho_1 g_1}{\varrho_2 g_2}\right)^{\frac{1}{3}} \varkappa^{\frac{1}{3}} \qquad \varrho = 單位質量$$

水工試驗模型所用之水,其溫度與天然河水大約相同,單位質量相差極微。同時模型試驗地點與天然河流地帶之地心吸力,亦大致相同。故

$$\varrho_1 = \varrho_2; \quad g_1 = g_2; \quad \lambda = \tau^2 = x^{\frac{1}{2}}$$

由上列之基本單位比例率之關係,可求其他一切之比例率:

面積比例率　$\dfrac{F_2}{F_1} = \dfrac{L_2^2}{L_1^2} = \lambda^2$

體積比例率　$\dfrac{V_2}{V_1} = \dfrac{L_2^3}{L_1^3} = \lambda^3$

流量比例率　$\dfrac{Q_2}{Q_1} = \dfrac{F_2 V_2}{F_1 V_1} = \dfrac{L_2^2 L_2 T_1}{L_1^2 L_1 T_2} = \dfrac{\lambda^3}{\tau} = \lambda^{\frac{5}{2}}$

工作比例率　$\dfrac{A_2}{A_1} = \dfrac{\varrho_2 V_2 L_2}{\varrho_1 V_1 L_1} = \dfrac{L_2^4}{L_1^4} = \lambda^4$

能率比例率　$\dfrac{E_2}{E_1} = \dfrac{A_2 T_1}{A_1 T_2} = \dfrac{\lambda^4}{\tau} = \lambda^{\frac{7}{2}}$

速度比例率　$\dfrac{u^2}{u_1} = \dfrac{L_2 T_1}{L_1 T_2} = \dfrac{\lambda}{\tau} = \lambda^{\frac{1}{2}}$

加速率比例率　$\dfrac{b_2}{b_1} = \dfrac{\lambda}{\tau^2} = \lambda^0 = 1$

單位應力比例率　$\dfrac{\sigma_2}{\sigma_1} = \dfrac{K_2 A_1}{K_1 A_2} = \dfrac{\lambda^3}{\lambda} = \lambda^1$

(四)雷那氏相似律及雷那氏係數　如模型及天然水流所受之力只為內阻力時(直線流,地下水流),則其普通惰性力比例率及水內阻力比例率應相同。

$$x = \frac{M_2 b_2}{m_1 b_1} = \frac{\eta_2 \cdot \dfrac{\partial u_2}{\partial n_2} \cdot f_2}{\eta_1 \cdot \dfrac{\partial u_1}{\partial n_1} \cdot f_1} = \frac{\eta_2 u_2 L_2}{\eta_1 u_1 L_1} \tag{2}$$

---

(2) 水內阻力 $= \eta \dfrac{\delta u}{\delta n} \cdot f$

　　　$\eta =$ 液體絕對粘性 (Absolute Zähigkeit)

　　　$\nu = \dfrac{\eta}{\varrho} =$ 液體動作粘性(Kienematische Zähigkeit)

　　　$n =$ 與流速軸垂直之長度

　　　$f =$ 水流面積

　　　$u =$ 流速

$$m = \rho \cdot V = \rho L^3$$

$$\frac{\rho_2 L_2^2 u_2^2}{\rho_1 L_1^2 u_1^2} = \frac{\eta_2 v_2 L_2}{\eta_1 u_1 L_1}$$

$$\frac{L_2 u_2}{\dfrac{\eta_2}{\rho_2}} = \frac{L_1 u_1}{\dfrac{\eta_1}{\rho_1}}$$

$$\frac{L_2 u_2}{v_2} = \frac{L_1 u_1}{v_1} = R = 雷那氏係數$$

雷那氏係數,爲無單位之數目。如模型及天然只受水內阻力而具有相似性時,則二者之雷那氏係數必須相等。

由以上公式可見,苟以小模型作飛艇試驗,試驗時所用空氣之動作黏性與天然相同。當模型長度縮小一百倍 ($L_2:L_1=\lambda=100$),則模型之氣流速度必須放大一百倍,二者之雷那氏係數方可相等。往往速度過大,爲事實上不可能,則設法減小模型氣流之動作黏性(增加壓力,減低溫度), 以避免過大速度。或竟以水代空氣而試驗也。(水與空氣動作黏性比率約等於1:10)[3]

由以上公式,可求得各種比例率之關係:

$$\lambda = \left(\frac{v_2}{v_1}\right)^{\frac{1}{2}} \cdot \tau^{\frac{1}{2}}$$

$$\varkappa = \frac{\rho_2 v_2^2}{\rho_1 v_1^2} \cdot \lambda^0$$

水工試驗模型水溫度大約與天然相同,或可使其相同,則

$$v_1 = v_2, \qquad \rho_1 = \rho_2$$

$$\lambda = \tau^{\frac{1}{2}}, \qquad \varkappa = \lambda^0 = 1。$$

由上列之基本單位比例率之關係,可求其他一切之比例率。

面積比例率　　$\dfrac{F_2}{F_1} = \dfrac{L_2^2}{L_1^2} = \lambda^2$

體積比例率　　$\dfrac{V_2}{V_1} = \dfrac{L_2^3}{L_1^3} = \lambda^3$

(3) Reisner: Hydromechanik, 柏林高工演講,未發表。

流量比例率　$\dfrac{Q_2}{Q_1} = \dfrac{F_2 u_2}{F_1 u_1} = \dfrac{L_2^2 L_2 T_1}{L_1^2 L_1 T_2} = \dfrac{\lambda^3}{\tau} = \lambda$

工作比例率　$\dfrac{A_2}{A_1} = \dfrac{K_2 L_2}{K_1 L_1} = 1 \cdot \dfrac{L_2}{L_1} = \lambda$

能率比例率　$\dfrac{A_2}{A_1} \dfrac{T_1}{T_2} = \dfrac{\lambda}{\tau} = \lambda^{-1}$

速度比例率　$\dfrac{u_2}{u_1} = \dfrac{\lambda}{\tau} = \lambda^{-1}$

加速度比例率　$\dfrac{b_2}{b_1} = \dfrac{\lambda}{\tau^2} = \lambda^{-3}$

單位應力比例率　$\dfrac{K_2 F_1}{K_1 F_2} = 1 \cdot \dfrac{1}{\lambda^2} = \lambda^{-2}$

　　（五）維白氏相似率及維白氏係數　當兩種液體(如水與空氣)相接觸時,因原子現象而有表面張力(Oberflächespannung)。吾人可想像兩液體相接觸處,如有極薄之表皮,受表面張力所繃緊。(如置銅絲圈於肥皂水中再取出,則圈上有一極薄之水幕)。表面張力之單位為[公斤/平方公分],在固定溫度時,其值不變。苟模型與天然所受之力為表面張力時（如地下水毛細管作用,水面所成之表面浪紋),則其普通惰性力比例率及表面張力比例率應相等!

$$x = \dfrac{m_2 b_2}{m_1 b_1} = \dfrac{s_2}{s_1} \dfrac{L_2}{L_1}; \quad (s = 單位表面張力,以[公斤/公分]計)$$

$$\dfrac{\varrho_2 V_2 L_2 T_1^2}{\varrho_1 V_1 L_1 T_2^2} = \dfrac{s_2}{s_1} \dfrac{L_2}{L_1}$$

$$\dfrac{u_2^2 L_2}{s_2} \varrho_2 = \dfrac{u_1^2 L_1 \varrho_1}{s_1} = W = 維白氏係數$$

　　維白氏係數亦為無單位之數目字。苟模型與天然只受表面張力而具有相似性時,則二者之維白氏係數必須相等。
　　由上列公式得以下之關係。

$$\lambda = \left(\dfrac{\varrho_1 s_2}{\varrho_2 s_1}\right)^{\frac{1}{2}} \tau^{\frac{2}{3}} = \dfrac{s_1}{s_2} x$$

在固定溫度時,單位表面張力之值不變:$s_1=s_2$,故

$$\lambda = \tau^{\frac{2}{3}} = \varkappa$$

由上列之基本單位之關係,可求其他一切之比例率:

面積比例率　　　$\dfrac{A_2}{A_1}=\dfrac{L_2^2}{L_1^2}=\lambda^2$

體積比例率　　　$\dfrac{V_2}{V_1}=\dfrac{L_2^3}{L_1^3}=\lambda^3$

流量比例率　　　$\dfrac{A_2u_2}{A_1u_1}=\dfrac{L_2^2L_2T_1}{L_1^2L_1T_2}=\dfrac{\lambda^3}{\tau}=\lambda^{\frac{3}{2}}$

工作比例率　　　$\dfrac{K_2L_2}{K_1L_1}=\varkappa\lambda=\lambda^2$

能率比例率　　　$\dfrac{A_2T_1}{A_1T_2}=\dfrac{\varkappa\lambda}{\tau}=\lambda^{\frac{3}{2}}$

速度比例率　　　$\dfrac{u_2}{u_1}=\dfrac{\lambda}{\tau}=\lambda^{-\frac{1}{2}}$

加速度比例率　　$\dfrac{b_2}{b_1}=\dfrac{\lambda}{\tau^2}=\lambda^{-2}$

單位應力比例率　$\dfrac{6_2}{6_1}=\dfrac{K_2F_1}{K_1F_2}=\dfrac{\varkappa}{\lambda^2}=\lambda^{-1}$

總括以上,可得下表:

比　　例　　率	模　　型　　律		
	雷那氏律	維白氏律	富特氏律
體　　　積	λ^3	λ^3	λ^3
面　　　積	λ^2	λ^2	λ^2
時　　　間	λ^2	$\lambda^{\frac{3}{2}}$	$\lambda^{\frac{1}{2}}$
長　　　度	λ	λ	λ
工　　　作	λ	λ^2	λ^4
流　　　量	λ	$\lambda^{\frac{3}{2}}$	$\lambda^{\frac{5}{2}}$
力	λ^0	λ^1	λ^3
單位長度力	λ^{-1}	λ^0	λ^2
速　　　度	λ^{-1}	$\lambda^{-\frac{1}{2}}$	$\lambda^{\frac{1}{2}}$
單位面積力	λ^{-2}	λ^{-1}	λ^1
加　　速　　度	λ^{-3}	λ^{-2}	λ^0

(三)相似性力學對水工試驗之應用與模型設計之界限

（一）水工模型試驗　普通水力試驗,或(一)純爲研究水力學學理,或(二)研究水工專題(如河流攜帶力對沙礫關係,黃土研究),或(三)按天然作模型,研究某段河流實施某種工程設計。本文所述,只限於河工模型問題。

模型各種定律及比例率,已如上述模型設計,只須選擇長度比例率,按天然縮小。至其他比例率,有固定之關係。故由模型所研究之結果,乘以相當之比例率,即可推之於天然,似極簡易。苟天然模型同時受兩種以上之力,則其各種比例率(見第一表)判然不同(如雷那氏律時間比例率 $\tau=\lambda$,霍特氏律時間比例率 $\tau=\lambda^{\frac{1}{2}}$),爲應用上一大困難。

（二）集合感應界限　故當流水同時受兩種力時,而欲以模型做天然研究其結果,因各種模型律比例率之矛盾,爲絕對不可能。故在此種情形下,只可以最主要之力爲依歸。

河水流動,都爲交錯混流式(詳後);地心吸力爲最主要之力,故模型設計,皆按霍特氏模型律計算。然水內阻力,及當水流過滾水壩水面成極大曲線時,表面張力亦有影響。故純就理論言之,絕對之相似性永不可得,不過在實際上水內阻力及表面張力,對河水流動之影響較微耳。

苟水內阻力影響較大,則爲精確起見,宜作多個大小不同模型,皆依霍特氏律設計,而以水內阻力發生之影響(由計算或按經驗推測所得者),加以校正。由此數模型試驗之結果,可得水內阻力對大小模型影響之曲線,再將此曲線引長,即或可以推之於天然。倘表面張力,亦須校正,仍用上法,不過曲線由平面成爲立體式,較爲複雜,而同時爲霍特,雷那,維白三氏係數之因數。

（三）流速界限　模型計算,多按霍特氏型模律,已如上述,模型流速,雖按所選擇之比例率而縮小(或因研究沙礫動作情形,須特

別將河牀坡度增加,而模型流速較平常增大),而往往流速超過相當界限其流動性質,立生變化,與本來完全不同。

（甲）　流速之種類

(1) 直線流式　水流極緩時,以顏色液體注於水內,則見水溜皆爲直線紋,平行並進,不相混亂,稱爲「直線式水溜」(laminare Strömmung)，其所受主要力爲水內阻力。使水溫,水流橫斷面,或流速增加至相當限度,則水紋立成混亂狀態,上下左右移動,毫無規律,稱爲「交錯混流式水溜」(turbulente Strömmung)，其所受主要力爲地心吸力。直線流及混流之界限,爲雷那氏係數之函數。

雷那氏係數 $R = \dfrac{u\,d}{v}$

但應用於河牀或水槽時,上例公式之橫斷面直徑 d, 應代以

水力半徑 $= r = \dfrac{\text{橫斷面}}{\text{潤　周}}$。　依試驗所得:

$$R = \frac{ur}{v} < 500 至 600 時 爲 直 線 流$$

$$R = \frac{ur}{v} > 500 至 600 時 爲 交 錯 流 或 混 流$$

(2) 交錯緩流及交錯射流　交錯流又可分爲交錯緩流及交錯射流。

設水流在某切面之深度爲 t, 流速爲 u,則水流所含之能力高度(Energee-Höhe)(自槽底起算)[4]:

$$H = t + \alpha \frac{u^2}{2g} \quad (假設 \alpha = 1)$$

如每秒流量 $= Q$,水流寬度 $= b$ 爲固定值不變,則

$$H = t + \frac{Q^2}{b^2 t^2 2g}$$

----

(4) 水流每秒之能力 $= \gamma \cdot QH$; 其單位爲 $\dfrac{公斤}{(公尺)^3} \times \dfrac{(公尺)^3}{秒} \times 公尺 = \dfrac{公斤 \times 公尺}{秒}$

$$\frac{Q^2}{b^2 2g} = 固定値 = c$$

$$H = t + \frac{c}{t^2}$$

$$t^3 - Ht^2 + c = 0$$

解上列三次方程式,得三方根.除其中一方根為負數,無實際意義外,其餘兩方根指示在固定流水量及能力高度時,有兩種流式,其一為水深較大,流速較小,其二為水深較小,流速較大。兩者之流速界限適為波浪速度 (Wellengeschwindigkeit)。

波浪速度或界限流速 $u_{gr} = \sqrt{g t_{gr}}$.

$t = $ 流水水深

$g = $ 地心吸力加速率

苟流速大於界限流速,即　$u > \sqrt{gt}$,謂之交錯射流。

苟流速小於界限流速,即　$u < \sqrt{gt}$,謂之交錯緩流。[5]

---

(5) 設水流斷面為長方形,其能力高度 H,及水流寬度 b 之値不變。則在各

種水深時,由流速 $= \sqrt{2g(H-t)}$; 流量 $= \sqrt{2g(H-t)} \cdot b \cdot t$, 可得下圖:

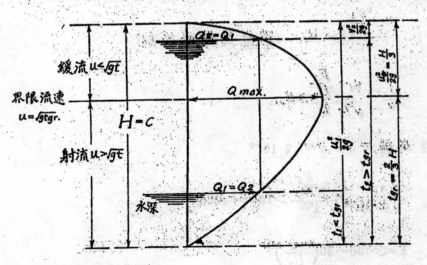

$$Q = bt \sqrt{2g(H-t)}$$

$$\frac{dQ}{dt} = 0, \qquad t_{gr} = \frac{2}{3}H, \qquad v_{gr} = \sqrt{gt}$$

當界限流速時,流量最大。

　　射流水面平滑光澤。當水溜受擾動後（水面被升高或降低），其所發生之波浪,只能向下游傳播,於上游毫無影響。反之,緩流水面常呈模糊狀態;水面受擾動後,發生之波浪,只向上游傳播,於下游無大影響。如計算囘水(壅流Stau),當射流時由出發點向下游計算,當緩流時則反之。

　　山谷溪流,自高下射,多爲射流;一切河流,皆爲緩流;地下水流動,則爲直線流式。

　　(乙)直線流界限　　河流皆爲交錯流,故模型流速必須大於直線流速界限,卽模型之雷那氏係數,須大於500至600。不過當雷那氏係數等於500至600時,水流適界於直線流及交錯流之間。爲純粹避免直線流起見,實際應用,多採大於 1500 或竟至4000之雷那氏係數。

　依霍特氏模型律

$$L_1 = \frac{L_2}{\lambda}; \quad u_1 = \frac{u_2}{\sqrt{\lambda}}; \quad \frac{F_1}{U_1} = \frac{1}{\lambda} \cdot \frac{F_2}{U_2}$$

$$\frac{u_1 \cdot \frac{F_1}{U_1}}{\nu} > R_{gr.} \quad \text{(雷那氏界限係數)}$$

$$\frac{1}{\nu} \cdot \frac{u_2 \cdot \frac{F_2}{U_2}}{\sqrt{\lambda} \cdot \lambda} > R_{gr.}$$

　設水溫 $= 4°C. \nu = 1,2 \cdot 10^{-6}$,

$$\frac{1}{1,2 \cdot 10^{-6}} \cdot \frac{u_2 \frac{F_2}{U_2}}{\lambda^{3/2}} > 1500 - 4000$$

$$\lambda < \infty 30 - 50 \left(\frac{u_2 F_2}{U_2} \right)^{\frac{2}{3}}$$

$$\lambda = 長度比例率$$

$$u_2 = 天然流速$$

$$F_2 = \text{天然河道橫斷面面積}$$
$$U_2 = \text{天然河道橫斷面潤周}$$

苟模型寬度顏大,則

$$\lambda < \sim 30 - 50\left(\frac{u^2}{B}\right)^{\frac{1}{3}}$$

內 B = 河身寬度。

(丙)交錯射流界限　模型流速,必須較交錯射流流速爲小。

$$u_1 < \sqrt{gt_1}, \quad t_1 = \text{模型水深}$$

$$u = \sqrt{\frac{2g}{f}} \cdot \sqrt{R \cdot J} = \sim \sqrt{\frac{2g}{f}} \cdot \sqrt{t_1 \cdot J}$$

$$\sqrt{\frac{2g}{f}} \cdot \sqrt{t \cdot J} < \sqrt{gt}$$

$$J > \frac{f}{2} \quad \text{緩流}$$

f = 模型狀粗糙率(無單位)

(按苟天然流速爲爲射流,則模型之陂度 $J > \frac{f}{2}$)

(四)模型沙粒移動界限　河工試驗,以研究河床變遷,沙礫移動問題,最爲困難。天然河床沙粒,其直徑約在一公厘(mm)以至數公分(cm.)之間。按模型律,模型所用沙粒,亦應依長度比例率縮小,則成紛末,或在水內黏結成塊,冲刷不散;或浮蕩水中,而與天然河流沙礫在河床上滾動情形,判然不同,性質亦異。譬如黃河黃土土粒直徑多在0,2公厘以下,更依長度比例率而縮小,亦爲事實上不可能。故於沙粒選擇,只可捨去絕對的幾何相似性,而求其動作相似性而已(普通選用沙粒直徑約在0-5公釐之間)。

天然河流沙礫之移動律,迄今猶乏充分理論之解釋,蓋沙礫移動,因河流之冲刷力 (Schleppkraft,Schubspannung), 及沙礫之比重,體積,形狀,結合成份而異,極爲複難。不過各河流河狀每年變遷情形,河底沙堆推進率,常有長久之測量與紀載,河狀移動模型試驗,

未能有充分理論之根據時,只應用嘗試法,依水文紀錄,選擇模型沙粒及模型水深與坡度(詳後),模倣天然河床移動情形。故時間,流速,流量等比例率,亦需依沙礫移動情形而改變。

河流沖刷力等於

$$S = \gamma J R = \infty \gamma J t$$

內 γ = 水單位重量; J = 水流坡度; R = 水流中徑; t = 水深,沖刷力為水深及坡度之函數。

(甲)模型沙之選擇　沙粒移動,因(一)比重,(二)體積,(三)形狀(銳角沙石片,圓整沙粒),(四)結合成份(細沙與粗沙比例,較大,相同,或相等)而異。現在歐洲河工試驗,只能依河流水文紀載,用試驗法選擇適當之沙粒。至選擇定理,迄今猶未可得。

　　模型沙選定後,則研究模型之水深及坡度(沖刷力),是否能將沙粒移動,並與天然情形相似。

(乙)坡度之選擇　模型坡度,為無單位之數目,按模型律應與天然河流坡度相等。固定河床模型試驗坡度大都不變。但移動河床試驗,為使沙粒移動起見,往往須增加其坡度(沖刷力)方可。坡度之選擇,因所用沙粒而異,只可用試驗決定之。

按普魯士水工試驗所之經驗公式為:

沙粒移動界限,模型坡度:

$$J > \infty \frac{d}{20\frac{F}{U}} \text{ 至 } \frac{d}{8\frac{F}{U}}$$

如模型寬度頗大,則

$$J > \infty \frac{d}{20t} \text{ 至 } \frac{d}{8t}$$

J = 模型坡度

d = 模型沙粒平均直徑(有一定計算法)

F = 模型橫斷面積

U = 模型橫斷潤周

t = 模型水深

惟須注意,波度不可過大,使水流變為射流式。

(丙)保持長度比例率而減小高度(深度)比例率,因而增加模型水深即冲刷力　沙粒及坡度選定後,往往沙粒猶不移動,則必需增加水深(即冲刷力)。水深增加,表示模型長度比例率減小,模型整個加大,而常以場址限制及費用問題不能實施,故只能保持長度比例率,而減小高度比例率。因高度長度比例率不同,謂之「變形模型」。其長度比例率及高度比例率之比例,謂之「變形比例」。

高度比例率改變後,可得模型之其他比例率如下:(注意,下例公式只指坡度不變)

$$設 \quad \frac{L_2}{L_1} = \lambda \quad 長度比例率$$

$$\frac{B_2}{B_1} = \beta \quad 寬度比例率$$

$$\frac{H_2}{H_1} = \alpha \quad 高度比例率$$

則可知

$$時間比例率 \quad \tau = \frac{t_2}{t_1} = \sqrt{\alpha} \quad (只限流水)$$

$$流速比例率 \quad \frac{u_2}{u_1} = \frac{\lambda}{\sqrt{\alpha}}$$

$$橫切面比例率 \quad \frac{F_2}{F_1} = \alpha \cdot \beta$$

$$流量比例率 \quad \frac{Q_2}{Q_1} = \frac{F_2 u_2}{F_1 u_1} = \alpha^{\frac{1}{2}} \beta\lambda$$

苟坡度增加,則流速及流量,亦必增加。求比例率時,最宜實際比較天然河流之流速,流量,及模型在相當水深時之流速流量,而決定之(黃河試驗即採此法)。

上述之時間比例率,只限用於受地心吸力而流動之流速與流量等,至於沙粒移動時間比例率之審定,因缺乏理論根據,只能

比較在相當流量時,模型河床之變遷與天然河床改變之結果。譬如模型沙粒移動,與天然相同,設河流某段有沙堆,一年內向下流推進若干公里,今在模型內,十小時後,河床沙堆亦已堆進至相當地點,則模型十小時等於天然一年,或一模型年等於十小時。或於河流切面測量得每年改變情形,然後在模型內研究該切面同樣改變所需時間,即等於天然一年。

綜上所述,沙粒,深度,坡度,皆有互相連帶關係。河床試驗,多須用變形模型。從前作試驗,變形比例自一至數十不等,最近均力求減少,最多不過三(1932年黃河試驗變形比例等於20,1934年試驗等於1.5)。譬如河床沙粒所成之沙堆之坡度,為沙粒性質之函數,並不因高度比例率減小而增加也。

以上所述只限於沙礫在河床上移動而言,至於浮蕩水中之泥土(如黃河黃土),其冲刷力另有定理,至今尚未經研究也。

(五)水面最小流速界限　流水水面,因表面張力之故,其流速必須超過每秒23公分(23 cm./sec,方可發生表面波浪(kapilar wellen)。此種波浪,因水面受擾動所致,向上遊推進,而產生回水(壅流)等影響,如河道改窄,河底築沉墻,河內建橋墩,均使上流水面抬高,此種影響,皆為表面波浪向上傳播之結果。故模型水面流速,必須大於每秒23公分,方可根本產生此種影響。

表面波浪之產生,由於水受擾動,其所受主要力為表面張力,故研究表面波浪之性質,當依維白氏律(如研究波浪傳播速度等)。惟上述絕對最低速度必須超過。

(六)模型粗糙率界限　模型床粗糙率,亦應按天然河流粗糙率縮小,然因缺乏適合之材料,或所需之粗糙率過小(即模型材料須十分光滑)事實上製造之模型不能模倣天然之粗糙率。

普通各河工試驗場,依所用物料作粗糙率圖表。此種圖表,表示物料之粗糙率 f 及雷那氏係數之關係,模型材料選定後,即據粗糙率,坡度,切面,潤周,切實計算模型流速,流量,不復能依雷特氏

律縮小。

用模型同時研究各種流量情形(低水,洪水),其粗糙率更因流量而異。故適合洪水時之粗糙率,在低水時又不同。如整個模型之坡度可以變換(水工河槽之坡度多為活動式),稍將坡度改變,可使流量流速與天然符合。

本文所述模型原則及界限,多採集歐洲水工試驗場經驗而成。至如我國北方河流,岸床為黃土質,與歐洲河道性質大異。究竟黃土在水中浮蕩原因,及其定理,迄今完全缺乏研究,模型試驗,必更有困難。深望國內水力學家及水工試驗家努力,以期對科學界有所闡明。

參考書目

Weber: Jahrbuch d. Schiffbautechnischen Gesellschaft 1919. S.355;

　　　　1930 S. 318,

Eisner: Offene Gerinne, Handbuch d. Phy. und tech. Mechanik.

煤 的 問 題

沈 熊 慶

導 言

煤為家庭及工廠之燃料;鐵路輪舟之原動力;鋼鐵廠之重要原料;及數百種工業品之來源,故世界上如一日無煤,則世界文明將破碎無存。蓋近代文明以煤鐵而存,而煤鐵之居間物則為焦炭。夫焦炭製自煤,鐵鑛得之以冶成純鐵,然後可煉鋼。鋼為機械槍砲及各項工具之原料,盡人知之。惟煤在煉焦時,尚可得重要副產物如煤氣,煤膏及阿莫尼亞。後者用製硫酸經入造肥料,而煤膏則為製造炸藥,毒氣,藥材,香料,染料,調味品,攝影藥品,木料防腐物等之原料。況近世液體燃料,用途日增,舉凡飛機,機械,航輪莫不需此;而世界液體燃料儲量有限,旬慮有用盡之日,幸近年來德國已發明煤炭化油法,即利用其無用之褐煤,提煉而成汽油,內燃機油,及潤滑油等,以補天然石油之不足。由是觀之,煤實為國家生存之要素,而世界文明之所顥以支撐者也。方今政府力圖建設之時,又值強寇侵陵,經濟枯竭之日,故煤的問題,實為民生國防之重要問題也。

煤之種類及成分

煤乃古代植物經炭化而成,因其炭化程度之不同,故有種類之分,如泥煤,褐煤,半烟煤,烟煤,上等烟煤,亞無烟煤,及無烟煤等七種。下表示七種煤之原質成分:——

第一表　　煤之原質成分表[1]　　（假定煤內無水分及灰分者）

百分數 原質 種類	碳	氫	氧	氮	硫
泥　　　煤	55.0	6.0	36.5	1.5	1.0
褐　　　煤	68.0	5.5	24.5	1.0	1.0
半　烟　煤	73.0	5.5	18.5	1.5	1.5
烟　　　煤	85.0	5.0	7.0	1.4	1.6
上等烟煤	89.0	4.8	4.4	1.1	0.7
亞無烟煤	92.0	3.5	2.5	1.0	1.0
無　烟　煤	94.0	2.5	1.5	1.0	1.0

上表除泥煤無重要用途外,其他煤樣大別之爲三類,卽褐煤,烟煤,無烟煤。

泥煤介乎煤與木炭二者之間,爲植物化煤之初級。此種泥煤因其含水分甚多,有至百分之八十或九十者,故使用爲難。泥煤在世界上分佈極廣,如英法意德奧俄加拿大等國都產之,而以俄國儲量最多;該國用爲冶金燃料。

褐煤爲植物化煤之第二級有質鬆尙呈木質結構者,有質堅而少含木質者,因其色褐,故名褐煤。此種褐煤在燃燒時多烟,焰長,無黏結性。在德奧兩國用作家庭及鍋爐燃料,世界大戰後德國始用以製造汽油及內燃機油等,故目下亦爲工業上重要原料。

烟煤或稱軟煤,色黑質鬆,有少帶光彩者,有黑光層相間者,燃燒時發強烟,搗碎成有規則之長方塊形。烟煤除用爲燃料外,尙爲工業上重要原料。因其成分之不同,用途各異,故有煤氣煤(gas coal),煉焦煤(coking coal),汽鍋煤(steam coal)等之分。

無煙煤俗稱白煤或硬煤,質堅有光,色褐黑,不汙手,斷裂面呈介殼狀。因燃燒時無強烟,故爲家庭常用原料;在工業上則爲製造水煤氣(Water gas)及爐煤氣(producer gas)之用。

煤 之 成 分

煤為植物炭化而成,其內部所含原質除前表所列者外,尚有磷,鈣,鐵等各種雜質。而各原質之化合物,甚為複雜,除固定炭質外,如下表所示:[2]——

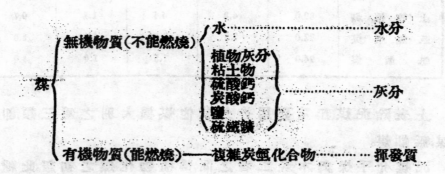

煤之新從鑛內取出者,含水分極多,惟大部水分可使煤在空氣中乾燥而除去之,小部之水則留剩煤中,須將煤研成粉末,在烘箱內除去之;烘箱溫度為攝氏 105 度。

灰分乃煤經燃燒殘餘之灰燼,其數量之多寡視煤之優劣而異;至其性質及成分,亦以煤之成分而異。普通灰內含有氧化矽 (SiO_2),氧化鋁 (Al_2O_3),氧化鐵 (Fe_2O_3),氧化鈣(CaO),氧化鎂(MgO),及三氧化硫 (SO_3) 等氧化合物,此皆由各種無機物質因受熱分解而成者;灰之顏色自乳白色至紅褐色,視灰內氧化鐵質多少而異。灰之融解點約為攝氏 1000—1500 度。

揮發質為煤加熱至攝氏 900—1000 度時所發出之氣體(水分除外),內含複雜炭氫化合物,能燃燒而生濃烟;烟煤與無烟煤之分類,即以其揮發質之多寡而別。即同一烟煤,其火焰之長短,亦以揮發質之多少而定,茲將七種煤之含質成分,列表於下:

第二表　煤之合質成分表(1)

種類	水分	揮發質	固定炭質	灰分	熱量 B.t.u./lb.	量 Cal/gm.
泥　　煤	85.5	5.0	2.5	6.0	—	725	403
褐　　煤	36.0	27.0	30.0	7.0	6,000–7,000	3,334–3,889
半烟煤	15.0	32.0	45.0	8.0	10,500	5,834
烟　　煤	5.0	35.0	50.0	10.0	14,000	7,778
上等烟煤	3.5	16.5	72.5	7.5	13,500–14,000	7,500–7,778
亞無烟煤	3.5	9.5	75.5	11.5	13,000–13,500	7,223–7,500
無烟煤	3.5	1.5	80.0	15.0	13,900–14,000	7,223–7,778

　　　煤之成分,既足以影響煤之性質,故欲判別煤之優劣以及是否適合某種工業製造之用,卽以其所含水分,灰分,揮發質及固定炭質之多寡爲斷。玆將李葛 (Regnault-Gruner) 二氏所造關于煤之應用分類表譯錄如下,以備選煤時之參考:

第三表　煤之應用分類表(8)

（表內數字爲假定煤不含水分及灰分時之百分數）

類別	組　　別	主要用途	原質成分（百分數） 碳	氫	氧十氮十硫	揮發質（百分數）	固定炭質（百分數）	炭素殘餘物之性質
褐煤	不　粘　結	……………	60–75	約5.0	20–35	45以上	55以上	無粘合性
烟煤	(1)不粘結(焰長)	反射爐灶燃料用	75–80	4.5–5.5	15–20	40–45	55–60	無粘合性
	(2)粘　結(焰長)	製造煤氣用	80–85	約5.6	10–15	32–40	60–68	多空焦炭性
	(3)硬　焦　性	煉焦用	84–89	5.0–5.6	5.5–11.0	26–32	68–74	緻密焦炭性
	(4)硬焦性(焰短)	煉焦用及蒸汽鍋爐燃料用	88–90	4.5–5.5	5.5–6.5	18–26	74–82	最緻密焦炭性
半烟煤	不粘結(焰短)	蒸汽鍋爐燃料用	90–92	4.0–4.5	4.0–5.5	15–20	80–85	無粘合性
無烟煤	(1)不粘結	蒸汽鍋爐燃料用	92–94	3.0–4.0	3.0–4.5	8–15	85–92	粉　　狀
	(2)不粘結	火鑪燃料用				8以下	92以上	

　　據上表,可知煤之合於製造煤氣用者須含揮發質百分之三十二至四十,其焦炭須質鬆多孔,方爲上等煤氣煤。至煉焦煤與汽鍋煤等須含規定之揮發質方爲合格。

　　再煤之熱量[4]及煤之硫黃量亦爲選擇煤之重要因素,蓋燃料煤須擇其熱量高者爲上等。至煤內硫黃,大都爲硫化物,硫化鐵,硫酸鈣,有機硫化物。雖煤在燃燒時一部份硫質,變成硫化氫,硫化炭,一硫二烯五圜,(thiophene)等氣體蒸發而出,惟大部份硫質(如硫化鐵硫酸鈣)則存在焦炭中,此項焦炭,卽不合煉銅之用;故含多量硫質之煤爲煉焦廠所最忌。

　　總之,欲分別煤之優劣及其是否適合某種用途,須先經精密之試驗分析,方可斷定。故煤之化驗爲必須之手續;且買賣兩方可憑化驗之結果,以爲論價之依據,使雙方各得其平也。茲將上海市工業試驗所歷年所化驗之各省重要煤樣,列表於篇後,以爲國人參考焉。

煤之儲量及產額

　　據 1913 年國際地質會議之報告,世界煤之總儲量約有7,397,000 兆噸。其中如以煤類言,無烟煤佔 6.75%（大部在中國）,烟煤佔52.75%,褐煤40.5%;以國別言:美國佔51.8%.加拿大16.4%,中國13.5%,德國5.7%英國2.6%,西伯利亞2.3%,其他各國7.7%。茲將世界上重要產煤國之儲量列表如下:

第四表　世界各國煤之儲量表[5]

國　　別	儲　量　（單位千公噸）
美　　國	3,583,432,000
加　拿　大	1,253,744,000
中　　國	1,012,557,792
德　　國	429,768,000 *

英　　　　　國	193,040,000	
西 比 利 亞	175,768,000	
印　　　　　度	80,264,000	
俄　　　　　國	60,960,000 *	
奥　　　　　國	54,864,000 *	
法　　　　　國	17,272,000	
總　　　　　計	6,861,669,792	

＊ 歐戰以前版圖

　　我國煤藏之富,稱居世界產煤國之第三位(上表所列之數爲德人德來克氏之估計),惟據實業部地質調查所之調查結果,全國藏煤量爲 217,626,000,000 噸(合計 221,108,016,000 公鑵),其中以烟煤爲最多,佔總儲量之 79.71%,無烟煤次之,佔 20.03%,褐煤又次之,佔 0.26%。如以省別言,則推山西藏煤最富,四川,雲南,貴州等省次之,詳確數字參閱下表:

第五表　中國煤源之藏量估計表[6](單位千公鑵)

省　別	無 烟 煤	烟　　　煤	褐　　　煤	總　　　計	百分比
山　西	35,921.696	93,051,376	175,768	129,148,840	58.44
四　川	1,016,000	18,288,000	………	19,304,000	8.73
雲　南	…………	19,202,400	101,600	19,304,000	8.73
貴　州	…………	19,304,000	………	19,304,000	8.73
河　南	5,935,472	1,632,712	………	7,568,184	3.42
陝　西	…………	7,079,488	………	7,079,488	3.20
湖　南	………	6,096,000	………	6,096,000	2.67
山　東	30,480	2,540.000	………	2,570,480	1.17
遼　寧	30,480	2,286,000	5,080	2,321,560	1.05
河　北	809,752	1,047,496	………	1,857,248	0.84
吉　林	………	1,217,168	101,600	1,318,768	0.60
江　西	111,760	797,560	………	909,320	0.41
熱　河	20,320	480,568	169,672	670,560	0.31

廣	西	………	508,000	………	508,000	0.23
廣	東	………	508,000	………	508,000	0.23
甘	肅	………	508,000	………	508,000	0.23
察哈爾及綏遠		152,400	314,960	………	467,380	0.22
湖	北	140,208	314,960	………	455,168	0.21
黑龍江		………	349,504	23,368	372,872	0.17
安	徽	71,120	292,608	………	363,728	0.17
江	蘇	………	198,120	………	198,120	0.10
福	建	………	152,400	………	152,400	0.08
浙	江	50,800	71,120	………	121,920	0.06
總	計	74,290,488	176,240,440	577,088	221,108,016	100.00
百 分 比		20.03	79.71	0.26	100.00	

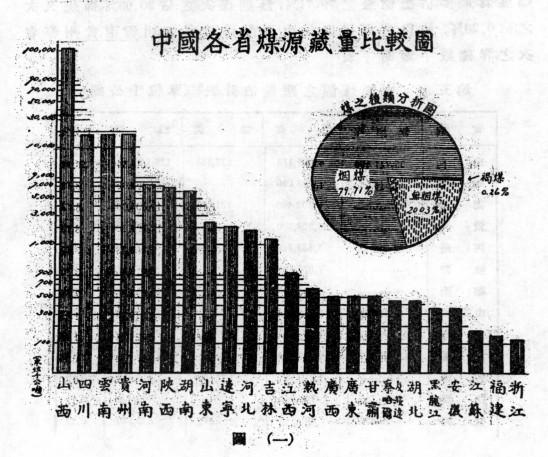

中國各省煤源藏量比較圖

圖　（一）

　　夫吾國旣有豐富之煤藏,自須開採以利用之,以裕民生,否則
埋藏地下,實暴殄天物,重負天賜也。據第四次中國礦業紀要載民
國二十年世界各國煤產額及其比較如下表及圖(二):

第六表　　世界各國煤產額統計表[7]

國	別	民國二十年之煤產額(單位公噸)	百 分 比
美洲	美　　國	397,023,000	38.73
	加 拿 大	8,400,000	0.83
歐洲	比 利 時	27,035,000	2.65
	捷 克 斯 拉 夫	13,271,000	1.31
	法　　國	51,063,000	4.99
	德　　國	118,624,000	11.60
	英　　國	223,690,000	21.63
	波　　蘭	38,265,000	3.74
	俄　　國	50,000,000	4.94
	薩 爾 特 區	11,367,000	1.12
	荷　　蘭	......	......
亞洲	中　　國	27,245,000	2.67
	日本(朝鮮台灣均在內)	27,850,000	2.73
	印　　度	20,747,000	2.03
非洲	非洲聯邦	10,562,000	1.03
澳洋洲	澳　　洲	....	....
	其 他 各 國	....	....
總	計	1,025,142,000	100.00

國別	美國	加拿大	比利時	捷克斯拉夫	法國	德國	英國	波蘭	俄國	薩爾轄區	中國	日本(附台灣)	印度	非洲聯邦	備考
二十年之產額(煤炭千公噸)	372,043	9,400	27,035	13,471	51,013	118,648	224,690	38,268	30,000	71,367	26,068	28,050	20,787	14,860	每格表示百分之一
百分比	33.73%	0.83%	2.65%	1.31%	4.99%	11.60%	21.61%	3.70%	6.94%	1.12%	1.67%	1.71%	2.03%	1.03%	

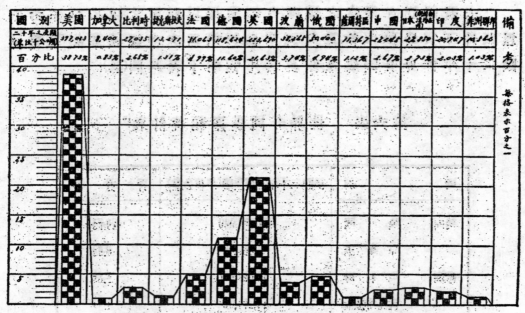

圖(二)　　世界各國煤產額之比較圖

　　我國每年產煤約二千五六百萬噸,祗及總儲藏量萬分之一,若產額逐年不增,則吾國煤量可以支持一萬年之久。而各省產煤多寡不一,其中以遼寧產煤最多,河北省次之,其他各省產額俱在百分之十以下(參閱下表及圖三)。

第七表　　中國各省產煤額統計表

省別 種類	民國二十年之煤產額(單位公噸)			總計	百分比
	烟煤	無煙煤	鞃炭		
江蘇	108,338.00	……………	……………	108,338.00	0.40
浙江	234,640.90	……………	……………	234,640.90	0.86
安徽	179,131.80	96,871.92	……………	276,003.72	1.02
江西	334,144.00	120,000.00	……………	463,144.00	1.69
湖北	69,000.00	206,500.00	……………	275,500.00	1.01
湖南	410,000.00	516,000.00	……………	926,000.00	3.40
四川	658,100.00	……………	……………	658,100.00	2.41
貴州	98,509.00	20,068.00	……………	118,557.00	0.43
雲南	56,155.00	15,000.00	20,000.00	91,155.00	0.33
河北	6,505,572.13	1,154,452.00	……………	7,660,024.13	28.13
山東	2,093,771.81	……………	……………	2,093,771.81	7.69
河南	824,485.10	1,020,254.04	……………	1,844,739.14	6.78

省						百分比
山西	1,358,343.07	907,990.55	......		1,266,333.62	8.31
陝西	227,278.00	......	......		227,278.00	0.83
遼寧	7,503,000.00	195,000.00	......		7,698,000.00	28.27
吉林	550,000.00	30,000.00	......		580,000.00	2.12
黑龍江	230,000.00	8,000.00	......		238,000.00	0.87
熱河	703,400.00	......	......		703,400.00	2.58
察哈爾	69,500.00	45,000.00	......		114,500.00	0.42
綏遠	64,400.00	23,300.00	3,500.00		91,200.00	0.33
寧夏	33,900.00	187,000.00	......		220,900.00	0.84
甘肅	5,068.00	......	......		5,068.00	0.02
福建	......	......	......		100,000.00	0.36
四川	......	......	......		50,000.00	0.18
外蒙	......	......	......		100,000.00	0.36
青海	......	......	......			
新疆	......	......	......		100,000.00	0.36
西康	......	......	......			

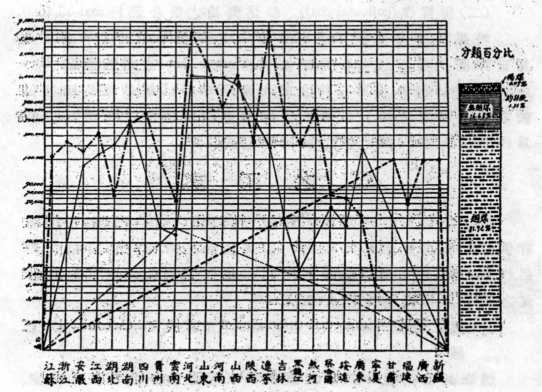

分類百分比

圖（三）　中國各省產煤額比較圖

煤 之 用 途

煤爲重要固體燃料,用以發熱發光及發生原動力者也。惟煤之直接用作燃料,最不經濟,因煤在燃燒時,吾人可收獲之能(energy)戡及煤量百分之二十五,其他四分之三則爲浪費職是之故近年來有最經濟利用煤之技術發明:——

(一)粉煤 (pulverized or powdered coal)　烟煤在燃燒時,烟突中常發生黑烟。此項黑烟之成分,大部爲未曾燃燒之炭質及幾種氣體。設能將其燃燒完善,當無黑烟發生。而此種烟塵不特爲用煤之損失,亦且散佈空中,有礙衛生,是以近年來各國對於蒸汽發生機已採用粉煤,因煤已成粉末,則其中炭質易與空中氧氣經燃燒而全完化合,以獲燃煤之最高效率。

(二)膠質煤 (colloidal coal)　即煤與油之混合燃料(coal-oil fuel)。

粉煤與油混合燃料,早經各國試驗研究,惟直至近年來才施於實際應用。英國勝那特輪船公司(Sunard Line)之雪西亞號(Scythia),來往於利佛浦及紐約之間,用此項燃料試航,結果良佳;非但較單純油料爲經濟,且技術方面亦甚適用,故此項混合燃料,現時爲內燃機及航行蒸汽機之經濟燃料矣。

煤 之 工 業

煤之直接用作燃料,既不經濟;惟若先以化學處理,則可得極有價值極經濟之燃料。不特此也,即其他如染料,炸藥,藥材,攝影藥品,汽油等等亦由煤經化學處理而來。煤之工業,大別之爲兩類,即煤之炭化工業及煤之氫化工業——

(一)煤之乾餾 (destructive distillation) 或炭化 (carbonization) 工業

煤在眞空鍋爐中加熱蒸餾,則得五種產物即氫液,輕油,煤氣,煤膏及焦炭。蒸餾時所用溫度有攝氏 1100 度者,謂之高溫蒸餾;有

用 600 度者,謂之低溫蒸餾。兩法所得之產物,其數量與成分性質
略有不同,茲分述之如下:——

(甲) 高溫蒸餾 (High temperature carbonization)

烟煤在高溫蒸餾時,所得之產物,視用煤之品質而異;普通用
煤一噸,可得下列各物:——[9]

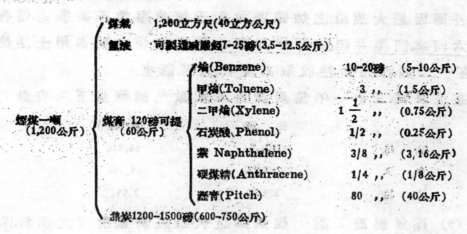

烟煤一噸 (1,200公斤)	煤氣 1,200立方尺(40立方公尺)		
	氨液 可製造硫酸銨7–25磅(3.5–12.5公斤)		
	煤膏 120磅可提 (60公斤)	苯 (Benzene)	10–20磅 (5–10公斤)
		甲苯 (Toluene)	3 ,, (1.5公斤)
		二甲苯 (Xylene)	1 1/2 ,, (0.75公斤)
		石炭酸 (Phenol)	1/2 ,, (0.25公斤)
		萘 (Naphthalene)	3/8 ,, (3,16公斤)
		硬煤精 (Anthracene)	1/4 ,, (1/8公斤)
		瀝青 (Pitch)	80 ,, (40公斤)
	焦炭1200–1500磅(600–750公斤)		

概言之,焦炭約佔烟煤之72%,煤氣22%,煤膏 6%;故焦炭與
煤氣為高溫蒸餾之主要產物。惟其產量與性質,視原煤之成分及
蒸餾方法等而異。因煤之適合煉焦者未必合於製造煤氣之用,故
煉焦與煤氣製造為兩種獨立工業。至於煤膏向視為兩廠廢物,迨
後經蒸餾而得重要有機物品,始知利用,因有煤膏蒸餾工業之創
設,茲將此三種工業分述之如下:——

(I) 煉焦工業　冶金焦炭(Metallurgical coke)為鋼鐵廠之重要
原料。此項煤焦須性質堅硬,雖經重壓而不碎,加強熱而不溶,具海
綿式之結構體,遇二氧化炭不溶解,內含極少量之硫磷等質。據美
國材料試驗會(A.S.T.M.)所規定之冶金焦,內含揮發物不得超過
2%,固定炭不得少過86%,灰分不得超過1:%,硫不得超過1%,磷
不得超過0.5%,限制似覺過嚴,但不如是,不足以冶鍛良好鋼鐵也。
故欲得優良之焦炭,須選擇能煉焦之煤。在吾國率鄉,本溪湖,六河
溝,井陘,開灤,撫順,中興,博山等礦所產之煤,皆合煉焦之用。

　　在十九世紀之初葉,製煉焦炭皆用縣巢式爐竈所有煤氣及煤膏等均廢棄不取,甚不經濟追後立式及橫式煉焦爐先後發明,不特增加焦灰產量,並可收穫副產物,如煤氣,煤膏,及阿母尼亞水。阿母尼亞以製造硫酸經人造肥料;煤氣為鋼爐燃燒料;煤膏可供提取各種有機物。

　　吾國因無大規模之煉鋼廠,故對于煉焦事業不甚發達,僅有<u>萍鄉</u>,<u>六河溝</u>,<u>開灤</u>,<u>井陘</u>,<u>撫順</u>,<u>中興</u>,<u>博山</u>等數處煉焦。並多用土法煉製,僅有一,二處採用新法,收取副產物,良可慨也。

　　茲將民國二十一年焦炭輸出入總數[10],摘錄於下,以資參考:

	公　　噸	關平兩
輸　出	4,112,76	66,916
輸　入	3,253,23	64,825
出　超	859,53	2,091

　　(2) 煤氣製造工業　煤氣為近代最經濟最清潔之燃料,歐美各國工廠家庭都用之以發動力或養食物。在電燈未發明之前,煤氣用以燃燈即俗稱「自來火」燈。煤氣之成分及其產量之多寡,視所用烟煤之品質及乾餾方法而異。普通烟煤,如其揮發物在32%—39% 以上,灰分在10%,以下,硫黃不超過1.25% 者,適合製造煤氣之用。

　　我國尚無國人自營之煤氣工廠,在<u>上海</u>,<u>漢口</u>,<u>廣州</u>等處者皆為外人所經營之事業。

　　煤氣廠之主要目的在乎製造多量佳質之煤氣,同時亦得三種極有價值之副產物,即阿母尼亞,煤膏及焦炭。阿母尼亞可供製造硫酸經肥料及經化合物,煤膏則售於煤膏蒸餾工廠,以提取各種有機物品,焦炭可用作家庭及工廠燃料。此項焦炭與煉焦廠所產之焦不同,質鬆軟,不合冶金之用。

　　(3) 煤膏蒸餾工業　煤膏乃一種色黑味臭之油性混合物,為煉焦及煤氣工廠之副產物。初視為廢物,不知利用,追經蒸餾而

知其中含有有機藥品甚富,乃有煤膏蒸餾工業之產生。此項蒸餾工廠所用之煤膏油卽購自煉焦及煤氣工廠而加以提煉者。惟近年來因煤膏產物之需要日增,煉焦工廠及煤氣工廠有自設煤工蒸餾部,以提取各種有機物;因煤膏蒸餾爲化學工業中之基本工業,關係國防民生非淺鮮也。

　　煤膏油之成分視所用原煤之品質及其炭化方法而異.煉焦廠之煤膏內含石蠟體 (paraffin bodies) 較煤氣廠煤膏爲多。

　　煤膏油在蒸餾時以各物質之揮發溫度不同,可分成六份,卽阿母尼亞水,輕油,中油,重油,紅油及瀝青。各部之份量,視原料煤膏而異,下表爲兩種煤膏油蒸餾所得之百分數:

第 八 表 [11]

蒸出部份　　　　煤膏之來源	氣 廠 煤 膏	煉 焦 廠 煤 膏
阿母尼亞水	1.81	2.30
輕油	1.65	3.70
中油	10.66	9.80
重油	8.18	12.00
紅油	14.05	4.30
瀝青	61.16	67.00
蒸溜時之損失	21.48	0.90

　　由上列各油份內,經再度蒸餾,可提取原料藥品十三種,其最重要者爲燆 (benzene), 甲燆 (toluene), 萘 (nephthalene), 石炭酸 (phenol), 硬煤精 (anthracene), 次要者爲二甲燆 (xylene), 一烷困醇 (cresols), 五炭一氮異燆 (pyridine), 愛西亞納夫星 (acenaphthene), 非納塞林 (phenanthrene), 揩白荼 (corbazole), 更次要者爲因獨 (indole), 及伊索桂拿林 (isoquinoline)。參閱圖(四)。

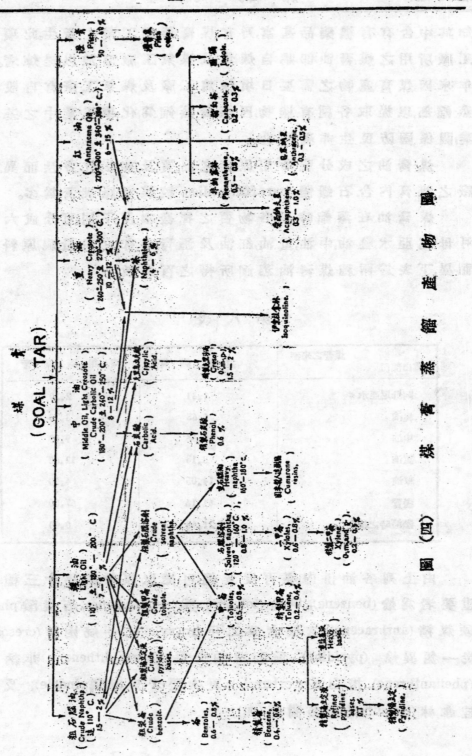

煤　青　蒸　餾　產　物　圖

圖（四）

圖(四)內十三種藥品,祇及煤膏油總量百分之一,其他百分之九十則爲瀝青及阿母尼亞水等。惟由此十三種藥品,可製造工業品美奮千百種;爲染料,炸藥,毒氣,藥材等等,莫不以煤膏爲出發點。

染料爲各種工業之重要原料,如印染,油漆,油墨,化粧品,食品等工業都利賴之。染料自古採自動植物,迨西歷 1856 年英國化學家潘金 (Perkin) 氏發明用生色精 (aniline) 製造染料後,人造染料竟取天然染料而代之。潘氏所用之生色精,即爲煤膏中之烴經化學處理而成。故人造染料又稱「aniline 染料」,或「煤膏油染料」(coal tar dyes)。吾國染青布所用之靛青,向取自靛樹,目下因人造靛青之價廉物美,國人皆改用舶來之人造靛青。製造靛之基本原料,則爲硬煤精 (anthracene),亦煤膏油中之產物也。故欲創設人造染料工業,煤膏蒸溜實爲先決條件。

近世軍事上及工程上需用暴力炸藥爲 T. N. T. 與苦味酸 (picric acid)。其製造之原料即爲煤膏中之甲烴 (toluene) 與石炭酸 (phenol)。世界大戰時所用之毒氣爲著淚氣,引嚏氣,窒息氣等,莫不以烴 (benzene),甲烴 (toluene) 與石炭酸 (phenol) 等製成,而此種原料亦取自煤膏油者也。

其他如藥材,防腐劑,虫殺劑,香料,燃料,溶解劑,攝影藥品,人造樹脂如電木等,人造丹寧劑,橡皮製劑及普通有機藥品之原料,皆煤膏油之產物也。吾國因無煤膏蒸餾工業,故上述種種工業品,莫不仰給於舶來,金錢外溢,漏扈無窮,良可歎已!

至煤膏蒸餾之殘餘物,瀝青,爲製造煤球及防護電報線走電及腐蝕之用。如瀝青先用高溫加熱,則可得瀝青焦炭以供燃料用,或以製造電弧炭棒,及特種冶金之用。

(乙) 低溫蒸餾 (Low temperature carbonization)

近年來外國對於煤之低溫蒸餾,研究不遺餘力,因低溫蒸餾與高溫蒸餾之主要產物雖同爲煤膏及焦炭,惟低溫煤膏之產量較之用高溫者多,而焦炭爲一種半焦炭。如用煤一噸,約可得煤膏

14——16 加侖, 半焦炭 3/4 噸; 至副產物之煤氣則就廠內用作燃料。此項半焦煤含揮發物甚多, 較之煤氣廠焦炭容易着火, 火力又強, 且燃燒時無烟, 故爲家庭及工廠最經濟之燃料。都市中之烟塵問題, 在外國研究煞費苦心; 蓋烟塵不特有礙衞生, 且有關市民經濟上之損失, 如洗衣費等等。設一旦工廠與家庭都採用半焦炭爲燃料, 則都市中之烟塵問題卽可迎双而解; 是以目下各國正在積極提倡試用。

且低溫煤膏亦爲一種重要工業原料, 其來源有由蒸餾烟煤及由蒸餾褐煤之二種; 其性質成分略有不同。普通爲紅色稀薄流質, 主要成分爲石臘質 (paraffin), 烯族炭氫化合物 (olefines), 奈夫星 (naphthenes) 與石炭酸 (phenols) 類, 至芳香族炭氫化合物含量甚微。此項煤膏用途有二, (一) 爲普通燃料, (二) 爲人造樹膠, 卽電木之原料。低溫煤膏如加熱分餾, 則在攝氏 200 度以下者爲汽車油, 200 度者爲鍋爐燃料, 200——350 度可作內燃機油。此項煤膏因內含石炭酸 (phenol) 與一烷困醇 (cresol), 故英國化學家冀更 (Morgan), 米格生 (Megson) 等用以試製電木, 所得結果良佳。至其他利用, 尙待異日發明; 目下最重要之應用, 則爲製造人造汽油。

(二) 煤之液化 (liquefaction) 或氫化 (hydrogenation) 工業[18]

煤炭化油, 發明頗早, 惟因提煉方法, 費用浩大, 故祗能視爲科學實驗。迨至 1912 年, 德人白極司氏 (Bergius) 發明煤炭加氫法, 始有商業化之可能性。

查烟煤之主要成分爲炭, 氫, 氧三元素, 及少量氮硫等質。其中氫之含量, 約佔百分之 4.5——5.5 % 除一部分已與氧氣化合外, 可應用之氫元素, 約爲 5%。而石油含氫量則較烟煤爲多, 約在 14 與 15 % 之間。故欲使烟煤變成石油或石油類似物, 須加入氫元素約爲用煤量之 10%。

白極司氏之接觸加氫法, 理論上極簡單, 惟技術方面, 困難至多; 其法將乾燥煤末, 和以 40 % 之重油 (此項重油爲前一次煤炭化

油之產物），然後再加適量能除硫黃之煤觸劑，如氧化鉻，氧化鋅等。各物混和後，此項漿狀物移置於大鍋中，引入洗淨之氫氣，約在氣壓150與250之間，加熱至攝氏溫度450—520度，直至完全液化為止。此時煤中之氫，氧硫三元素，即成水氣，阿母尼亞及硫化氫氣而洩出，存下之炭氫化合物，遂與氫氣化合而成石油矣。如用烟煤100公噸（以乾燥不含灰分者計算），可提石油62公噸，瓦斯28公噸及一種殘渣，內含固體炭質物有 6 公噸之譜。此項瓦斯可供製造氫氣之用，殘渣物則用作汽鍋燃料。概言之，提石油1公噸約須烟煤4公噸之多。

　　煤之加氫，以其種類而有難易，例如褐煤較烟煤易於氫化，即同一烟煤如含炭質不過85％，以上[14] 及氧素極少者，適合加氫之用。院煤外煤膏油亦常為氫化原料，因其加氫較任何煤類為易。而低溫煤膏較高溫煤膏更易；蓋低溫煤膏含游離碳 (free carbon) 及土瀝青 (asphalt) 質較少也。雖兩者之氫化有難易，所得產物則一也。

　　據雷德 (Lander)教授實驗結果[15]，如用烟煤一噸(1,200公斤)可得低溫煤膏 22.7 加侖(86公升)。照白極氏加氫後，則得一種透明液體，頗似石油約23.4 加侖 (88.5公升)，再用蒸餾法分餾之，則得汽油15 加侖 (56.5公升)內燃機油6.6加侖 25 公升)及潤滑油微量云。

　　德國藹奇染料公司 (I.G.Farbenindustrie 即用褐煤之低溫煤膏以提汽油；至英國帝國化學工業公司　(British Imperial Chemical Industry) 則用烟煤為原料。目下德國藹奇公司在洛那 (Launa) 所設之廠，每年可出汽油十萬餘噸之多。其採用褐煤為原料，不外兩種理由：一則德國產褐煤甚多，品質低劣，價格便宜；二則因褐煤內含化合氫較多，容易氫化，較為經濟。英國因國內無石油礦產，故對於煤炭化油問題，積極研究，不遺餘力，近聞帝國化學工業公司將在別林漢姆城 (Billinghan-on-tees) 設一大規模煤炭化油工廠，資本二百五十萬金鎊，每年可提汽油十萬噸，每加侖成本約計七辨士云。

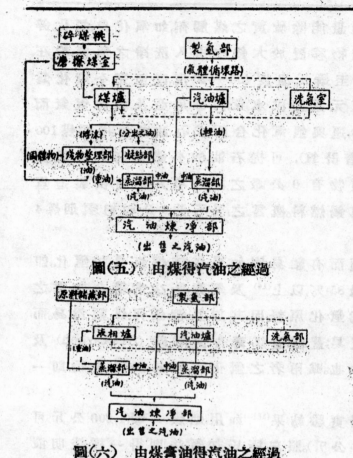

圖（五）　由煤得汽油之經過

圖（六）　由煤膏油得汽油之經過

煤炭化油問題，有關國防民生，是以各國均在進行研究，或設廠提煉。吾國石油礦雖分佈數省，如四川，陝西，甘肅，新疆，山西等；惟儲量不多，全量開採，恐亦不敷將來之用。近年來進口之汽油，已達三千餘萬加侖。故欲謀發展實業，鞏固國防，杜塞漏巵，設立煤炭化油工廠，實刻不容緩，望國人注意及之。由煤或煤膏油提汽油之經過，略如圖（五）及圖（六）所示。

中國煤礦業概況

我國已有最富貿美之煤藏，固可爲發展工業之基礎，惜採礦事業未臻發達。溯自前清光緒年間，迄於今茲，前後凡五十餘載，各省之組織公司以新法開採者，全國仍不過數十處，如下表所示，其餘均屬土窰。卽此數十公司中，其資本較大者，皆在外人之手，如英之開灤，日之撫順等；至國人自營之煤礦，或感於經濟之困難，或因事變而改組，尙多在風雨飄搖之境。各省重要煤礦公司之資本，性質，礦區，產額等，如第九表。

第九表　中國重要煤礦公司一覽表 [17]

省別	名　　稱	公司性質	資　本	礦　區	產　　額		銷　　路
河北	苾城礦務局	河北省辦	800萬佛郎	臨城縣	20年度	15,000噸	平漢路沿綫
	正豐煤礦公司	商辦	660萬元	大同永定莊煤谷口	20年度 21年度	108,1ᴄ8 237,169	平級路沿綫
	井陘礦務局	中德合辦	450萬元	井陘縣	20年度	630,000噸	平漢，北甯沿綫
	怡立煤礦公司	商辦	300萬元	磁縣四佐村	19年度 20年度	131,795 147,675	平漢路沿綫及沿洲陽河一帶
	開灤礦務局	中英合辦	200萬磅	唐山開平	每日可達	1,500噸	北甯路沿綫長江流域及沿海各省
	門頭溝煤礦公司	中英合辦	200萬兩	宛平縣沙頭濱	每日餘	300噸	
	柳江煤礦公司	商　辦	144萬元	臨榆縣柳江	19年度 20年度	206,851 255,347	北甯路沿綫及長江流域（上海，南京，日本）
	長城煤礦公司	商　辦		臨榆縣	19年度 20年度	150,000 160,000	北甯路沿綫及天津，上海
河南	中原公司	官商合辦	500萬元	修武縣焦作鑛李河	19年度 20年度	395,19̇3 840,104	河南河北北順保一帶及江蘇徐州長江兩岸
	六河溝煤礦公司	商　辦	300萬元	安陽	19年度 2ᵒ	256,470 505,355	平漢，隴海沿綫
	鷍公司	英　商	124萬磅	愆武縣焦作鑛孝封村			
	民生煤礦公司	商　辦	100萬元	陜縣觀音堂	19年度 20年度	62,520 47,280	洛陽，鄭州，開封等貨
	濟衆煤礦公司	商　辦	100萬元	禹縣玉皇山	19年度 20年度	7,200 6,480	豫南各縣
山東	魯大煤礦公司	中日合辦	1,000萬元	淄川縣大荒地灘縣坊子	20年度	324,680噸	膠濟沿綫及上海日本
	中興煤礦公司	商　辦	1,00̇ 萬元	嶧縣棗莊	20年度 21年度	763,681 974,104	暢銷于津浦，隴海，京滬沿綫及沿運河一帶
	博東煤礦公司	中日合辦	150萬元	博山縣八陡	20年度	86,000噸	膠濟沿綫及上海，日本
	悅昇煤礦公司	商　辦	130萬元	博山縣四河莊	20年度 21年度	125,000 148,500	膠濟沿綫及上海，日本
山西	晉北煤務局	山西省辦	1,000萬元	大同永定莊煤谷口	20年度 21年度	108,198 237,169	平級路沿綫
	保晉煤礦公司	商　辦	286萬元	大同縣，晉城縣平定縣，壽陽縣	19年度 20年度	377,059 487,436	平漢路沿綫各站及京遠等處
安徽	烈山煤礦公司（原名普益煤礦公司）	官商合辦	100萬元	宿縣烈山	19年度 20年度	12,260 41,872	津浦沿綫及徐州浦口間
	大通煤礦公司	商　辦	80萬元	懷遠縣舜耕山	20年度 21年度	95,000 100,988	津浦沿綫及長江一帶
	淮南煤務局	官　辦	140萬元	懷遠洛河鑛	20年度	30,995	洛河鑛，蚌埠，浦口及長江各埠
湖北	富源煤礦公司	商　辦	12萬兩	大冶縣石灰窰	19年度 20年度	110,000 125,000	漢口，九江
江西	萍鄉煤礦公司	江西省辦	1,000萬元	萍鄉縣安源樂家中	19年度 20年度	147,946 163,144	九江，南昌
	鄱樂煤礦公司	商　辦	150萬元	鄱樂縣洪山口樂平縣鳴山	18年度 19年度	79,428 23,200	同鄱路株鄱路及株州長沙，漢口
江蘇	華東煤礦公司	商　辦	160萬元	銅山縣一帶	20年度	88,335噸	津浦隴海沿綫及長江下游一帶
浙江	長興煤務局	官商合辦	300萬元	長興縣	19年度 20年度	128,750 184,641	滬杭湟奪沿綫長江流域一帶
遼甯	撫順煤礦公司	南滿鐵道	2,000萬日金	撫順縣	最高每天可達三萬噸		
	本溪湖煤鐵公司	中日合辦	700萬元	本溪縣	年產約60萬噸		
吉林	穆稜煤礦公司	中俄合辦	600萬元	穆稜縣梨樹鎮			

	裕東煤礦公司	商　辦	300萬元	永吉縣大石頭
	奶子山煤礦公司	商　辦	150萬元	額穆縣奶子山
黑龍江	札賚額爾煤礦公司	中俄合辦	500萬盧布	鱸濱縣
	鶴岡煤礦公司	商　辦	312萬元	湯原縣
熱　河	北票煤礦公司	北寧路及商人合辦	500萬元	朝陽縣

　　按第九表內之井陘煤礦本係中德合辦,民國七年我國參戰後,始自動收回,現爲純粹國營之礦。至河北之正豐及河南之六河溝,本係國人自營,聞因借款關係已抵押於日。河南中原公司則有與英商福公司合辦消息。至東北四省煤礦之產銷情形,自九一八瀋變以來,其產銷等情形眞相不明,槪行從略。此等現象不僅指示國營煤礦之破產並指示國營煤礦在外力壓迫之下大有將被鯨吞之勢。外煤恃其經濟上與政治上之特殊力量,肆行傾銷,侵奪市場。國煤銷路,一蹶不振,前途慘淡,極堪注意。所云外煤可分兩種:一自國外直接輸入者,爲日本煤,安南煤等屬之;一外資在華開採所得者,如撫順煤,開灤煤及烟台煤等是也。第十表爲最近三年來外煤進口之統計,至外資開採所得之煤,在我國市場上競爭最烈者,厥惟撫順與開灤煤。撫順煤輸入上海者計二十年爲一百廿餘萬噸,至開灤煤年約四百餘萬噸。

第十表　最近三年外煤進口統計表[18]（單位公噸）

國　　別	民國十九年	民國二十年	民國二十一年
香　　港	169,303	177,843	58,467
澳　　門	5,260	6,189	………
安　　南	591,050	535,500	482,923
新加坡等處	………	………	………
和屬東印度	84,879	68,559	127,697
英屬印度	17,429	13,947	215,127
英　　國	1,634	3,958	2,882
德　　國	2,965	……	3,893
衛　　蘭	………	29	

俄 國 由 陸 路	97,492	51,137	5,179
俄國黑龍江各口	3	5	……
俄國太平洋各口	251,560	138,173	34,645
朝　　　　鮮	370	468	……
日　本　本　源	1,339,766	962,339	409,084
台　　　　灣			24,805
美 國 檀 香 山	……	178	
其 他 各 國	……	33	20,284
坎　拿　大	……	……	102
關 東 租 借 地	……	……	60,730
總　　　數	2,561,709	1,958,358	1,445,818

　　查進口之外煤,大部銷於我國長江流域及東南沿海諸省;此無他,實因華北之煤雖自給有餘,然以交通不便,運費昂貴,故未能運銷南方。且長江流域如江西,安徽,湖南諸省,煤藏甚富,或以管理不善,或因尚未開採,途不得不仰給外煤。以上海一埠而論,煤之需量爲各埠之冠,年需三百六十萬餘噸,其中開灤煤佔約一百五十餘萬噸,日煤約佔九十餘萬噸,撫順約佔七十餘萬噸,以中日合辦之魯大公司爲中心之山東煤約佔二十餘萬噸,而所謂眞正國煤者,不過數十萬噸而已。

　　茲考查我國煤業之所以衰落如此不外下列五種原因:

　　(1) 受時局之影響如天災兵禍;

　　(2) 運輸不便;

　　(3) 國煤成本太高因運費昂貴苛捐雜稅太多;

　　(4) 外煤傾銷[19];

　　(5) 因國內工業不振,煤之用途太窄。

　　目下政府當局與全國煤商感覺煤業前途之危機,有救濟國煤之計劃,尚望其能早日實現也。

結　論

昔德國某作家有言[20]曰：「一國之存亡强弱,視其能否善用其煤源爲斷」,旨哉斯言也。我國雖有豐富之煤藏,惜貨棄於地,未能充分利用。如煉焦工業尚未臻發達,煤氣製造,煤膏蒸溜及煤炭化油等工業,尚付闕如。故每年消費之煤量祇二千五六百萬噸,其用途之分配,據王寵佑先生之估計[21],家庭用佔43.3%(內地佔33.3%,城市佔10%),工廠佔32.6%,交通事業佔8.4%,煤礦自用佔8%,可知大部煤產消耗於直接燃燒,其不經濟孰甚。

總之,煤的問題,無論對於國防與國民生計,均有莫大之關係,未可漠視,深願政府當局暨諸實業家技術家,協力以謀工業之發展,急起直追,或猶未晚,作者是篇之述,冀當曝獻而已。

附錄　　上海市工業試驗所國煤成分分析表

出產省別	品　　名	水分%	揮發質%	灰分%	固定炭質%	硫黃%	熱量 B.t.u/lb
河北	開平特別屑	1.18	31.13	16.95	50.74	1.34	12,655
	開平頭號屑	1.51	29.34	23.50	45.65	0.98	11,646
	開平一號屑	1.69	29.11	22.80	46.40	1.36	12,688
	華斯屑	4.84	27.21	16.75	51.20	0.91	12,192
	撫順屑	7.43	40.35	5.74	46.48	0.58	13,549
	撫順塊	8.91	34.02	7.97	49.10	0.66	12,958
	門頭溝煤	2.26	5.13	15.46	77.15	0.54	10,258
	王平口煤	4.04	3.93	13.49	78.54	0.58	11 864
	定縣煤	0.78	24.96	27.32	46.94	……	11,248
	磁州煤	0.93	21.69	22.73	54.76	1.53	11,423
	井陘煤	0.90	20.45	18.21	60.44	……	13,555
	臨城屑	1.88	32.76	15.18	50.18	2.35	12,602
	臨城塊	1.76	27.31	15.32	55.61	1.33	12,692
	柳江頭號塊	0.60	11.34	20.97	67.09	0.93	11,337
	柳江二號塊	1.68	10.35	22.83	65.14	0.61	10,872
	柳江納子	0.88	14.29	27.75	57.08	0.52	10,562
	柳江特塊	0.68	13.30	21.01	65.01	0.46	11,575

熱　河	北 票 煤	1,68	31,53	24,43	45,36	0,55	11,358
遼　寧	五 段 統 煤	9,86	38,17	24,25	27,72	2,41	10,063
	五 段 塊 煤	9,55	40,47	21,72	28,26	4,95	10,226
	五 段 屑 煤	9,95	37,16	28,27	24,62	1,99	9,465
山　東	博 山 塊 煤	0,94	18,84	13,93	66,29	2,39	13,330
	博 山 統 煤	1,96	17,49	13,44	67,11	2,51	13,080
	夏 家 林 原 煤	0,64	15,79	13,52	70,05	1,49	13,647
	大 山 煤	2,56	18,95	17,03	61,46	2,98	12,251
	龍 井 原 煤	0,56	20,71	14,28	54,45	2,30	13,765
	吉 成 煤	2,00	17,93	14,77	65,25	2,64	13,356
	同 興 塊	1,65	16,74	5,83	75,78	2,75	14,000
	同 興 塊	4,38	36,54	11,63	47,45	0,59	13,102
	同 興 屑	3,41	18,19	14,01	64,39	2,81	12,635
	中 興 煤	1,09	28,79	11,26	58,86	1,10	13,637
	白 谷 頭 煤	1,91	17,54	21,98	58,57	3,09	11,374
	悅 昇 煤	1,02	15,99	13,45	69,54	2,22	13,559
山　西	大 同 原 煤	3,99	37,11	8,55	50,35	0,92	13,059
	大 同 煤	3,63	29,19	12,98	54,18	1,34	12,272
	大 同 渾 煤	4,58	27,64	8,76	59,02	0,72	13,084
	晉 城 塊 煤	2,89	5,64	10,14	81,33	0,20	13,398
	平 定 屑 煤	1,14	17,68	8,63	72,55	1,61	13,509
	平 定 塊 煤	2,89	10,41	5,89	80,81	1,01	14,3.0
安　徽	大 通 統 煤	1,89	11,87	12,52	73,72	2,39	13,947
	大 通 塊 煤	3,42	33,60	19,15	43,83	0,73	10,563
	大 統 煤	3,77	31,91	21,67	42,65	0,83	10,452
	裕 生 煤	6,75	5,97	23,66	63,62	1,52	10,731
	烈 山 煤	1,21	19,30	9,20	70,2	0,44	15,142
	淮 南 煤	1,04	34,60	7,50	56,86	0,32	13,343
	通 裕 煤	0,90	26,77	17,63	54,65	5,61	12,143
	鵲 山 白 煤	3,43	6,97	14,62	74,98	0,69	12,771
江　蘇	大 草 煤	4,15	43,75	5,08	47,02	2,65	13,937
	愈 成 煤	0,74	18,39	14,30	66,57	0,92	13,457
	下 蜀 鑛 煤	1,06	16,08	14,26	68,60	0,74	13,187

江 西	八 齊 煤	1,69	31,34	11,23	55,74	0,73	13,398
	建 豐 煤	1,45	16,27	12,51	69,80	……	13,500
	新 牛 煤	8,17	42,12	10,36	39,55	0,70	12,542
四 川	東 山 屑	1,38	27,34	7,64	63,64	0,64	13,718
	江北縣煤	0,94	18,44	19,89	60,73	3,68	10,699
	雲陽縣煤	0,80	13,55	12,39	73,17	……	13,053
	萬 縣 煤	1,35	25,04	10,74	62,87	……	14,169
	巴 縣 煤	1,43	25,78	17,17	55,62	……	13,196
浙 江	長 興 煤	0,94	37,70	10,90	49,80	……	13,243
	廣興統煤	0,51	36,05	27,55	35,44	4,81	10,550
	中 原 煤	2,36	2,98	14,94	79,82	0,30	12,928
	象 山 煤	3,12	35,16	3,45	58,27	0,63	14,386
	新四歐教屑	0,58	26,78	40,94	31,70	4,65	8,546
	陳大統屑	0,37	31,63	33,57	31,43	4,34	9,886
	新大統塊	0,33	32,82	27,96	38,89	6,00	11,007
	新大統屑	0,28	34,21	26,22	39,29	5,58	11,224
河 南	六河溝煤	1,20	19,82	11,44	67,63	0,56	13,500
	安陽白煤	1,20	10,42	10,71	77,67	0,30	13,773
湖 北	大冶屑煤	2,06	11,08	12,55	74,31	1,38	13,175
察哈爾	原豐原煤	3,01	32,73	12,44	51,82	0,90	12,852
	寶奧原煤	3,07	25,76	23,70	47,47	0,55	11,293

附 註

(1) J. Ind. and Eng. Chem. 26, 155 (1934)

(2) Parr, Fuel, Gas, Water and Lubricants, p.28 (1922)

(3) Thorpe, Dictionary of Applied Chemistry, 3, 256 (1928)

(4) 煤之熱量單位,如照公制以小卡路里 (Calorie) 表示一公份重煤經燃燒所發出之熱量;如照英制則以 B.t.u 發明一磅重煤之熱量

(5) 黃著勳著中國礦產,商務印書館出版 (民國十九年)

(6) Chinese Eco. J. 6, 206 (1930)

(7) 中國經濟年鑑 J. 229 (民國二十三年)

(8) 中國經濟年鑑 J. 150 (民國二十三年)

(9)　Slosson, Creative Chemistry, p. 64 (1923)

(10)　工商半月刊第五卷第十五號（民國二十二年）

(11)　Thorp, Outlines of Industrial Chemistry, p. 333(1923)

(12)　Bunbury, and Davidson, The Industrial Applications of Coal Tar Products, p.243(1925)

(13)　Chem. and Ind. 52, 51, (1933)

　　　Ind. and Eng. Chem. 26 164 (1934)

　　　Society of Chem. Jndustry, Proceedings of the Chem. Eng. Group 13, 108(1931)

(14)　以煤不含水分及灰分時計算。

(15)　Society of chem. Industry, Proceedings of the Chem. Eng. Group 13, 108 (1931)

(16)　工業中心第二卷第十二期第231頁（民國二十二年）

(17)　工商半月刊第四卷第二十號;第六卷第一號,第廿四號

　　　國際貿易導報第五卷第十一號;第十二號

　　　Chinese Eco. J. 6, 2(1933); 12, 4(1933)

　　　申報月刊第二卷第十一號

(18)　工商半月刊第六卷第一號第八十頁（民國二十三年）

　　　表內數字原為噸數現改至公噸。

(19)　我國財政部于前年十月間實行增加進口稅後,素為國煤勁敵之日煤,雖不能再事傾銷,但國煤銷路仍未能發展,反聽英商開灤煤獨佔市場,因之國煤前途,危殆益甚,此為不平等條約之所賜也。

(20)　Rowe, Chemistry in Industry, 1, 58 (1925)

(21)　申報月刊第二卷第十一號第四十三頁（民國二十二年）

6389

白蟻與木材建築

倪慶穆譯述

（1 引論， 木料之易於腐朽盡人皆知,然其尚受一種特殊害蟲之侵觸,則爲吾人所不常經意,而其爲害之烈尤非目視者不易置信。此種害蟲我國通稱謂「白蟻」,而在歐美通俗亦稱爲 "White Ants" 蓋其所常見者每多似蟻而色白,然細究其種族,變狀及特性則實不屬於普通之蟻類,而其體亦不盡爲白色也。我國各地皆有此類蟲患,普通多損蝕門窗地板等小件,然著者於鄂西曾見木架棧房一所,初在柱脚發見白蟻,繼而延及屋頂大梁,因緣梯而上,以錘擊木,試測其侵蝕之程度。該棧屋架係洋松建築,跨度四十呎。其一端已顯現蛀空壓陷之形跡,下弦 8″×12″ 大料外觀完好,然一擊之下,錘竟陷入木內,則表皮下早許會朽同敗絮,此屋之不坍蓋亦希矣。又聞諸浙東某地有新建之寺屋患「蠹蟲」(白蟻之又一名稱)。人皆遷避巧者夜宿其中,聞羣蟻食木之聲,栗栗不斷,越年餘而寺坍。由是觀之,白蟻爲害之烈未可小覷,希吾建築界,工程界以及木材業者幸急起而謀防治之。歐美人士往昔亦未有特別注意,近年或因美松之普遍應用,患害日甚,而同時化學界,油業界又競相出售其除蟲之藥劑油料等以應市場需要,於是集各方面共同之注意,而有合作研究之勳蟻。美國於 1928 年有白蟻研究會之組織,加省大學動物學敎授柯福(Ch A. Kofoid)氏爲之主席,募集經費,從事工作,於茲五載,稍有成績,因彙集研究之報告,而編成一書,曰「白蟻及白蟻之防治」("Termites and Termite Control," Editor-in-chief

Charles A Kofoid, Prof of Zoology, published by University of California Press and London Cambridge Univ. Press Oct 1934.(P. 575 G. $5) A Report of "Pacific Coast Committee on Termite Invest gations, organized in 1928.) 下文卽由該書節譯,顧吾國內同志,亦出其所知,以相互琢磨也。

　　(2)白蟻之特性及分類　　白蟻爲一種節足昆蟲,專食木質以生存者。查木細胞乃炭烴化物,雖富有營養力,然極不易消化。動物或昆蟲中無有以此爲食料者而獨白蟻能利用之,以維持其簡單之生命,究藉何種化食作用,尚非吾人所能得知,惟於其內臟曾發見多量微生物或卽藉此消廝木細胞,使變爲糖酸質。又其居槽中,多有朽木之微菌,此則或與白蟻表裏相依,狼狽爲奸,以破壞吾人類之經營者。白蟻之生存條件旣若是之簡單,其食料之來源又如此之豐富,而其居處又常封閉於木料中,不與外界相通,得免仇敵之侵犯,(要或有之,亦惟其同類之外族以及泥居之常蟻而巳)。則白蟻可稱爲生物界中之幸運兒矣!

　　白蟻之分佈,幾遍及全世界之溫熱兩帶,惟寒帶地則尙罕見。考其種類多至數千百種,然可大別之爲兩類卽「木居蟲」與「泥居蟲」,木居者又分「燥木」與「潮木」兩種;泥居者則有「深地蟲」與「堆泥蟲」之別。列表如下:

白蟻 (Termites)
- 木居蟲(Wood-Dwelling Termites)
  - 燥木蟲(Dry Wood Termites)
  - 潮木蟲(Damp Wood Termites)
- 泥居蟲(Earth-Dwelling Termites)
  - 深地蟲(Subterranean Termites)
  - 堆泥蟲(Mound Building Termites)

鑑別上列各種白蟻之法略舉如下一:

(1) 在蟲之飛殖期間,公母兩蟲鑽入離地之木料中者,爲木居蟲,

(2) 鑽入泥土中,或與地相偵之水或樹內者,爲泥居蟲。

(3) 營巢祗限於木內者,爲木居蟲,

(4) 其巢恆與地相連或牢在地中者,爲泥居蟲。

(5) 棲於朽木或潮木者爲潮木蟲。

(6) 其棲於燥木或梗木者爲燥木蟲或「嚙屑蟲」(Powder-Post Termite,此種

出嚙木成粉屑,常堆棄於巢外,人以是得發現其蹤跡)。

(7) 白蟻之能營管狀泥道,由地面引通隔緣物,以入木中者,屬於泥居類,為深地蟲 Subterranean, 或為堆泥蟲 Mound-building, 或為「燈巢蟲」(Carton-nest-building Termites, 能堆泥營巢於地面成燈盒狀),又或為「沙漠蟲」(Desert Termites)。

(8) 僅能作泥管走道,而不能堆泥或作燈巢者,為真性深地蟲(Subterranean)。

(9) 僅能營巢於與地相儷之木料中者,為平常之沙漠蟲,或沙漠蟲中之潮水蟲。

白蟻成族而居,頗與常蟻及蜂羣相似。有蟲皇,蟲后,工蟲,兵蟲及幼蟲之別。惟僅分工合作,互相依賴而生活,多不能單獨生存,此

圖(一)白蟻之一覽

為異於蜂,蟻之處。又其族中於蟲后之喪亡或產卵能力不足時,體有副產蟲后之發現,則為昆蟲界中所不多覯。白蟻性甚勤奮,除在凍蟄及蛻化期間外,從無休息之時。蟲之長成約須經過六七八次之蛻化,而成各殊蟲狀,如附圖。幼蟲佔白蟻族中之最多數,皆盲目而羸弱,然嚙木又甚力。成熟之蟲長有雙翅,其體黝黑而堅硬,有雙目,蓋備出巢飛殖矣。飛蟲出現,多在每年雨季初期悶熱天時,或第一潮秋雨後傍晚之時。工蟲兵蟲無翅翼,首部發育特大而堅硬,嚙剪特長。尤奇者,兵蟲上唇有鼻狀凸出部,能排洩一種乳液,性黏而毒,常蟻或他敵蟲過之,即麻木或困黏而不能動彈,不啻蟲類中之化學戰具。或謂此液能腐蝕金屬及灰膏,故白蟻有時能侵蝕此類物體之薄弱者,以達其求食營生之目的。蟲皇與后專事生育,其體碩大,動作不便,故白蟻不如常蟻之有遷移行動也。白蟻腹體約分三段,即頭、頸與腹。腹壳約分七至九節。雄蟲之第八九節皆明顯可見,惟雌蟲因第七節發育特大,第八節為所覆蔽,不復可見。即第九節亦僅露一截,備產卵時引長。蟲之聲官似稱靈敏。當其遇警時,受驚之兵蟲即以首衝壁,他蟲聞而倣之,藉以傳警耗於全族。

(3)燥木蟲生活之一斑　欲治白蟻之患,當先明瞭白蟻之生活動作,蓋猶知己知彼方可以言戰也。茲述燥木蟲之生活如下,其他同類白蟻之生活亦可由此槪見。

春季或秋初為燥木蟲飛殖成熟之期,此時該蟲全族動作突形緊張,幼蟲工蟲奔馳忙碌,待濕度寒暑恰宜之時,工虫即嚙開洞孔。孔之四圍卓有兵蟲分佈警衛,以觸鬚不斷偵察洞口,以備不測。少頃,黑色之飛蟲結隊而出,約十餘蟲為一隊,魚貫竄出,俟略集齊,方振翼向光線較強處飛去,約每隔二三分鐘道一隊,次序井然不紊,一若預先編置也者。其飛行之遠近,視個別強弱而異,有僅達一公尺餘即下降者,有遠至數百尺方止者,但以達三十公尺左右者為最衆。待降落後,多不復再飛,並自斷其翅,翅翼既去,行動意形輕便。此時其生理上亦起二種作用:一為視官之突起反感應,當初出

暇時,原極喜光亮,至此忽變為極度畏光;二為性慾之發動,急圖配偶,擇偶既定,乃聯袂而覓新巢。運用其嗅官及觸鬚,覓得所喜之木質及易入之裂罅或穴孔處,而開始嚙挖。始則兩蟲並作,待稍深入,則交換鑽嚙,直至巢深足以雙雙匿入,乃啣餘屑,關和涎液,將入口

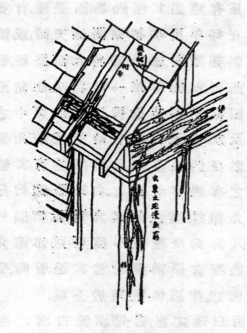

圖(二)　木架房屋蛀損之形狀　　　圖(三)　深地蟲蛀損擱柵等之形狀
　　　　箭頭示白蟻竄入處

封塞。此時兩蟲亦筋疲力盡,須時休息,是為蟄伏期有延長之八九月者。蟄伏中須寒暑濕度盡得其宜,蟲皇蟲后始能保持生命,然後交尾而產卵。初次下卵約二至五個,其後每有增加,多至一產十餘卵。自晚春至晚秋,約每旬日下卵一次,卵在木屑中約七十七日而成幼蟲,即自能嚙木為食。新殖白蟻族,在第一年中,發展甚緩。觀察得成族十五個月後僅嚙蝕木質約1至2½立方公厘。蟲后兩年後變黑棕色,腹尾伸長。蟻族繁殖旺盛時,幼蟲中有蛻化成副產蟲者,則生殖更速矣。白蟻惰巢雖無一定形式,但大抵趨易避難,擇尤去劣,為成形之要素。嚙餘之木屑堆積過多時,則開洞而擯棄於巢外。

　　燥木蟲之生活,如上節所述。茲再略舉關於潮木蟲及泥居蟲者作爲補充。

　　潮木蟲之繁殖,似不如燥木蟲之速。第一年僅有蟲皇蟲后及廿餘幼蟲。四五年後方有兵蟲。孵卵期約須四十至八十日。幼蟲生後十日。即行第一次蛻壳其初頭部發現裂痕三條。頭項下一條引長至腹下,蟲由此套而出脫去舊壳,其體柔軟多綯,漸行漲大,再歷兩旬,而有二期蛻化,嗣後之蛻化更緩。在第五期中有蛻成兵蟲者。

　　泥居蟲有一特技,即啣積泥粒,關以蟲體之分泌及排洩物而作成細管狀之隧道或引管;緣物而築者成半圓狀,憑空築成者,爲管狀。其砌築之法,有由下而堆築者,亦有由上而懸築者。其向道雖有細微之曲折,但大體每多簡直。

　　(4) 白蟻防治法　有效之白蟻防治法有數種,略舉如下:—

　　(甲)毒粉除濾法　白蟻性頗好潔,有交互舐刷之習慣,當舐刷之時,甲蟲以鬚或屑舐拂乙蟲,自首而背腹而肢足,乙蟲旋展其體軀以迎之。如於舐洗之時,偶或損折乙蟲之一足,則甲蟲竟不卹連乙蟲之殘體嚙食之。因白蟻有此兩種習性故苟吾人於其巢中放入毒粉少許,則僅須有一蟲之體壳染着毒粉,他蟲來舐刷者即中毒而斃,毒斃者之屍又爲他蟲羣分嚙,無不中毒而死。如此輾轉傳染毒烈,能使全族殲滅無遺。按之者實地試驗,嘗集 250 蟲置之一巢,而放入帶染毒粉之蟲一隻,不出二三日,此 250 蟲全染毒而斃。故此法爲新發現而最有效力者。

　　毒粉最佳者爲砒質細粉如「巴黎綠」(Paris Green)。即砒酸銅 (Copper Aceto Aseuite)。又煉砒爐屑(Asenical Smelter Dust)。次之則爲鈉或鋇之矽酸鹽(Sodium or Barium Fluosilicate)。施毒之法可先於受蟲害之木件上鑽若干小孔,約僅二三分圓徑相距約 3 至 6 吋,然後用鉛皮製之小卿筒(如自行車之打氣筒),將毒粉灌入小孔內。即將洞口用木塞封密,此封口工作甚爲緊要,不然,白蟻將感覺精巢漏風,預知危險而遠避矣。毒粉性多猛烈,故施用時務必謹愼,工

作時切勿飲食或吸煙,事畢必須盥洗。又卿筒尖端插入洞孔處最好須有橡皮塡圈,以防毒粉外溢。如施用者能帶口罩,尤爲妥當。又如覺有受毒,須急使嘔吐,並速延醫。

(乙)燻氣除滅法。此法不如前法之簡易有效。毒氣灌入巢內者散佈甚緩,更不易深入巢之盡端。惟有能透入木質之毒,如青酸氣(Hydrogen Cyanide〔HCN〕)則較能見效。但此氣甚毒,人畜皆須遠避之,否則難免發生不測。青酸氣發生之藥劑如下:用青化鈉 12 兩,硫酸 18 兩,和水 36 兩 (12 oz Sodium Cyanide +18 fld.oz.Sulfuric Acid + 36 fld.oz.Water;2 NaCN+H₂SO₄=Na₂SO₄+2HCN) 約可毒一千立方呎之害木。青化鈉係結晶物,可裹以紙,投入硫酸和水中,人速奔避少頃,紙腐鈉化,毒氣卽上升矣。上述藥劑,於家用時,尚可減輕之。

　除泥居虫可下毒於地中。如用十度强砒化鈉水 (10 % Sodium Arsenite Solution), 約每一英方用一加侖或較少。凡經播毒之泥土,無論在建築物下或在空地上,皆須標示明顯,以防不測。飛殖時之白蟻,只須引以燈火,置盆水於燈下,鮮有不撲火投水而滅亡者。

「除蟻除王」之說似不甚可靠蓋白蟻去一蟲后仍能補充,且又有副產后更難全滅。然除白蟻亦有利用高溫度者,火奴魯魯鐵路局因車廂受白蟻損害甚鉅,特建造一鋼筋混凝土熱蒸室,將車輛駛入緊閉之,用火車頭蒸汽通入熱汽管,加熱至 150°F, 白蟻卽可消滅云。(又吾國鄉間有稱專捉白蟻者,其所用之法,有於冬至後尋覓蟻跡,挖地得巢,必去其后及皇而除滅之又或將害木之一部挖去,另以白蟻喜食之劣質松木嵌補原處,越若干時,蟻盡營巢於此劣木,乃將其除去,則蟻皇亦每其中云)。

(5)防護木材之法。用水柏油蒸阿蘇(Coal Tar Creosote)防護木料,乃極普通之方法。約分塗刷蒸壓與浸蒸三種。前者僅將油燒熱塗刷木上。最安當須塗三次每次須待其乾燥方可再塗,蓋在使油劑充分吸入木質內也。用油之量,約每立方呎半磅。此法可延長木之功用約二三年,欲得較好成績當採用蒸壓法(Pressure Treatment)

將木置於可封錮之容器內,如桶,箱或鐵管,視木體而選用之,將油劑注入後封固,加以氣壓約 100 至 175 磅/方吋,使油劑透入木杖內。使用氣壓之法,有於未注油前先封器而抽出空氣,則木體內氣壓減低,油劑注入時,透木自必較深,此名「滿細胞蒸壓法」(Full-cell Process)。其不先抽空氣者,名「空細胞蒸壓法」(Empty-cell Process)。兩者之中,苟就透入度而言,以前者為佳;但就經濟言,則後者又必用油較省。更有所謂「魯平蒸壓法」(Rueping Process) 者,則更進一步,求省油法於注油之前,先略使氣壓約 30 至 110 磅,然後注入油劑,而加高氣壓,則於放去氣壓時,木體內被壓實之氣積因膨脹而將餘油擠出,故用油更省。然普通無論採用何種蒸壓法,多於放油之後,再減低氣壓,以抽出木體內之剩餘積油,此則不在省油,而在使木體之易於乾燥也。蒸壓法約可保木 25 至 30 年。前述兩法中,塗刷似不足恃,而蒸壓又嫌使用氣壓設備不便,則有折衷之法,曰「浸蒸法」(Tank Treatment) 將木全浸於油劑中而養熱之,約經 16 至 24 小時。此法可保 15 年。茲總合前述諸法,而按其透木程度之深淺,序列如下:塗刷,浸蒸,魯平法,空細胞法,滿細胞法。

　　防護木材之藥劑種類繁多,各廠家對於其出品大抵各自誇耀,幾使人無從選擇,則研究者不得不以實驗為判斷;茲錄試驗結果良好者數種,列表於后:

油　劑　名　稱	乾燥後油劑留吸量合木體重之百分率（係試驗時所用）	所貯白蟻80%滅亡所需時日	所貯白蟻全數滅亡所需時日
水柏油養阿蘇(Coal Tar Creosote)	28.9%	1 日	2 日
伊司門出品 D.K.號(Eastmen No. D.K)	47,	3	5
萬國木材防腐劑(International Wood Preservative)	43.5	2	4
五度強砒化鈉(有毒)(Sodium Arsenite 5 %)	53.37	1	3

　　幾阿蘇未廣用之前,多有用鋅化綠(Zinc Chloride)者,但效果不

如達甚。日本有「政府樟腦局」Camphor Bureau of the Government 出品一種，名 "Termol" 殺蟲劑，係固體，以煤油化開使用者，其效力未詳。普通油漆不能認爲有防白蟻效力，蓋白蟻能於罅裂處侵入也。

　　木件之用防護劑者，必須先已做成完料。若於浸油後再使鉋等工事，則防護之面層破損，勢必前功盡廢，有違防護之原旨矣。木料之經用幾阿蘇者，如在建築物顯露部分，須加髹漆時，可先用鋁粉漆(Aluminum Paint)打底，再髹他漆，可免幾阿蘇沾污面部之漆色。

　　(6) 木材應藥防治白蟻之規範　白蟻爲害之烈，已如前述，雖其直接致建築物傾覆之事，尚不多覯，然減損建築物之安全，已足爲人類之勁敵。世界各處地震風災時房屋坍毀之原因，實多由於白蟻之先事戕賊。是則消滅白蟻一事，亟待吾人之努力，而除白蟻之專家，尤爲建築界需要之人物。美國加省已有二城市規定除蟲師之資格，考試甄別，頒給執照，俾人民知所聘任。又規定除蟲師執行業務，須將除法藥劑措置效果等，詳具報告，以冀集思廣益，謀研究之進步。

　　美國「太平洋白蟻研究委員會」建議防白蟻規範若干則，茲譯如下：—

防白蟻總綱

第一條——新造或修理建築物之構造方法，應使所有木料完全不與地面接觸，並充分施用油劑防護法。

第二條——如欲盡量防止白蟻之損害，而木件又不得不放入地中(如電桿等)或與地面相接觸者，則此項木件必須按照標準規範，用素知有效之化學防腐劑，施用防護法。

第三條——凡不與地面接觸之木件，必須防止蟻患，而又不能利用適當構造方法，以達此目的(如用金屬隔層等方法)時，則此項木件必須按照標準規範，用素知有效之化學防腐劑，施用防護法。本條適用於燥木蟻，亦適用於泥居蟻之能堆築泥管跨越基礎者。

　　以上第一至第三條可認爲充分防範白蟻之良好方法。

第四條——如化學油期防護法,因格於情形不能使用,而未經油期防護之普通木質又嫌不足抵抗蟲蝕,則應採用素知白蟻所不喜食之木種,而取用其中心堅實部份,選擇其完好及十分風乾者。如此所得之防護程度,端賴此特種木質內含有不利於蟲食之液汁之多寡,而此液汁之消散,又繫乎木體木身之暴露狀況及地面之潮溼情形。(譯者按:吾國之杉木乃白蟻極不喜食之木種,而其中心木又極堅梗)

第五條——用有毒於白蟻或功能驅除白蟻之化學藥劑塗刷,浸蒸,或澆撒木件面部,自有相當防護效力,但不能認為標準方法。其保障程度當視該藥期之原有毒素,對於木質之透入性,透水之濃度,數量及週到與否。

以上第四第五條適用於建築物之使用壽命較短者,或於充分防範方法,因格於情形不能採用之時。

第六條——防範及消除白蟻侵害之來源:一

(甲)在建築地基下除淨一切樹根,殘椿,木屑等。

(乙)在混凝土構件之四圍,拆除一切木模殼子板(勿因拆除不易而遺留之)。

(丙)建築物地基下或附近地段之白蟻窩必須除滅之,

第七條——任何建築物,不論有無防範白蟻之合宜設施,應隨時觀察,加以修養。

以上第六第七條之主旨,在減少白蟻侵害之可能性。

燥木蟲侵害之防範方法

(一)使建築物或構件比較的不易受燥木蟲之侵害:一

(甲)在飛殖期中,將木件遮蔽之。

(乙)用油漆或藥劑塗刷木件上,稍實保護,或當白蟻飛殖時,撒澆化學殺蟲劑或毒粉於木件上,以為臨時防範。

(丙)建築物外牆有縫隙孔隙者,須閉塞之,屋頂閣層之窗戶或天窗,須加發緻密之紗窗。

(二)使建築物或構件成為白蟻所不屑食或不能食之物質:

(甲)採用搵藥劑防護之木料須用有效力之藥劑,按照標準方法防護者。

(乙)如不便或不能施用完全防範法,則用普通所知白蟻比較不易侵

入之木料,取其中心木之充分乾燥者,否則仍用平常木料,而施以
油劑塗刷或浸漬等方法。

(三)抑制白蟻之生殖:—

尋覓飛蟲出現之處以探得其巢而除滅之。

深地蟲侵害之防範方法

(一)使建築物或構件比較的不易受深地蟲之侵害:—

(甲)木件不可與墻面接觸。

(乙)未經藥劑防護之木件,應用隔絕體支起於地面之上。此隔絕體,或
　　為混凝土或為水泥預磚石礅,或為曾經藥劑防護之木件。後者可
　　單獨使用或與前兩者兼用之。防護之法,必須按照標準方法,用素
　　知有效之化學藥劑。

(丙)混凝土或磚石砌之墻垣,抱板及基礎等,不可遺留磚縫,如有磚縫
　　則應用水泥漿灌塞之。水泥漿須含有充分水泥。

(丁)在欲防護之木件下,可用金屬眉片以阻止泥管之通過。此種眉片
　　應另為維護,愼勿銹洞。混凝土或磚石基礎上擱置之木柱,擱柵或
　　他種木件,皆須用水泥填實擱支之處,使無磚縫。

(戊)座有充分空氣流動設施,此在下層結構尤為緊要。

(己)建築物之地下及周圍,應設法排洩地中積水。

(二)使建築物構件成為白蟻所不屑食或不能食之物質:—

(甲)採用經藥劑防護之木料,須為用有效力之藥劑按照標準方法防
　　護者。

(乙)如不便或不能施用完全防範法,則用普通所知白蟻比較不易侵
　　入之木料,取其中心木之充分乾燥者,否則仍用平常木料,而施以
　　油劑塗刷或浸漬等方法。

(三)抑制白蟻之生殖。

(甲)設置充分排洩地基下積水之溝管。

(乙)建築物地下及附近處所應淨除一切可充白蟻食料之物質,如樹
　　根,枯木,木屑等。

(丙)設置多基之透風洞,特別在下層建築。

(丁)尋覓飛蟲出現之處,以探得其巢窩而除滅之。

建築物修理及維護方法

蛀木蟲侵害者：一

（一）拆除一切已受損壞之木件，凡有活蟻者，應全焚毀之。

（二）未拆除木件之有白蟻窩者，應用毒粉除滅之。

（三）有白蟻之物件，如傢俱等，可用高溫度或低溫度消滅法，使白蟻不
能生存。

深地蟲侵害者：一

（一）在欲維護木件及地面之間，凡有白蟻可侵入之孔道，應用障礙眉
隔絕之。此眉可用金屬、混凝土或曾經藥劑防護之木材做成之。

（二）拆除一切已受損壞之木件，凡有活蟻者應全焚毀之。

（三）見有地中泥道時，出口之處，可施用毒藥劑。

（四）木料之必須與地面接觸，而有白蟻侵害者，可用毒粉除滅法。

（五）修繕後宜不時視察，勿使障礙眉有泥管發現，如有，應立即除淨之。

防護白蟻損害之建築條律

第一條　凡建築基地上，所有樹根、枯木必須除淨之。

第二條　一切牆柱基礎，必須用混凝土或水泥砌磚石為之。其頂部高出
建築物完成後之地面，至少須 6 吋，又至少須與建築物地面層
地坪之頂相齊。為防止翼蟻起見，基礎牆之頂部應佈匿鋼筋，至
少須為3/8″圓鋼條二根，其位置須在頂面下 4 吋。此項鋼筋，必須
統長不斷，遇有轉角，則循之兜轉，荷須接頭，則至少須有40倍圓
徑長之交搭。

第三條　建築物應設匿白蟻障礙層障礙物，如第五條中所述者。在此障
礙層與地面之間，所有木件，必須選用上等木料，而施以油蒸
壓防護法。此蒸壓法須照美國木材防護協會 (Wood Preservers'
Association)之規範審，用頭號水柏油幾阿蘇(Coal tar Creosote)，其
壓吸量計每立方呎木料至少須用 8 磅。此項木件，必須於蒸壓
油劑前完全鋸切成料，否則於蒸壓後如再鋸切，其鋸損之處，必
須厚塗熱柏油，至少二道。

第四條　建築物之地層，為木件構成者，其外牆或基牆，必須留有通風洞，
以流通地板下之空間，凡距外牆轉角 5 呎之間，必須有一通風
洞，其面積至少 2 方呎。此外每 25 呎長或不足 25 呎之零段，皆應
用 2 方呎面積之通風洞一個。但正面牆，荷礙於觀瞻，得酌減之。
凡不合上述通風條件者，不得用木縆地板，須改用混凝土或磚

石爲之,或用第三條中曾經油劑滲壓之木料。

第五條　第三條所指之白蟻障礙層或障礙物,其構造情形,應使自地面
　　　　而上白蟻侵襲之可能路綫完全隔斷。此種障礙物,應採用白蟻
　　　　不能侵害之物質,如鋼筋混凝土,不鏽蝕五金屬,鋼網黏粉石灰
　　　　等,以及第三條所述油劑防護木料,而用企口或摺搭黏縫,務使
　　　　嚴密。凡在地面與此障礙層之間,苟有木料構件,必須採用第三
　　　　條中所述之曾經油劑滲壓之木料。

第六條　木件之擱置於地面上所砌之混凝土或磚石牆基上者如擱柵
　　　　枕木填底地板等等應一律採用第三條所規定之油劑防護木。

第七條　木件之盡端插入混凝土或磚石建築者,其插入部之四圍,必須
　　　　留有適宜之孔隙,以便空氣通暢,藉免木質腐朽。承托空穴可用
　　　　金屬套盒,頂嵌於土石建築中。此種孔穴或套盒之容積,應使木
　　　　端四圍至少留有 1 吋之空隙。如不按上法設置,則木件插入部
　　　　分及相連之 1 呎長處,須塗上等黏柏油與阿葉至少二道。

第八條　建築承包人須負責除淨地面下及地面上至少一呎半遠之所
　　　　有一切混凝土壳子板,又填土之處,尤須保證無木屑,柴片等遺
　　　　留其內。

第九條　一切零散木料塊屑等,遺棄於地面上者,必須完全搯拾除淨,方
　　　　可認爲完工。

第十條　建築地基或四圍地面,欲施行毒劑殺蟻者,可採下列數種藥劑
　　　　之一,化成濃液灌澆之:一硫酸銅(即胆礬)(Copper Sulfate)鈉養化
　　　　矽,銀,綠化木焗,綠化晶焗 (Liquid Orthodichlorobenzene, Crystalline
　　　　Paradichlorobenzene)。

第十一條　建築物中,如爲防白蟻等原因,而採用含有砒質或他項毒質
　　　　之物料,則此種物料之構成物,每方碼中必須標明「此物有砒
　　　　毒(或某毒)」等字樣。又建築物地下或四圍地中,如曾用砒毒
　　　　或他種毒劑澆洒者,則其上應設置永久性之標示,載明「此地
　　　　泥土有砒毒(或某毒)」等字樣。

整理平漢鐵路橋梁意見書

薛 楚 書

導言 平漢鐵路之大部橋梁,因襲法比舊習,設計簡陋,接聯草率。近今機車重量激增,遠超各該橋梁應受之載重,加以該路迭經災亂,橋梁屢被轟炸,少者一二次,多者六七次。雖經逐一修補,勉力維持交通,並限制列車速率,及禁止行駛重大機車;然而薄弱殊甚,危險堪虞。故該路工程上之當今急務,厥唯力圖合乎規範,及經濟原理之設計,整理及加固全路薄弱橋梁,以利運輸,而裕收入。

平漢路機車 研究整理方策之先,對於平漢路現有重大機車,及薄弱橋梁,須細加分析,然後整理方針,不難因病施藥。

平漢重大機車可分三類(一)鞏固式機車(二)康邦式機車(三)浪彼式機車。

此三類機車之重量,及輪軸之距離,見第一圖。其載重率弧線,按照古栢氏 E 式載重推算者,見第二圖。

參閱浪彼式機車載重率弧線,可知凡跨度小於20公尺者,其載重率小於E-33.7,跨度自30公尺至40公尺者,其載重率高至 E-36.0。逾此限度,則跨度增大,而載重率反減低。

平漢路橋樑現狀 平漢路舊橋,按照法國規範書所規定之機車載重(見第三圖)設計者,衝擊力初未嘗顧及。所用單位拉力,每平方公厘為12公斤,如將法國式機車載重,行經各式跨度之橋梁上所發生之動率,與古栢氏 E 式載重所發生之動率相比較,及折合因衝擊力所發生之動率,並將單位拉力,由每平方公厘12公斤,按照中華國有鐵路鋼橋規範書所規定,減至每平方公厘11.5公斤,則平漢路舊橋梁,按照法國規範書所設計者,約合古栢氏 E 式載

重之載重率,可以推算得之。(第四圖及第一表保定以北各橋梁,
係按照英國規範書所規定之機車載重(第三圖)設計,其載重率亦
可以約合古栢氏 E 式載重推算之(第四圖)。

第一圖　　平漢重機車之活重

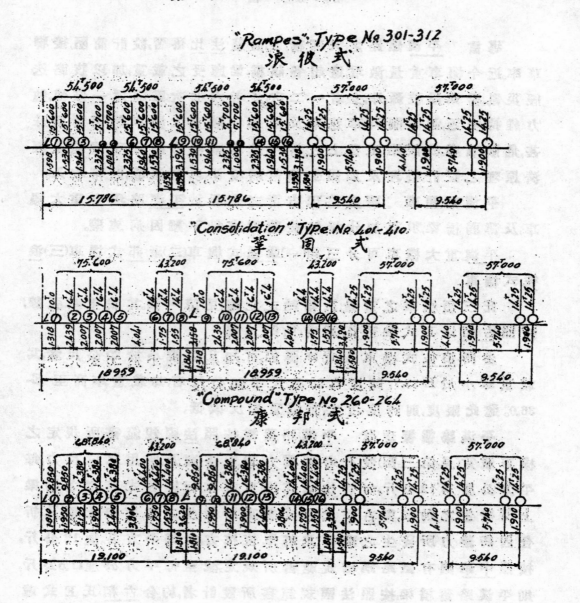

"Rampes" Type No 301-312
浪彼式

"Consolidation" Type No 401-410
鞏固式

"Compound" Type No 260-264
康邦式

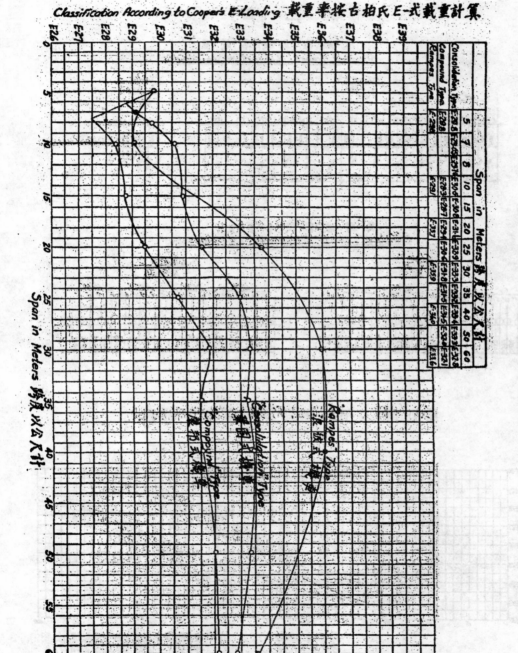

算計重載式E 氏柏古按率重載 Classification According to Cooper's E-Loading

第三圖　平漢重機車載重率

第 三 圖

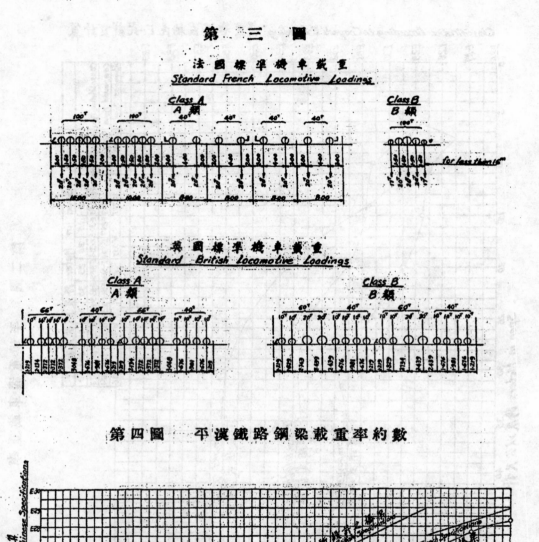

法 國 標 準 機 車 載 重
Standard French Locomotive Loadings

Class A
A 類

Class B
B 類

for less than 15ᵐ

英 國 標 準 機 車 載 重
Standard British Locomotive Loadings

Class A
A 類

Class B
B 類

第四圖　平漢鐵路鋼梁載重率約數

Span in Meters
跨度以公尺計

第一表　平漢鐵路舊式鋼梁(按照法國規範書設計者)載重率約計表

1	2	3	4	5	6	7	8	9
跨度以公尺計	法國標準載重所發生之勁率按一軌公尺順計算	衝擊力係數	勁力除去衝擊力應得之數按一軌公尺順計	減少單位應力所得之勁力	E-10標準載重最大勁力按一軌公尺順計	舊法國式橋合古柏氏載重應得之載重率	浪彼式機車載重率	適量載重之百分率
5	26.250	1.991	13.200	12.650	5.0625	E-25.0	E-29.80	19.20
7	47.000	1.983	23.700	22.700	9.1808	E 24.75		
10	84.500	1.966	43.000	41.200	16.325	E-25.2	E-29.1	15.3
12	109.500	1.950	56.100	53.700	22.0313	E-24.4		
15	150.861	1.925	78.300	75.000	31.875	E-23.5		
17	182.500	1.906	95.700	91.700	39.4875	E-23.2		
20	236.563	1.875	126.000	120.800	52.631	E-23.0	E-33.7	46.5
22	280.000	1.852	151.000	144.700	62.224	E-23.2		
25	347.500	1.817	191.000	183.000	78.077	E-23.4		
27	397.500	1.793	222.000	212.500	89.777	E-23.6		
30	480.000	1.756	274.000	262.500	108.424	E-24.2	E-35.9	48.3
32	535.000	1.731	309.000	296.000	112.200	E-24.2		
35	623.907	1.695	368.000	352.000	147.000	E-23.9		
37	693.380	1.670	415.000	398.000	163.200	E-24.4		
40	810.563	1.635	496.000	475.000	189.500	E-25.0	E-36.0	44.0
45	1,015.846	1.579	643.000	616.000	238.000	E-25.9		
50	6,233.403	1.527	806.000	772.000	289.000	E-26.7		
55	1,400.170	1.480	987.000	946.000	341.500	E-27.7		
60	1,697.660	1.436	1,183.00	1,133.000	400.000	E-28.3	E-33.6	18.7

　　參閱第一表之末三項,知浪彼式機車,行經跨度較小之橋梁上,其逾量載重之百分率亦較小。橋之跨度爲20公尺至40公尺者,其逾量載重之百分率激增,約合百分之四十至百分之五十。若橋之跨度益增,其逾量載重反減少,跨度在60公尺者則爲百分之十九。以上僅按計算之數目而言,但下列各點亦應注意及之。

　　(1) 凡橋梁跨度較短者,大都係上承鈑梁。如設計合法,其逾量載

重可達百分之五十，而不發生任何危險。舊有上承鈑梁，苟假定其最大逾量載重爲百分之三十五，當無問題。所以機車若不加重，該類橋梁，暫時尚足應用。

(2) 規範書中衝擊力之公式，係根據各種跨度，在各種行車速率之下所得最大衝擊力而規定者。跨度在60呎者，某研究家謂每小時65哩，足以發生最大之衝擊力。跨度在150呎者，華德爾氏得每小時35哩，爲衝擊力最大之速率。今後二十年間，平漢路行車速率，可斷言其必在每小時65哩（約105公里）以下。故跨度較短各橋梁，其逾量載重之百分率，猶在推算所得數目之下。但每小時35哩（約55公里）爲本路普通速率，故橋梁之跨度自30公尺至40公尺者，其衝擊力之發生，必至與公式所規定者相等。

(3) 著者屢次實地視察橋梁載重時之情形，藉知機車在薄弱之桁梁橋上，所發生之衝擊力，特爲顯著。

(4) 本篇所定英法舊橋梁載重率之弧線，僅就約數而言，因設計之不科學化，接聯之不合乎規範，猶以法式桁梁爲最，其實有之載重率，尚遠遜於推算所得之約數。總之平漢路因昔年法比工程師，誤信桁梁之鋼鐵重量，常較鈑梁爲輕，價格常較鈑梁爲廉，甚至用於跨度十五公尺之橋梁，故現今本路薄弱橋梁，屬桁梁式者特多；尤以跨度三十公尺之矮桁梁橋爲數最夥。再加以桁梁所需養橋工作，較鈑梁爲繁，而平漢路因限於財力，所有桁梁未克如期油漆者尤多。銹蝕日漸加增，而耐力日益減小。

(5) 再就鐵類「疲態」之研究論，凡受直接拉力或壓力者，其耐度常較曲撓勁率所發生者爲低。桁梁各部均用以支受直接應力，而鈑梁之上下肢桿，則用以抵禦曲撓勁率，以故桁梁之逾量載重，其危險程度，較鈑梁爲甚。

綜觀上列各點，足見平漢路法式舊桁梁之實際逾量載重，尚

遠超接算所得之百分率。

至平漢路各式鈑梁桁梁之詳細類別,及其載重率,按照古栢氏 E 式載重之計算書,已細加編訂詳加核對凡此種橋梁中就爲最弱,各橋之聯接部份,就已超過載重,險狀達何程度等等,均可一目了然。玆因限於篇幅,未能列載。

平漢路舊有橋梁,以近代橋梁工程目光觀之,其設計可謂簡陋而不科學化接聯復多草率,而輕薄殊甚。所有各式上下承橋梁設計之弱點繁夥,略舉數端,可見一斑。

(1) 弦桿設計不良,凡桁梁橋之上弦下弦,常用 T 形單腰鈑式,截面之重心點既嫌偏斜,副應力自屬未大。

(2) 聯接處各桿之重心線,不能會合於一點,故應力分析含混無定。

(3) 設計矮桁梁橋時,未曾顧及上弦桿聯結處所受之風力故豎桿難於抵禦因風力而發生之撓曲。

(4) 弦桿斜桿各部,缺少聯繫網,俾使應力平均,及各部動作一致。

(5) 上下弦桿之拼接鈑,長度過短,不足以發展各該桿原有之耐力。

(6) 接聯鈑常有薄至八九公厘者,甚或付之缺如,而鉚釘則用雙面剪力計算故所有橋梁聯結處皆薄弱異常。

(7) 拉力斜桿,及交向斜桿,常以二鋼鈑爲之而不用堅勁式,所受應力既不平均,機車經過時,斜桿復有動搖之虞。至於各該桿所合得之載重率,常較桁梁其他各桿爲弱,而以交向斜桿爲尤甚。

(8) 橋端鋼框之位置,常遠在下弦與橋端柱交點之下。故列車行經橋上,桁梁全部,受例外之撓曲動率,等於車行阻力與由下弦中心,至橋端鋼框中心距離,相乘之積。

(9) 矮桁梁橋之應力分析,不甚可靠,而以未經橫支之上弦桿爲尤甚。

(10)緊鳳繫條,所用角鐵,輕小異常。此類角鐵,一聯結於下弦,而聯結於橫梁之下肢,致使豎桿與腰鈑接聯之處,常有裂痕發現。

(11)縱橫梁之接聯處,均異常薄弱。

(12)鈑梁橫端肢桿角鐵鉚釘之距離,安排過遠,其距離應由橋端至中部逐漸增大,而舊梁鉚釘之距離,則均相等。

(13)腰鈑拼接之設計,祇按剪力計算,而未包括應得之勳率。最弱者拼接之兩邊,祇各用鉚釘一行。

(14)鈑梁之加勁桿非安排過遠,即屬付之缺如。

(15)鉚釘,均係用人力搖釘。

　　整理辦法　茲研究各種橋梁之加固方法如次:

(1) I字梁及鈑梁之薄弱者,可增添新蓋鈑,或肢桿角鐵以加固之。

(2)鈑梁二架可以並列合併以加固之,或則取消上鈑梁之下肢蓋鈑,及下鈑梁之上肢蓋鈑,而以鉚釘聯結上下二鈑梁之肢部角鐵。

(3)凡因鉚釘過小,而聯結處尚嫌薄弱者,可改用大鉚釘以代替之。如原有鉚釘之距離較大,尚有增添新鉚釘之餘地,則加用鉚釘未嘗不可。

(4)凡鈑梁之腰鈑,倘嫌薄弱,可用加勁桿,或於兩端添用新腰鈑以加固之。

(5)支座角鐵之薄弱者,其下可另安加勁桿以輔助之。

(6)接聯鈑之薄弱者,可另添新鋼鈑,俾鉚釘之耐力,可按雙面剪力計算。

(7)桁梁橋之上下弦桿,可增加角鐵以減少其重心之斜畸,或增添腰鈑及蓋鈑,以加固之。

(8)桁梁斜桿,及交向斜桿,可加鋼鈑或安有伸縮螺旋之鋼條,以加固之。

(9)桁梁豎桿,可添用新蓋鈑,以加固之。

(10)雙軌上承桁梁橋,可於二架之間,加新桁梁一架,以加固之。下承桁梁橋之有充分淨寬者,此法亦可適用。

(11)雙軌桁梁橋,可以移置軌道於中心線,合併縱梁,加固橫梁,以改爲單軌橋。

(12)鈑梁長度,可以改短,以增加其載重率,此法用於兩端被炸毀之鈑梁,最爲適宜,參閱第五圖各弧線,即可知自某跨度某載重率,加固至E-35,E-40,或E-50,其跨度須減至某度。

(13)自式桁,梁及王式桁梁之縱橫肢桿,薄弱者,可以另加橫桿副斜撐,及副豎桿,以加固之。

(14)上承桁梁橋可用鋼鈑聯結二架爲一架,以加固之,原有橫梁改作縱梁之用。

(15)電銲方法,爲近今加固橋梁最新穎之途徑,既無須拆卸原有橋梁,且就地施工需費自屬較廉,但各種施工問題,如死重應力,須先設法解除,然後再用電銲,俾可使各部受力平均等等,均有研究之必要,而工匠手藝之精良可靠,與加固後橋梁之安全,猶關重要。

(16)下承矮桁梁橋二架,可以合爲一架,改作上承橋之用。但設計者,對於風力有無傾覆橋梁之虞,務須特別注意。

(17)桁梁橋之斜桿薄弱者,可設法加固之,屬於王式或自式者,可以改爲雙斜桿王式桁梁。如原有桁梁,屬於雙斜桿式者,可改爲四斜桿王式桁梁。

以上各種橋梁加固方法,僅就較爲可靠,及有相當學理根據者而言,至於下列各條,雖不無見地,然按之經濟原則或有不合或屬應力分析含混無定,

(18)矮桁梁兩架,可用鋼鈑聯結之,併爲矮桁梁一架,但載重時,內外各架之矢度,既難平均,則各架能否平分所荷載重,實屬疑問。

　　昔華德爾博士,於民國十年,充交通部顧問工程師時,曾主張用鋁

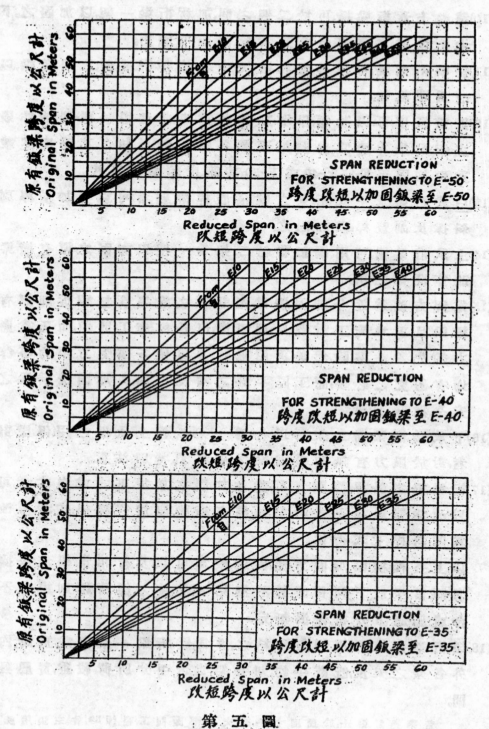

第　五　圖．

法,以加固平漢橋梁。(原文見華氏上交通總長意見書)平漢路工界同人詳細研算,斟酌得失後,似覺該法尚欠完善,未敢率爾從事。

(19)桁梁橋上下弦桿之薄弱者,可附加木條,聯以螺旋,以助原有肢桿之不足。

(20)鋼梁之外,另包鐵筋三合土梁,亦爲加固之一法。惟建築時,須另架便橋,以免阻礙交通,且需費昂貴,幾與建築新橋相等。至於新三合土梁,與舊鋼梁,於載重時,能否動作一致,此層殊無把握。如用於矮桁橋梁,則兩梁間之淨寬,於加固後,不免愈形狹窄。

(21)桁梁橋之薄弱者,可用臨時木便架二三組,安置於下弦之下,以圖暫時之加固。如用鐵筋三合土架,則耐時較久,需費亦較大。

　　昔華德爾博士,於民國十七年,充鐵道部顧問工程師時,曾提議採用木便架,以圖取消緩行號誌,藉以增加收入。(原文見華氏上鐵道部孫部長意見書)。

　　惟我國建築木材大都來自他國,價格既屬昂貴,且木料不堪耐久,少則四五年,多則七八年,即有腐朽之虞。在此數年之中,就平漢路現況,推之將來,似難將全部鋼梁,悉數更換 E-50 之新梁。華氏對於我國鐵路經管之不良,及本路經濟之竭蹶,似未能作通盤之籌劃。

(22)薄弱桁梁,於上弦桿之下,下弦桿之上,可以加用上下副弦桿,並另添副斜桿,與之相聯。此法因應力之難於分析,似亦非盡善之道。

整理平漢路橋梁,可就上述加固橋梁辦法權其利害,酌其得失,逐一推算,而得最適宜之改善方法。至於橋梁最小之載重率,擬暫定爲E—25。俾現有重大機車,可以暢行無阻,不致發生危險。茲就平漢路各式橋梁,擬定加固辦法如下。

(1)小橋梁及涵洞,在4.5公尺以下者,均可利用現有舊鋼軌,建造鋼軌三合土涵洞。不特需價低廉,抑且將來養橋經費,亦可減少。(參閱第六圖)。

第六圖　鋼軌混凝土涵洞頂面設計

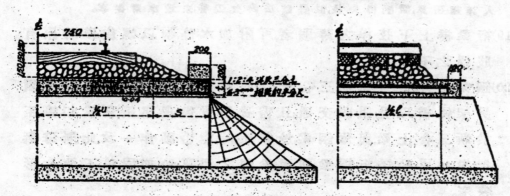

註明: 舊鋼軌須無損裂方為合用

應用舊鋼軌數目表　（按E-50設計, I=75%為度按 ℓ+150計算）

ℓ^m	1,000		1,500		2,000		2,500		3,000		3,500		4,000		4,500	
	U	S	U	S	U	S	U	S	U	S	U	S	U	S	U	S
42公斤 舊鋼軌	12	5	13	5	14	5	16	5	20	6	27	6	35	7	44	7
37公斤 舊鋼軌	15	5	16	5	18	6	20	6	24	7	33	7	43	8	54	8
鋼軌長度	1,300		1,800		2,400		2,900		3,400		4,000		4,500		5,000	
t	250		250		300		350		350		400		400		400	

(2) 箱式鈑梁,支架縱道木之接聯鉚釘,均嫌薄弱。苟將鈑梁反而用之,則其弱點可以取消。

(3) 法比式及英式上承鈑梁,(最大跨度25公尺) 祇須略事加固,或添蓋鈑,或添肢桿角鐵,或用電銲方法,即可臻 E—25,暫時尚足敷用。

(4) 8公尺10公尺12公尺之半下承鈑梁全部薄弱。須將兩架合成一架除去縱橫梁改作上承橋之用。

(5) 8公尺及10公尺下承鈑梁橋,薄弱殊甚。須將二架併成一架,改作上承橋之用。至於15公尺下承法比舊鈑梁橋,祇須略事加固,即可臻 E—25。

(6) 江岸諶家磯間,三處大橋,均備舖設雙軌如將備用縱梁略事移置,軌道下用縱梁三根承托,用作單軌橋,暫時尚無問題,北平附近之蘆溝橋共有30公尺雙軌矮桁梁十五座,苟將縱橫

梁,及斜桿聯接處加固,暫時尚敷應用。

(7)平漢路舊有各式法比上下承桁梁橋,甚形薄弱,均應加固（參閱第二表）。

第二表　平漢路薄弱桁梁橋之數目

		漢口至郾城	郾城至黃河南岸	黃河北岸至石家莊	石家莊至北平	總	數
15公尺	上　承		1				1
	矮桁梁	6					6
20公尺	上　承	6		3			9
	矮桁梁	4	2				6
25公尺	上　承	2					2
	矮桁梁	7					7
30公尺	上　承	18	5	10			33
	矮桁梁	33	10	19	35		97
40公尺	上　承						
	矮桁梁	4		3			7

（30公尺合計 130）

由第二表,可見平漢路薄弱桁梁橋,以三十公尺者,為數最夥,共計130座,(黃河橋計有薄弱矮桁梁48座除外)分段而論,漢口至郾城間,薄弱桁梁最為繁雜。至於將來整理之道,擬於下列各種加固方法,擇一行之。

(甲)凡上下承桁梁二架同一設計者,可合成一架,改作上承桁梁之用。如是加固之後,其載重率可臻E—40°三十公尺上承桁梁改建設計之大概,參閱第七圖。

(乙)凡橋台高度在10公尺以下,而基礎地質良好者,均可添建新橋墩於中部,改用上承鈑梁二架,以代原有薄弱桁梁。

(丙)下承及矮桁梁橋,無法添建新橋墩者,須更換新鋼梁。

我國鐵路新梁,均購自歐美,現今金價高漲,價格猶屬昂貴。為節省路幣起見,設計者載責所在,工程經濟,非兼籌並顧不可,對於舊有鋼梁,務須充量設法利用,以期減少現金支出。至於訂購新梁,均擬按照鐵道部規定,以載重率E—50為標準,設計悉按『中華國有鐵路鋼橋規範書』辦理。凡跨度在30公尺以下者,均用鈑梁,在

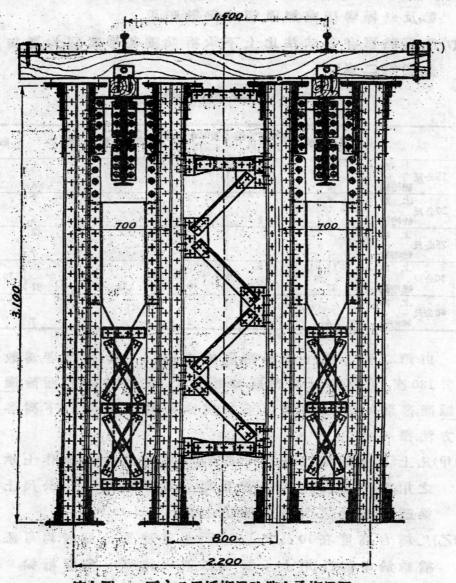

第七圖　　三十公尺矮桁梁改造上承桁梁圖

30公尺以上者,均用桁梁。跨度30公尺者,雖有採用桁梁之主張,以
求減少鋼料。惟詳加研究,似亦以採用鈑梁,較爲適宜。蓋鈑梁之逾
量載重,如設計合法,可達百分之五十,而不發生任何危險。且修理
及油漆,亦較桁梁爲易。平漢路整理橋梁,所需訂購之新梁,參閱第
三表。

第三表　新鋼梁之噸數及估價

跨度以公尺計	式樣	座數	重量以公噸計		每噸銀價	總價
			每座重量	總重		
7	上承飯梁	2	7.0	14	$ 1,600	$ 3,200
9	,,	6	10.5	63	2,500	15,000
10	,,	9	13.0	117	3,000	27,000
12	,,	3	17.0	51	4,000	12,000
14.25	,,	26	20.0	520	5,000	130,000
20	,,	3	35	105	8,400	25,200
20	下承飯梁	6	52	312	12,300	73,800
25	上承飯梁	1	51	51	12,100	12,100
25	下承飯梁	3	72	216	17,100	51,300
30	上承飯梁	5	73	365	17,300	86,500
30	下承飯梁	25	98	2,450	23,100	577,500
40	下承桁梁	2	125	250	30,800	61,600
				4,514		$ 1,075,200
9	上承飯梁	4	10.5	42	$ 2,500	10,000
10	,,	4	13.0	52	3,000	12,000
12	,,	1	17	17	4,000	4,000
14.25	,,	16	21	336	5,000	80,000
25	下承飯梁	3	72	216	17,100	51,300
30	,,	46	98	4,508	23,100	1,062,600
40	下承桁梁	18	125	2,250	30,800	554,400
				7,421		$ 1,774,300

（黃河以南 為上半部，黃河以北 為下半部）

（註）鋼價按每噸美金七十元計算，滙率按美金一元合國幣三元計算，就地建造費，每噸計二十元，拆除舊梁費，每噸計七元，共計每噸合洋二百三十七元。

整理程序　整理橋梁務須有一定程序。其原則不出下列三條。

(1) 凡營業最繁盛之段，須先行整理，以利運輸，而裕收入。

6417

(2) 凡需用推進機車之段,亦須從速整理,以便行駛重大機車,藉可節省營業費。蓋重大機車所需給養,祇較小機車略大,而所發生之牽引力,可數倍於小機車也。

按照以上原則,自鄲城至漢口一段橋梁,因貨車之擴擠,須從速整理,而廣水至信陽之一小段,因坡度險陡,需用推進機車,所有該段橋梁加固,尤屬急不容緩。除鄲漢段外,北平至石家莊一段,亦屬重要。

整理全路橋梁,最大費用,爲訂購新梁,幾佔全部四分之三。約佔全路橋梁加固用款,(黃河橋除外)如第四表。

第四表　分段整理平漢全路橋梁工程之費用表

	訂購E-50新鋼梁用款	改製舊梁費用	建造及加固橋基費用	總　　價
漢口至鄲城	$ 870,900	$ 121,540	$ 63,960	$ 1,056,400
鄲城至黃河南岸	204,300	35,900	28,900	269,100
黃河北岸至石家莊	846,500	60,900	237,700	1,145,100
石家莊至北平	927,800	31,480	588,000	1,547,280
共　　　數	$ 2,849,500	$ 249,820	$ 918,560	$ 4,017,880
橋梁廠開辦費及三年維持費				$ 310,000
總　　　數				$ 4,327,880

開辦橋梁廠　平漢路現有修養橋梁工作隊人員二組,分爲南北橋工段,以黃河爲界,終年奔馳全路,就地施工,所有器械,均限於輕小而便於攜帶者爲度。將來如欲改造大批橋梁,工作繁多,且所需機器,如衝孔機,及剪鋼機等,均不能隨時搬運,故橋梁工廠,爲整理橋梁程序中,不可缺少之一部。按最小規模估計,約需開辦費二十五萬元,經常維持費每年二萬元。按三年計劃,共需六萬元。開辦及維持費二項,共需三十一萬元。至於將來全路橋梁整理之後,該廠似無存在必要,或可停辦,以節路幣。

橋基問題:平漢路橋台橋礅,質料不一,式樣繁多,可分爲下

到各種。

 (4)保定以北各橋台橋墩，均由英公司承造，設計方法，均參照英國規範及習慣辦理，全部橋基，均預備安置雙軌橋梁之用，所用建築材料，幾全為水泥混凝土，且有多數橋台，可以改作橋墩，以備將來加添橋孔之用。下層基礎，深入沙土，工程尤為堅實。故保定以北各橋梁，歷屆大水，鮮有被冲之虞。蘆溝橋基礎，因地層均屬流沙，故用壓氣井筒方法建造。雖需費較大，然堅強耐久，殊稱合算。

(附)平漢鐵路各式橋梁表(一)

橋度以公尺計	各式橋梁		架數	圖號	註明
5	上承鈑梁			F-35	
5	箱式鈑梁			F-18	
5	仝上			F-343	漢冶萍製
5	仝上			F-346	漢冶萍製
5	仝上			F-382	
6	上承鈑梁			F-13	
6	仝上			F-302	
6	仝上			F-339	漢冶萍製
6	仝上			F-360	漢冶萍製
6	箱式鈑梁			F-42	
7	上承鈑梁			F-373	
8	上承鈑梁		14	F-37	
8	下承鈑梁		22	F-61	
8	半下承鈑梁		8	F-61	
9	上承鈑梁			F-336	
9	仝上			F-360	漢冶萍製
9	仝上			F-297	山海關製
10	上承鈑梁		7	F-19	
10	仝上		40	F-38	
10	下承鈑梁		32	F-50	
10	上承鈑梁			F-368	漢冶萍製
10	下承鈑梁			F-380	
10	半下承鈑梁		11	F-389	
12	上承鈑梁		2	F-20	
12	半下承鈑梁		8	F-20	
15	上承鈑梁		7	F-39	

(2) 砌石橋基,為法式基礎中之較强者。寬度雖較英式橋基為大,然入土不深基礎混凝土(約合 1:4:8 成分)所用水泥適少。而木樁長度,多者及八九公尺,少者紙有四五公尺。凡冲刷較深之處,時有被毀之虞,平漢路為南北大幹線之一,而我國河流,均自西而東,路線適當其衝,每次橋樑被冲,交通因之中斷,營業所受損失,誅屬不貲。

(3) 粗砌鸞石橋基,為法式基礎中之更次者,以用於單孔橋樑者

(附)平漢鐵路各式橋樑表(二)

跨度以公尺計	各式橋樑	架數	圖號	註明
15	上承鈑梁	8	F-329	
15	上承鈑梁		F-348	山海關製
15	下承鈑梁	9	F-32	
15	仝上	14	F-347	漢冶萍製
15	仝上	3	F-372	漢冶萍製
15	上承桁梁	1	F-314	
15	仝上		F-331	
15	穿桁梁	2	F-320	
15	仝上	4	F-321	
16	仝上	1	F-326	
18	上承鈑梁	10	F-328	漢冶萍製
18	仝	70	F-348	
20	上承鈑梁	33	F-40	
20	仝上	2	F-369	漢冶萍製
20	上承鈑梁	1	F-388	山海關製
20	上承桁梁	1	F-312	
20	仝上	3	F-317	
20	仝上	5	F-319	
20	穿桁梁	3	F-24	
20	仝上	4	F-390	
25	上承鈑梁	3	F-386	
25	上承桁梁	1	F-65	
25	仝上	1	F-333	
25	穿桁梁	3	F-25	
25	穿桁梁	2	F-391	
30	上承桁梁	1	F-324	
30	仝上	10	F-326	
30	仝上	6	F-327	
30	仝上	1	F-330	
30	上承桁梁	1	F-43	飛渣式

(附)平漢鐵路各式橋梁表(三)

跨度以公尺計	各式橋梁	架數	圖號	註明
30	上承桁梁	14	F-367	
30	上承桁梁	3	F-52	漢製川漢式
30	穿桁梁	56	F-26	
30	全上	1	F-48	
30	全上	6	F-58	楊子城段製
30	穿桁梁	19	F-28	
30	全上	20	F-60	
30	全上	8	F-313	
30	全上	13	F-315	
30	全上	23	F-316	
30	全上	3	F-367	
30	穿桁梁	2	F-323	
30	穿桁梁	7	F-33	
30	全上	4	F-350	
30	全上	1	F-364	漢冶年製
30	全上	7	F-371	漢冶年製
30	穿桁梁(雙軌)	15	F-501	漢冶年製
30	聯繫梁(雙軌二孔連續梁)	4	F-332	
30	全上	4	F-335	
30	聯繫梁(雙軌三孔連續梁)	3	F-334	
40	聯繫梁	2	F-30	
40	穿桁梁	1	F-33	
40	全上	3	F-51	
40	穿桁梁	1	F-325	
60	聯繫梁(雙軌二孔連續梁)	2	F-62	
60	聯繫梁(雙軌)	1	F-31A	

為多。三十年來屢有破裂,建造費雖廉,然實非上等工程。以後於幹線部份,該類橋基,似應摒除勿用。

(4) 磚質橋基,以用於小橋者為多。或因質料之不良,或因勾縫灰漿之不堅實,裂縫及剝落之處,屢見不鮮。以後重要基礎工程,凡終年受風雨之所侵蝕者,似以不用磚質為宜。

(5) 螺旋橋椿,用於黃河沙河及滹沱河等橋。因椿頭未能深入河床(黃河橋每敵原用六椿深約十二三公尺,後添邊椿四根,最深約十六公尺之譜)且荷重力有限。將來整理橋梁,除沙河橋基椿,尚可設法加固外,其餘各橋,均須建造新橋,以圖一

勞永逸。

　　三十年前,水泥來自外國,價格昂貴,苟橋基全部,　用混凝土建造,殊非經濟之道近年來我國所出水泥,品質甚優,取價尤廉,而石料及工資貸價,已數倍於往昔。將來平漢路建造新橋基,似以全部採用混凝土,最稱合算。至於更換新鋼梁時,各橋礅及橋台冠部,均須用混凝土改建或安置舊鋼軌於其間,以圖堅實。

雜 俎

華盛頓橋之交通成績

原文載 "Der Bauingenieur" 31, August. 1934；題名 "Der Verkeehr u. d. George-Washington Brücke u.d. Hudson in New York"

世界唯一長橋,跨度 1067 公尺之紐約哈德生橋,卽華盛頓橋,自 1931 年十月二十五日開通以來。最近方將二年中之交通成績發表。此項技術的報告,對於將來重要交通橋路之計劃上,及經濟上,頗有參致之價值,

該橋設計時所假定車輛交通量之最大限度,每日平均九萬輛。但自開通以來,迄今尚未遇過一次發揮該橋之全能力者。該橋開通後之首先二十四小時內,卽有 54,300 輛經過,開通後最初之星期日,共經過 46,900-45,600 輛. 1932 年中之最大交通量,每日平均僅爲 15,100 輛。

該橋之兩側另設寬 8.7 公尺之車馬道,似乎稍寬。緣該橋開通後之第一星期內,自用車僅三列,營業汽車及馬車僅占二列耳。橋上之許可最大速率每小時達 48 公里。1932 年中橋上發生之事故,計大事一,小事件七僅屬微細小數。

又一星期中所通過交通量之分配,以星期日最多,佔每星期中之 25.7%,次爲星期六佔 16.1%, 星期一星期二皆佔 12.5%, 星期四佔 11 % 爲最少又一日內早晨最少,日中最多約占全日之 15 %,

一年內以七月爲最多,約爲二月三月之二倍,1932,年中之交通車輪總數爲 551,000,000 輛。橋稅在橋頭兩側徵收,此項稅收員共有七十名之多云。

　　　　　　　　　　　　　　　　　　　　　　　　　　(趙國華)

意國法西斯締統治下之土木事業

　　以下所述,係根據 1933 年 10 月 31 日日本駐意米拉諾領事井上氏一摺呈廣田外交大臣之一部。茲特譯出以餉國人。

　　意大利在法西斯締統治之下,對於土木事業之設施,如洪荒之開墾,河川道路海港之修改建築等,乃爲其重要國策之一。法西斯締之統治權確立以來,已達十年。此十年內土木事業之成就,已蔚然可觀矣。十年內對於土木事業費所投之金額,已達 24,785,960,000「梨拉」(意國幣)之鉅。此項鉅額費用之支配有如下列:

　　(1.) 由土木部直接支付者　　　　　　　　15,057,680,000「梨拉」

　　(2.) 由開墾事務局支付者　　　　　　　　　657,190,000「梨拉」

　　(3.) 由道路自治團體支付者　　　　　　　1790,875,000「梨拉」

　　(4.) 由鐵道管理局支付者　　　　　　　　1,909,835,000「梨拉」

　　(5.) 由內政部支付者　　　　　　　　　　4,207,900,000「梨拉」

　　(6.) 土木部未成立以前之土木事業費由

　　　　內政部支付者　　　　　　　　　　　　73,348,000「梨拉」

　　(7.) 其他各部支付者　　　　　　　　　　1,004,460,000「梨拉」

　　以上所列之數乃爲已經支付之金額,如益以現下政府預定之事業費,則達 36,990,000,000「梨拉」。

　　法西斯締統治權未確立前之六十年內,土木事業費不過 21,536,000,000「梨拉」。自法西斯締統治權確立之後土木事業費每年支付之金額,一躍而達十倍,可謂盛矣。

　　又土木部未設立以前,事業費之支付額,僅達 177,809,000「梨拉」,較之設立土木部後之支付總額(23630,781,000 梨拉)不過二十三分之一。統一龐雜機關成立一土木部後,其進步之速,成績之佳,可見

一班,

　　如此鉅額工程費用支出之後,其成效如何,有如次列。

　　(一)道路。　鋪有路面者8,562公里,正在加鋪路面者1,000公里,修改舊軍用路1,120公里,修成國道525公里,縣道1,143公里,鄉村道3,844公里,汽車等用道436公里。

　　(二)鐵道。　新建國有鐵道476公里,民營鐵道2,394公里。

　　(三)海港。　修築海港83處,建造防波堤27公里,碼頭36公里,填海角2,509,000平方公尺,建造貨倉213,000平方公尺,建築臨港鐵道96公里,海岸壁18公里。

　　(四)河川。　計修改河川808公里,及運河876公里可以航運,建築河川岸壁750公里堤防3937公里,造成保證安全之耕地三百萬公頃(1公頃合一萬平方公尺)。

　　(五)開墾。　開墾地豫定爲2,396,000公頃現已開墾成熟者683,000公頃,開墾排水用運河7,322公里灌溉用運河1,130公里,排水動力設備160處,合計71,000馬力,建設農居四千戶,修改山間貯水池面積109,000公頃。

　　(六)水力發電。　發電設備自1,500,000「啓羅瓦特」增至4,500,000「啓羅瓦特」,電力供給量自4,000,000,000「啓羅瓦特」增至10,000,000,000「啓羅瓦特」,新築堤堰100處,貯水面積自142,000,000平方公尺增至1,294,000,000平方公尺。

　　(七)城市計劃。　批准城市計劃十八件,新建公衆建築物二百處以上,學校11,000所,平民宮五萬戶,埋設自來水管7,929公里,污水管1,506公里,災後住宅新築17,995戶,修繕6,500戶,新造寺院365所。

　　綜觀以上之事業,其政策不偏於大都市之建設,而使普遍於全國。因此全國人民直接沐受澤惠之故,對於法西斯諦統治下之政策莫不歌頌。

　　又於1924年以前意大利之法西斯諦統治權行將確立之時,彼等都會中街道之污穢,鐵道之不守時間,恆爲世人所垢病,十年

內斷然施行徹底的改革,至今面目一新,其成效實彰彰可考云。

（趙國華）

高二千公尺之巴黎防空塔計劃

法都巴黎爲防止敵軍空襲起見,由該國之著名土木工程師及建築師協力設計,擬具一高達二千公尺之防空塔,曾載于該國之 Le Genie Civil 雜誌上。茲特擇要摘譯其計劃如次:

該塔共高二千公尺,用鋼筋混凝土建造之。備有軍用及機用之穹幕三層。每層內部俱有昇降機,大砲,觀測所,聽音間,並配置,探照燈等設備。

塔之主體爲一中空之圓錐體,並在離地600,1300及1800公尺處加造穹幕,穹幕有屋面,四週皆開有30公尺高50公尺寬之門洞,連一接二,以備軍用飛機之出入。內部之交通,則用二座昇降機專載飛機,三座載人。另附非常時所用之斜路。塔之底層中央附設電氣設備。各穹幕之中央另有動力發電,供給燈光,並各設辦公室,軍需給養庫,氣象觀測所,病院,宿舍,以及飛行機之修繕工場等設備。

塔在地平面處之外徑爲210公尺,頂上之外徑爲40公尺,壁厚最下層爲12公尺,自下而上,依其自重及風力,而變其斷面。塔之基礎爲圓形平坂,其直徑爲400公尺。

各穹幕皆分成二層,下層作爲軍用飛機之出發場。平時門洞周圍加設柵門,在飛機出入前,用電機設備將門柵自動開閉,較在陸地飛起爲便。上層則爲安置大砲之所。屋面作截頭圓錐形,取其可以防止敵彈之侵入,即使敵

半剖面

9.k

2000m

半橫割面

彈打入,亦不過波皮局部,不致損及內部之設備也。

關於風壓力之強度,曾根據各方之氣象台及各種文獻之紀錄,並經特別之研究。該塔設計時所用之風壓,在塔頂處爲每方公尺 500 公斤,在地面爲 250 公斤,作爲計算穹冪及剪力之張本。結果最大水平剪力爲 95,400 公鏔,最大彎冪爲 92,200,000 公鏔公尺。由此彎冪所起之偏心,雖底層之中心點僅達 7.7 公尺。混凝土所起之應壓力達每方公尺 265 公鏔,並不發生應張力。

又關於大砲放射時所起之影響,假定各層同用 105 公釐徑之大砲一百門,在同方向發射時,此種大砲放射時每門所起之反動力及衝擊力以 12 公鏔計算,全體所起之水平反力爲 3,600 公鏔,今大砲者置於穹冪之上層,即星面之中部,則各層砲位離地平面之距離爲 750,1400,1900 公尺,如是,塔之下層,所起之彎冪爲 4,860,000 公鏔公尺,此值不過爲風力所起者百分之五而已。由大砲放射所起之偏心距,僅爲 0,41 公尺,混凝土所起之應力爲每方公尺 15 公鏔,殆無問題。該塔之自重非常巨大,約在一千萬噸左右。由風壓而使塔頂,所起之水平移動約爲 1,7 公尺,由於太陽一面照射所起之移動約爲 1 公尺云。

(原文見 Projet de tour de 2,000 Métres de hauteur destinée à la défence aerienne de Paris. La Genie Civil, 9 Juin. 1934 P.515—517)　　(趙國華)

德國之汽車專用國道網

(見 Das Werk der Reichsautobahnen, des Echo. 2 Sept. 1934)

德國國社黨政府爲救濟失業起見,乃有龐大道路建設事業之進行。自 1933 年 7 月 5 日至 1934 年 7 月 5 日止,已歷一年矣,以下乃爲希特拉之道路建設事業計劃之一斑。

希特拉政權確立後之次年,即公佈「梅達」國民公約同時於 6 月 26 日公布實施其政策之法律,其計劃之主幹,乃將現在巳成道路網改築完成,以及遠距離汽車專用道路網之新設,並爲求全部

道路建設事業之統制便利起見,又於1934年6月26日公佈「道路制度及道路行政暫定的修正法」。如是,所有道路事業之監督完全由中央統一之。

國社黨政府道路事業中之最堪注目者,爲汽車專用國道之建設,除將貫通東西,南北之幹線及連絡全部之線路共達 6,900 公里之汽車網先行籌劃進行外,此種計劃之實施完成時間約在 6 年至 7 年之間。其次即再將德國南部與北部及從中央貫通東西之二大汽車專用國道籌劃完成之。

汽車專用國道之建設,不但對於邊境之交通將起重大之革命,即在經濟上,軍事上,亦具有重大之意義,德國除擁有 60,000 公里之鐵道, 25,000 公里之航空路線, 13,000 公里之運河, 200,000 公里之國道外,在最近的將來即有 10,000 公里之汽車專用國道之完成。此項汽車專用國道網完成之後,對於歐洲各國國際間之交通亦有甚大之便利。

又關於此種汽車專用國道之建設事業,對於失業救濟上,大有影響。1933 自年動工以來,至 1934 年秋季止,從事於此項事業之勞工人員以及直接間接有關之人員,總數達 250,000 人至 300,000 人之多云。

(趙國華)

德 國 之 希 特 拉 橋

節錄 "Die technischen Lehren beim Bau der Moselbrücke in Coblenz"

von Dr. Jng. W. Gehler. Beton u Eisen. Heft 14,15,16,17, 1934。

德國萊茵河上近古本 (Koblenz) 市之新橋,開工於1932年,完工於1934 年,時適爲國社黨運動勝利之際,遂將此橋作爲紀念,名之曰希特拉橋。

長跨度橋樑之權威者,Spangenberg教授,謂拱橋之「剛數」Kühnheitzahl)可用 l^2/f 表示之。因扁平拱之拱頂曲半徑爲 $r = \dfrac{l^2}{8f}$, (l 爲跨

度, f 為拱矢), 拱輪受均佈載重 $\in$, 則拱之水平反力 $H=\dfrac{\in r^2}{8f}$, 故剛數之大, 可以決定水平反力 H 之強。

　　自 1923 年法國首先起造跨度 100 公尺之鋼筋混凝土拱橋以來, 其超出 100 公尺以上者, 已有16座之多, 其下列之橋梁為代表者。

橋　名	跨度(lm)	拱矢(fm)	l/f	l^2/f	$r_3(m)$
聖批恩(法)	131.80m	25.3m	1:5.2	685	86
加蒂　(法)	139.80m	27.0m	1:5.2	725	91
阿爾培脫(法)	3×180.00m	27.5m	1:6.5	1180	148
司萬可姆(瑞典)	181.00m	26.2m	1:6.9	1250	156
希特拉(德)	107　m	8.12m	1:13.2	1410	176

　　由上列表中之數字, 可見希特拉橋之拱頂曲半徑實超出於其他各橋遠甚。因此水平反力達每公尺 850 公鐵之鉅, 較之其他各橋無出其右者。

　　如此長跨度矮拱矢之有餂混凝土拱橋, 其選擇之理由, 蓋因下部構造之施工, 在砂礫層中, 需用壓榨空氣潛函法。如用無餂拱, 二餂拱等恆因混凝土之收縮, 拱體收縮, 以及溫度變化, 橋台移動等原因不宜採用, 故改用此式。

　　希特拉橋之有效總寬為18公尺, 橋軸與河流成70度角。拱圈計分二個, 每個寬6.6公尺。其分成二個之理由, 乃因該橋為斜橋, 如此佈置, 對於拱餂之設置上較為便利(拱餂與橋軸成直角), 且因模架可以移轉重用, 模架費用亦得撙節; 又因橋之全寬為18公尺, 如用全拱圈, 在半側滿載動載重時, 恆使拱圈起不平均之應力, 今分成二個, 則可減少此弊。兩個主拱圈並列, 中間留出 1.9公尺之間距, 另舖橋面板, 攔置於兩側拱圈之上。

　　模架為木製, 與從來之方法略同, 但在通航部分則用鋼製構架。每一主拱圈之拱架材料, 約一半在撤去後移至鄰近拱圈轉用。

爲調節拱架之高度計,用 400 個頂重機,以備由硬化收縮,壓力收縮以及其他變形所起之沉下量,而使之上昇(在跨度之中央沉下量達24公分)。

　　　長跨度拱橋建築之最重要事項,爲混凝土之强度,該橋所用混凝土之强度如下:

　　　中空拱圈部分　　　　　　$W_{b28}=450$　　　　$\sigma = 90 \ Kg \cdot cm^2$
　　　實體拱圈部分　　　　　　$W_{b28}=370$ t　　　$\sigma = 70 \ Kg \cdot cm^2$

　如此高强度之混凝土,自非用高等水泥不可。　　　　(趙國華)

工程

要目

內燃機利用WALKER循環之裝置
香港之給水工程
芝加哥之活動橋
防空與城市設計

↓港給水工程之一部——九龍副池之堤及出水管下端連通滲水池

第十卷 第四號

二十四年八月一日

6431

6432

中國工程師學會會刊

編輯：
黃　炎　（土木）
蓋大酉　（建築）
沈　怡　（市政）
汪胡楨　（水利）
趙曾珏　（電氣）
徐宗涑　（化工）

工　程

總編輯：胡樹楫

編輯：
蔣易均　（機械）
朱其清　（無線電）
錢昌祚　（飛機）
李　儼　（礦冶）
黃炳奎　（紡織）
宋學勤　（校對）

第十卷第四號

目　錄

內燃機利用 Walker 循環之裝置…………………………田新亞　309

香港之給水工程…………………………………………王　璋　314

芝加哥之活動橋…………………………………………林同棪　348

防空與城市設計……………………………………胡樹楫（譯）356

鋼筋混凝土公路橋梁式樣之選擇……………………穆　銓（述）368

樓面成階段式之房屋………………………………胡樹楫（譯）381

建築深水橋基新法…………………………………劉峻峯（譯）388

巴黎亞歷山大第三橋橋梁之計算………………………魏秉俊　391

中國工程師學會發行

分售處
上海四馬路現代書局
上海四馬路中華什誌公司
上海四馬路作者書社
上海四馬路生活書店
上海四馬路上海什誌公司
上海愛多亞路中華學藝社服務處
上海徐家滙蘇新書社
天津大公報社

南京太平路正中書局南京發行所
南京太平路花牌樓書店
濟南芙蓉街教育圖書社
南昌民德路科學儀器館南昌發行所
太原柳巷街同仁書店
昆明市四華大街雲旗書店
重慶天主堂街重慶書店
廣州永漢北路上海什誌公司廣州分店

本刊徵稿啓事

　　本刊現感稿件缺乏，尤以關於土木工程以外之文字爲甚。切盼本會同人暨工程界同志以平日研究調查或服務經驗所得，各省市建設機關以實際工作狀況，撰成有系統之論著報告，源源惠寄，以光篇幅。此外國外工程論著之譯稿，具有新穎性或趣味性，堪供工程界研究參考者，以及國內外工程新聞，工程雜俎等小品文字，本刊亦竭誠歡迎。稿件請逕寄上海市中心區工務局胡賽予收，不必由中國工程師學會轉交，以免週折。茲將投稿簡章附後：

工程雜誌投稿簡章

一　本刊登載之稿，槪以中文爲限。原稿如係西文，應請譯成中文投寄。

二　投寄之稿，或自撰，或翻譯，其文體，文言白話不拘。

三　投寄之稿，須繕寫清楚，並加新式標點符號，能依本刊行格繕寫者尤佳。如有附圖，必須用黑墨水繪在白紙上。

四　投寄譯稿，並請附寄原本。如原本不便附寄，請將原文題目，原著者姓名，出版日及地點，詳細敘明。

五　稿末請註明姓名，字，住址，以便通信。

六　投寄之稿，不論揭載與否，原稿槪不檢還。惟長篇在五千字以上者，如未揭載，得因預先聲明，並附寄郵費，寄還原稿。

七　投寄之稿，俟揭載後，酬贈本刊。其尤有價值之稿，從優議酬。

八　投寄之稿，經揭載後，其著作權爲本刊所有。

九　投寄之稿，編輯部得酌量增刪之。但投稿人不願他人增刪者，可於投稿時預先聲明。

十　（略）

內燃機利用 Walker 循環之裝置

田新亞

　　W. J. Walker 氏發表其所發明之熱力循環(Cycle)於 1920 年,同時刊載於倫敦工程雜誌及英國工程學會會刊,即今稱爲 Walker 循環者。其循環實總集各循環之大成,故能兼具其他諸循環之優點,理論上效率之高,實爲已有熱力循環中之冠。Walker 循環包括六個變化 (Processes),計等積者二。等壓者二,等熵者二。其理想之 P-V 圖及 T-φ 圖如圖(1)。

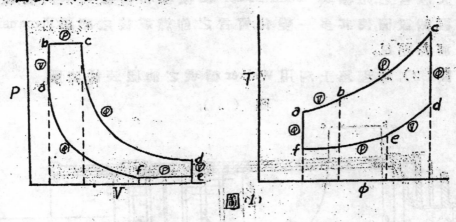

圖(1)

其理想效率公式爲

$$e_i = 1 - \frac{1}{r_a^{r-1}} \left\{ \frac{X r_c^r - Z + r(Z-1)}{X - 1 + rX(r_c - 1)} \right\}$$

式中　r 爲工作流體等積比熱與等壓比熱之比 $\left(\dfrac{C_v}{C_p}\right)$,

r_a（ $=\dfrac{V_f}{V_a}$ ）爲絕熱變化比，

r_o（ $=\dfrac{V_o}{V_b}$ ）爲停汽比 (Cut off ratio)，

X（ $=\dfrac{P_b}{P_a}$ ）爲等積燃燒之壓力比，

Z（ $=\dfrac{V_e}{V_t}$ ）爲等壓燃燒之體積比。

如式中　$X=1$，　$Z=r_o$；　即爲 Brayton 循環之效率公式，

　　　　$r_o=1$，　$Z=1$；　即爲 Otto 循環之效率公式，

　　　　$X=1$，　$Z=1$；　即爲 Diesel 循環之效率公式，

　　　　$Z=1$，　　　　　　即爲 Semi-Diesel 循環效率公式。

　　Walker 循環旣包括 Diesel 與 Semi-Diesel 循環,將來付諸應用時,定爲內燃機中之油機 (Oil Engine),可敢斷言。且其燃油之注入氣缸,與 Semi-Diesel 須完全相同。——分兩次注入,或一次注入而使經過特設之噴嘴 (Nozzle),方可達到等積與等壓二種燃燒情形。就大體言之,此機與 Semi-Diesel 油機極相彷彿,其不同者,僅須增加機械設備,使其多一變化,質言之,即燃燒後之膨脹 (Expansion)使之加長而已。

　　圖（2）,爲理想上利用 Walker 循環之油機裝置略圖。

圖　（２）

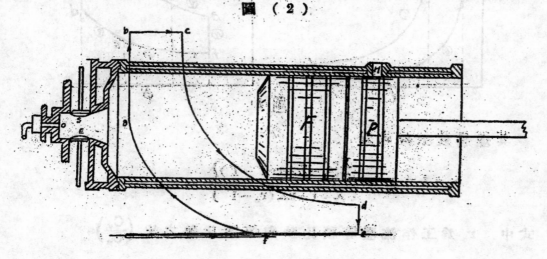

圖中 F 為一與其他機器構結不相聯接之霸鞲(Piston)，因其動作不受任何機器構結之直接牽制，特名之曰「自由霸鞲」(Free Piston)。H 為洞孔，亦為此機之新設置，用作分離自由霸鞲 F 及普霸鞲 P 者。其他部分與常用之油機毫無區別。S 為進氣門，E 為排氣門，O 為注油門。

　　茲將其四衝程循環中各衝程之情形分述於下．

　　（一）吸入衝程 (Suction Stroke)——吸入衝程之前，自由霸鞲 F 與普通霸鞲 P 相嗚接，均在氣缸之極左端，如圖(3).(a)，此時入氣門開，P 向右行，理想中 P 及 F 與氣缸之縫際均由脹圈及潤滑油堵塞嚴密，毫不洩氣。當 P 右行時，P 與 F 間生成局部眞空，由於大氣壓力推 F 隨 P 右行，迨 P 之左端行經 H 孔時，P 與 F 間之局部眞空為大氣所破壞，雖 P 仍前進如故，而 F 即留滯於 H 孔旁。距孔之遠近，視眞空之容積而定。如圖(3).(b)。

圖（3）

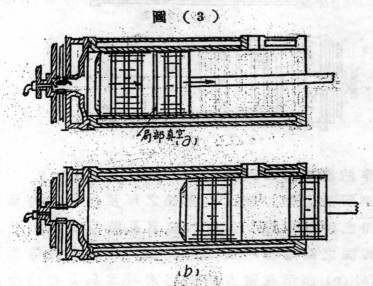

局部眞空 (a)

(b)

　　（二）壓縮衝程 (Compresion Stroke)——P 行至極右端吸入衝程完成。第一次同行時，入氣門關閉，壓縮衝程開始而此時壓縮實未開始，P 在 H 孔之右方時 F 與 P 間之空氣由 P 推之經 H 孔外出，直至 P 之左端經過 H 孔，空氣之出路堵塞，一小部空氣即存在於

F 與 P 之間。F 右端距孔澄之遠近,即與空生成時 P 向右行之距離。由於此項結果,使 P 回行而遇 F 時,其間介以空氣。P 壓推 F 開始壓縮,二者實未直接接觸,其間實有一空氣墊 (Air Cushion),可無碰擊之慮。如圖 (4).(a) 及圖 (4).(b) 所示。

　　(三動.力衝程 (Power Stroke)── P 推 F 至極左端時,燃油注入,由於壓縮空氣之溫度已昇高,秉之其他點火設備 (ignition),燃油即以體積變化燃燒(或第一次注入燃油)。其燃燒所生之動力,推 F 及 P 復向右行,如圖 (5).(a),繼以等壓燃燒(或第二次注入燃油),

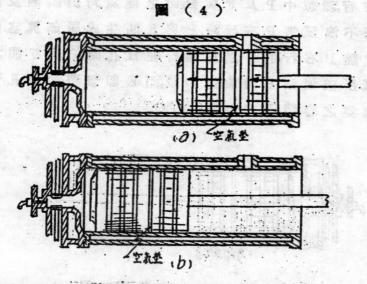

圖　（４）

(a)　空氣墊

空氣墊　(b)

而後使工作流體繼續膨脹,直至衝程之末,如圖 (5).(b),須注意者,燃燒之後,F 所受之壓力較大,空氣墊之厚度因受壓力而減簿,亦即 F 與 P 間之距離極近,P 與 F 行經 H 孔時空氣逃出,F 與 P 相嚙接,然因其間之距離較小,且二者之相對速度幾相等,衝擊力亦極輕微。圖 (5).(b) 即示在動力衝程之末時 F 與 P 相吻合之情形。

　　(四排氣衝程 (Exhaust Stroke)── P 與 F 二次同行,出氣門開,P 推 F 向左行,推已燃氣體外出。如圖 (6).(a)。至氣缸之極左端時,排氣衝程完成,而 F 與 P 恢復其吸入衝程前之位置,如圖 (6).(b)。

　　上述裝置,不完全之處較多,現在情形距實用相差亦遠,而尤

圖（5）

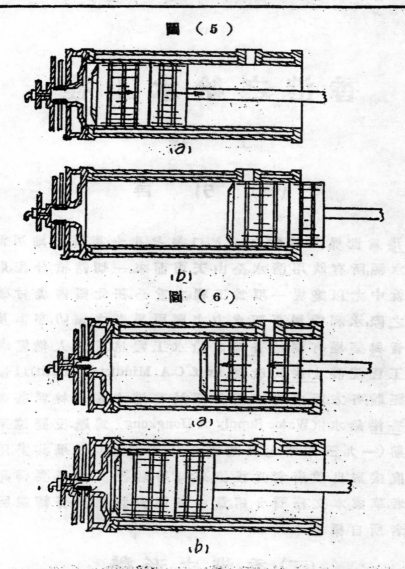

（a）

（b）

圖（6）

（a）

（b）

以吸入一衝程,脹圈與氣缸間之不使洩氣裝置,事實上當較困難,且能否以局部眞空及常壓大氣使自由轉輪 F 隨 P 右行,亦屬可疑。卽或可能,由於 F 行進之惰性(inertia),F 停止之地位勢必隨機械轉動之速度而變遷。此種裝置,氣缸若作立式排列時,固可有助於 F 之行進,然遺留位置之更變恐愈烈。諸如此類之問題尚多,作者仍在研究中,更望海內賢達有所指敎。此篇之作,蓋本抛磚引玉之意云爾。

香港之給水工程

王　瑋

(一) 引　言

　　香港爲世界大都會之一。人口達七八十萬。惟以地居海隅小島,缺乏水源,所有飲用清水,全由天雨而來。一切儲積,分配,則又盡屬人工。就中尤以築堤一項爲工程之重心。在此國內農村破產,正謀復興之際,水利當屬要圖;水力之應用,災患之預防,亦需及早着手。凡此皆與築堤有關,是香港之給水工程足資國人借鑑者正多也。港大工程院長士密氏教授(Prof. C.A. Middleton Smith)以留港廿餘年之經驗,各方面之考查,搜羅關於香港水務之材料甚多,著爲論文,以「香港給水」(Water Supply of Hongkong) 爲題,投登遠東時報。分載六期(一九三四年七月起同年十二月止)。始畢其辭。附刊圖表。皆以直接取自政府者爲根據。茲特將教授所遺擇要轉譯,參加已所知者,草成本文藉資介紹。篇中各圖表悉照原著轉載,所附照片則作者所自攝也。

(二) 香港之形勢

　　香港乃一小島,長約18公里(11哩),闊度3—8公里(2—5哩),周圍約43公里(27哩),面積約74½方公里(28¾方哩)。島上山巒起伏。太平山之最高峯(Victoria Peak)突出海面531公尺(1744呎)。平地甚少,現在所見者多係移山塡海而成。地質以已經分化之花岡石爲主體,間雜未經分化之石塊。農作之地無多,幾乎島之一半面積係作接雨區域(Catchment area),而不能移作別用,島之地位係在東經線114

影(一)　香港與九龍之鳥瞰

　　下方爲香港島上維多利亞市之一段，有烟突及起重機處爲海軍船廠，中部大廈爲太古公司及電報局等，其左則爲皇署，教堂，銀行等。繁盛商場與灣仔及新塡區域皆未攝入。圖之中央卽普通停船之海港。對面爲九龍牛島。尖塔爲過港碼頭，大廈爲牛島酒店，其左爲停泊「總統」「皇后」各輪之碼頭及九龍貨倉。至遠方高邁雲端，儼如屛障者，則新界之崇山峻嶺也。

影(二)　大潭堤外景

最上一層爲 1897 年加築者，高 10 呎。

影(三)　大潭堤內景

影(四)　大潭谷中之有蓋引水溝

上可行人，故兼充橋梁用途。

影(五) 大潭副池之出水塔
有一出水孔,已高離水面。塔中置
啟閉活門之設備。

影(八)大潭君接水溝入池處
因坡度大,用石級緩水勢而使溝
底免受冲刷。

影(十一) 香港仔上池內景

影(六) 大潭副池之洩水道
大潭池滿時水卽由此外溢。洩水口上及橋墩旁
之槽,卽預備加插木板,以增儲量者。

影(九)大潭君水池之接水溝
攝影時當旱季,溝內亦有少量之水。

影(七)黃泥涌水池之堤及洩水口
洩水口上亦有備插板之槽。

影(十)大潭君儲水池之堤
堤上可行車,爲香島道之一部。橋拱爲洩水孔,
遠處槽形物卽接水溝。

影(十二)
香港仔下池之
接水溝

溝底有V字形小傅，
水小時僅流槽中，可
減少蒸發量。

影(十三)
香港仔下池之
一部

望之幾如江河。遠端
之槽形部分，卽接水
溝之一也。

影(十六)九龍池堤之外景

試觀堤上游客，卽知本堤規模之大。

影(十四)香港仔下池外景

影(十七)九龍水池之洩水道
橋孔後面之閘門，係用以升高水面者。

影(十五)九龍水池及其堤

影(十八)九龍副池之堤 （中照面封圖卷）

影(十九) 城門谷計劃中之取水堤

該堤建於城門河上游。

影(二十二) 建築中之城門池堤

圖示向下游之一面，二十三年雙十節攝。

影(二十) 取水堤前之量水池

池有V字形量水口以量流量。由左上角蜿蜒
而來者即引水溝。

影(二十三) 黃泥涌濾水池

其他各濾水池之款式皆與此略同。前面之方
形平地即清水池之蓋。

影(二十一) 橫過山坳之引水槽

此項引水槽爲引水溝之一部分，下有柱，上有
蓋，亦作橋用，旁有溢口，以備水滿時外溢。

影(二十四) 黃泥涌儲水池旁之量水池

儲水池內之水，經地下管，至圖中喇叭狀之管
端噴出，與空氣作充分之接觸，然後流過方形
量水口，而入與濾水池相通之總管。

度,北緯線22度,適當珠江口之東,然又不受珠江所帶泥沙之淤積,港底本深,更加人工之整理,極宜於大小船隻之停泊,航線四通八達,更與廣州,澳門成鼎足勢。而航海巨舶之不能直駛廣州,澳門者,恆以香港為終點,所運客貨自須在港轉船或轉車,過往船隻之缺水缺煤者並得在港補充,是香港之為華南商業重心之一者,固有其本身之價值在也。

香港原屬廣東寶安縣。於1841年始割與英國,其對岸之九龍半島及港中之昂船洲(Stonecutter's Island 則於1860年割讓。1899年因拳匪之亂,我國再將九龍北方延展至,距半島尖端約35公里(22哩)處為界之一大地段租與英國,名曰新界,定期99年。於是香港一名,現實包含香港島,九龍半島及新界三部,總計約1000平方公里(390方平哩)。就水務系統言,三部亦互相聯貫,後當分段述之。

香港原據形勝之地位,再經人事之培養,各業日漸發達,戶口之增加遂突飛而猛進(第一圖)九十五年前,島上人口不過5,000人,今則增至 420,000 人之多。九龍方面,當1891年時,僅有19,997人,今則增至300,000人。此外尚有新界居民約100,000人,水上船家約100,000口。(在此將近百萬人口中,所有外國人包括英國駐軍,總計僅得20,000人上下)。一切日用物品,多係外處運來,水為人人日所必需之物,就便利言,就經濟言,皆無由外運來之可能。然當地水源不足(指原有溪水井水而言),消費則年有增加,據港方統計,五十年前,每人每日僅需清水27公升(6加侖),今則增至90公升(20加侖)之多,倘使浴室與水廁普及全體居民,則非180公升(40加侖)不可。可見水量消耗之增加,不僅繫乎人口,更有關乎文明,此水務在香港之所以為一要政也。

香港自由英國管理以來,政治之組織無甚變更,為英國直轄殖民地之一。總督為最高政務官,就治軍,民各政。防務有海,陸,空各軍,頂覺司法有巡警及裁判署,與國內之高,初級審判,檢察機關相當,行政有輔政司,庫務司,教育司,工務司等,分管民,財,學,工,各政,而水務一項則屬於工務司署之水務科(Waterworks Office)內 設總工程師二人,一人管理原有蓄斷,一人担任籌造工

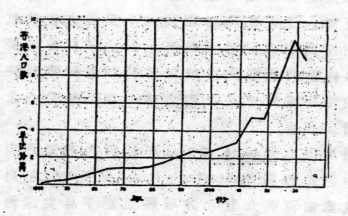

第 一 圖　香 港 人 口 增 加 圖 解 (1841—1933年)

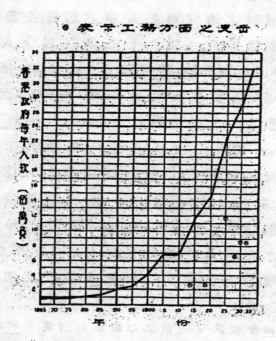

第 二 圖　香 港 政 府 入 款 圖 解 (1865—1933年)

程,另有工程師六人,高級工程稽查二人,稽查三人,工頭九人,潛水伕一人,書記一人。此外議政機關,則有政府官員與人民代表所組織之立法會,維持治安,則有警查廳,其他各枝節機關,則依其性質分轄於各署。

香港政府之收入,在 1932 年為 33,549,716 元(港幣),就中地稅居一大部,計 6,332,066 元,約佔總收入百分之十九(19%)。其於水務方面之收入,則為 2,048,182 元(1931 年僅 1,714,000 元,1913 不過 404,220 元而已),約居百分之六(6%)。同年支出,總計 32,050,283 元。繳納英國國庫作軍費者 6,559,239 元,居總支出 20.5%。用於工程方面者,計 8,437,090 元,居支出之 25% 強。其工務方面各年出款之最大數,當推1925年之 11,638,372 元。當時鑿山洞,建水溝,引導城門河水之一部以灌注香港,九龍之水池,而增其水量之用費,即在其內。第二圖示香港政府歷年總收入及工務支出之圖解。約計最近二十年間,港府用於水務工程之費用當在二千萬元以上。至在城門谷現正進行之堤工,預算亦在千萬元左右。

香港一名,原指香港島而言。政府,商場,工廠,居民,聚集之區只在島北一小部,名曰維多利亞市(City of Victoria)。此外尚有小市集數處,在東部者有筲箕灣及石澳,在南部者有赤柱香港仔,及鴨脷洲(鴨脷洲雖為另一小島,然距香港仔甚近)。皆出海平線不高,有汽車路及航線相連。山頂區域,則除酒店,醫院,車站等若干大建築外,厥為零星之住宅。上山大路在山之北面,除汽車路外,尚有攬車鐵路一條。至接雨區域則多在山之南麓,雨水所經,盡係樹林,野草,污穢無由摻入。其流經市集之雨水,及居民廚房與厠所之污水,則經公渠暗流入海。市內垃圾係由潔淨局派車每日至各區接載裝船運往遠處海面拋棄,故市內居民雖稠,尚不失其清潔。而所飲用之水亦甘列清潔。

(三)香港之氣候

香港在北緯 22 度,居熱帶之北邊。惟以四面環海,氣候溫和濕

潤。平均溫度爲 72°F。一年中之溫度,以二月溫度最低,約在 59°F,七月最高,約 82°F。惟溫度紀錄中有低至 32°F 者,係在一月,有高至 97°F. 者,係在八月。平均空氣濕度爲飽和量 77%。紀錄中有低至 66% 者,在十一月,有高至 84% 者,在四月。據推測,則 100% 亦常有發現。

　　香港雨量,平均每年約 86 吋。其多寡不僅年年不同,卽在同一雨期中,境內各部亦互異。如在 1895 年則僅得 45.83 吋,實爲最低紀錄 1928 七月十六日至 1929 六月十三日間,十一個月中,所得者只有 27 吋,較同一時期之平均數 71 吋竟少 44 吋。又據 1925 年島上黃泥涌口之紀錄,則至 156.57 吋之高。此數雖疑有誤,然佔計亦在 140 吋以上。以地區言,香港,九龍本極相近,然觀 1922 年七月間之雨量紀錄,乃有多少之別。計九龍天文台所載者,爲 12.8 吋,黃泥涌水池 25.31 吋,大潭君水池 14.87 吋,而其最豐之量則料在城門河流域之各山地。就日時雨量之統計言,則在 1889 年之五月間,有在 24 小時內得雨 27¼ 吋,及一小時內得雨 3.4 吋等紀錄。據專家西米昂 (G.T. Symion) 氏致香港天文台之報告,則 1889 年五月三十日,午前六時以前 24 小時內所得雨量竟達 28.44 吋。據非正式之報告則 1931 年四月間九龍附近且有一小時 5 吋之雨量。香港雨水之多,於此可見一斑。

　　香港雨水雖多,然遇旱年,則雨期既屆,猶復火傘高張,連月不雨者,亦已屢見。有時則又在奇旱之後,忽然大雨傾盆,彙旬不止,譬如 1929 年之前半年,異常乾旱,大潭君水池可以見底,忽而颶風吹來,大雨隨降,水池未幾卽溢。約計此次颶風所帶來之雨,當在 8 吋上下。全年統計,1929 竟入多雨之列。此等反常現象,原可依據「布拉克勒氣候圈」預測之。

　　所謂「布拉克勒氣候圈」(原名 "Bruckner" Weather Cycle) 者,在歐洲已有數世紀之歷史。往十六世紀時,倍根 (Bacon) 之著作中,卽已遣及。其說係謂一地之氣候,如非常之寒熱水旱之類,經過若干

年後,恆復現一次,有如圓圈之循環。其正確之期限雖倘未知,然就經驗所得,已可訂其在 $33\frac{1}{4}$ 與 $35\frac{1}{4}$ 年之間。美國加里福里亞 (California)所產之大樹,有遠生於西曆紀元一千年前者(1,000 B.C.),科學家研究其生殖圈(Growth rings)之組織,推知此等氣候圈之流行於當地,已三千年於茲。倫敦天氣,在 1826, 1861, 1929 各年之一月,皆有類似寒帶之低溫,而此三個時期之距離復為三十四五年,或其倍數,更為鐵證之一。香港在 1895 年全年中,只得雨量 45.8 吋,較之 1884 至 1928 間之平均數 85·7 吋,相差甚遠,而 1928 後半年間所得者,亦遠在平均數以下。(參看第三圖)兩期乾旱相距,適為三十三四年,是氣候圈更應驗於東亞矣。年來我國水旱頻仍,生命,財產,之損失,不可以數計,事前既無準備,事後補救自難,預測氣候之方,亟需研究。如「布拉克勒氣候圈」之說,當不可漠然視之也。

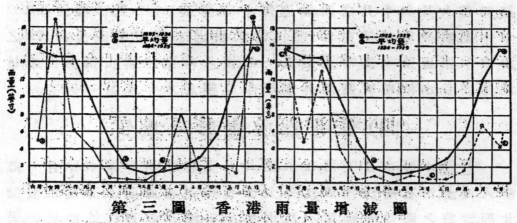

第三圖　香港雨量增減圖

由雨量統計之觀察,可推斷二種現象如下:

(1)以多年之平均量為標準,特別乾旱之年,其紀錄較平均量低 33%,特別雨多之年,其紀錄較平均量高 33%。

(2)在長時期間,每有三年繼續乾旱,其每年紀錄,只有平均量 80%。

茲將本年 (1935) 三月卅日,香港天文台在各報所公佈去年 (1934)全年之氣象紀錄一則,摘列於下:

1934 年全年,香港有地震 353 次,比 1933 年少 3 次。

夏間本港附近發生颶風 24 次,皆未吹至本港。其在 180 哩內者,有 2 次。

風行速率每小時 108 公里(67 哩)。

夏季天氣陰濕。由四月至八月,有日光之時甚少。全年日光時間只得 18 43 小時。六,七,八,三月之濕度皆在本港紀錄之上,故此三月間所得之雨量亦較任何年之同一時間爲多。全年共得雨量 97.665 吋,其中有 79.61 吋係在六,七,八,三個月中所得者。

就溫度而言,一月最冷,七月最熱,最低溫度爲 42°.8,最高爲 93°.1 (華氏表),就多年比較,去年颶風可稱希少。

觀乎上列紀錄,可見香港氣候之一斑。關於地震一項,紀錄中雖有三百餘次,惟普通人所能感覺者,不過一二次,且時間短,強度小,對於生命,建築,毫無影響。

與香港氣候極有關係者,厥爲風。舉凡溫度,濕度,雨量,等無不隨風變化。通常冬季吹東北季候風,夏季則吹東南季候風。颶風時期,約在六月與十月之間。風速每小時,高至 127 公里(79 哩)係在1932 年中,颶風發現於港南 200 哩內時。大雨之來,每在颶風後。如 1929 之前半年,原屬荒旱異常,及颶風一起,挾八時雨水排山倒海而來,枯涸見底各水池,轉瞬儲滿外溢,旱年忽變爲水年,即其一例也。

(四)香港給水情形及水質

香港水源,來自天雨。在未經人工整理時,所降雨水,除有一部浸入泥土,沿石層流出成溪外,大部皆掠過地面而入海。溪水清潔甘冽,當時之海舶,漁艇,莫不取水於此。香港亦名香江迨由於此。居民爲便利計,多有鑿井而飲者。富有之家,每自建水池儲水,以備旱時應用。及人口增加,市政進步,此種情形已與社會不適合。港政府有鑒及此,乃積極進行關於水務之建設。公共清水之供給,始於1863 年,當時僅以維多利市爲限。1883 年着手大潭谷計劃中各水池與水溝之建築。1910 年建築九龍之第一儲水池。1977 大潭谷水池正式啓用,大潭谷計劃於以完成。1924 年城門谷計劃之前段開工。19 32 年,該計劃之後段起首。至此計劃之完成,預定應在 1938 年。

　　居民需水分量,在1934年平均香港島上每日約11兆(百萬)加侖,九龍方面約7兆加侖,共約18兆加侖。然觀1933年十月間之全港儲水量,合計大小11儲水池,不過2,983兆加侖,若連旱三年,則眞不堪設想。將來城門計劃完工,年可增加3,200兆加侖,而水荒可免矣。

　　接儲雨水之法,係在市區之外,劃定區域爲接雨區(Catchment area),不許汚穢投入。於谷中擇地築堤,雨水沿山流谷中,不得外洩,卽成水池,其不能直接流入谷中者,則橫沿山麓築接水溝(Catchwater)承之,而引入池。池內畜魚,使食蚊之幼蟲,而防蚊患。水濁時,則加明礬及石灰沉澱之。所加二物之多少,視水之透明程度而定。通常每加侖(gallon)水中,每物恆在一粟(grain)以下。水出儲水池後,經水管或水溝而入濾水池。濾過之後,始入淸水池。略加綠氣消毒,卽經水管分配各用戶。甲池高於乙池時,則用溝或管連通之,使水自流;反之,則用機將水泵上。濾水池之在香港島上者,現有八處,分建市南山上,與各儲水池直接或間接相連通。九龍方面則有綾濾池(Slowfiltration plant)及伯特生式「重力速濾池」(Paterson's "Rapid gravity" plant)各一處。皆與城門計劃相關連。第四圖,卽表示水由儲水池,經濾水,淸水各池而至分水管之程序也。

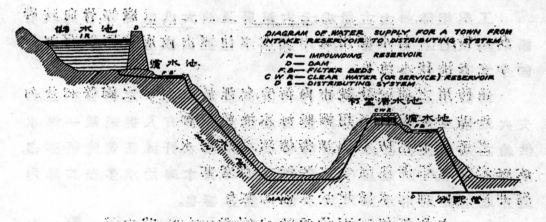

DIAGRAM OF WATER SUPPLY FOR A TOWN FROM INTAKE RESERVOIR TO DISTRIBUTING SYSTEM
IR — IMPOUNDING RESERVOIR
D — DAM
F.B — FILTER BEDS
C W R — CLEAR WATER (OR SERVICE) RESERVOIR
D S — DISTRIBUTING SYSTEM

第四圖　　城市自來水儲取分配圖解

　　市區住戶概設水龍頭。宅內裝置,由業主負責,宅外裝置,由政府負責。用水多少,有水表為憑。(前有一部分屋宇,係照屋租多寡徵收水稅一次,以後即不再收,亦不安設水表。因見耗水太多,且難稽查,此法業已取銷,用戶概須安設水表。)每季由水務科派員查閱水表,核算水費。凡納差餉之屋宇,得享受小額之水量,逾額始計值(通常皆逾額),每千加侖七角半。水表租銀,依表之大小而定。最普通者為管徑3/8吋,1/2吋,及3/4吋三種,年租各為8元,10元,及14元。賬單投交業主,由其自向庫務司署繳納。建築公司用於建築之水費,則為每千加侖銀一元。以上係指普通應用,曾經濾過之清水而言,此外倘有特殊情形,只需未經濾過之水者,每千加侖只收三角半。有若干區域道旁設有公共水龍頭,以備居民蛋戶(即小艇家)之接取,不另收費。供給輪船之水,則用水艇運售。如住戶引山溪水作水廁,花園之用,則水不取費惟須納水管所經公地之地租。亦有臨時規定辦法者,如九龍塘有一部住宅所用於水廁及花園之濁水(即未經過者),係來自一特建之儲水池,由每宅業主一次繳納份金二十元,不設水表,不收水費(僅指濁水而言)。過天久不雨,則將供水時間減少,日僅送水數小時。譬如作本文時(1935年四月)放水時間只為午前六時至十時,午後四時,至九時,雖無全日放水之方便,尚足敷日常之使用,所謂「制水」者即此也。

　　工業組織,如太古船塢,太古糖房及前大成紙廠等,皆向政府領取地段,自行蓄水應用。就中大成水池經由政府收回,改舊加新,即今之香港仔水池也。

　　消防用之龍頭,分設市內街旁,與埋於路面下之總管相連。如失火地點在海邊,並可用機吸海水灌救。前曾有人提議設一海水供給之系統使消防,水廁,洒街等項,全用海水,計雖甚善,障礙亦多,故終未採用。惟新建屋宇之裝置水廁者,其水廁用水,多在其界內鑿井取用,此即用水雖增,於水池殊無影響也。

　　香港水質,原係天雨,故為軟水(Soft water),其由接雨區地面

收集者尤然，平均2.5/100,000在雨期中，則不免沙泥之夾雜，濁度遂高，除用明礬石灰沉澱外，爲消毒計，濾過後復增所加氯氣之分量，始行輸送用戶。氯氣分量多少，須視濾水池之優劣而定。經過最優濾池者，每百萬分之水中只加氯氣1/4分，至於陳舊濾池所濾者，則氯量增至水量一百萬分之一矣。氯氣之加入係用拍特生式加氯機(Paterson Chloronome)，使水流過時綠氣自動加入。

各區總管之水樣，每日皆由政府衛生醫官採取化驗，作徵菌，化學兩方面之檢查。關於徵菌方面，係取若干量之水，用化學手續，以查其有無徵菌之痕跡。照理而言，水量愈多，則此痕跡愈易得，故以水多而不得其痕跡者爲純。港中清水經化驗結果，計50c.c.水無徵菌痕跡者，居水樣(Samples)總數89.9%，10 c.c.有痕跡者8.1%，10 c.c.以下有痕跡者，不過2.0%而已。

香港政府化學師曾採取香港九龍山上之地面水而加以分析，覺其成分之變動甚大，多爲雨量所影響。其報告中之兩種數字即表示其上下限也。計每100,000分水中，各雜質之分數如下：

固體物	(Total solids)	11.8	至 3.6
氯化物中之氯	(Chlorine as Chlorides)	1.27	至 0.67
遊離之氫	(Free Ammonia)	0.0137	至 0.0011
含於蛋白質之氫	(Albumenoid ammonia)	0.0104	至 0.0011

就中左行各數字屬於濁水，右行屬於淨水，皆根據香港政府前徵菌專家(Government Bacteriologist)米勒氏(Dr. E.P. Minett, M.D.)之報告也。

（五）薄扶林水池

香港政府供給公共用水之初，係在1863年。其最初建造儲水者即薄扶林之池也。其容量計2兆加侖，地位在香港島之西端。用一10吋鑄鐵水管引至羅便臣道之水缸，管長約3哩，缸之容量200,000加侖。另設巨缸一具於太平山頂，容量850,000加侖。共用經費

　170,000 元。125 個救火龍頭及 30 個供水龍頭皆在設備範圍內。在
1866 至 1871 年之間,又加建 66 兆加侖之儲水池一處,用款 223,000 元。
次則築一有蓋引水溝以代鐵管,長亦約 3 哩,其後人口逐漸增加,
衞生日趨普及,政府慮及缺水之危,乃聘專家研究,此 1882 年事也。
於是有大潭谷儲水之計劃。

　　1890 年石塘咀加建之濾水,清水各池落成,用款 37,000 元。清
水儲量增加 941,000 加侖。

　　1891 年以來,山頂區域之用水,係用蒸汽水泵將水泵高 487 公
尺 (1,600尺),至山頂之一小池,濾過後始分派用戶。此水即吸自薄
扶林水溝者。及 1914 年,更建一新泵水站 (Pumping station) 於香港大
學之西,發動力為蒸汽,引擎為橫臥式,水泵 (Pump) 亦橫臥式。其行
程方向與引擎之活塞 (Piston) 同。其增加水壓力計分二步,正常出
水每日 144,000 加侖。鍋爐則蘭開夏式 (Lancashire boilers)。

(六) 大 潭 區 域 水 系

　　所謂大潭谷儲水計劃者,係在大潭谷中,擇地築堤,建儲水池
數個,加造接水溝數條,將大潭區域之雨水引儲池中,鑿一隧道,再
將池水由島之南方引至北方,因大潭在南而市區在北也(參看第
五圖)。於是用引水溝 (Conduit) 將流出隧道之水引至濾水池。全部
工程於 1883 年開始,1917 年完成。計共水池五處,儲水容積共 2,055
兆加侖。其第一段工程為大潭水池之建築,而將水引至市區,故其
主要部分為水堤,隧道,引水溝,濾水池,清水池等副之。共費 209,579
磅,照當時匯價算,約合港幣 1,257,000 元。就中堤工約居 47 %。隧道
25%,引水溝 16 %,其餘僅佔 12 %。

　　大潭水池在大潭山之東,距市區約 8 公里(五哩),面積 31 英畝
(acres)。容量原為 312 兆加侖,今為 384 兆加侖,蓋水堤曾經一度增
高也。所屬接雨面積 (drainage area) 計 700 英畝 (acres)。大潭谷中原
有溪流每日能供水 200,000 加侖,池中之水實以此居其大部。

大潭堤(第六圖及影二與三)用混凝土建築,外砌石面。下設洩水管,爲排除積淤或放空水池之用。堤高120呎,水最深處100呎,堤頂厚23¼呎,底厚62¼呎。初建時即已預備增加10呎之高度。建築時,先將選定基址之泥土挖去,見石爲止。於石上蓋水泥沙 (Cement mortar) 一層,再用混凝土塡平。然後始灌混凝土之基礎及堤身。堤身大部係用礨石混凝土 (Rubble Concrete) 築成,於向水方面加細密及特別細密之表皮 (Fine and Extrafine skins) 二層,再砌方塊石面一層。其向下遊方面亦砌粗石一層。平均斜度爲3比1。所述礨石混凝土,係於混凝土中加以大塊花岡石而成。其混凝土之成分爲水泥1份,沙3份,碎石5份(3/4吋徑者2份,1¼吋徑者3份)。其特細表面層厚2呎餘,爲水泥1份,沙3份,石2份所組成,灌時特別留心,蓋用以隔水也。

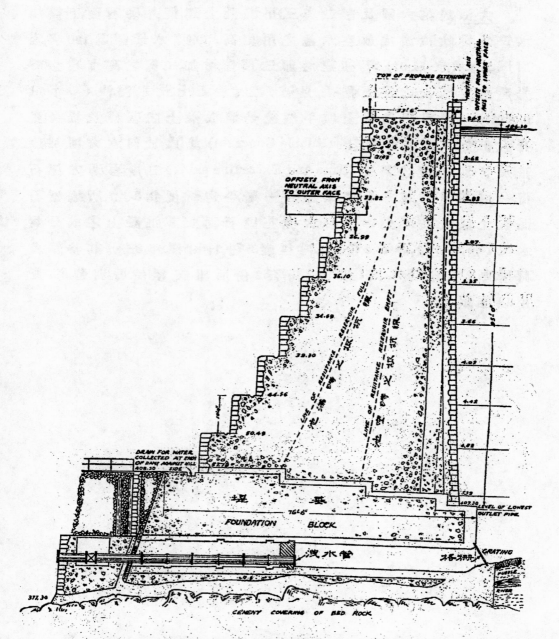

第六圖　　大潭堤(Tytam Dam)橫斷面之一，建於1883—1889年

碎石,拌土(混凝土)等工作,以人力居多。機械方面,亦參用12馬力之碎石機及8馬力之攪拌機各一具。沙係取自大潭灣,距工作地點低150公尺(500呎),遠2¼公里(1¼哩)。水泥多來自英國,本港出產者亦用少量。

堤之附近有洩水道(Spill way)一處,以洩過剩之水,故水溢不經堤頂。堤之中部有吸水塔一座,內設活門數具,高度各不相同。操縱活門,可使池內之水順勢流入隧道。堤高之增加,係在1897年完工,為石料所築成。池水儲量增加後,島上各池之總儲量遂增至451兆加侖。及1899年市泥涌水池參閱第七圖及影七建築成功,港中水量又增加30,340,000加侖,惟仍不免1902年水荒之苦。此大潭計劃之所以積極繼續進行也。

繼大潭,黃泥涌二池建築者,為大潭副池(Byewash reservoir 參閱第七圖及影五與六),容量22.4兆加侖。所儲之水亦順勢流入引水溝,堤頂加木板,可將容量增至26.3兆加侖,惟因效用不佳,業已將板廢去。本池作用,係於雨期間儲積由大潭水池經洩水道溢出之水。故其堤係建於洩水道下遊之山谷中。1904年間完成。

其次厥為大潭中池(Tytam intermediate reservois 參閱第七圖)之建築,此池較上述三池低,較大潭君見後則高。池水不能如三池之自動流入引水溝,故設泵水機二副,每日每機能由池中將十兆加侖之水輸入隧道中,與來自三池之水同道入市區。此池於1907年完成。至是第一段工程始稱完畢,共費港幣896,140元,通達各池之道路及5.3公里(3.3哩)之水管(18吋徑)皆在其內。

其第二段工程,為大潭君(粵俗字嚴篤)儲水池(參閱第七圖)及其附屬物之建築參閱影八至十)。

當1902年時,香港雨量缺乏,放水時間減至每日一小時。港中用水多有由外埠以輪船裝運而來者。天旱水少,時疫盛行。其時居民已增至三十萬,原有水池不足以備荒,此為促成大潭二段工程之最大原因。

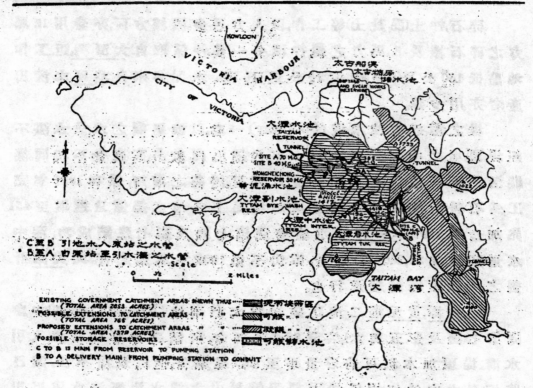

第七圖　大潭區域之儲水池及接雨區

大潭計劃中,最後亦最難之部分即此龐大之大潭君水池,之建築。於1912年開工,1917年始竣。主要工作分爲試探地質,選擇堤址,建築高堤等。至泵水站之擴充,送水管之安設,尚其附屬者也。執行機關爲工務局,主其任者則當時工程師嘉斐(D. Jaffe)氏也。

全段工程大概分爲下列三項:

(1) 在海平面建一儲水池,容量1,420兆加侖。

(2) 擴充大潭灣泵水站,增加泵水機二副,每副每日由儲水池泵水3兆加侖至大潭隧道。

(3) 安設約2½哩長之18吋徑水管一對。

堤工由華人建造公司投得,三項合計約2¼兆元(港幣)。限五年完工。開工後,當事人省積極從事,果於限內完成。

試探地質後假定之堤址計有二處,省在大潭灣之尖端其初

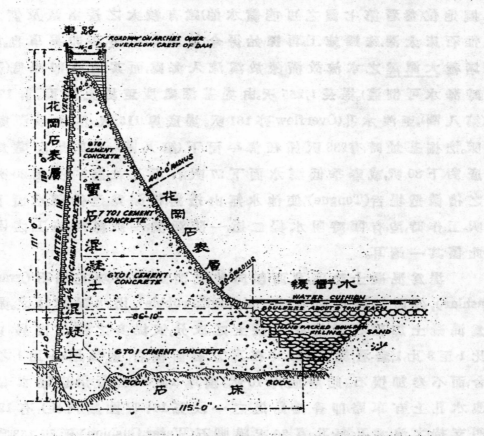

第八圖　大潭君堤在洩水孔處之橫斷面

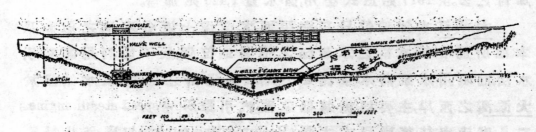

第九圖　大潭君儲水堤正面及基址縱斷面

擬地位(參看第七圖之可能儲水池)雖有較大之接兩區及儲水量,惟石床太深,殊難施工。再探始得今址卽此建築,亦非易事也。堤須堵截**大潭溪**之水流,故橫陳於溪流入海處,而其池底卽海底(高潮時海水可倒灌)。堤長 1,255 呎。由堤基深處庹至堤上路面,計 170 呎,(第八圖),至洩水孔(Overflew,亦 161 呎。堤底厚 115 呎。池水最深處 117 呎。挖掘基址時,有 238 呎係在海平面下(第九圖)。石床最深處為溪底對下 30 呎,或春季低潮水面下 27 呎。石床上並鑿 10 呎至 20 呎寬之槽備造堤舌(Tongue),使池水無由透漏,槽深竟達低潮水面下 41 呎。工作時,造有臨時阻水堤二道,一防溪流,一防海潮。施工之困難,此僅其一端耳。

　　堤為混凝土建造,裏面卽向池之面加砌方塊花崗石(granite ashlar),外面加砌粗面花崗石(granite rubble),用水泥膠結之。堤身為混凝土加鑿石所築成。混凝土之成分,依堤身之部位而異,由 6 比 1 至 8 比 1(參看第八圖)。其在裏方石面後者,則僅用 4½ 比 1 之配合,而不參加鑿石。此層底厚 10 呎。頂厚 3 呎 8 吋。蓋用以隔水者也。洩水孔上有車路,卽香港島道之一段,寬 16½ 呎(圍牆內距),有 12 拱門支持之。洩水孔每孔寬 20 呎。護腳石(Water Cushion)延至 153 呎。池水滿溢時,卽由洩水孔流出,經護腳石沿原有河床入海。本池於 1915 年起首儲水,是年泵過市區之水計 86 兆加侖, 1916 則泵 325 兆加侖之多。至 1917 始正式啓用,儲水量 1,420 兆加侖。

　　大潭君水池地位只在海平面,**大潭溪**上遊各水池之過剩及本池所屬各接水溝之水皆歸之,惟其地位低,故不能利用順勢引水法,而須用水泵將水泵高 400 呎,以達過山之隧道。泵水站設於**大潭灣**之西岸,主要機械為低速蒸汽引擎 Slow speed steam engines)二具,直接與往復動程式水泵(Reciprocating pumps)相聯,每具每日能輸水 3 兆加侖入隧道。其發動機之所以用蒸汽而不用電流者,則以建築時(1915年)電力尚未普及於該區,而其地當海濱,煤炭之運輸便利也(參看第七圖)。

　　大潭區域之五儲水中,以黃泥涌水池為最高,計出海 730 呎,大潭君水池最低。全區之接雨區及儲水量皆為島上各區之冠。其東方各山尚可用作接雨區。現在大潭灣之盡處,亦可用作儲水池。不過就技術及經濟之立場言,尚可暫向他方發展,故有香港仔水池之建築及城門谷計劃之進行也。

(七)香港仔區域水系

　　數十年前,有華人經營之大成紙廠,在島之南面,距薄扶林水池約 3 哩處,築一儲水池,以供造紙之用。因港中缺水,遂由政府收囘,將舊堤整理加强,池底挖深,更於上方建堤一道,以截溪流上游

之水,而提高水面之高度。故本區域有儲水池二個,而以「上池」,「下池」分別名之(第十圖)。按兩區面積共計 1390 英畝(acres),儲水量 272 兆加侖。所儲之水由鐵管引至市區附近之濾水,清水各池,此其大概情形也,

　　本區計劃之動工,係在 1929 年初建上池。(影十一)堤爲混凝土巨方砌成,粘結則用水泥,容量 180 兆加侖,水面高出海平 365 呎。造價 400,000 元。其水由 18 吋徑鋼管一條,順勢引至石塘咀附近之伊律濾水池(Eliot filter beds),管長約 5 哩。1931 年八月,其水巳達於用戶,正式啓用則在同年十二月。

　　「下池」(影十二至十四)之舊堤爲支柱式(Buttress type)。其在路面之長度爲 440 呎。由堤頂(卽洩水孔之下邊)至河床最深處達 63 呎。洩水孔(overflow)長 110 呎。其高度爲海平上 261.35 呎。堤身雖巳太舊。基礎尚可無虞,故只將其圯壞部分拆去,代以新材,而將其形式改良加大。向水面加上隔水層,其外面則蓋以混凝土製之巨塊(係在香港仔製好用架空索道運上者)。建堤而外,尚有一部主要工作,卽浚深池底,以增容量是。事後統計,如此增加容量之費用爲每立方碼合 57 仙,惟照城門水池算,則每立方碼僅 50 仙,卽使城門規模不如現今之大,所費亦不至在 57 仙以上,可知改舊原未必較創新爲經濟也。

　　下池附近有泵水站一座。所用之水泵爲離心式 (Centrifugal pumps),發動則用電流,能將下池之水泵至上池。或直接輸至濾水池。1932 年九月完工,用費:二池及附件共約港幣二百萬元。

　　上述各區水池,皆指接儲雨水溪流者而言。尚有接受九龍方面輸運過港之水者不在其內。茲將島上各池之容量及完工年份等見下頁附表。

　　1932 年島上所用水量,計濾過清水 3517 兆加侖。未濾者 53.4 兆加侖。平均耗水率,計清水每人每日 25.1 加侖。所用清水之中竟有 651 兆加侖之多,係由九龍經過港水管運來,居全量五分之一強。

(附)1932年(卽民國廿三年)香港島上儲水池一覽表

儲 水 池 名	完工年份	固定容量* (兆加侖)	1932年外溢時間 (日數)
大　潭 (Tai Tam)	1889	384.80	68
大潭副 (Tai Tam Bye wash)	1904	22.40	43
大潭中 (Tai Tam Intermediate)	1907	195.90	101
大潭君 (Tai Tam Tuk)	1917	1,419.00	65
黃泥涌 (Wong Nei Chung)	1889	30.34	27
薄扶林 (Pokfulum)	1863	66.00	37
香港仔上 (Aberdeen Upper)	1931	173.23	10
香港仔下 (Aberdeen Lower)	1932	110.00	無
總計		2,401.67	

*所謂固定容量,係指水升至固定洩水孔時之容量言。若加閘門,增高水面,則容量當不止表列之數。

(八) 九 龍 區 域 水 系

　　九龍方面(新界在外),據 1891 年之調查,只有居民 19,997 人,不過現在十五分之一,且散居村落中,故所飲用之清水,槪由井中汲取。據 1895 年工務局之報告,則當時居民用水。係取自分設各區之水缸,缸中之水。則係泵自水井三眼而注入者,每日供水 250,000 加侖。至九龍儲水池之動工,則在 1902 年,正式供水,則在 1910 年。

　　九龍多山,與香港島同,儲水池地址可高出海面四五百呎,故得利用順勢引水法 (Gravitation scheme) 而收事半功倍之效。

　　九龍水池之計劃包含下列各項(參閱第十一圖):

　　(1) 儲水池一個,容量 374 兆加侖,天然接爾區 438 英畝。

　　(2) 看守人住宅。

　　(3) 接水澗(Catchwater)二條,一引 400 英畝之雨。一引 28 英畝之雨。

　　(4) 清水一道,

　　(5) 越水管一條,將水由儲水池引至濾水池。

　　(6) 濾水池三個,面積共約 2,400 平方碼。

　　(7) 越水管,由越水滬連結清水池。

　　(8) 清水池一個,容量 2,183,000 光加侖。

　　(9) 越水管一條,由清水池運達油蔴地及九龍各支管。

　　(10) 其他雜項。

　　儲水池之主要部分爲水堤(影十五至十六),橫建於荔枝角溪流中。平面轡曲作弧形,半徑240呎,在頂上之長度600呎。自基礎最低處至堤頂高112呎,最厚處72呎,有出水孔 (drawoffs) 四處,高下相距20呎,其最低者出海高度爲375呎,最高者435呎。固定洩水高度爲488呎,堤身爲混凝土及石材所建築,其結構除無洩水孔 (Overflow)外,與大潭君水堤略同。其幹部爲混凝土,裏面(卽向水面)砌方塊花崗石。外面砌粗面花崗石。幹部與方石間有1:¼:3混凝土一層,在堤底處厚 5 呎,漸上漸薄,至頂僅厚 2 呎供隔水之用。堤頂有 9 呎闊之道路一條,高出海平454呎。出水孔後有10吋徑直立鑄鐵管一具,與各孔相連各孔皆有活門(Valves),節制水流。此等裝置,槪在堤中部之豎坑中,亦卽放水塔之下部也。豎坑下端,與一隧道相連。隧道中置10吋徑鐵管一條,與豎管相接卽引水至濾水池者。另置12吋徑鐵管一條,橫穿堤脚而過,卽洗池放水時用之洩水管 (Scour pipe)。

　　上述主堤之南,有放水堤 Overflow dam;影十七,)一道,亦爲混凝土及花崗石所建築。長140呎,自堤基最低處至過水之堤頂高23呎。堤頂上用方石造墩,架橋通兩岸。橋面寬 9 呎,橋孔10個,每長10呎。皆有鐵閘,可以升高至 2 呎。升時池中之水自亦隨之而升。堤有護脚石 (Water cushion) 二段,流水槽一部並有自動紀錄流量儀器之設備。

　　接水溝之注入九龍水池者凡二。其主要者自水池東端起,沿九龍各山之北麓而達獅子山北向之溪流爲止。所截接雨面積,計有400英畝 (acres) 之多。全部係就山面實地挖成其橫斷面之尺寸,近水池之部平均闊21呎深 7 呎 6 吋;漸遠漸小,至盡頭處僅得15×8

平方呎。溝底一旁,另造 V 形小槽一道,以引旱天之流水。沿溝每 200
呎造一沙井 (Pit) 橫過溝底,使暴雨時泥沙就此沉澱。在溪流入溝
水勢洶湧處,則留洩水口以洩過剩之水。溝之外旁有 6 呎寬之小
徑一條,與溝並行,遇洩水口,則架橋而過。溝底棚 4 吋厚水泥混凝
土一層,溝牆則用石灰混凝土 (Lime concrete),厚度亦 4 吋。溝底斜
度爲 1 與 2,400 之比,滿時每小時可流水 20 兆加侖,此蓋預備將來
接雨面擴展至 1,000 英畝(卽增加 600 英畝),而雨量多至每時一吋
時亦可應用者。

　　第二接水溝計長 500 呎,橫斷面積 7 方呎,接雨區 28 英畝。所接
雨水,流入副池。

　　九龍儲水池之水,係供九龍區域用者。後又在其附近續造九
龍副池 (Kowloon Byewash Reservoir)。石梨貝 (Shek Li Pui) 水池及「生水
貯蓄池」(Raw Water Reception Reservoir, 參閱第十一圖)等,則香港島
及九龍區者可應用矣。

　　九龍副池影十八)之地位較正池爲低,造價 350,000 元,1925 年勘
工,1931 年完成。所容之水,以來自正池之放水堤者爲大宗。容量 185
兆加侖。

　　石梨貝水池在九龍水池之西。洩水孔(卽最高水面)高出海平
645 呎,容量 100.7 兆加侖。此係指自洩水口 (Overflow) 至出水管 (drawoff)
而言,遇必要時尙可由洩水管 (Washout Pipe) 放水 15.3 兆加侖應用。
滿時池水面積 154 英畝。於 1925 年六月啓用,堤高 73 呎,長 310 呎。有
出水管二條,一通九龍水池,間接分佈九龍。一連「生水貯蓄池」,與
城門來水相匯,而達港島方面。造價約計 260,000 元,「生水貯蓄池」爲
城門谷計劃之一部。在南隧道之南端,接收城門來水,分佈香港,九
龍。水面高出海平 480 呎,容積 33 兆加侖。

(九) 城門谷計劃

　　香港,九龍之人口,在最近數十年中,增加甚速。社會之文明程

度,亦與日俱進,用水之增加率,遂較人口之增加率為高。緣港九兩區之水池增多,一遇旱年,仍不免水荒之苦。於是港政府乃注意於新界城門區域之利用,而城門谷計劃於以產生(參閱第十一圖)。

城門谷計劃之發起,早在十五年前。提議者,為工務局內工程師,至其具體辦法之籌謀,則以當時水務科長,現任工務司享德生(R.M. Henderson)氏之力為多。

1920年,享氏及其助手着手城門區域之測勘調查。1924年,始將報告預算等件呈諸港政府。其報告計分五段。前三段為接儲廣大區域之雨水,用順勢引水法,使其濾後後流入市區應用,每日出水至少11兆加侖。所當建造者,有引水溝,隧道,儲水池,濾水池,水管,道路等。

第一段:將城門河之水引至九龍儲水池,水流途程約3.4哩。

第二段:於城門谷上游建儲水池三個,以容2,000兆加侖之水。

第三段:在大霧山南麓築一接水溝,以接收2,575英畝之雨水引入城門谷。並在接水溝北方高地建總容量340兆加侖之儲水池二個,以容接水溝一時不能容納之水。

以上三段成功後,可儲2,340兆加侖之水。

第四段:為新接水溝之增加,及二個儲水池與一個泵水站之建築。二池容量共為2,100兆加侖。

第五段:於醉翁灣(Gin Drinker's Bay)東北角溪流入海處建巨堤一道,以成容量2,000—3,000兆加侖之儲水池,預計每日可供水5兆加侖,由水泵經水管送入南水溝。

如此五段皆完工,則可加增全港水量每日32兆加侖。即使人口再增,在最近數十年內,亦無水荒之虞矣。

港政府於1924年五月奉到英倫理藩部批准城門計劃第一段之公文後,立即着手興工。於城門河上游橫建取水堤(Intake dam,影十九及二十)一道。另造綿延數哩之引水溝(影二十一)一條,越澗穿山,將堤內之水引至九龍各水池。堤長1154呎,有洩水口一,長50

呎,自基礎最低處至堤頂,高34呎,全體為混凝土所造。淺水口(即滿時之水面高出海平515呎與堤相聯者為臨時引水溝(一俟城門水池成功,此溝即將廢棄),長6,030呎。傾斜度為1比272,全部一律。與臨時引水溝之南端相啣接者,曰北引水溝,長2,900呎,斜度1比1,930,每日能通水20兆加侖。其南為北隧道,再南為南引水溝,長2,000呎。溝南為南隧道。二隧道合計,共長6,840呎。所謂「生水貯蓄池」(Raw water reception reservoir)者,即建於南隧道之出口外,地居石梨貝谷之下游,容量33兆加侖。附近建濾水池一處,每日能濾5兆加侖之水,有蓋清水池一處,容量11.4兆加侖,面積2英畝,安設24時徑,4.4哩長之總管一條,北通清水池,南達九龍角(Kowloon Point)。在荔枝角 *Piper's Hill* 附近設1.55兆加侖之清水池一處,接收總管之水,分配於九龍區域;水滿時深18呎3吋,高水面出海平275呎,頂為混凝土造。香島方面則由岸邊安24時徑,0.6哩長之總管一條通達植物公園 Botanical Gardens,俗名兵頭花園)內新建之清水池。連通兩方總管者,則為沿海底敷設之過港水管。上述工程中,除安設總管由英國顧問工程師包辦外,餘皆本港工務局所主理。承造者中英建築公司均有。自1926年起,水巳至九龍,即1929年最早時期內,每日亦得水1兆加侖之多。至引水過港之成功,則在1930年。其過港水管之工程,亦有研究之價值略述如下:

　　用鋼管引城門水增加香島水量之建議,始於1922年。其一切設計,皆由英國顧問工程師負責。其過港部分,原擬用18時徑套錚(lap welded)鋼管二條,安置於在海底挖備之溝中,然後以混凝土包圍之,造價預算達200,000磅,約合港幣二百萬元。後以用費太大,乃改用12時套錚鋼管一條,(參閱第十二圖),於1930年啟用,每日輸至香島之水,計約2兆加侖。

　　管壁厚7/16吋,內徑12,265吋,每管原長20呎,皆由英國運來。管端鑄成陰陽套接之款式。抵港後,將管每5節錚接成100呎之長管一節,安設時即用此等長管,過港水管,全長約5,700呎,計用此百呎

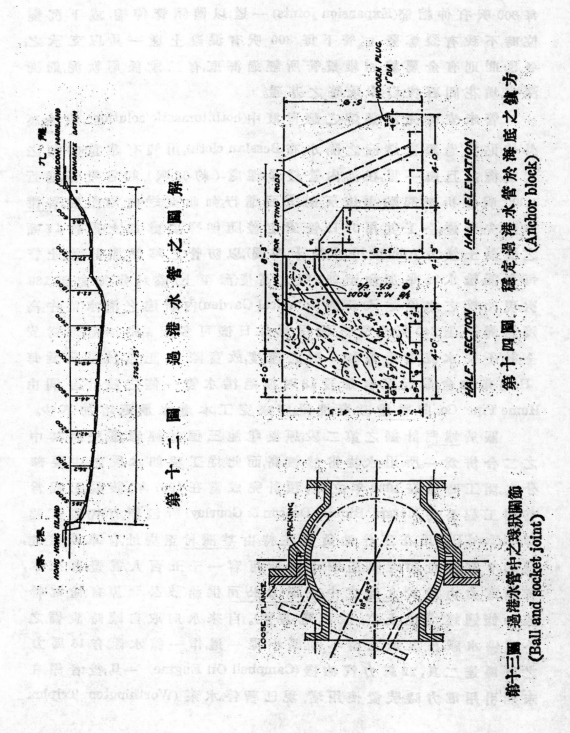

第十四圖　穩定過港水管於海底之鐵方
（Anchor block）

第十二圖　過港水管之圖解

第十三圖　過港水管中之球狀關節
（Ball and socket joint）

長管 57 節。每 300 呎（即每長管 3 節），加插球狀接頭（第十三圖）一個。每 600 呎有伸縮節(Expansion joints) 一道,以備鋼管伸縮,或下沉變位時,不致有裂罅發生。管下每 300 呎有混凝土墩一具以支承之,各墩間則有金屬線相維繫。管所經過海底,有二段係屬軟泥,則浚深之,填花岡石塊,以作承管之基礎。

　　管未安時,先浸熱熔之瀝青液中(hotbitumastic solution),然後裹外皆貼拖過瀝青熔液之隔水布(Bessian cloth)。用裝有載重 60 噸之起重機之巨艇一隻,在港內管栈最深處（約 65 呎）起首敷管。進行 1,000 呎後折至起點,再依反對方面進行。如此更送向岸敷設。香港方面先到達。全工共用 57 日。管安定後,隨即擇要處加上重約 17 噸之混凝土鎮方(Anchor block,第十四圖),以防管之移動。照計算,此管每日能輸水 3¼ 兆加侖至 280 呎之高度(海平上),或 4¼ 兆加侖至 180 呎。現此管之水係送入公園(Botanical Garden)內新建之清水池中,高度爲海平上 240 呎,是管之輸送量每日儘可多至 4 兆加侖,惟爲安全計不使水流超過每秒 6 呎之速度,故實際上,正常流量只爲每日 2¼ 兆加侖。最近又有加設 18 吋徑過港水管一條之設計,合同由 Hume Pipe Co. 向香港政府投得。將來完工,本港水量更增加不少。

　　關於城門計劃之第二段,原擬建池三個,後經考慮,決將其中之二合併爲一。所用水堤當然較高,而此堤工程即本段之主要部分也。開工時係在 1932 年之末,預計完成當在 1937 年。該項工程爲英國工程公司(Messrs. Binnie, Deacon & Gourley) 所包辦,有代表工程師(Gifford Hull 氏)在工作地負責主持。由荃灣村至堤址,有車路直達,長約 3 哩。堤址附近築屋四十餘所,可容一千五百人,電燈,自來水,皆備。電力由設於九龍之中華電力公司供給(該公司原有輸電幹線一條適經堤址上空,故取電甚便)。自來水則取自臨時設備之小型供水廠。在堤址上游不遠,築小堤一道,作一儲水池,有 16 馬力之電馬達二具,22 馬力汽油機(Campbell Oil Engine) 一具,後者係在未能引用電力時裝置使用者,現已暫停。水泵 (Worthington Triplex

Pumps) 將水由小儲水池畧高 265 呎,至一容量 30,000 加侖,用混凝土建造之有蓋儲水池,然後自動流入水管三道,各經一機械濾水機 (Caudy mechanical filter) 而達用戶。至建造用之水,則另用水管接送,電力每英制單位價值由 4 仙至 4.8 仙,依用電之多少而定。惟輕便鐵道之車頭,可移動之起重機 (Travelling crane)。及兩架固定起重機 (Derricks) 等,係用蒸汽發動,餘以用電為多。1933 年一月間,曾鑽孔 73 個 (用 rotary shot drill 二具), 孔深合計 2,600 呎,以探谷中地質而定堤址。鑿孔動力,係用壓縮之空氣。各壓氣機合計共有 37.5 馬力。機械設備,計有碎石機,篩石機,攪拌機,起重機,架空纜道,輕便鐵道,車頭,列車,水泵,汽車,裝配機器小工廠中之設備等。轉動各機之馬達計有 30 具,共計 1,600 個馬力。全部機件共值港幣約八十萬元,其中新舊皆有,完工後,尚可轉售。所用水泥,預計約共七萬噸。照平常製造工作算,可贍養 1,500 工人過一長久之時間,故雖外來水泥有廉於本港者,仍決採用本港出品,暫以第一年為期。同時為減低水泥價格計,免去裝包手續,用輪船由水泥廠直接將水泥大量運至在荃灣之德士古火油公司碼頭。(向該公司暫租之一部分), 轉載汽車直達堤址。盛泥者為 5 噸裝之鋼製承受器,裝卸槪用起重機。此法至今仍照辦除省去裝包工作及麻袋,木桶等包皮之消耗外,復免建築儲藏室(如買入口泥,則此室不能少),於提倡本地實業中,固仍有經濟方法與入口廉價貨相抗衡也。

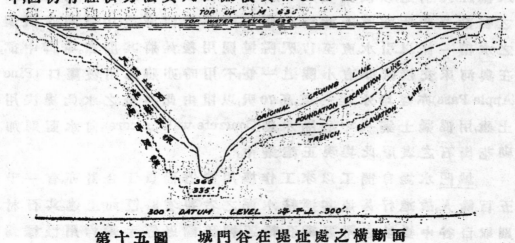

第十五圖　　城門谷在堤址處之橫斷面

　　城門儲水池之堤址及堤式,決定於 1933 年之七月。其地在城門河中部,最狹處距沙田海邊四五哩,地質多為岩石,非常堅固。重力堤 (Gravity type) 及弧形堤 (arch dam) 皆適宜。幾經斟酌,卒用前者,並決定一部分用混凝土,一部分用手砌花崗石(hand packed granite)建築。此堤完工時,當重 2 兆噸,高 300 呎,(自基礎至頂,參閱第十五圖)。堤身下端厚 600 呎。堤身約分三部,其禦水面用特「肥」之混凝土(Extra rich concrete),每立方碼混凝土中用水泥 690 磅)築成,禦水性極強,基礎深入河底石床達 25 呎。禦水面後之支撐部 (Thrust block),亦用混凝土建造,惟每立方碼中只有水泥 300 磅,基址較前述之部分為淺。禦水面與支撐部間加隔水層(Watertight diaphragm)一層,以阻水之透過,而備將來偶因地質變化,前後二部升沉不一時,不致互相牽製而破裂,並留暗道,以便檢查此層之用。支撐部之後,為用手密砌之花崗石。此兩部間,亦有「沙楔」(Sand wedge)一層,亦為兩部伸縮上下時之緩衝。堤上無洩水口。預計於河之南岸上部鑿一隧道,入口在堤之上游方面(即將來之水池方面),成喇叭形,口徑 80 呎。由此入山,環繞堤之南端,傾斜而下,通至堤之下游方面。將來池滿時,過剩之水即流經此道以入下游。在此建築時期,則鑿有 17 呎徑隧道一條,入河之北岸,長 600 呎,環繞堤之北端,連通上下游,將現有水流經此引過,以便築堤工作,俟將來堤成儲水時,始堵塞之。開工之初數月間,此隧道未能鑿成應用時,則沿河岸造 10 呎闊,5 呎深之水槽一條以引水。直至 17 呎隧道開用後,始將其廢去。堤腳中部,在與河床交接處,亦有小隧道一條,不用時,亦將塞閉,波蘿口 (Pine Apple Pass)亦建堵水堤一道,高 70 呎,以阻由此外流之水。此堤決用土建,用混凝土築一中心隔水牆(Concrete wall as core),向水面則加砌花崗石之表層。此堤現正建築中。

　　城門水堤自開工以來,工作概用機器,而員工合計亦有一千五百餘人,故進行甚速。其運輸水泥之省費,省時,既如上述。其石材則取自谷中堤址之附近。鑽孔,輸運,擠碎,篩過,等手續,均用機械為

之。所用沙料之產地,距堤約 9 哩。為節省工料及利用廢物計,遂將應用沙量之一半代以碎石副產之石砂。其灌混凝土之法,係於灌注區域先建支柱,上置漏斗狀之承受器,以接收用起重機由攪拌機運來之混凝土。器下有灌土管數具,可以隨意移動。灌土時,將管移向目的地,混凝土即源源流出。每一承受器可灌 50 呎見方之區域。每日全廠灌土約 300 立方碼。工價:在 1934 年九月間,每完成混凝土一立方碼之建築,需銀 25 仙;石料由石礦至攪拌機所經一切手續需銀 35 仙。預算需由山爆取運過山谷之花崗石約計 1,000 噸。至由各方運至堤址之石料則達一百五十萬噸。混凝土約 500,000 立方碼。預定建造時期為四年。其最重要之下部堤基業已成功(參看影二十二),若無意外牽延,則屆期當能完竣也。

城門地在新界,英方租約訂至 1996 年。城門計劃之經費,則出於特舉之公債。約期滿後,雙方政府對此龐大建築之措置如何,現在尚未可知,

以上僅為城門谷計劃之前二段。其後三段則一時尚未進行。蓋城門水池完工時,全港水量已甚充足,即照以往之人口增加率算,數十年內亦可無水荒之患也。

(十)　結　論

香港九龍以彈丸之地,荒處海隅,無名川巨泊之淵藉,竟能供應將及百萬人口之清水。從略處言,不過築堤,儲水設管分配,原理本極簡單。從詳處言,則當局之擘劃,地方之同情,經費之籌措,人才之張羅,皆須進行順利始克成功,固非輕而易舉者。然因有清水而有居民,有居民而有工商百業,於是公地之出投也,地價之高漲也,捐稅之徵收也,種種財源,亦相隨而至。故港政府年中對於水務之建設費雖鉅,其直接間接得自水務之收入亦足以相抵而有餘,此城門公債之所以得人信用也。

芝加哥之活動橋

林 同 棪

弁言 芝加哥以活動橋著名。民國廿二年夏,作者特往調查;承該市工務局及各橋梁公司之領導,一一參觀,因得以洞悉其情形。茲就調查所得,撰成是篇,附以所攝相片多幅,以供國人參考。

芝市位密西根湖(Lake Michigan)之南。其沿芝加哥河(Chicago River)兩岸,乃最繁華之區也。河中舟楫,往來如織,芝市之發達,半由於此。十九世紀中,河上已建有旋轉橋(Swing bridges)多座,以聯絡兩岸之交通,迨該世紀末年,市工務局以橋多腐舊,危險堪虞,且橋墩及護樁(pivot pier and protection)豎立中流,有礙舟楫;而開閉費時,又虞阻滯橋上之行車;遂決計分期更換,代以開動式(bascule type)活橋。計今日在芝市管轄境內,除旋轉橋八座並升降橋等(Lift bridges)四座外,已建有開動橋五十五座;其中薛澤式滾升橋(Scherzer rolling lift bridges)十一座,司徒式(Strauss type)十七座,餘為芝加哥式。活動橋數之多,誠遠非他市所能及。其長短大小之不齊,形式年齡之分別,更足供吾人之研究與參考焉。

活動橋概論 活動橋之種類有六。[1]一曰浮橋,(Pontoon bridges)以船艘首尾相連人馬通行其上,河中舟楫沿湖,則駛開船艘以通過之(圖十七)。二曰轉運橋 Tansporter brideges),橋上並不通行車馬,

---

(1) 參閱 "Movable Bridges", O.E. Hovey, Vols, I & II.

"Movable and Long-span Steel Bridges", Hool & Kinne pp.1—198.

"Bridge Engineering" J.A.L. Waddell, Vol.I., pp. 663—746

（一）

芝加哥河上活動橋之稠密情形

（二）

芝加哥世界博覽會中之轉運橋。渡河者先乘電梯沿塔而上，再乘電車。

（三）

Pennylvania Railroad Bridge,
係雙軌鐵路升降橋，跨度83公尺，升高度34公尺。

（四）

18 th Street Bridge, 係薛澤式後升式雙葉活動橋，跨度49.2公尺。圖示橋之底面。

（五）

l arrison Street Bridge, 係薛澤式活動橋，跨度55½公尺。梁之中部係飯梁。橋礅及護椿不美觀。

（六）

高架鐵路之薛澤式滾動橋之第一座，成於
1895年，跨度35公尺有奇。

（九）

Polk Street Bridg, 1910 年之司徒式第
三種活動橋，均重藏橋下，跨度約59公尺。

（七）

Dearborn Street Bridge,
1907 年之薛澤氏活動橋，跨度50公尺有奇。

（十）

Lake Street Bridge,
司徒式雙層橋，跨度約75公尺。

（八）

Illionois Central Railroad Br'dge,
係司徒式第二種活動橋，跨度79公尺有奇，
為單葉開動橋之冠，成於1919年。

（十一）

Well Street Bridge, 司徒式穿式橋。均
重藏橋下。橋礅與護椿之裝飾勝圖七遠矣。

（十二）

La Salle Street Bridge 成於 1928年。上弦及聯接鈑均係弧形。司機室四面皆窗，便於瞭望

（十三）

Wabash Ave. Bridge 此橋曾得美國鋼鐵建築協會美術橋梁比賽之首獎。

（十四）

Outer Drive Bridger 正在建築中之芝式活動橋橋墩。當時因美國經濟恐慌中止工作。

（十五）

Adam Street Bridge——1927 年造成之芝加哥式托式橋，人行道係用橡皮舖成。

（十六）

Clark Street Bridge——1929 年造成之芝加哥式穿式橋。

（十七）

德國萊茵河上之浮橋。圖示該橋解斷以通舟楫時之情形。

（十八）

<u>西班牙巴西倫那</u>（Barcelona）之轉運橋。

（二十一）

美國三藩市之司徒第一式開助橋。圖示橋開時之情形。

（十九）

<u>紐約</u>旋轉橋之一，圖示轉開時之情形。

（二十）

美國Mainstee River Bridge, 新近落成之薛澤式托式橋。圖示開橋時之情形。（此照片係 Mr. C.P. Hazelet, Scherzer Rolling Lift Bridfe Co.所贈，附誌謝忱於此。）

（二十二）

<u>倫敦</u>塔橋（Tower Bridge）之中孔。該橋為芝加哥式托式橋之先進。

但在橋下懸一動車,載人而渡(圖二及十八)。三曰退拉橋 Retractile bridges)，平時將橋推出,橫亘河中,欲通舟楫時,則由河岸一平面上將該橋拉退。四曰旋轉橋(圖十九),係在河心建圓墩,兩邊伸出臂梁,可旋轉於墩上。舟楫欲通過時,則將該臂梁旋轉,使與河流平行。五曰升降橋(圖三),在橋梁兩端各建一塔,橋梁懸於其間,可依之而升降。六曰開動橋(圖四至十六又二十至二十二),又分單葉雙葉兩種,係在一岸或兩岸安置均重(Counterweight)。欲通舟楫時,則將橋之一端擧高。平時則放下,以便車馬通行橋上。

　　浮橋之建造迅速,行軍時多用之;惟不可載重疾馳,恆不足以應村運輸。造費雖廉,而以便利論,則不得與他橋比。轉運橋,宜於深山之間,有行人而無車馬之處。退拉橋之開閉頗不便,跨度較長者,尤不合用。歐洲中古時代碉樓外週之圍河,往往用此橋式,今則絕少用之。旋轉橋之橋墩護樁,價昂式笨,且阻礙河流與行舟,而橋梁開閉,亦較費時,故已不合於二十世紀之橋式。升降橋機械較簡,升[2]降亦速;惟升降度如過大,則橋塔過高,其建造費亦不貲。雙葉開動橋,最宜於城市中,以其易於美術化,而開閉亦迅速也;惟遇重載通過,恐撓度過大,故未能適用於鐵路。是以芝市活動橋,老者為旋轉式;其較新者,則鐵路橋多用升降式或單葉開動式;而公路橋所載之活重較輕,故多用雙葉開動式。

　　開動橋之種類　開動橋之種類甚多,其主要者有三,均產於芝市:一曰薛澤式滾升橋橋葉之一端,下弦作弧形。因得繞橋座向後滾開(圖四至七)(圖37.38)。此為薛澤(William Scherzer)工程師所發明,其第一橋完成於1895年(圖六)直至1907年間頗盛行於[3]芝市。此後建於其他各處者,不下二三百座,吾國天津之新萬國橋,即其一也。橋之滾動阻力,小於他式,故機械較省;又能向後滾退河

---

(2) 參閱 "Vertical Lift Bridges," E.E. Howard, Transactions, A. S. C. E. 1921 pp. 580—695

(3) 參閱本刊第九卷第四號，436頁。

面淨空較大;此其妙處。惟橋身附橋座而滾動,橋墩應力因之而變,故其建造費較昂。

二曰司徒式,係司徒勞史(J. B. Strauss)氏所發明。司徒,美國著名橋梁專家之一也。其第一橋成於1904年。嗣後建者亦百餘座。按司徒式橋之主要種類又有三,第一種其均重高於橋面 (Vertical overhead counterweight type),如圖二十一。第二種亦然,惟橋端多設一軸,如圖八(Heel trunion type)第三種,其均重置於橋下墩中,如圖九至十一,望之頗類芝加哥式,最稱美觀焉。

三曰芝加哥式(圖十二至十六),與倫敦之塔橋相彷彿(圖二十二)。以芝市多此橋,故以是名。此式建築之最難部份為其安放均重之墩坑,蓋每須避免河水之漏入也。即就此式而論,其種類亦不一。有通行火車者,有通行電車者,有通行汽車者,有單葉者,有雙葉者。有單層者,有雙層者。有穿式者,有半穿式者,有托式者。有上弦為曲線者,有下弦為曲線者。其鋼鐵拉力之高低,其橋面舖層之材料,其桁梁之多寡,其機械安設之方法,其司機室之位置,其橋墩之構造與修飾,以至護墩之設備;乃數十橋而無一同者。蓋各因情形地理之關係而變遷,可於附圖見之。

近代活動橋之趨勢　城市設計之初,必須兼顧水陸兩種交通,務使雙方同時發展而不至互相妨礙。然城市多沿河流而發展,兩岸之交通,每為市政之最大問題,用高架橋梁或地洞,則造價高昂;用低架橋梁,則又有礙行舟。即以市外而論,亦常有此等情形,故或有限制舟楫之高度,使可穿低橋而過;或用活動烟筒,遇橋則拉下以過之,而建築活動橋,每為唯一解決之方法。吾輩工程師,當綜觀世界各活動橋,研究其設計,比較其利害,以適應特殊之環境,務期達到安全,經濟,便利,美觀各目的。茲以芝市活動橋為中心,而以在他市所見者附之,論述近代之趨勢並其利弊如下:——

(1) 式樣之選擇 —— 城市橋梁,以雙葉開動式為最多。其均重多放於橋下,梁架多用托式,雖造價較昂,淨空較低,不顧也。芝加哥

式開動橋,無專利之限制,採用者尤多。鐵路橋梁,則多採用升降式或單葉開動式。

(2) 美觀之注意 —— 橋之形式輪廓;橋墩護橋之裝飾;路燈欄杆之花樣;司機室之建築以及聯接鈑 (gusset plates) 之形狀等等;務使合於美術,與環境相稱。

(3) 安全之設備 —— 利用低壓電氣設備,並設各種氣閘,以防司機之失愼。橋端用堅固柵門,橋墩仍多建護架,以策安全。

(4) 材料之經濟 —— 橋架用高拉力鋼,如矽鋼,鎳鋼等 (silicon steel, nickel steel, etc.);橋面用高壓力之輕混凝土,以減少橋重。

(5) 永久之設備 —— 橋面用瀝青板 (asphalt plank) 或鋼筋混凝土,經久不壞,可免修理。機械之設計,亦須注意其耐久性。

(6) 載重之增加 —— 載重之增加,與尋常橋梁同。鐵路橋梁多爲古柏氏 E–60 以上。公路則多以 H–20 爲標準。

(7) 跨度之增加 —— 設計進步,鋼料加強,機械原動加大,故活動橋之跨度,達60公尺者,習以爲常,達90公尺者,間亦有之。

(8) 管理之便利 —— 橋之各部,務使便於觀察而易於修理。機械用自動添油法,雙葉開動橋,可使一人司機,以省人工,而便管理。

(9) 電銲之利用 —— 新橋之建築,舊橋之修補,多有利用電銲者。

(10) 鈑梁之橋葉 —— 橋架梁造價較貴故鈑梁鋼料雖重。而總價有時反賤。葉長30公尺以下者有用鈑梁之趨勢。惟我國建橋起重之設備,不及他邦,則以用構架梁爲宜。

結論　芝市活動橋既多,市庫之支出,亦因之而增。據云每橋之平均管理費,年合美金二萬五千元,則全市六十餘橋,年逾百萬矣。且每年換橋,至少一二座,亦不免費款百餘萬。我國將來交通發展,活動橋之建造必多;至天津者當知之。最近廣州建造海珠鐵橋[4]已落成,將來追蹤而起者,正不可限量也。

(4) 參閱本刊第九卷第四號 438—448 頁。

防空與城市設計

胡樹楫 譯

　　導言　人類求居住地和城市免受敵人危殆的努力,隨着幾千年的歷史陸續不斷。從巴比倫王 Nebukadnezar 的堡壘起,在古希臘羅馬堡壘設備以後,有歐洲中古時代多設碉樓和用城牆圍繞的市鎮。到文藝復興時代,因為適應當時的戰術,有星狀城市之發展。到了「專制主義」(Absolutismus)時代,法國福朋(Vauban)式的防禦工事成為歐洲的模範。

　　近代的戰術曾經使我人,在過去一個時期內,感覺城市設計沒有顧慮到戰事的必要。那時各國的防禦工事設在邊界上,離開城市很遠,可以說與城市佈置毫無關係。所以許多在腹地內的防禦工事,可以拆除,改設附屬於城市機構的居住地或商業地或——遇着城市當局有遠大眼光與順利手腕時——園林。然而到了現今,戰術——尤其飛機——又要影響到城市的形狀了。於是城市設計家自然亦要負着研究防空問題的責任。

　　防禦辦法必須針對兵器的效能,所以必須先把兵器的效能認識清楚。轟炸彈是對人和物投擲的;燃燒彈(燒夷彈)的主要作用,在引起物質損害,但間接的亦可以危殆生命,尤其在恐慌情形之下毒氣彈却是專門謀害城市居民的。一個城市如果同時受以上三種炸彈的攻擊,是最危險的,將來的空襲大約不外此一着。

* 德人 Paul Wolf 氏著,原文載 Zentralblatt der Bauverwaltung Heft 2, 1935。本篇係節譯原文節譯,附圖亦僅擇要轉載。

　　空襲最緊要的目標,除純粹軍事設備之外,是大城市和工業地區。這兩種地區是一國的最重要生產機關所在,若將後者毀滅,可以制該國整個經濟和相關的中央機樞的死命。受攻擊的主要目標物愈聚在一處和愈容易觸目,該城市受空襲的危險性越大。

　　雖然城市的各部分都有受空中襲擊的可能,——因為空襲可以拿整個城市做目標,——但在實際上我們必得把各個區域的危險性分別估價。除了純粹軍事設備之外,主要攻擊目標大約是交通和通訊設備,如鐵路,港埠,橋梁,飛機場,郵電局等,其次是軍事經濟上的重要機關,水電廠,煤氣廠,供給市民糧食的集中場所,行政機關,銀行等。商業地區的其他部分,在空襲時亦不免同受牽連。但居住地區——尤其人烟稠密的——亦可以做攻擊的直接目標,為的是想搖動民衆的敵愾心。使用的炸彈以燃燒彈為主.

　　由防空要求得來的,關係將來城市設計的結論,以前在德國文獻裏不及在外國文獻裏的詳細,尤其法國人福蒂愛 (Vauthier)氏和俄國人柯希尼柯夫 (Koshewnikow) 氏對於本問題有更詳盡的研討。福氏和柯氏意見相同之處,是城市的建築要盡量散開。但柯氏主張,建築物只可在長寬和深——向地下——的方面延展,在高的方面須受限制。福氏的意見恰恰相反,他的著作 'Le danger aerien et l'avenir du pays" 裏面主張高屋。福氏反對——至少對於巴黎——建設田園城市——房屋建在大花園裏兩三層高。——他贊成柯布西愛(Le Corbusier)氏的幻想的計劃:在三百萬人口的城市的中央建築60層和220公尺高的摩天樓來充商業事務所。柯希尼柯夫的主張:城市組織務求鬆散,各個建築物的高度要受限制,與意大利將軍杜愛(Douhet)氏和日本將軍 Nagaoka氏的論斷大致相同。

　　十項原則　作者曾經嘗試從現有關於防空與城市設計問題的文獻裏,將共同或大致相合之點,找尋出來,以便簡單列舉將來城市設計對於防空上之要求。因此得着下列十項原則:

　　(1) 減小建築密度和居住密度,使商業區,住宅區與工業區裏的

建築物鬆散設置,特別注重防禦火災。

(2) 各市區裏面插入公有或私有的各種園林地,并備大宗水面（溪,河,湖池等）。

(3) 城市和其中各種區域的佈置,要使空氣流通便利 (Darchlüft-barkeit),但因此增加的火災危險要藉相當的建築規定加以補救。

(4) 住宅區和商業區要力求分散,可能時將工業設備連附屬的居住地移在城市的遠郊,或移在遠離城市的空曠地上。

(5) 鐵路的主要旅客車站要盡力設法加以保護,貨車站和調車場要設在城市的邊部。

(6) 郵電設備要分散各處;水,電,煤氣等廠和糧食供給場所不可集中一地;火險材料亦要分散,一部分藏在地下,一部分存在城市邊部。

(7) 公共機關,集會場所,教堂,戲院,陳列館,學校等不可聚在一起,並應遠離特別危險的地點。

(8) 關係民眾健康與幸福的設備,尤其是醫院,最好設在城市邊部。

(9) 道路要寬闊,尤其是在交通繁盛地區的。須注意使建築稠密的中心市區的交通容易來往;必要時將此種市區加以整理。

(10) 設防空室,盡量利用已有的地下建築。

一切關於建築上和城市設計上的防空要求,必須規定於國家建築法規之內。

推論 各市區裏的空地與建築地的比率,必須在一種可容忍的範圍以內,因為「居住密度」（即市區裏每公頃居住的人數）與「建築密度」（即市區裏每公頃地上建築物的實計面積）對於空襲的危險性有密切關係。居住密度不一定與建築密度成比例。

圖（一）示某大城市的別墅區,建築物佔地面 16.4%,每公頃居住 86 人。建築物散漫分佈,頗易通風,為擲下炸彈擊中的可能性亦

少。

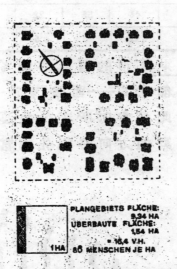

圖（一）　某別墅區建築物分佈圖

土地面積　　9.34 公頃
建築面積　　1.54 公頃　＝16.4%
人口密度　　每公頃86人

圖（二）示某大城市新闢的，規定三四層建築的住宅區。建築物佔地面16.4%，每公頃居住230人，全區約共容8250人。房屋的佈置成典型的「行列建築式」，各排房屋前後均係馬路，距離亦是一律，所以受陽光一樣的多。因為房屋的佈置鬆散，所以被炸的可能性少。

圖（一）與（二）下面左邊附帶標明每公頃土地上建築面積和空地面積的比率。附圖的左上角黑塊指示每公頃地上居民在防空時避難藏身需要的總面積（Unterstandsflaeche）。

建築地與總地面的適宜比率，著者認為在住宅區的該是15%，即約1:7，在商業區的該是 25 %，即 1:4。

有一些文章裏面，主張街道要與主要的「風向」平行，以減少毒氣危險。說來固然容易，但是各地的主要「風向」往往不只一種，所以實施起來却不簡單。例如在德雷斯登 (Dresden) 地方，各種風向的百分數如下：

風　　向	北	東北	東	東南	南	西南	西	西北
每年日數	15	15	44	55	22	29	102	44
百分數	4	4	12	15	6	8	28	12

　　從上表看來,德雷斯登市的西風佔28%,東風佔12%,東南風佔15%,西北風佔12%,卽在「東——西」與「東南——西北」兩方向間的風共佔67%的多數。在此兩方向所夾的角裏面都是主要風向。

　　所以選擇房屋排列的方向,必須先把當地的氣象情形弄清

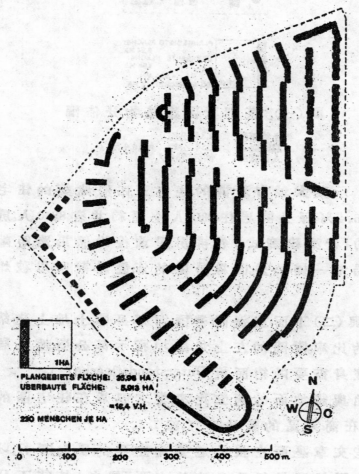

1HA

PLANGEBIETS FLÄCHE: 35.98 HA
ÜBERBAUTE FLÄCHE:　5.913 HA
＝16.4 V.H.

230 MENSCHEN JE HA

0　　100　　200　　300　　400　　500 m.

N
W　　O
S

圖（二）　某住宅區建築物三層至四層分佈情形
土地面積　35.98 公頃
建築面積　5 913 公頃　＝16.4 %
人口密度　每公頃230人

楚。在同一城市內的各區。氣象情形亦不一定完全相同,此點亦要注意。

　　德雷斯登市的「建築管理局」(Hochbauverwaltung) 曾經用模型試驗各種「建築佈置方式」的「通風性」。試驗的方法是:先在各種模型上撒佈一定分量（20公份）的沙,然後放在風洞前,受速度均勻的氣流吹刷80秒鐘,看留在模型上的沙還有多少。試驗的結果如下表:

留在模型上的沙(公份) ＼ 風向	(1) 有缺口的院落式建築	(2) 有缺口的寬鬆的院落式建築	(3) 行列式建築兩頭有突出部分	(4) 純粹行列式建築（建築面積21%）	(5) 行列式建築兩頭有散立的橫向房屋	(6) 縱橫散列的行列式建築	(7) 成組式（中散立式）建築	(8) 散立式建築（建築面積13.2%）	(9) 散立式建築（建築面積8.9%）	(10) 散立式建築（建築面積3.6%）
與長邊平行	—	12.4	7.55	6.1	10.9	17.3	17.7	18.0	13.3	7.4
與長邊成四十五度角	16.9	13.2	10.3	8.9	14.0		14.6	17.7	14.6	7.0
對長邊垂直	19.4	—	19.2	19.0	18.4	19.0	17.6	18.8	15.3	8.5

　　從上表看來,院落式建築最不易通風,這是我們意想得到的。將院落式建築的四合形式漸漸打破,到最後變成行列式建築,那麼通風性亦漸漸加大。純粹行列式建築橫向的通風性亦不佳,所以要免除毒氣滯留,必須使牠垂直於很少有的風向。

　　再從純粹行列式建築衍變,成為兩頭有橫向散立房屋的(表中5行)與橫向有成行房屋的(表中6行),或將行列拆散(表中7及8行),結果均不良。尤其可注意的是:散立式建築如果不特別疏鬆,牠的通風性差不多與不大開敞的院落式建築一樣壞,因為發生空氣漩渦之故。

　　很疏鬆的散立式建築——因為經濟關係只能設在城市邊區——的通風性可稱最好(表中10行)。

　　風對於沙的作用,雖不一定可以完全拿來比風對毒氣的作用,可是從上面的試驗結果推斷各種建築方式的通風程度,是毫無錯誤的。這次試驗的用意,不單在防空方面着想,而是基於衛生

上的要求,一般的研究住宅區最好的通風辦法。還有附帶要聲明的,便是居住地區的通風性越好,受燒燃彈的危害越大,因爲火勢容易蔓延起來。此種危險是要靠建築物的佈置與相互間的距離以及房屋本身的構造(例如房屋的行列不可太長)來防避的。

　　圖(三)表示某五十萬人口城市的人口分佈情形及裏面的住宅區對於飛機主要攻擊目標(軍事設備建築,航空站,鐵路,碼頭,橋梁,工廠)的形勢。此外教堂,學校,戲院,影戲場,會堂醫院,亦經特別標明。

圖(三)　某五十萬人口城市之示意圖

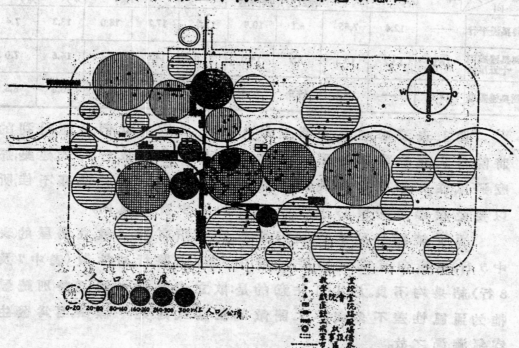

　　這裏所說的城市,具有一般大城市典型的形式,有很强的人口集中趨勢,建築密度向中心點逐次增加。因爲在工業化的初期經過無計劃的發展,住宅區,商業區與工業區間嚴格的分割是沒有的。各種交通線路在建築最密的中央市區裏交錯。「衞星狀」的居住地如果不離開市區比較遙遠,亦有因中間空地上建築物逐

漸增加而與環形發展的市區打成一片的危險。所有的學校,戲院,
影戲場,會堂與醫院,對於危險地點的形勢亦欠佳。

　　在防空上較爲有效的是「帶形城市」(Bandstadt)。此種帶形城
市可單沿一條交通道路發展,成長條狀,亦可分歧爲若干支系,成
蛛絲狀。此種城市,因爲建築疏散,飛機襲擊不易加以損害,即使襲
擊收效,亦須多費彈藥。但帶狀城市因爲沒有一定的中心,在理想
上應將商業區分散勻佈。這樣一來,全市便有受飛機普遍襲擊的
危險,所以全市都成最危險的區域。又因住宅比商業房屋與機關
房屋更易受空襲損害(因爲構造關係),所以最好的佈置方法,是
將住宅區按帶狀設置,與將工業區相當佈置,並保留一個商業中
心區。可是牠的範圍要比現今一般的商業區遠爲狹小,牠的建築
要鬆散,牠的防空設備要完備。這樣雖使商業中心區格外容易招
惹飛機襲擊,但至少可減少住宅區受襲擊的危險,而且在較小區
域內實施防空辦法更易達到更週密的地步。圖(四)所示,即照上
述理想設計的五十萬人口的城市佈置。

　　交通設備的佈置,亦須充分顧到防空方面。就街道上的公衆
交通工具來說,公共汽車比電車更覺適宜,因爲公共汽車的活動
性較大,可以隨時改變路線;電車全靠力源供給動力,倘若發電廠
或電線被破壞,電車便不能行動;被破壞的電線對於街道上的行
人亦有絕大的危險。在高速交通設備之中,地下電車(地道的頂蓋
要厚)比高架電車更好,因爲高架電車路容易被飛機瞭見。鐵路設
備,尤其是車站(客車站與貨車站)與管理信號轍閘的設備,是敵機
特別注意尋覓的目標,所以車站最好築在地面下深處,兼充旅客
與附近居民躲避炸彈和毒氣的處所,同地下電車站一樣;同時一
切在市區內的軌路亦須藏在地下,不過此種設施的代價未免太
大,事實上很難做到。

　　僞飾(Tarnung)的方法——如上次歐戰時所用的——對於鐵路
沒有多大效果,因爲鐵路雖在微弱光線之下亦容易被飛機辨認,

圖(四) 依照防空原則設計之五十萬人口城市

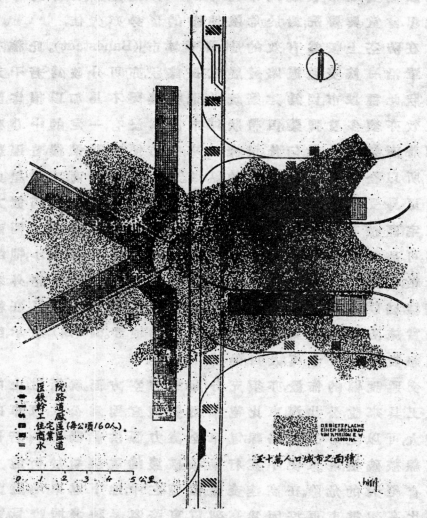

院路道廊匯
医铁幹工住商水
宅業

(每公項160人)

五十萬人口城市之面積

0 1 2 3 4 5公里

而車站裏面又必須常備相當的燈光。惟一辦法是在可能範圍以內,避免軌路相離太近,幷將隧道橋梁盡量建成並列的單線式,那末在某一軌道被破壞時,列車仍可在別的軌道上行駛。

因為鐵路車站特別容易受到飛機襲擊,所以在車站近旁不可有稠密的住宅與商業建築,至少在車站與市內鐵路的周圍要構成園林 (Gruenflaechen) 形式(參閱圖四)。如果客運總車站不能設在遠離稠密住宅,商業,工業等區之處,至少調車塲(Verschiebebahnhoefe)與貨車站必須這樣,因為這是容易做到的。

橋梁建築如要顧到防空,應該選擇局部被破壞後容易臨時修復的式樣,因此跨度必須從小。但橋孔狹,橋墩多,又足以妨礙船舶交通,並且與橋梁建築技術上的新智識抵觸。所以上面的原則,事實上或者只可應用於少數橋梁。

水道與港埠是飛機的最好嚮導。因此岸邊的油池,倉庫等——尤其是形式上容易辨認的——很容易受到破壞。所以特別容易起火的建築物,如油池等,應該遠離岸邊,形式上不易辨認,並且分散設置,如能建在地面以下,自然更好。此外對於港埠本身,恐無有效的消極防空辦法可用。

屬於城市機構的園林地 (Gruenflaechen),在防空上有特別功能。所以園林地必須貫通各商業區,各住宅區,各工業區同血管在人的身上一樣,並且有計劃的互相聯絡和同私人的花園聯絡;一方面從城市中心部分向郊外的田地,森林,草原四面放射,一方面成環狀聯絡各市區,合成整個有計劃的園林網,使城市的組織疏鬆。單就衛生上的理由來說,改良舊市區時亦應該把相當的草地和園林帶設在市區內部,例如美國波士頓,芝加哥等城市在數十年前已這樣做,華盛頓在起初即如此做的。

園林地與成行的稠密樹木,可以遮蔽各種車輛使飛機不能看見。所以公園可充防空時的停車場街道與廣場上的樹木可以幫助市區受夜襲時的「黑暗化」。但是樹木有增加炸彈碎片傷害行人的功效,不過發生空警時市民非不得已不會走上街道所以此時街道上面大概是沒有交通的。

水,電煤氣廠的防空,是很要緊的。對於管籥的裝置,固然要加注意,廠屋的建築亦是如此。煤氣庫與電廠的一般形式,尤其規模較大的,使飛機在遠處就可看見,難用「偽飾法」遮掩;架空的高壓電線亦同此情形。將動力廠與長途電線裝置在地下在技術上固然沒有問題,可是在經濟上目前恐難辦到。動力廠的分化不免與經

濟上的合理化抵觸。比較沒有困難，是將動力廠設在城市的邊部。要免除動力廠被破壞時動力供給斷絕的危險，最好將供給線網佈成環流式和另一動力廠聯通，使那時市區需要的動力可以由後者供給來廠的情形與動力廠稍有不同，因為基於多數地方的水源供給情形，相當的水廠分化殆為必然的。

在防空上消防一事，亦值得特別注意。最要緊的是用取締建築辦法，使火災根本不容易擴大。此外，消防機關的分散化與郊區志願消防隊（做職業消防隊的補充）的組織亦很要緊。各市區須儲有自來水以外的消防用水，備自來水供給斷絕時應用，所以最好各設點綴風景的水面（溪，河，湖，池等），除必要時供給消防用水外，又可用以消滅毒氣。

前面列舉的原則裏面已說過：人眾聚集的建築物（幼戲院，教堂，學校醫院等等）切不可設在特別危險地點（車站動力廠等等）附近。關於行政機關房屋亦有同樣情形，要盡量分散化，否則萬一中心機關被迫停頓，全市便有陷於無政府狀態的危險。

因為現在的飛機，比以前，可在高空飛行，所以將來戰爭時的空襲，多分在白天施行，與上次歐戰時不同。又因白天正是商業區人眾聚集的時間，所以專就防空的觀點來說，建築過於稠密的中心舊市區亦有加以改造的必要。改造時須特別注意到人慌馬亂時交通還易維持的一點（參閱原則）。

前面已說過：對於商業中心區的高屋與防空關係，各方面的意見亦不一致。柯布西愛氏的主張雖緣不切實際，但從防空的立場，對於很少數高屋的存在，却亦不必反對。不過有一個前提條件，即高屋的周圍須有充分交通地面與空地面。高屋裏的人須有強厚的混凝土屋頂與用其他方法來加保護。還有不可否認的是高屋突出毒氣氛圍的好處。再加以四面多留空地，以作土地利用程度的調劑，對於在防空上建築不可過密的要求亦無不合。以高屋裏面的多層鋼筋混凝土樓面，樓裏面的人獲得安全保障不少。

　　城市的住宅區,在空警時,受毒氣彈與燃燒彈攻擊的機會,比受轟炸彈攻擊的機會更多。所以每一所住宅均須設一間防避炸彈碎片與毒氣的防空室(譯者按:關於防空地下室請參閱工程九卷五號「防空地下建築」篇)。

　　關設住宅區時,須從頭到尾採用下列兩種設計辦法,以適應防空上的需要:

　　　(一)各住宅區要盡量分散佈置,離開特別危險地點(見前)很遠。

　　　(二)新設的住宅區,建築物要十分疏鬆,使炸彈不容易擲中,並且毒氣容易被風吹散。

　　德國在歐戰後因解除「屋荒」而建築的新住宅不下二百萬所。這些新住宅,因為社會的,衛生的一般要求,大多數很合分散疏鬆的條件。可惜的是當時沒有顧到防空一層,所以沒有設備防避炸彈碎片與毒氣的地下室。現在德國政府對「移民問題」(Umsiedlungsproblem)已有一定的方針,將來的住宅建築定能符合防空上的要求。

　　從前因為經濟上,交通上與衛生上的要求(如工廠力求靠近水陸道路,住宅區要設在主要風向的上方等):大城市裏的工業往往擠在一處。防空方面却要求工業建築物的分散隔離,或全部移往市外,最好遠離市區。

　　結論　城市設計家應將關係城市設計的防空要求深切研究,幷趁城市逐漸改革——因為適應現今經濟的社會的與衛生的需要——與城市與區域設計趨勢變更——因為移民(城市居民逐漸移回鄉間)的關係——的機會,對於防空的設施加以考慮,對於建築法規加以改訂,以保護民衆的生命與保存國家的文化物品與經濟物品。以上不單指零星設施而言,幷包括眼光遠大的通盤計劃。我們不可因為問題太艱鉅而退縮,必須以清醒的頭腦找尋新途徑。同時我們常要記着兩點:不可妨礙將來可能的設施;代價最少的設施,是抓住時機,用遠大眼光來興辦必需的專業。

概　述

式樣之選擇,為橋梁設計之前提。式樣不決,則一切設計無從着手。選擇不當,則所有計劃,根本失據。顧式樣至夥也。每橋各有其特殊環境,則每橋必各有最適宜之式樣。而此最適宜之式樣,設計者須根據調查所得各情形,詳慎研討,兼籌並顧,始可取決,非可率爾而定也。然環境條件,千變萬化,不遑列舉實例。此篇主旨,僅在指陳選擇式樣之原則及步驟,以作設計者之參考而已。

選擇橋梁式樣之原則,不外斟酌經濟,效率,及永久性三要點,相互參比,以求其如何適合於環境之條件。選擇式樣之步驟,不外研討有關式樣之各因素,以比較其如何影響於將來施工及修養各方面之利弊。有時空論尚不足為定據,須先草估造價,以資比較,取捨方有把握也。

(一) 現時適用之式樣 (Bridge Type Available) 混凝土橋,現時通用之式樣,關於縱向佈置者如附圖(一)至(十三),關於橫向佈置者如附圖(十四)至(十八)。圖中就每一種式樣,均註明最小跨度,有時亦註明最近適用之最大跨度,但混凝土之准許應力逐年改進而加大,每式之最大跨度或將隨之增大也。

(一) 第一式　單孔拌攔式平版或兼備縱梁,板或梁之兩端,可承攔于任何式樣,任何材料之橋墩上。此式如用平版跨度以10公尺為最宜,如用縱梁,跨度可至20公尺。此式設計簡單,施工便利,如支點設備適宜,即橋座稍有沉陷,梁板稍有撓勤,其

柔性必足以應付。

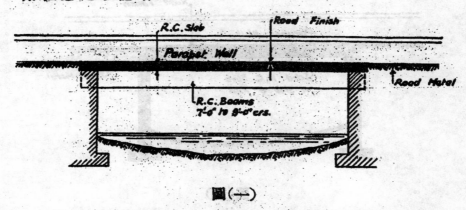

圖（一）

第一式：跨度最小 1.50 公尺（5 呎），通常 6—12 公尺（20—40 呎）。

（二）第二式　多孔聯梁式平版縱梁

（甲）如用欄梁（Parapet Girders），梁頂超出橋面者，跨度可至 20 公尺。

（乙）如縱梁在平版下者，跨度只可至 15 公尺。

（丙）如全用平版，跨度以 9 公尺爲限。

此式對於混凝土硬化之收縮，及溫度升降時之脹縮，須有應付設備。故此式橋太長者，在相當段落處，於橫的方面，須有防脹設備。橋中間各承座，亦須妥爲設計，以免有過度之橫力傳至橋墩。

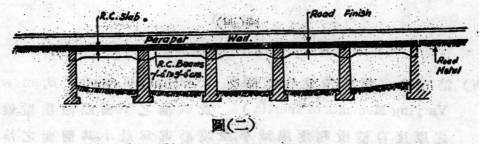

圖（二）

第二式：跨度最小 4.5 公尺（15 呎），通常 6—12 公尺（20—40 呎）。

（三）第三式　框架結構　此式之橋面平版與兩邊橋端梁牆成一整個結構，跨度最大可至 15 公尺，但最經濟者爲 9 公尺。

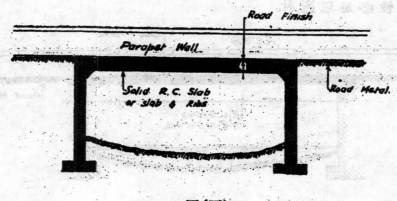

圖(三)

第三式：跨度最小 1.5 公尺（5呎），通常 4.50—9 公尺（15—30呎）。

(四) 第四式 多孔平版縱梁聯梁式框架 跨度限制與上同。如地基不甚可靠，此式不可用，因任何橋墩略為沉陷，即足引起極大應力。如河底為石層，此式為最宜。

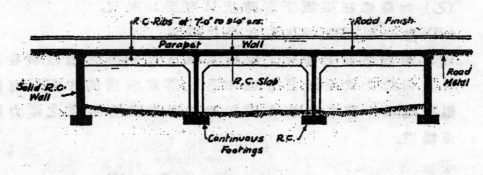

圖(四)

第四式：跨度最小 4.5 公尺（15呎），通常 6—12 公尺（20—40呎）。

(五) 第五式 變數惰性率式聯梁 (Continuous Girder Span with Varying Moments of Inertia) 此式橋之下面，頗似拱璇。縱梁之厚度，自橋墩起逐漸減小，至橋心處為最小。其剖面之惰性率，係變數。跨度可至 45 公尺。上部結構可與橋墩相連，如框架式，亦可用淨攔式。如用樞紐，則下部結構及地基之應力不致有不可知之數。

圖(五)

第五式：跨度最小9公尺(30呎)，最大已達52公尺(170呎)，尋常15—35公尺(50—120呎)。

(六)第六式　雙懸臂梁帶中間懸擱梁　此式跨度可至60公尺，與津浦路黃河橋相同懸臂梁及中間一孔之懸擱梁，兩端均係浮擱。此式較前式柔性較大，在橋基易於沉陷之處尤為相宜。如跨度在12公尺以下，上下部結構間可用滑座，較大跨度宜用滾座，以便橋端在垂直面內旋轉。

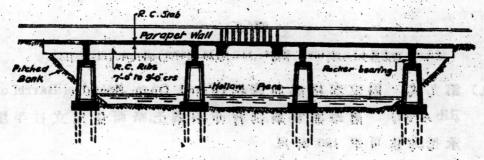

圖(六)

第六式：跨度最小12公尺(40呎)，最大已達60公尺(200呎)，普通18—30公尺(60—100呎)。

(七)第七式　單孔雙懸臂梁　單孔梁在兩端岸墩外各延展為

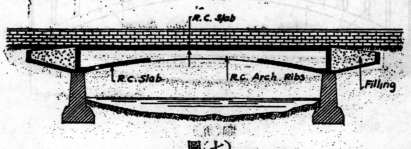

圖(七)

第七式：跨度最小12公尺(40呎)，最大已達137公尺(450呎)，尋常18—36公尺(60—120呎)。跨度特大時，底型與橋面平，梁身突出橋面上。

懸樑,以減小中央部分之正力率。此式跨度可至 140 公尺。如所跨河流有拉縴之船,兩懸臂下之空洞可作縴道。

(八) 第八式 固定實拱 (Fixed Barrel Arch) 實拱與橋墩成一整個結構。拱之兩邊係築實牆。拱背上填以合宜土料,與路基平。此式跨度可至 60 公尺,通常不過 35 —— 45 公尺,因跨度太大時,拱背填土太多,增加靜重也。

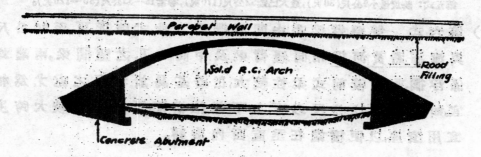

圖(八)

第八式:跨度最小3公尺(10呎),通常9—30公尺(30—100呎)。此式亦可用於多孔橋。

(九) 第九式 固定空格或肋條拱 (Fixed Open Spandrel Barrel or Rib Arch) 兩邊無實牆,拱背亦不填土,路面係用立柱平版承托,跨度可至 180 公尺。

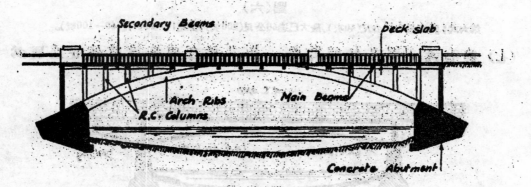

圖(九)

第九式:跨度,最小20公尺(70呎),最大已達180公尺(600呎),通常30—60公尺(100—200呎)。肋條拱可為兩端固定式或變鉸鏈式或三鉸鏈式。亦可用於相連之若干孔。

(十) 第十式　三鉸鏈式拱梁(Three Hinged Arch)　此式跨度可至
60公尺。凡地基有沉陷可能，如礦區等處，最好用此式，且硬化
時收縮力及溫度升降脹縮力均可減小。鉸鏈可全用金類，範
於混凝土內，或繫於鋼筋上。

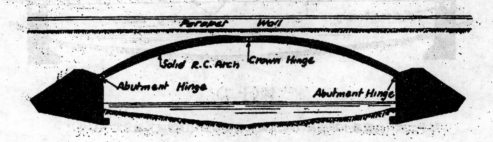

圖(十)

第十式：跨度最小12公尺(40呎)，通常15—30公尺(50—100呎)。此式亦可用於多孔橋。

(十一) 第十一式　雙鉸鏈式拱梁(Two Hinged Arch)　此式不甚適
用。

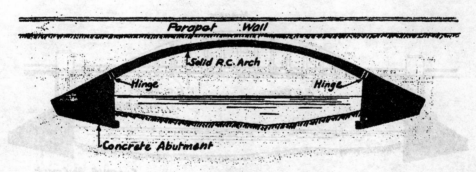

圖(十一)

第十一式：跨度最小12公尺(40呎)，通常15—30公尺(50—100呎)。此式亦可用於多孔橋。

(十二) 第十二式　弓弦式拱梁 Bow String Arch)　拱背位在橋面
之上，連拱腳以拉條，以禦拉力。跨度可至90公尺有人以爲拉
條易使混凝土裂裂但並無直接證據。

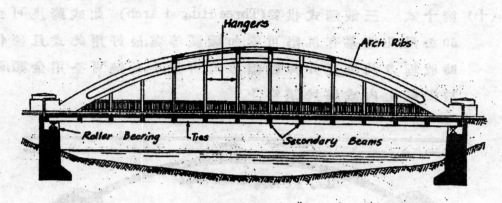

圖（十二）

第十二式：跨度最小20公尺（70呎），最大已達90公尺（800呎），通常30—45公尺

（100—150呎）。拱項設鉸鏈亦可。

（十三）第十三式　半掛橋面式弓弦拱梁（Partially Hung Decking Bow
String Arch）　此式即前式之變格，即橋面位置不在拱脚處，
而在拱背拱脚之間。大部橋面爲中部拱背所吊，其兩端橋面
又爲拱背所承，此式不常見。

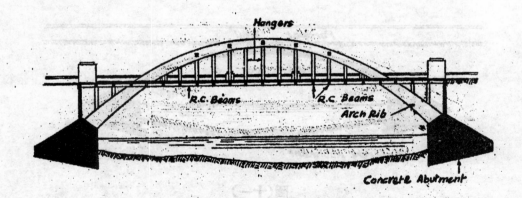

圖（十三）

第十三式：跨度最小35公尺（120呎），通常55—75公尺（180—250呎）。

以上十三式係縱向佈置。至於橫向佈置，尚有五式

（一）第一式　全橫面均係等厚之平版短跨度橋用之。

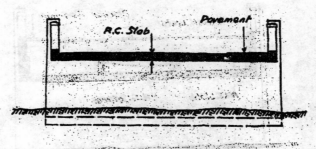

圖(十四)　橫向佈置第一式

(二) 第二式　平版爲若干縱梁所承托,此係最通用之式。

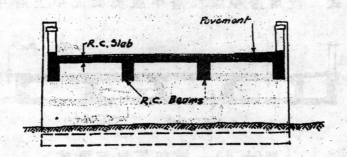

圖(十五)　橫向佈置第二式

(三) 第三式、平版爲兩邊高出橋面以上之縱梁所承托。

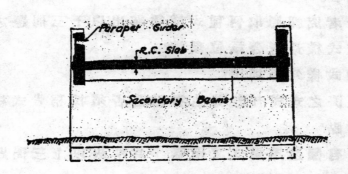

圖(十六)　橫向佈置第三式

(四) 第四式　縱梁在平版之上。此式不常用。

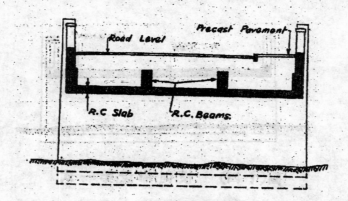

圖(十七)　橫向佈置第四式

（五）第五式　設兩層平版,底層平版與梁底平,上層平版與橋面

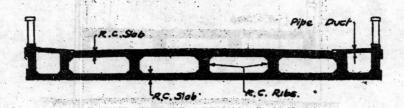

圖(十八)　橫向佈置第五式

平。此式外觀頗似實體式,靜重較小,宜於長跨度橋。

第,一,二,四,五式對於任何寬度之橋面均可適用,惟第三式只宜於窄橋面。

設計者究採應取何種式樣,須尋出以下三問題之答案:

（一）何種式樣最適合橋位環境?

（二）何種式樣為最經濟?

（三）最經濟之式樣有無其他劣點?是否須採稍貴式樣以避免此項劣點?

　　（二）有關選擇橋式之因素　為解決以上三問題,須對於右列兩種因素加以研討。

（一）天然因素

　　（甲）地基(Subfoundation)。

　　(乙) 易受振動之地基。

　　(丙) 橋下淨空之限制。

　　(丁) 橋之總長度。

(二) 人為因素

　　(戊) 載重(Load)

　　(己) 橋之寬度(Width)

　　(庚) 橋之輪廓(Contour)

　　(辛) 橋之外觀(Appearance)

茲將上列各因素逐項討論如下:

(甲) 地基　基工造價高貴者,宜用長跨度,少做橋墩;基工造價不貴者,可縮短跨度,多做橋墩。

多孔橋梁之分孔法,務使上部與下部結構造價約略相等,但有時堅固地基距河底甚深,照通常造價,即用打樁法亦不易得可靠基礎,則應用浮排式,將橋重勻佈於全橋所覆之面積。如是,即基工稍貴,亦宜用短跨度,因如用長跨度,恐浮排式地基受力過度也。

如橋基非至極深處不可者,則橋梁施於墩基之力宜為垂直,故不宜用單孔拱梁。

其在多孔拱梁,因橫推力之大部份均在中間各橋墩處抵消,故前條所述不必過於拘執。

如基礎不深,且甚堅實,拱梁最宜,

河水頗深,則橋墩施工時勢須先築臨時擋水堰工。此種工作乃基礎工程中之耗費部份。故如其他因素相等,以採用長跨度為宜。

下表所列為各種跨度上部結構每單位面積之靜重及每單位面積之動重約數設計者依據此表,可約略算出地基上所負之重矣。如基土負重之能力已約略查得,則每橋墩寬度立可算出。如橋基總寬度不超過全橋長度20——25％以上,尚

可增加基寬,以減少應力。如在25％以上,則不妨將橋基加深至較堅實之土石層,或用打樁法以加固地基。

橋面載重約計表

跨　　　度		靜　重　約　數		動　重　約　數	
公　尺	呎	公斤l方公尺	磅l方呎	公斤l方公尺	磅l方呎
6	20	800	160	2400	490
9	30	900	180	1950	400
15	50	1000	215	1550	320
20	70	1200	250	1400	290
30	100	1500	310	1250	260
45	150	2000	400	1100	230
60	200	2400	490	1000	210

例如跨度＝30公尺,求橋基之總寬度。

照上表: 靜重　　　　　　　　　　＝1500公斤l方公尺

　　　　　動重　　　　　　　　　＝1250公斤l方公尺

　　　下部結構重量＝$\frac{2}{3}$ 上部結構重量＝1000公斤l方公尺

　　　　　　　　　　　　　　　　　　3750公斤l方公尺

假定基土質重力＝每平公方尺22公噸

橋墩長度＝15公尺

故橋基之寬度＝$\frac{15×3750}{22000}$＝2.56公尺

如係拱橋,可照下列公式以求橫推力H:

$$H=\frac{Wl^2}{8r}$$

H＝橫推力; W＝重量; l＝跨度; r＝拱高。

（乙）易受擾動之地基 (Subfoundation Liable to Disturbance) 凡礦區及鹽井所在之地,橋基下地層,常有沉陷之可能。此類沉陷,無異於小規模之地震。無論用何種材料,何項設計,欲使此項擾動不影響於橋基,殊不可能。縱增加地基寬度與深度,亦未

必能避免此擾動。設計者務須牢記:橋基或有沉陷者,且有沉陷不勻者,故選擇式樣時至少須預備15公分以上之沉陷,不致影響負力及永久性。此處整個式結構最不相宜,最好用柔式,多用鉸點。如第六,第十,第十二各式,均有考慮之價值。

(丙) 橋下淨空之限制　　橋身厚度之限制因素為最高水位,航船高度,及路面水平位。如各項因素所容許之厚度甚裕,任何式樣均可採用,如厚度有限,甚至不足跨度之1/12,則第一,二,三,四甚至第六式,均不相宜。第十二式因梁身幾全在橋面之上,最為相宜,第五,七,十一,十三各式,亦有採用之價值。至橫向佈置,第一式建築厚度最小,第五,八,九,十一各式中部之建築厚度,或須占跨度之30 —— 40%。

(丁) 橋之總長度　　橋之總長度為主要橋孔 (Main Span) 及兩端引橋孔 (Approach Spans) 二者之長度所組成。主要橋孔為跨過河流之孔,其長度之選擇,務須使橋身不致妨礙流量。至兩端引橋孔之有無或長短,須視架橋及塡土兩種工程孰為經濟而定。大抵窄橋兩端塡土,擋土牆工程費,按孔長每公尺計算,所佔比率較大,不如架橋為宜。寬橋兩端塡土,擋土牆工程費所佔比率較小,較為經濟。故橋愈窄者,橋孔愈宜長,橋愈寬者橋孔愈宜短。

(戊) 載重　　如負重甚大,以用較小跨度為穩妥。如負重較輕,以長跨度為經濟。

(己) 橋之寬度　　此項因素,關係於式樣者甚少。惟極短之橋可採用橫向佈置第三式,但欄梁易被車輛撞損,減少其負重力,不如將梁身置於路面下之為宜也。

(庚) 橋之輪廓　　關於此項因素,可採用任何式樣,惟如用第十二式,橋面非水平不可,或在中部稍具拱形而已。

(辛) 橋之外觀　　橋之外皮,如全用水泥,則任何式樣均可採用。如擬鑲用其他材料,如磚石等,則宜採用實體拱背式,如第一,二,

三，四，五，六，七，八，十，十一各式。

除別有理由外，多孔橋之孔數宜成單數雙數終覺不美觀在某種環境之下，某種式樣往往顯示不調和或不適宜之意味，但外觀畢竟非選擇式樣之主要條件，如在技術觀點上非採某種式樣不可時，卽外觀不宜，亦可在所不顧也。

樓面成階段式之房屋

胡樹楫 譯

德人E. Neufert 氏著有"Stufenhaeuser"一文,載於本年三月份出版之「建築藝術與城市設計月刊」雜誌(Monatshefte fur Baukust und Staedtebau, Heft 3, Maerz 1935),大致主張進深較大之樓房屋,如百貨商場,工廠,堆棧等,其各層樓面可分為數級段,自邊部向中央遞低,以便納光。以其說頗新穎,胹為摘譯刊入工程,藉供建築界之研究。 譯者附識

地面所受之陽光,多數時間非直接由太陽來,乃間接經由太氣轉射者。房屋納光之設計,宜純以「間接陽光」——又名「天空光線」(Himmelslicht)——為依據。間接陽光之強弱至為不齊。在全部天空為雲霧均勻掩蔽時,自北方來之天空光線最強,而近地平線(Horizont)者又多較近天頂(Zenit)者為強。然此種差別,與其他差別情形比較之下,殊屬次要,故本文不予計及,而逕視天空光線為均勻分佈於穹窿間者。如此,則每一窗納光之多寡與其對臨之天空面積(即自窗內可望見之天空面積)相關。故高出一切屋頂之天棚窗可受納全部天空光線,曠地房屋各層之窗則至多僅能以天空之一半為光源。如窗面與牆面齊平,則光線投射之「體界角」(Raumwinkel在水平面內者為180°,在垂直面內者為90°。

若窗對向高屋(例如沿狹窄街道者)或光線之投射,在水平面內,為凸出之房屋部分所障礙,則光線投射之體界角——亦即投射光線之天空面積——不免減小;但亦可由對面房屋得反射之光線不少。此種反射光線無法加以度計,故下文僅就完全對向曠

地之窗立論。

　　在完全對向曠地之窗戶內,從距窗愈遠之點,可望見之天空面積愈小,亦即該點所得之光線愈少。欲使房屋內之深入部分充分明亮,首應將窗戶盡量從大設置。

　　四向空曠之大房屋,內部無分隔者每於工廠,貨棧,百貨商場等見之),若於其四週設置排窗,而窗柱所佔地位甚小,則內部所受之水平光線並不較近窗之處為少。垂直光線則反是,而為天花板與地板所限制。工作上需要光線最多之處為在桌面高度(約距地板面80公分)之水平面內,故使窗台低至與地板面平,殊無意義。坦平光線僅橫過桌面,僅具微小之間接照明作用。陡垂光線對於桌面之照明效用自屬較大。故窗頂應盡量放高,至約與天花板齊平,以利桌面之納光。

　　但內部有隔牆時,坦平光線經隔牆反射,每使靠內牆之工作桌面反較在其近旁而離窗較遠者為亮。

　　基於以上事實,距窗較遠之屋內工作地位,須有反射平坦光線之設備,以給予光明。此項反光設備,自不應以隔牆兼充,以其同時阻礙光線故。最好方法,為將天花板相當佈置使具反光之效。通常之水平天花板,完全不受直接光線,僅受地板面之反光,且為量殊少。今若使天花板受直接光線之投射,並施以適當顏色與裝修,則其所受光線向下反射者可達90%之多。

　　由以上所述各點得一種房屋式樣,其特點為每層均以帶狀之排窗四面環繞,而樓面則向中央按級段式逐步降低,因此可得下述利益:

　　(一)四面環繞之帶狀排窗,使光線之水平投射角,對於屋內任何　　　　一點,大至無可再大。

　　(二)在垂直面內光線勻射於各樓段(圖一及圖二)。

　　(三)投射方向較陡之光線,以合式之窗台反照於內部(圖二下面　　　　左邊)。

圖(一) 樓面成級段式之百貨商塲、

(上)橫剖面 (下左)平面 (下右)縱剖面及立面

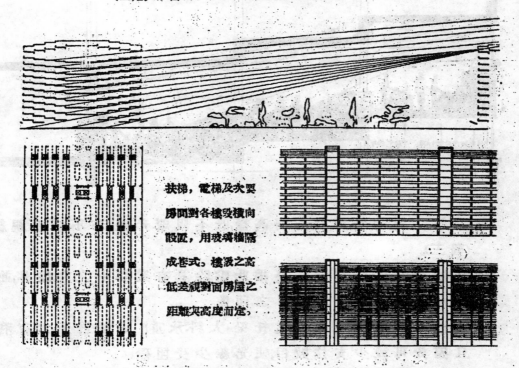

扶梯，電梯及次要
房間對各樓段橫向
段區，用玻璃牆隔
成巷式。樓段之高
低差視對面房屋之
距離及高度而定，

圖(二) 樓面成級段式百貨商塲之橫剖面

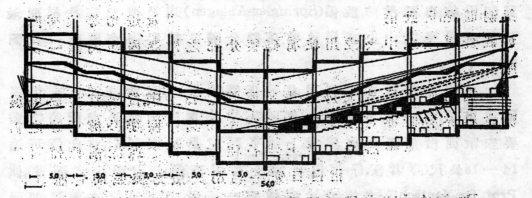

上層示光線之直接投射，中層示陰影部分，下層左邊示對台之反射光線，右邊示天花板反
射光線，使陰影部分明亮。

(四)投射方向較平之光線以合式之天花板反照於各工作地位
(圖二下面右邊及圖三)。

圖(三)　階段式樓面之陰影及天花板反光

(五)靠每一樓段邊,可設高櫥高櫃,旣不阻礙光線,亦不妨害視線(圖三)。

(六)從較高之樓段,可鳥瞰全樓,此點除具有業務上之利益外,並予人以空間上廣大醒目之印像。

(七)樓段分級處可設高厚之托梁(大料,承重),在設計上爲有利,且因此可減少支柱數目,使光線少受阻礙。

　　樓板與斜天花板間之空虛部分,(參閱圖三)可利用以設置氣洞,電線,自動消防設備(Springler-Anlagen)以及燈光等。扶梯間最好置於房屋之中央或用玻璃磚牆分隔之樓巷內(參閱圖一及圖四)。

　　樓面成級段式之房屋,普通僅適用於工廠,貨棧,百貨商場,展覽會場等,有時亦可用爲事務所(寫字間)與機關辦公處所等之需要,宏敞面積與暢豁視線者。上述各種建築物之進深,前此僅可達14—18公尺(譯者按,係指白日完全利用天然光線照明者而言),據Prof. Dr. Jentsch氏之模型試驗,樓面成級段式之房屋之進深,則視所需光線之多寡,可達上數之二倍至三倍。Dr. Kleffner氏素以精模型試驗研究房屋之納光問題著名,不久將覆核Jentsch氏之試驗結果,但該氏現已能以槪算方法推斷:30公尺以下進深之樓面

図(四)　阶段式楼面房屋内扶梯及电梯之佈置

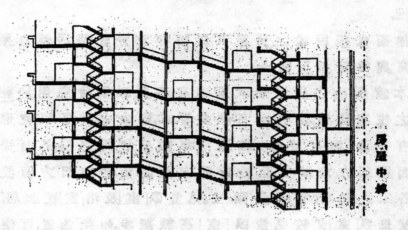

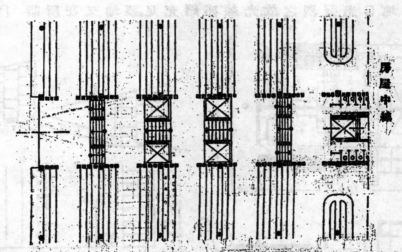

分级段式房屋可纳受足用之光線。以上均係指房屋在楼面分级之方向外面完全空旷而言，例如沿广场、河流、湖岸等。若对面有其他房屋，则两屋間之距離须足使各楼段纳受直接光線。

各楼段之高低差普通以不过 1 公尺为度。其間升降交通或藉级步，或藉斜坡(工厂等)，或利用活动梯(百货商场)。

联络各层楼面之扶梯及电梯，对各楼段横向排列者宜象跨两楼段之間，其总佈置並适於一切楼段間之交通(图四)，如此，「梯

巷」本身亦可受納陽光僅次要房間及厠所等需要人工給光通氣設備。

樓面成級段式之房屋,其屋面亦宜分成級段,惟自兩邊向中央遞高,與樓面相反(圖一)。

本篇所論之房屋形式,著者在不久以前曾應用於祕魯某山坡上之住宅建築。該項住宅係多層式,聯立成排,各單位形式一律,並須有各種「摩登設備」以及冷氣設備。因此房屋外面受日光晒照之面積須力求減少,而於背日方面開窗,於向日方面設遮蔭之走廊,各家之起居「室」通焉(圖五。兒童臥「室」及浴「室」較起居「室」高數級步,父母臥「室」又較兒童臥「室」高數級步。如此佈置,可使低處不能望見高處。因地處熱帶,最低之起居室最為涼爽,又以樓面分級段及當地日光強烈之故,光線亦頗充足。該地又在所謂「熱帶多

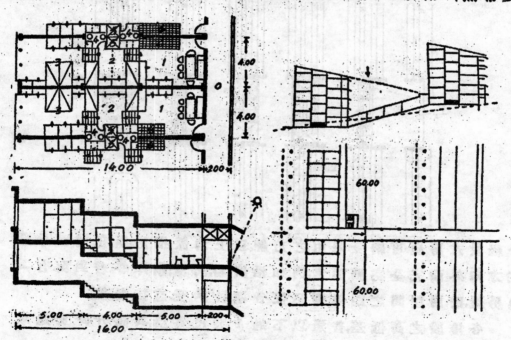

0 走廊　1 起居室　2 兒童臥室　3 父母臥室
4 浴室　5 排氣洞　6 家事操作處

圖(五)　祕魯某處礦工住
宅之平面及剖面

圖(六)　祕魯某處礦工住宅
之縱剖面及平面

雨森林區」(tropisches Regenwaldgebiet)內,故各排房屋間聯以走廊,並在背日一面,以地面層最高一段之下面地位為聯絡各房屋單位間之通路 圖六。因房屋建於山坡,各排房屋間之距離不必甚大,而屋內光線,雖在地面層內,亦不致受阻礙(圖六)。

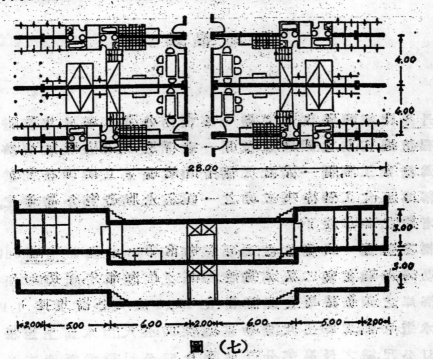

圖（七）

　　此外建有獨身者之宿舍一列 (圖七)。每兩單位分列於一甬道之兩旁。甬道之上部為輪氣洞所在;排氣洞則如前例置於兩浴室之間。每一單位僅分兩級段,即起居「室」及臥「室」。屋面亦成級段式,俾慰留者自任一級段均可眺覽風景。最高級段之下面,設橫排氣洞,與浴室間之豎排氣洞相連。

建築深水橋基新法

劉峻峯 譯

丹麥國家鐵路建築大橋一座，橫跨小帶。因海水過深，橋基建築工程遭遇空前之困難，遂採用一種新法式，在技術與經濟方面，均足爲橋梁工程，開一新紀元者。今由此橋基工程判斷，此橋之建築堪稱爲近代工程特殊成功之一頁。茲先將建築小帶橋工，具有興趣者數點略述於下：

橋之槪況　此橋之設，爲銜接撫南(Junen)與茹提蘭(Jutland)及輔助鐵路輪渡與二私家輪渡。該橋之跨海部分，計長825公尺近撫南海岸之鋼筋混凝土拱橋，計長 138.4 公尺；全橋共長 1,177.80 公尺。水道中部，深40公尺橋礅基礎，深37公尺；由水面上至橋礅之頂高31公尺；橋之最高部分，在水面上58公尺橋梁鋼架本身之高度，在此點爲最大，計24公尺；橋孔亦以此處爲最長，計 220 公尺。故海中橋礅，與鋼架橋梁，於此形成95公尺之異常高度——從橋礅底部量至鋼架上頂——低於漢堡市議會房屋 (Hamburg Rathaus) 僅一二公尺。

橋礅基礎工程　建築近岸之橋基時，並無特殊困難；惟有數處橋基，須建在深約40公尺之海底，普通所用壓氣沉箱法，於此處則幾爲不可能。良以在此種深水之下，氣壓大至每平方公分3—3.5公斤(每方时 42.5 —50磅)，在沉箱中工作，縱極縝密防備，工人生命亦有危險之虞。於是包工家想出一種完全新穎之方法，以完成此項工程。其法與壓氣法相同，亦採用沉箱，但工作之進行，毋需壓

6514

氣耳。此法之應用,祇限於適宜之海底。本橋橋基所在之海底,其土質爲粘性硬泥,若不鬆動,乃完全不透水者。所用之沉箱,周圍爲鋼筋混凝土空樁所組成,每柱內孔直徑爲 1.18公尺,鄰比排列,形成一環。環之內部,爲一完整建築,計具有34密室,與一共同平底。此項沉箱先在近岸特備之滑道上築成,然後拖之下水,一如造船之方式。沉箱下水後,用後文所述方法,使其整個翻轉,並用唧筒灌水加重,使徐徐下沉,至於海底。此時在頂部用混凝土加高;繼將內部之水抽出,以增浮力,拖往較深水區,再灌水使沉海底,再增高混凝土建築。如是數次,直至上部之高度已足,然後沉放於預定地位;繼將沉箱周圍之空樁,用鋼管加長,使高出水面 8.5 公尺。然後將架於沉箱上之鑽,放入樁中,鑽鬆樁下海底之土質,藉壓氣與水力將其向上吹出。沉箱與已造成橋橋之下部,因之漸漸沉入海底,直至箱之上頂接觸海底爲止。爲鞏固空樁外殼起見,由增長之鋼管內,填入混凝土,務使沉箱成爲一嚴密不透空氣與水之混凝土房屋。此時可用升降機或梯入內工作,將箱內包有之土移去,換用混凝土填塞充滿。當鑽土時,曾遇大塊岩石,經過許多困難,藉多爪攫取機及潛水人,始將石塊由鋼管中取出。又應用於茹提蘭岸附近之沉箱。經攷慮週密,使組成環形之混凝土樁底部與不規則之海底相適應,務使箱之底部平正,以策安全。

　　沉箱下水法　先在岸邊建一木質滑道,伸入水中。在沉箱與滑道之間,插入沙囊支柱。於沉箱下水之前,先將沙柱用水冲去,使沉箱直接支於滑木之上。然後由加油之滑道上,向下放送。當各支承物移去後,沉箱藉自身之重力,從塢道滑入水中。沉箱兩旁用工字鋼梁扶導,以免左右傾斜,並於沉箱之底部加混凝土兩大塊,俾於滑下着地時,不致損傷。第一沉箱下水時,可任其行動,但第二沉箱,須加謹慎戒備,免衝及已安置妥當之第一沉箱。爲此之故,第二沉箱曾用鋼絲繞,繫於特備沉入海底之木混凝土塊。

　　沉箱翻轉法及建築橋礅　沉箱浮於水面時,空樁下口經暫

時封固，突於沿沉箱較長一邊之空樁內填入石子，約 450 立方公尺，同時放水入鄰比空樁之密室內，俟數室灌水，約重600公噸時，再由活門將水放入沉箱上頂空部。於是沉箱傾側極速，轉至 90 度。此時空樁位成水平，內部石子開始下落，而浮力加大，未加重之對邊則藉上浮扭力排水量而增重，於是旋轉角度愈大，石子全行流出，直至箱之底部平台，原屬在下者，翻轉 170 度而上浮於水。餘存室內之水，用壓氣吹出，箱之上頂（即未翻轉時之底部平台），於焉平正（即轉180 度）。橋墩可開始建築於其上。為防備水流波動計，將水由周圍調整放入，將沉箱暫行安放於海底適宜處；唯務使上頂仍能露出水面，以便工作。俟橋墩築至相當高度時，將水抽出使全部浮起，移至較深海面，以同前方法，再行沉下。橋墩混凝土，可繼續增築。如是數次，待橋墩高度已足乃沉放於預定位置。

　　橋基建築法　自空樁中將海底土質鑽鬆用水冲洗。先於沉箱頂部平台上，豎立高塔起重機兩架，再將鋼管插入空樁中，及設備活動鑽塔兩座。繼用起重機將鑽吊起，由鑽塔中開始工作。於是由所有之空樁中，依次將海底土質鑽鬆，然後用水力及壓氣將此項鬆土冲出樁外。沉箱漸漸下降，直至箱頂內部抵着及土為止。照此方法沉放之第一箱，為鄰近茹於蘭海岸之第四橋墩。在空樁內鑽探工作完成後，由所接之鋼管中，放入混凝土，將此空樁填實，造成厚約 1.5 公尺之堅實腦壁。箱內之土由兩條橫道移出。當施工時，並無水侵入工作室內，因此移土工作可在通常氣壓之下施行。為預防沉箱於取土之時，再行下沉起見，當經特別謹慎從事，加以支柱；俟土移完後，再用混凝土將空間填塞。

　　第三橋墩用同一方法沉放之。其所略異者，即空樁沉下約深 5.5 公尺耳。其法，將套於沉箱空樁內之鋼管，錘入海底，然後鑽空取清，以上述同一方法用混凝土填塞之。橋墩附近之海底，有被冲刷之可能，故較深之墩基，乃為適宜也。此外為保護橋基，免為激流所危起見，堆片石一層於橋墩周圍之海底上。

巴黎亞歷山大第三橋橋梁之計算

魏 秉 俊

巴黎塞納河上之亞歷山大第三橋爲法國近代著名工程家懿利薩(Resal)氏所設計橋梁係跨長107.50公尺之三轉軸式拱橋,計有拱梁十五條相等間隔并列。拱梁之弧矢與跨度之比率甚微。橋面設於近拱背處。本篇僅論該橋橋梁之計算。

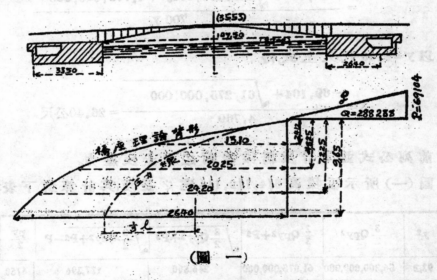

(圖 一)

(1) 橋梁長度之計算 橋梁之最大長度,須假設橋梁受荷重時,橋梁完全浸入水中而計算之。

橋梁每寬一公尺所受拱弧之水平推力爲Q=288288公斤,垂直壓力爲P=69104公斤。

橋梁每立方公尺在水中之重量爲p=1400公斤。橋梁長度可

由下式算得:

$$x=\frac{-P+\sqrt{\frac{3}{2}Qpay^2+P^2}}{\frac{pay}{2}}$$

內 y 爲橋樑之高，a＝關係之寬度＝1.00公尺。

地基水準高爲(19.60)公尺，通常水位爲(27.00)公尺，橋樑之高度爲(27.00－19.60)＋2.25＝9.65公尺。

將上列各數代入公式，得

$$x=\frac{-69,104+\sqrt{\frac{3}{2}\times288,288\times1,400y^2+(69,104)^2}}{\frac{1,400\times1.00\times y}{2}}$$

$$=\frac{-69,104+\sqrt{606,000,000y^2+4,775,000,000}}{700\,y}$$

以 y＝9.65 代入上式，得

$$x=\frac{-69,104+\sqrt{61,275,000,000}}{4,760}=26.40公尺$$

前列公式並未計及橋樑後面之泥土反壓力。

圖(一)所示橋樑高 3/4，1/2，1/4 處之長度，其計算爲下表:

y	y^2	$\frac{3}{2}Qpy^2$	$\frac{2}{3}Qpy^2+P^2$	$\sqrt{\frac{3}{2}Qpy^2+P^2}$	$\sqrt{\frac{3}{2}Qpy^2+P^2}-P$	$\frac{py}{2}$	x
9.65	93.2	56,300,000,000	61,075,000,000	246,500	177,396	6750	26.40
7.225	52.2	31,600,000,000	36,375,000,000	191,000	121,896	5050	24.20
4.825	23.3	14,100,000,000	18,875,000,000	137,050	67,946	3370	.20.25
2.412	5.8	3,520,000,000	8,295,000,000	91,000	21,396	1680	13.10

(2) 橋樑對於清動力之抵抗　前所計算橋樑之長度，對荷重所發生推力，足以抵抗，而得穩定，不至傾覆。但此推力之能否使

橋垛滑動,則又須研究。爲增加安全率起見,假設後面泥土之反壓力不存在。

照圖(一)計算橋垛寬每一公尺之體積爲170立方公尺,其在水中之重量僅有

$$170(2400-1000)=237,000 公斤,$$

橋之荷重及本身重(一公尺寬)　69,104公斤。

$$\overline{\qquad\qquad\qquad} \\ 306,104公斤。$$

水平推力 Q＝288,288公斤。

欲避免橋座在土基上滑動,則橋座與土之摩擦係數須等於

$$f=\frac{288,288}{306,104}=0.946。$$

但普通此係數不能大於0.74,故所計算之橋垛長度,其穩定性不能保證。

(3) 選定之橋垛長度及其核驗　圖(二)示選定之橋垛形式(縱剖面),計長35.50公尺。其空心部分適在理論背面界線之外方。茲就其所受各力加以檢算如次:

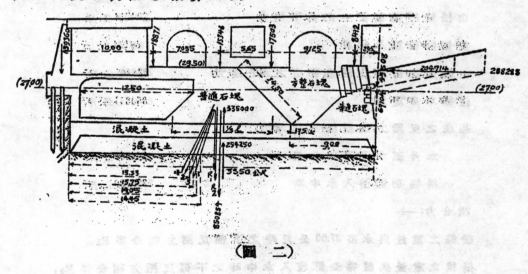

(圖 二)

橋垛受下列各力:

1)．橋之靜重，

2)　橋之推力，

3)　自身重量，

4)　底部之向上反壓力(浮力)。

今可分四種假設如次：

1)　單獨靜荷重,橋柱浸水部分至通常水位 (27.00)，

2)　靜荷重及橋上載重,橋座浸水部分至通常水位 (27.00)。

3)　單獨靜荷重,橋座全部浸入水中。

4)　靜荷重及橋上載重,橋座全部浸入水中。

由第一假設得最小應力,為普通之塲合。

由第二假設得土基之最大壓力。

由第三假設得第二假設與第四假設之平均結果。

由第四假設得最大推力,由是滑動力亦最大。

橋墩每寬一公尺所有之各力如次：(圖二)

橋梁靜荷重 .... 49508 公斤

由橋梁靜荷重發生之水平推力 .... 204714 公斤

橋梁靜荷重及載重 .... 69104 公斤

由橋梁靜荷重及載重發生之水平推力 .... 288288 公斤

橋梁本身重量 .... 850854 公斤

基底之反壓力(水對橋梁之浮力)：

　　水升至水平 27.00 公尺時 .... 254250 公斤

　　橋梁全部浸入水中時 .... 335000 公斤

　程合力：——

橋梁之重量與水高 27.00 公尺時之下部反壓力相合得 R_1。

橋梁之重量與橋梁全部浸入水中時之下部反壓力相合得 R_2，

R_1 與靜荷重所發生之推力相合得 力[1](第一假設)。

R₁ 與靜荷重及載重所發生之推力相合得力「2」(第二假設)。

R_1 與靜荷重及載重所發生之推力相合得力「2」(第二假設)。

R_2 與靜荷重所發生之推力相合得力「3」(第三假設)。

R_2 與靜荷重及載重所發生之推力相合得力「4」(第四假設)。

此四合力均通過橋墩底長之中央三分一部分。

土基上所受最大壓力之計算如次:

由第二假設得:

橋之靜荷重及載重	69104 公斤
橋墩之重量	＋850854 公斤
	919958 公斤
下部反壓力	－254250 公斤
	665708 公斤

橋墩每寬一公尺之基底面積為 33.50 平方公尺。故每平方公尺土基平均受重

$$\frac{605708}{33.50} = 18000 \text{ 公斤}.$$

即每平方公分土基平均受重 R ＝1.8 公斤。

設若基底無反壓力,則每平方公尺受重

$$\frac{919958}{33.50} = 27500 \text{ 公斤}$$

即每平方公分土基平均受重 2.75 公斤。

在其他三種假設下,土基平均受重之計算仿此。

由第一假設得最小摩擦係數,土基應力亦最小,故不加以檢討。

合力「2」「3」「4」之著力點與基底長度中央之距離為

第二假設　　$\lambda = \dfrac{33.50}{2} - 13.75 = 3.00$ 公尺,

第三假設　　$\lambda = \dfrac{33.50}{2} - 14.05 = 2.70$ 公尺,

第四假設　　$\lambda = \dfrac{33.50}{2} - 13.33 = 3.42$ 公尺。

基底最大壓力用下式計算之:

$$R_m = R\left(1 + \frac{3\lambda}{b/2}\right) = R\left(1 + \frac{6\lambda}{b}\right)$$

照第二假設得 $R_m = 1.80\left(1 + \frac{6 \times 3.00}{33.50}\right) = 2.77$ 公斤

照第三假設得 $R_m = \frac{565862}{335000}\left(1 + \frac{6 \times 2.70}{33.50}\right) = 2.51$ 公斤

照第四假設得 $R_m = \frac{584958}{335000}\left(1 + \frac{6 \times 3.42}{33.50}\right) = 2.82$ 公斤

橋垛滑動力之計算如下:

由第四假設得摩擦係數最大,卽抵抗滑動力最小。此係數為

$$f = \frac{288288}{584958} = 0.49$$

關於通常惡劣土基,此係數不大於0.74及不小於0.60,又橋垛後面泥土之反壓力尚未計及,故橋垛可保穩定。